JN243916

新装版

新修解析学

梶原讓二 著

現代数学社

はしがき

この本は数学を趣味にして人生に彩りを添えようとする人々，浮世の義理で数学に付き合わねばならぬ人々，これら数学に係わりのある人々の為に書かれたものである．大学教養一年の微積分と線形代数の初歩，それが必ずしも頭の中で定着している事は必要でないが，一応その洗礼を受けた人々が理解出来る様に書いている．程度について端的に言えば，大学教養の二年から学部の三年にかけての，必ずしも数学科の学生ではない，極く平凡な学生，及び，高校生で，一校に二，三人は必ずいる数学の秀才，並びに，これらの人々と同レベルにある社会人を対象としている．

内容は，それらの人達に，微積分を少し超えた程度の解析学を紹介し，解析学に入門して頂く，その入門書としてではなく，もう一つ手前の，入門の為の水先案内を志して，大学の理学部や教育学部の数学科で二年生，乃至，三年生に対して行なわれている解析学の講義のサワリの部分を遍く紹介した，言わば，解析学周遊の旅である．専門課程での講義を，非専門の人々にも分る様に解説した，個人主催の大学の公開講座として理解して欲しい．

この本は方法論的には全くユニークである．全国の大学院修士課程入学試験問題，人事院による国家公務員上級職理工系専門試験，並びに，各県の高等学校や中学校の数学教員採用試験，これらの三種の試験問題の中から，この本の解説に適する物を大学院入試から250題，上級職試験より20題余，教職試験より30題余，合計300題余を精選して，これを解説する形態をとった．端的に言えば，学生諸君は，高校迄親しく付き合って来たのに，大学に進学すると殆んど見る事が出来ず，恋しく思っている種類の書物である．これは，普通の解析学の書物には無く，全くユニークな物と信じる．通常の書物は，公理，定義，定理，それから例題を作る事を自己目的とした例題，練習問題の経過を辿る．この本では，読者が，たとえ解けなくとも，一つ問題を考え，その解説を読む度に，上記以上の効果が上り，読者の実力が一歩ずつ増進し，学力が一段ずつ上る様に配慮した．それ故，この本で解説する入試問題は，その学問的体系，教育効果を配慮して，その選択と配置に細心の注意を払った．

読者の実力が向上しない書物は役に立たない．練習問題である事を自己目的とした生温るい問題を解いても，読者の実力は不変であり，その貴重な青春を空費するだけである．この本では，問題に一つ当る毎に解析学の秘伝が身に付き，具体的に読者の実力が向上する様に解説した．それ故，問題の羅列と解答を自己目的とした単なる問題集と理解されるのは不本意である．入試に合格するのは，解析学を本書で修めた結果であって，その目的ではない．読者が問題に当り，初回では解けない方が普通であるが，たとえ解けなくとも，解説を読めば，殆んど予備知識無しに理解が深まり，次の機会に問題に当る時は，解決出来る様に心掛けた．それらの問題は，各大学がその英智を傾けて，人材確保の為に出題した珠玉の作品であり，数学者が創り出した生きた数学である．一題でも独力で問題が解決出来た読者は数学を解く無上の喜びを感じる事が出来るであろう．これは数学の論文を書く喜びと同値である．同時に，読者は自己の学業の到達度の全国的位置付けを知る事が出来る．数学を趣味として独学する人々も，「自分は井の中の蛙ではないか」と言うコンプレックスを払う事が出来る．大学で，教師との合い性がよくなく，従って，成績も芳ばしくなかった学生も，自己の真価に自信を持ち，「男は何度も勝負する」事が出来る．

名人と比するのは不遜の極みで恐縮ですが，この本は将棋の升田，大山両先生の連載の「ここが急所」，「これが手筋」，「この一手」に当ると思って頂きたい．数学には多くの定理や公式がありますが，暗記の大嫌いな数学者が，これらを全て暗記して運用している筈がありません．急所を押えて，要所ではこの一手が分り，自然と手筋が身について，川の流れの様に，自然なのです．この本では，一つ一つの問題に当って，急所を指摘し，その本質を明らかにして，定理を定石として解説して，数学の手筋が自然に身に着く事を主眼としました．その解説が，急所を外れているとの別の専門家の批判も生じるかも知れません．しかし，批判を恐れず，私の全存在をさらけ出して，ゼミで親しい学生と語るのと同様に，読者と共に数学に体当りするつもりです．

必ずしも数学を専攻しない読者に，入試問題，その他，数学のプロやノンプロの登用試験問題の解説をするのは的外れではないかとの批判もございましょう．現代数学では，プロとアマの隔りが有り過ぎます．将棋や碁では，プロ対プロの対戦をアマが新聞を通じて楽しむ事が出来ます．数学でも，言わば奨励会入会試験に当る大学院入学試験問題位はアマの人々が楽しむ事が出来てもよいのではないでしょうか．この本では，数学のプロとアマの垣根を狭める事も意図されています．従って，高校生でも，意欲的であれば理解出来る様に筆を進めました．実際，この本の種となっている「Basic 数学」に連載中の「解析学周遊」でも，多くの高校生の諸君が大学院入試問題集を解く楽しみを味わっているそうです．その中から，世界的な数学者が生れる事を夢想しつつ筆を執りました．

この本の読者の多くが，アマの解析学の有段者となり，その長い人生の欺く事のない伴侶としての数学を見出される様祈っております．勢い余って，数学のプロやノンプロに進む人が輩出すれば，私に取りこれ以上の喜びはありません．我国を代表する数学者の多くに，物理や医学その他数学科以外の卒業生を見出します．この本が資源の少ない我国の科学水準を高めるのに貢献すれば，筆者冥利に尽きます．この本を読み，解析学のサワリに触れ，その核心を摑み，問題に当る事によって，解析学におけるこの一手を知り，手筋や急所を学んで具体的に学力を付け，数学のプロとアマの懸け橋となって頂ければ，幸です．

1968年以降の大学紛争で私の得た教訓の一つは，高校迄受験体制の下で入試問題を解く様に訓練されて来た学生諸君が，大学へ進学して，勉強の方法が全く異なる事に戸惑っている事です．これを解決して上げるのも教師の勤めではないでしょうか．学生の生態が変り，大学が幼稚園に変り，大学生がもはや人格的にはエリートでなくなった以上，それに応じて教師も対処すべきではないでしょうか．この意味で，この本が，真面目で平凡な学生諸君が勉強の具体的指針や勉強法を見出す縁となれば幸です．

この本は，５月から一年間の予定で「Basic 数学」に連載中の「解析学周遊」の原稿を元にして，この連載に対する読者の御意見を参考にしつつ，現代数学社の富田栄様のお勧めに従って，単行本化の為体裁も新たにし，内容も可成変えたものです．この連載は，意外にも，高校生から数学教師はもとより現役の数学者に至る迄，極めて幅広い層の人々に読んで頂き，学会出張の度に激励を頂いております．この本が刊行されるのも，ひとえに，これらの方々のお力添えによるものと感謝致しております．特に，現代数学社の富田栄様は，酷暑の福岡に来て下さって，多くの御助言と激励を下さいました．この機会に厚く御礼申し上げます．同じく現代数学社の古宮修様は「解析学周遊」以来，編集を担当して下さり，更に，割り付け，イラストの配慮，校正に至る迄，全てを，お世話下さいました．多くの良書が世にあるのも，ひとえに，この様な編集者のお力添えによるものと痛感し，感謝致しております．厚く御礼申し上げます．又，九州大学理学部数学科の阿部誠様，野田光昭様を始めとする４年生並びに研究生の方々は，拙稿のレフェリーをして下さり，貴重な助言をして下さいました．この機会に，御友情に深い感謝の気持を表明させて頂きます．

また，各大学の大学院研究科とその出題委員，人事院とその出題委員，各県の教育委員会とその出題委員の諸先生には，貴重な教材を提供して頂き，この紙面を借りて厚く御礼申し上げます．特に，私は，これらの問題を213，214頁の出題別分類に紹介しております，学会や出版社が発行する問題集にて知りました．これらの出版物なしには，この本の資料を揃える事は出来ませんでした．これらの出版社にも厚く御礼申し上げるとともに，読者が直接これらの問題集で研究される様，お勧めします．

昭和54年８月

梶　原　壌　二

目　次

はしがき …… I

解析学の学び方 …… XI

この本の使い方 …… XII

改訂に際しての謝辞 …… XIV

1　距離空間と逐次近似法 …… 1

問題 1，2，3，4 …… 1

1 の解説（完備な距離空間の定義） …… 2

類題 1，2，3，4 …… 3

2 の解説（10進法の小数展開が作るコーシー列） …… 4

類題 5，6，7，8，9，10 …… 5

3 の解説（$C[-1,1]$ における L^2 ノルムに関するコーシー列） …… 6

4 の解説（逐次近似法の一般論） …… 8

Exercise 1，2 …… 10

E1 の解説（ニュートンの方法） …… 177

E2 の解説（ニュートンの方法の助変数を伴う変形） …… 177

2　逐次近似法の関数方程式への応用 …… 11

問題 1，2，3 …… 11

1 の解説（有界連続関数絶対値上限ノルムによるバナッハ空間化） …… 12

2 の解説（2 階非線形常微分方程式の境界値問題） …… 14

類題 1，2，3，4，5 …… 15

3 の解説（ボルテラ型積分方程式） …… 16

Exercise 1，2，3 …… 18

E1 の解説（リプシッツ条件を満たす常微分方程式） …… 179

E2 の解説（微分不等式） …… 179

E3 の解説（差分微分方程式） …… 179

3　内積を持つ線形空間とノルム空間 …… 19

問題 1，2，3，4，5 …… 19

1 の解説（シュワルツの不等式） …… 20

類題 1，2 ……21
2 の解説（$C^1[a,b]$ が完備とならないノルム）……22
類題 3，4，5 ……23
3 の解説（シュワルツの不等式で等号成立）……24
類題 6，7 ……25
4 の解説（バナッハ空間であってもヒルベルト空間でない例）……26
類題 8 ……27
5 の解説（中線定理を満すノルムは内積から導かれる）……28
類題 9，10，11，13，14 ……29
Exercise 1，2 ……30
E1 の解説（畳み込み）……182
E2 の解説（線形常微分方程式の境界値問題）……182

4　級数と指数関数……31

問題 1，2，3，4，5，6 ……31
1 の解説（整級数の収束半径）……32
2 の解説（ノルム空間の絶対収束級数）……34
3 の解説（テイラー展開）……36
4 の解説（定数係数線形常微分方程式の解法）……38
5 の解説（行列値指数関数）……40
類題 1，2，3，4，5，6，7，8 ……41
6 の解説（行列値指数関数と微分方程式系）……42
類題 9，10，11，12，13，14 ……43
Exercise 1，2，3 ……44
E1（ばね秤の変位）……184
E2（行列の指数関数）……185
E3（定数係数連立微分方程式）……185

5　三角級数 ……45

問題 1，2，3，4 ……45
1 の解説（等比級数の和としての三角級数の和）……46
類題 1，2，3，4 ……47
2 の解説（積分記号内での微分を用いたディリクレ核の定積分の計算）……48
3 の解説（リーマン-ルベグの補題）……50

類題 5，6 ……51
4 の解説（フーリエ展開）……52
類題 7，8 ……53
Exercise 1，2 ……54
E1 の解説（熱伝導の偏微分方程式の解法）……186
E2 の解説（弦の振動の偏微分方程式の解法）……187
E3 の解説（単調減少係数の三角級数）……187

6　フーリエ級数 ……55
問題 1，2，3，4，5 ……55
1 の解説（ベクトル空間における一次独立性とその次元）……56
2 の解説（正規直交列と最小自乗法）……58
類題 1，2 ……59
3 の解説（完全正規直交列）……60
類題 3，4 ……61
4 の解説（助変数を伴うフーリエ展開）……62
類題 5，6，7，8，9 ……63
5 の解説（弱収束するが強収束しない関数列）……64
Exercise 1，2 ……66
E1 の解説（正規直交列と最小自乗法の応用）……192
E2 の解説（最小自乗法の応用）……193

7　複素微分 ……67
問題 1，2，3，4，5，6，7 ……67
1 の解説（二項方程式の解法）……68
2 の解説（複素変数の対数）……70
類題 1，2，3，4，5 ……71
3 の解説（収束半径に関するコーシー-アダマールの定理）……72
4 の解説（整級数と収束半径の具体例）……74
類題 6，7 ……75
5 の解説（整級数の項別複素微分）……76
類題 8，9，10，11，12 ……77
6 の解説（コーシー-リーマンの偏微分方程式系）……78
7 の解説（指数多項式）……80

Exercise 1, 2, 3, 4, 5, 6 ……82
E1（複素微分と実偏微分）……195
E2（コーシー-リーマンとラプラスの偏微分方程式）……195
E3（ラプラスの偏微分方程式とコーシー-リーマンの偏微分方程式系）……195
E4（複素導関数と実ヤコビヤン）……195
E5（C^∞ でも実解析的でない例）……195
E6（導関数項級数の収束）……195

8　複素積分 ……83
問題 1, 2, 3, 4, 5 ……83
1 の解説（微分形式の円周上の線積分）……84
2 の解説（ストークスの定理とガウス-グリーンの公式）……86
3 の解説（一般化されたコーシーの積分定理）……88
類題 1 ……89
4 の解説（コーシーの積分表示）……90
5 の解説（代数学の基本定理）……92
Exercise 1, 2, 3, 4, 5 ……94
E1（コーシーの積分定理の応用）……195
E2（コーシーの積分定理の応用）……196
E3（コーシーの不等式の応用）……197
E4（コーシーの積分表示の行列値正則関数への応用）……197
E5（コーシーの積分表示の線形作用素値正則関数への応用）……197

9　コーシーの積分定理と留数定数による実積分の計算 ……95
問題 1, 2, 3, 4, 5, 6, 7, 8 ……95
1 の解説（コーシーの積分定理の応用）……96
2 の解説（ローラン係数の積分表示）……98
類題 1, 2, 3, 4 ……99
3 の解説（留数定理を応用した逆関数の積分表示）……100
類題 5, 6, 7, 8 ……101
4 の解説（三角関数の一周期の積分）……102
5 の解説（有理関数の実軸上の積分）……104
6 の解説（有理関数と三角関数の積の実軸上の積分）……106
7 の解説（偶関数と対数関数の積の正の実軸上の積分）……108

8 の解説（有理関数と一般のベキの積の正の実軸上の積分） ……110
Exercise 1, 2, 3, 4, 5, 6, 7, 8 ……112
E1（有理関数の実軸上の積分） ……200
E2（同上） ……200
E3（同上） ……200
E4（有理関数と三角関数の積の実軸上の積分） ……200
E5（同上） ……201
E6（同上） ……201
E7（有理関数と指数関数の積の実軸上の積分） ……201
E8（偶関数と対数関数の積の正の実軸上の積分） ……202

10 位相 ……113

問題 1, 2, 3, 4, 5, 6, 7, 8 ……113
1 の解説（近傍系の公理） ……114
2 の解説（開核，即ち，内部） ……116
3 の解説（位相の定義） ……118
4 の解説（閉包作用素の公理） ……120
5 の解説（近傍系と点列の収束） ……122
6 の解説（有限集合の補集合が開である位相） ……124
7 の解説（T_2-分離公理と T_3-分離公理） ……126
類題 1 ……127
8 の解説（近傍系と閉包） ……128
類題 2, 3 ……129
Exercise 1, 2, 3, 4 ……130
E1（開集合族の公理(O2)） ……201
E2（集積点） ……201
E3（集積点） ……202
E4（集合のベクトル和と開，閉） ……202

11 位相空間としての距離空間とノルム空間 ……131

問題 1, 2, 3, 4, 5, 6 ……131
1 の解説（二つの距離の同相性） ……132
類題 1 ……133
2 の解説（$C[0,1]$ の位相を異にする二つのノルム） ……134

類題 2，3 ……135
3 の解説（連続関数と開区間の原像） ……136
4 の解説（点列連続性と連続性） ……138
類題 4，5，6 ……139
5 の解説（線形写像の連続性） ……140
6 の解説（ベールの定理の証明に用いる補題） ……142
類題 7，8，9，10，11，12 ……143
Exercise 1，2，3，4，5 ……144
E1（凸閉集合への最短距離） ……206
E2（線形汎関数の核の閉性） ……206
E3（有界線形作用素のノルム） ……207
E4（有界線作用素の列の極限） ……207
E5（距離空間への写像の連続性） ……207

12　連結性とコンパクト ……145

問題 1，2，3，4，5，6，7 ……145
1 の解説（連結性とコンパクト性の定義） ……146
類題 1，2 ……147
2 の解説（中間値の定理） ……148
3 の解説（連結であって弧状連結でない例） ……150
類題 3，4，5 ……151
4 の解説（可算コンパクト性） ……152
5 の解説（距離空間のコンパクト） ……154
6 の解説（$\boldsymbol{R}^n$ のコンパクト） ……156
類題 6，7，8 ……157
7 の解説（一様連続性） ……158
Exercise 1，2，3，4，5，6 ……160
E1（一対一連続な f；$\boldsymbol{R}\to\boldsymbol{R}$） ……208
E2（連結性） ……208
E3（$\boldsymbol{R}^2$ のコンパクト化と境界の連結性） ……208
E4（コンパクト距離空間におけるルベグ数） ……208
E5（コンパクト空間の連結性と点列の有限鎖） ……209
E6（コンパクトの減少列の連続像） ……209

13　正規族，コンパクト性，不動点定理 ……161
問題1，2，3，4，5，6 ……161
1の解説（正規族の同程度有界，同程度連続性） ……162
2の解説（アスコリ-アルツェラの定理） ……164
類題1，2 ……165
3の解説（有界だがコンパクトでない例） ……166
類題3，4 ……167
4の解説（モンテルの定理） ……168
5の解説（ブラウワーの不動点定理） ……170
6の解説（有限次元の線形空間のノルムの同相性と不動点定理への応用） ……172
Exercise 1，2，3，4 ……174
E1（モンテルの定理の応用） ……210
E2（C^∞ における有界閉集合のコンパクト性） ……210
E3（リーマンの写像定理の証明のサワリの部分） ……210
E4（シャウダー-チコノフの不動点定理の応用） ……211
類題と Exercise の解答 ……175
1章 ……176
2章 ……178
3章 ……180
4章 ……183
5章 ……185
6章 ……188
7章 ……194
8章 ……196
9章 ……199
10章 ……202
11章 ……204
12章 ……208
13章 ……211
大学院入試問題の出題大学索引 ……215
索　引 ……216

解析学の学び方

この本は， はしがきで述べた様に，微分積分と線形代数のごく初歩を習った言わば解析学の初心者に，微積分と線形代数を少し超えた，いわゆる純粋数学を解説する事を目的としている．従って，解析学の学習法について言えば，この本を読むだけでも，初心者が，努力次第では，プロに可成り近いアマの高段者になれる筈である．この本によってのみ解析学を学ぶ読者を想定して，この機会に解析学について解説しよう．先程，純粋数学と述べたが，具体的に説明した方が話が早い．私が勤めている九大数学教室は代数学，幾何学，解析学(私はこの担当者)，関数解析学，位相数学；統計数学，計画数学，計算数学，数理解析学の9講座より成り，純粋数学コースと情報数学コースに二分され，前半の5講座が**純粋数学**コースである．純粋数学の内の代数学，幾何学，解析学について読者はそれなりのイメージを懐いておられよう．**関数解析学**とは関数を空間の点とみなして研究する学問である．点列の収束や関数の連続性の本質は，近さの概念，**位相**に止揚する事が出来る．次に掲げるのは大学院入試における和文英訳問題であるが，純粋数学を言い得て妙であるので拝借する：

問題 次の和文を英訳せよ：今世紀の数学においては，いわゆる抽象化の方法が自覚して用いられ，異なる部門において同じ理論が成り立つならば，それは同じ公理から演繹せられ，集合，対応などの一般概念から出発して，位相代数的に数学全般が組織されようとしている． (広島大大学院入試)

上の文章によく表現されている様に，現代の解析学等の純粋数学において抽象数学的思考法を避ける事が出来ない．関数 $y=f(x)$ は実数 x に実数 y を対応させる，対応の仕組であるが，ある条件を満す関数 f の集合 $\mathfrak{F}$ を考え，これを**関数空間**と呼ぶ．この時，関数列 $(f_n(x))_{n\geqq 1}$ が関数 $f(x)$ に近づく有様は，関数空間 $\mathfrak{F}$ において，点列 $(f_n)_{n\geqq 1}$ が点 f に近づく状況として把握される．又，関数に関する方程式を**関数方程式**と呼ぶ．微分方程式，積分方程式，差分方程式，及び，これらの混合型は，全て関数方程式である．重要な事は，関数方程式 $Tf=f$ を，関数空間 $\mathfrak{F}$ から $\mathfrak{F}$ への写像 $T:\mathfrak{F}\to\mathfrak{F}$ の**不動点**と考える事である．

広大入試が説く様に，関数空間において，点列 $(f_n)_{n\geqq 1}$ が点 f に近づく様子を研究する立場，即ち，**位相数学的**手法が，現代解析学の常識である．この点列の近づき方も，差の絶対値の最大値を0に近づける**一様収束性**，差の自乗の積分を0に近づける**平均収束性**等多様である．これらを能率よく，統一的に取り扱う為には，どうしても，**抽象数学**的手法によらねばならない．現代の解析学の学習に位相数学的な関数空間論の習得が不可欠である．本書でも，これに立向って行く．

解析学⊂純粋数学＝抽象数学

私の教師としての経験では，この微積分や線形代数からの離脱に際して，学生諸君は，高校から教養部への進学の際 $\varepsilon\to\delta$ 法に悩んだのと同様に，教養数学からの離陸に苦しみながらも，夫々の数学を把握し，新たな世界へと飛翔して行く．解析学のみならず，純粋数学学習の唯一の難関はこの抽象性の克服にある．この本でも，私の教師としての体験から，学生諸君が躓き易い点を先取りして，過保護であると呼ばれる事を恐れずに，説明しようと思う．辛いだろうが，筆者について来て欲しい．そして，筆者を追い越して欲しい．山には高いが故に登る．純粋数学も高級であり，その学習にも辛さが伴うが，一つの頂きに立って，微積分や線形代数を見下す時の眺望は，又，格別である．

我々が 行おうとしている解析学攻略法を予告したが，それは，位相数学的手法によって，関数空間を設定する事に尽きる．空間と呼ぶ以上は幾何学的直観で関数空間を照らし出す事を意味する．この本で，折にふれ力説するが，

解析学とは無限次元の幾何

なのである．ここで，冒頭の九大数学教室の純粋数学コ

ースの代数，幾何，解析，関数解析，位相の講座名に注意されたい．これらの講座の名が，そのまま，上の解析学の説明の中に現われている．広大英訳問題に述べられている様に，純粋数学を解析学とその他に，意味がある様に，分ける事は困難である．言えかえれば，この本を学べば，アマとしては，純粋数学の$\frac{4}{5}$を習得していると言っても，決して過言ではない，「大江山，幾野の道の遠ければ，未だ踏みも見ず，天の橋立」と言う歌があるが，「解析学，抽象化の道は険しけれど，行く手に開ける，純粋数学」である．この本を読んで，一気に登りつめると，そこからしばらくは，意外にも，坦々とした尾根が続き，「絶景かな絶景かな」である．

詳しい事は 本文で説くので，ここで，一般的な心構えだけ述べておこう．抽象的な議論において妄想は最大の敵である．ただ，定義と公理に忠実に従って欲しい．例えば，今では高校のカリキュラムにもなって終った行列

$$A=\begin{bmatrix} a_{11} & a_{12} & \cdots & a_{1n} \\ a_{12} & a_{22} & \cdots & a_{2n} \\ \cdots & \cdots & \cdots & \cdots \\ a_{m1} & a_{m2} & \cdots & a_{mn} \end{bmatrix}$$

を学生諸君に説明する時，私は言う「これは，数字，又は，数字を表わす文字が，縦横長方形に mn 個並んだだけの絵である．それ以上，妄想してはいけない．妄想しては分らなくなるのは，当り前である．定義以外に何もないのであるから」と．又，「ただ，数学である以上，左下の絵をこの字は上手に書けているか等と言う芸術的な立場で眺めるのではない．数に関係付けた演算の約束をするが，初めから，何らかのイメージを懐こうと焦ってはいけない．何もない不毛の地に新たな建物を建てて行くのであるから，出来上って初めて，外観を得るのである．この講義が終る頃，各自が夫々のイメージを持てばよい」と．妄想さえ，懐かねば，抽象数学は易しく，何の予備知識も要らない．予備知識が必要になるのは，具体例を考察する時だけである．だから，教養部から進学した諸君に，私は何時も言う．「この講義は，予備知識は何も要らないので，教養部で成績のよくなかった人も，安心して勉強して欲しい．その代り，教養部でよく出来た人も，怠けていては直ぐ分らなくなりますよ」と．学問に邪道はあるが，王道はない．ただ，コツコツと勉強するだけである．「学びて時に之を習う．又，楽しからずや．」に尽きる．

この本の使い方

1．先ず，各章の初めや終りの問題を見て考える．解けそうな気がしたら，よく考える．その際，目次においてその問題の解説の項に付記されている，その問題の特徴を表わす標語も参考迄に見る．一目見てダメか，漸く考えて分らなかったら，下手な考え休むに似たりで，それ以上時間を空費せずに．

2．その問題の解説をよく読む．そして，次の問題に当る．

3．独力で問題が解けても，その解説を読む．解法が違っていても，落胆する必要はないが，この本の解法も習得する事が必要である．くどくなるが，この本は問題集ではなく，問題の解説を通じて，解析学を講じるのを目的とする．

4．この本は，問題を通じて，解析学の基本事項を修得する事を目的とする．従って，この本の解答は，決して，模範答案ではない．又，多くの問題に適用出来る様，なるべく一般な条件の下で述べる様に努力されているが，答案ではその必要はない．

5．この本では，二，三の例外を除いては(それは明記してある）予備知識は必要とせず，全てこの本で間に合う様になっていて，それがどの問題の解説にあるかが示されているので，それを参考にする事．ただし，その際，その様な事項がある事を認識さえすれば，例えば12頁の13行の様に，そこで深入りする必要はない．場合によっては，それが，未だ学んでいない事項の事も起り得るが，なお更の事である．何年も浪人する人に共通の性

格は，小さな事に拘わって，一つも前進しない事である．これらの人の答案も同様である．

6．不明の術語が生じたら，索引より，その術語が解説してある場所を探し，調べる事．

7．この本に限らないが，習得後も廃棄せずに，辞書として用いる事．私も，教養以降の教科書の全てを辞書として持っていて，必要な時は参考にしている．使い古した本では，必要事項を探すスピードが，他とは比べ物にならぬ程早いからである．

数学書は全て，前に出た事項を能率よく用いながら進む様に書かれているので，順序通りに読むに越した事はない．しかし，得手，不得手があるであろう．この本は連載の原稿のコピーを種とした．その連載は一回一回の読み切りを建て前としている．その為，成るべく，前の章を仮定しないでも読める様努力はされているが，数学である以上，前述の宿命からは逃れられない．一方，この本は，解析学を遍く解説する為書かれている．幾つかに分れる解析学の分野は対等であって，上下関係にはない．従って，この本も，比較的独立な，幾つかの部分に分ける事が出来，夫々は順序を無視して読んでもよい．その関係を図示するが，→がないのは独立である．

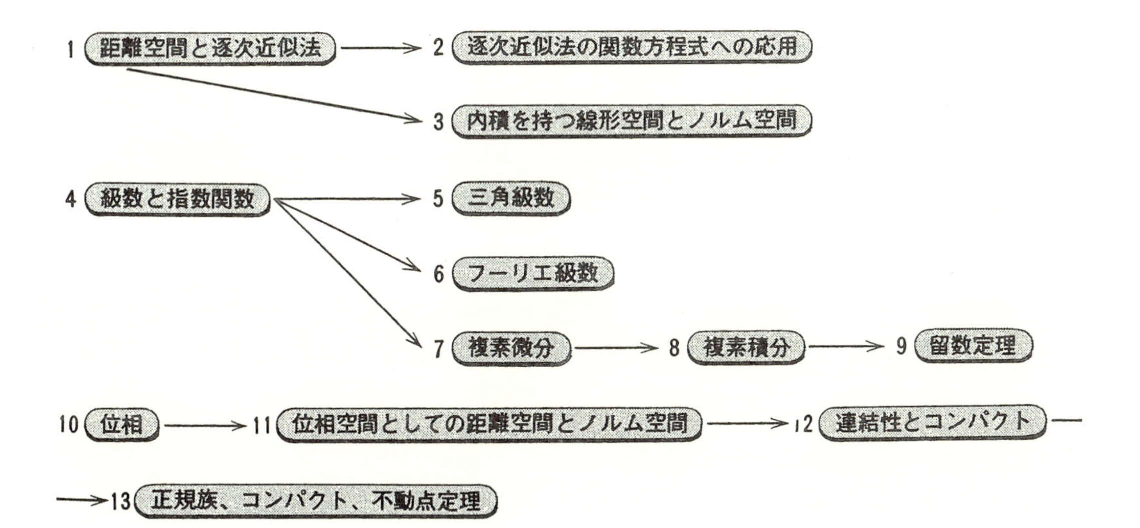

この本によって，生来の数学への情熱が再び燃え上った，数学科以外の他学科の学生諸君へ一言．学士入学等と自らを下げずに，何れかの大学院の数学専攻に入院して，数学病を治療される様おすすめする．準備不足と思われる人は，留年しないで卒業して，志望校の研究生となって，学部の講義を聴講して準備すればよい．その際，指導教官を見付けてその了承を得る事が必要なので，遠ければ手紙で，近ければ面会して，**自己紹介をした後に事情を説明してから**，指導をお願いする事．入室するや，名も名乗らず，いきなり，書類を出して印を捺せと言えば，馬鹿じゃなかろうかと疑われて終う．我国を代表する数学者の半数は他学科からの転向であるから自信を持たれたい．

大学院入試問題の解説として，この本の外に

酒井孝一著，大学院数学入試問題詳解(現代数学社)

がある．又，右記の私の著書も，練習問題の殆んどがこの様な試験の問題から精選されているので参考にされたい．

梶原壌二，解析学序説(森北出版株式会社)

梶原壌二，関数論入門——複素変数の微分積分学
(森北出版株式会社)

更に，「新修線形代数」を現代数学社から姉妹書として同時出版の予定である．

それでは，解析学の修業を始めましょう．

著 者 筆

改訂に際しての謝辞

十年一昔と申しますが，昭和54年８月付けで，本書のはしがきを書かせて頂いて二十五年，現代数学社より，1980年に「新修解析学」を，1982年に「独修微分積分学」を発行して頂きました．その執筆をお勧め下さいました，現代数学社の富田栄様に再び御礼申し上げます．又，長い間，愛読下さった読者の方々に篤く御礼申し上げます．

執筆当時は極く少数の大学にしか大学院研究科は設置されて居りませんでした．それ故，多くの大学の学生が，憧憬度の高い大学の大学院に進学出来る様に，後期高等教育の大衆化を念じ，大学院入試問題より，解説の素材を選びました．九大教授として在職の頃，学会でお会いした新進気鋭の一流の数学者が，上記拙著で受験勉強して大学院に進学しました，と密かに打ち明けて下さいました事は著者冥利に尽きます．念じました大学院教育の大衆化が，既に10年近く前に現実のものとなりました事は，筆者の喜びの一つであります．

上記拙著が品切れで在庫がなくなりました機会に，その改訂版を発行下さる企画となり，平成15年５月30日付のお手紙で現代数学社の富田栄様より，解説の素材の大学院入試問題の若干を最新の問題に差し替えて，「新版：新修解析学」，「新版：新修解析学」へと，面目を新たに致す様御提案下さいました．上記を著す時は，雑司が谷の日本数学教育学会発行の「大学院修士課程入学試験数学問題集」と新宿局私書箱の大学院入試問題研究所発行の「大学院入学試験問題集」より解説の素材を借用しましたが，25年以上の月日の経過は，浦島太郎的でございまして，雑司が谷と新宿局私書箱に問題集を求める手紙を出しても，共に宛先に受取人不存在で還って来るばかりです．従いまして，文教協会発行の「平成15年度　全国大学一覧」の北から順に，平成15年７月27日より毎日各専攻に，その専攻の最近数年間の入試問題のコピーを拙宅に恵送下さる様お願い申し上げました所，東大数理科学専攻様が７月30日に最初に，その後は二ヶ月間毎日最低一専攻より，数学関連の専攻対非数学専攻は９対１の比率で最新の問題を送って頂きました．この機会に篤く御礼申し上げます．この様に新たに追加・差し替えました，最新の大学院入試問題は大学の学を省略せずに，名古屋大学大学院多元数理学研究科，東京大学大学院地球惑星科学専攻の様に，改版に際しての最新の問題である事を識別出来ます様に，研究科名，専攻名を明記しました．ただし，数学上の命題の価値は時間 parameter t に無関係でして，旧版の問題も新たに採択した問題より価値が決して価値が劣るものではございません．

大学院大学として重点化されました大学は，東京大学大学院数理科学研究科の様に，修士定員は学部定員を超え，これらの大学は他大学よりの学生を期待する必然性があります．それ故，在籍校の大学院を目指す限り特別の受験準備は全く必要ありません．拙シリーズ「複素解析」の読者にT大，T′大，T″大，……，と受験を繰り返し７年も浪人し，現在 $T^{(7)}$ 大三年生の方が居られましたが，始めから大学院を持って居られるこの $T^{(7)}$ に入学し，この $T^{(7)}$ を卒業の後，重点化され学部よりも大学院定員が多い憧れのT大学大学院に入学されて居たら，今は，博士号を持つ社会人であるのにと残念に思う事しきりであります．資本の要請で大学院教育が大衆化された今であるからこそ，複数回受験の前期入試で第一志望に入学出来ず，後期日程で合格した第二志望の大学で勉学中の読者が，最初に憧れた大学の大学院を目指されるには極めて良好な環境になりました．上の様に，入試問題の送付をお願いしました所，稲は実る程穂を垂れるの諺の様に，憧憬度の高い大学の大学院ほど，速く入試問題を送って下さいました．ゼミに女子学生が多かった影響で，旧版では，高校教員採用試験問題を多用しましたが，少子化時代となり，高校教員に採用される事は極めて困難であり，教員養成大学・学部も，衣替えしました．又，高校教員採用試験の問題は高校で教える内容から出題されます．これを，憧憬度の高い大学の大学院入試問題で差し替えました．その結果，改訂版の問題は骨太にレベルアップして居ります．随分昔でありますが，卒業式 commencement と言う題の映画を見ました．主人公男性は学部では優等生であったにも拘らず，両親恋人の嘱望を無視して，大学院に進学せず……と言う内容で，その時は大学院学生指導中でありましたにも拘らず，既に，アメリカでは大学院を出ていないと人並みではない，と言う，大学院教育の大衆化を認識して居りませんでした．

大学院教育の大衆化が既に10年以上前に実現して居ります今は，最高学府は大学ではなく，大学院であります．本書が，この本の入試問題を通じて紹介して居ります様な，憧憬度のより高い他大学の大学院に読者が進学される契機となれば，幸いであります．

この本は見開きになって居りますが，旧版では一行の字数一頁の行数を無視して執筆し，生じました空白を，関連してテーマに関する，数学的随筆で，校正の折，急遽空白を埋めました．個性が強く，嫌悪感を持たれた読者もございましたでしょう．旧版の解説文に於ける，この数学的随筆を改訂版では，最新の大学院入試問題で置き換えました．

重ねて，読者と，入試問題を提供して下さった大学院，本書で大変お世話になって居ります，現代数学社の富田栄様と，旧版ではお世話下さったにも拘らず，故人となられた古宮修様に心から御礼申し上げます．

平成16年７月

梶　原　壌　二

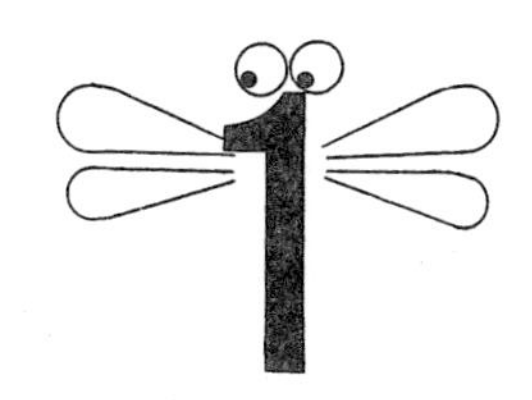

距離空間と逐次近似法

物の集まりを集合と言う．物の集まりを只漫然と眺めただけでは「数」学にならないので，何とか努力して数と関係を付ける．その一つに距離空間の概念があり，解析学に登場するかなりのものは距離空間である．

1 **(距離空間)** 完備な距離空間の定義を述べよ．　(津田塾大大学院入試)

2 **(距離空間)** 正整数 n に対して，実数 x_n を $\dfrac{m}{10^n}$ (m は正整数) の形の分数で，$\sqrt{2}$ より小さいものの最大数とする．この時，有理数 $(x_n)_{n\geqq1}$ はコーシーの基本列を作ることを示せ．　(大阪大大学院入試)

3 **(距離空間)** $[-1,1]$ 上の連続関数全体の集合を $C[-1,1]$ とし，その二元 f,g に対して

$$d(f,g)=\sqrt{\int_{-1}^{1}(f(t)-g(t))^2dt} \tag{1}$$

で距離 $d(f,g)$ を定義する．$n\geqq1$ に対して

$$f_n(t)=\begin{cases} -1, & -1\leqq t\leqq -\dfrac{1}{n} \\ nt, & -\dfrac{1}{n}\leqq t\leqq \dfrac{1}{n} \\ 1, & \dfrac{1}{n}\leqq t\leqq 1 \end{cases} \tag{2}$$

で定義される距離空間 $(C[-1,1],d)$ の点列 $(f_n)_{n\geqq1}$ はコーシー列であるが，収束列ではない事を示せ．　(九州大大学院入試)

4 **(逐次近似法)** X を完備な距離空間，d をその距離とし，T を X から X への写像とする．又，$0<a<1$ を満す実数 a があって

$$d(Tx,\ Ty)\leqq ad(x,y) \tag{1}$$

が任意の $x,y\in X$ に対して成立するものとする．この時，次の事を証明せよ．

(i) X の元 x_0 に対して

$$x_n=Tx_{n-1}\ \ (n\geqq1) \tag{2}$$

と置くと，点列 $(x_n)_{n\geqq1}$ はコーシー列である．

(ii) $x^*=\lim_{n\to\infty}x_n$ と置く時，$Tx^*=x^*$ が成立する．

(iii) $Tx=x$ を満す $x\in X$ に対して $x=x^*$ が成立する．

(東北大，津田塾大，北海道大，九州大，大阪大，東京理科大，岡山大大学院入試)

1 (距 離 空 間)——完備な距離空間の定義

集合 X の任意の二つの元 x, y の組に対して，実数 $d(x, y)$ が対応して，**距離の公理**と呼ばれる次の公理

(D1) $d(x, y) \geqq 0$ で，$d(x, y)=0$ と $x=y$ とは同値,

(D2) $d(x, y)=d(y, x)$,

(D3) (三角不等式) $d(x, z) \leqq d(x, y)+d(y, z)$

が成立する時，d を X 上の**距離**，X と d との総合概念 (X, d) を**距離空間**と言う．一般に，空間と呼ばれる集合の元を**点**と言う．早く言えば，何でもよいから物の集まり X があり，どんな方法でもよいから X のどの二点 x, y の組にも実数 $d(x, y)$ が対応して距離の公理を満たしさえすれば，X と d とを合せて考えた物は距離空間となり，$d(x, y)$ は二点 x, y の距離となるのである．刑務所に限りなく近かろうと遠かろうと，選挙で選ばれた者は国会議員となり，天の声であろうと変な声であろうと，アーウーと言って，予備選挙で第一位を占めた者が総裁となるのと同じである．集合 X がどの様な物の集まりなのか，距離 d がどの様な手段で定義されたかは，一切気にしない．只只公理を満せばよいのである．

距離空間 (X, d) が与えられた時，集合 X の元の列 $x_1, x_2, \cdots, x_n, \cdots$ を $(x_n)_{n \geqq 1}$ と略記して，X の**点列**という．別に X の点 x が与えられたとしよう．各 $n \geqq 1$ に対して，$d(x_1, x), d(x_2, x), \cdots, d(x_n, x), \cdots$ は実数列であるから，高校数学や教養の数学の射程内である．

$$\lim_{n \to \infty} d(x_n, x)=0 \tag{1}$$

の時，点列 $(x_n)_{n \geqq 1}$ は x に**収束**する，又は，点 x は点列 $(x_n)_{n \geqq 1}$ の**極限**であるといい，

$$x=\lim_{n \to \infty} x_n \tag{2}$$

と書くが，高校生諸君には大学入試問題よりずっと楽であろう．距離空間 (X, d) の点列 $(x_n)_{n \geqq 1}$ は X のある点 x に収束する時，**収束列**と言う．

距離空間 (X, d) の点列 $(x_n)_{n \geqq 1}$ が収束列であれば，点列 $(x_n)_{n \geqq 1}$ は X のある点 x に収束する．距離の公理と(2)より x を媒介として，$m, n \to \infty$ の時

$$d(x_m, x_n) \leqq d(x_m, x)+d(x, x_n)=d(x_m, x)+d(x_n, x) \to 0$$

が得られる．一般に，距離空間 (X, d) の点列 $(x_n)_{n \geqq 1}$ は

$$\lim_{m, n \to \infty} d(x_m, x_n)=0 \tag{3}$$

が成立する時，**コーシー列**と言う．

条件(3)は点列 $(x_n)_{n \geqq 1}$ しか用いていず，距離 $d(x_m, x_n)$ を求めて，$m, n \to \infty$ の時 0 に収束する事をテストすればよい．これに反し，条件(1)は極限 x を見付けると言う閃めきを要する．条件(3)には閃めきは必要でなく，只鈍牛の様に努力すればよいのである．コーシー列と収束列の間には理論的にも，実際の運用にも格段の相異がある．従って両者が一致する様な空間は大変有難い．

コーシー (1789-1857)

コーシー列が常に収束列である様な距離空間を米語では complete，仏語では complet，独語では vollständig と言う．これは岩波の数学辞典で**完備**と訳され，異質的な様々な設備が整っているかの様な印象を与えるが，私の狭い経験に基く語学的実感とは一致しない．

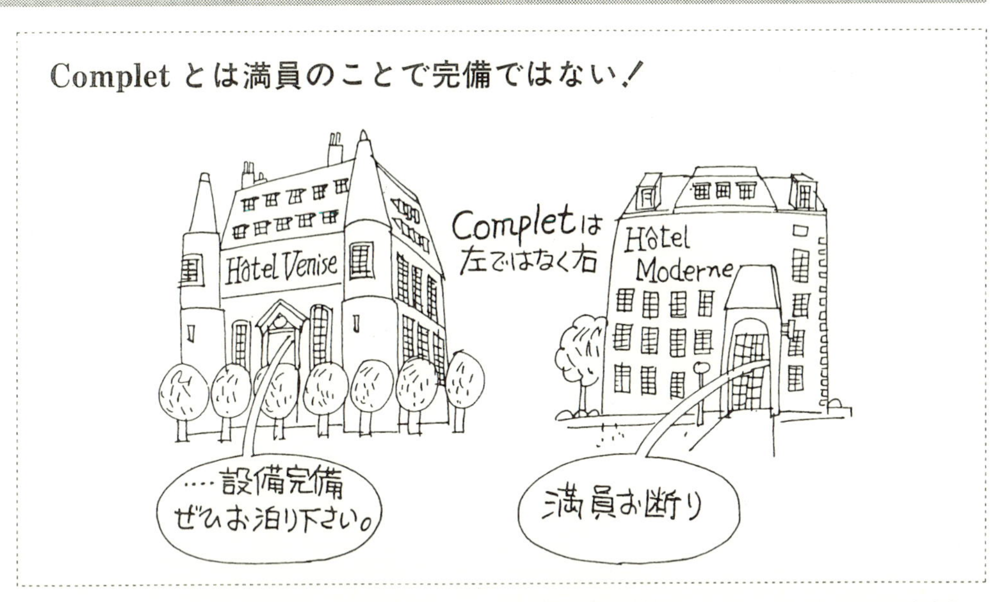

初めてレマン湖に遊んだ時，スイス側のローザンヌより観光船で対岸のミネラル・ウォーターで有名なエビヤンに渡り，とあるホテルの前に来たら complet と書いてあった．条件反射的に距離空間の完備性を想起し，日本式のバス・トイレ・冷暖房完備と思い込み，入り込んでコンシェルジュのマダムに

Avez-vous une chambre libre (部屋が空いてますか)？

と聞いたら，普通は

Avec bain ou douche (バスかシャワーがいりますか)？

と返って来るのに，ここは如何に Non, complet! と答えるではないか．これは異常事態と，原点に戻り

Qu'est-ce que c'est que complet (コンプレとは何ですか)？

と complet の定義を尋ねた所，一つの部屋が塞っている状態を occupé と言い，全ての部屋が塞っている状態を complet と言うと明確な解答を得，この時初めて complet の正しい数学的概念を把握する事が出来，眼から鱗が落ちた想いがした．Complet とは異質的な多くの設備が整っている状態ではなく，同質的な席や部屋が全く塞っている状態，即ち，満員，満車，満席や満室と言った状態を言うのであった．

しかし，Complet (満席) は公的には完備とされているし，私も日本数学会会員なので，今後は完備という公的な用語を用いる．

類題 ——— (解答☞ 176ページ)

1．実数全体の集合を $\boldsymbol{R}$ とする．$\boldsymbol{R}$ の任意の二元 x, y に対して，

$$d(x, y)=|x-y| \tag{1}$$

とおくと，d は距離の公理を満すことを確かめよ．距離空間 $(\boldsymbol{R}, d)$ を**数直線**という．

2．有理数全体の集合を $\boldsymbol{Q}$ とする．$\boldsymbol{Q}$ の任意の二元 x, y に対して

$$d(x, y)=|x-y| \tag{1}$$

とおくと，d は距離の公理を満すことを確かめよ．

3．類題 2 の距離空間$(\boldsymbol{Q}, d)$において，有理数列$(x_n)_{n\geqq1}$を

$$x_1=1,\ x_{n+1}=\frac{1}{2}\left(x_n+\frac{2}{x_n}\right)\ (n\geqq1) \tag{1}$$

によって定義すると，類題 1 の距離空間 $(\boldsymbol{R}, d)$ において，点列 $(x_n)_{n\geqq1}$ は点 $\sqrt{2}$ に収束することを示せ．さらに，点列 $(x_n)_{n\geqq1}$ は距離空間 $(\boldsymbol{Q}, d)$ のコーシー列ではあるが，収束列ではないことを示せ．従って，$(\boldsymbol{Q}, d)$ は，完備でない距離空間の最も簡単な例である．

4．距離空間 (X, d) のコーシー列 $(x_n)_{n\geqq1}$ が，収束するような部分列 $(x_{\nu_n})_{n\geqq1}$ をもてば，点列 $(x_n)_{n\geqq1}$ 自身が収束することを示せ．

2 (距 離 空 間)——10進法の小数展開が作るコーシー列

数列 $(x_n)_{n\geqq 1}$ は $\sqrt{2}$ の10進法による小数展開を小数第 n 位で打ち切ったものであるから,

$$0<\sqrt{2}-x_n<\frac{1}{10^n} \quad (n\geqq 1) \tag{1}$$

が成立する. また, $\nu>n$ の時, $\sqrt{2}$ の小数展開を小数第 n 位で打ち切った x_n と小数第 ν 位で打ち切った x_ν の間にも

$$0\leqq x_\nu-x_n<\frac{1}{10^n} \quad (\nu>n\geqq 1) \tag{2}$$

が成立している. $n\to\infty$ の時 $\frac{1}{10^n}\to 0$ であるから, (2)より類題1の距離(1)に関して

$$\lim_{\nu>n\to\infty} d(x_\nu, x_n)=\lim_{\nu>n\to\infty}|x_\nu-x_n|=0 \tag{3}$$

が成立し, 実数列 $(x_n)_{n\geqq 1}$ はコーシー列である. また, (1)より

$$\lim_{n\to\infty} d(x_n, \sqrt{2})=\lim_{n\to\infty}|x_n-\sqrt{2}|=0 \tag{4}$$

が成立し, 有理数列 $(x_n)_{n\geqq 1}$ は無理数 $\sqrt{2}$ に収束する. 類題3の有理数列と同じく, これも, 有理数全体の集合 $\boldsymbol{Q}$ に対して, 通常の方法で与えられる類題2の距離 d に関して, 距離空間 $(\boldsymbol{Q}, d)$ が完備でないことが示す例である. この例は, コーシー列であるが収束列でない, 距離空間 $(\boldsymbol{Q}, d)$ の点列の例である. この様に, 成立しない例を**反例**と云う.

上に述べた解答は, 直観的で, 直截的で, 分り易いが, 何か足りないものがある. わざわざ難くして, 衒学的な解答をするのも一興であろう. 自然数全体の集合 $\boldsymbol{N}$ に対して, 次の公理を仮定しよう:

(公理W) $\boldsymbol{N}$ の空でない任意の部分集合は最小元を持つ.

公理Wは自然数全体の集合 $\boldsymbol{N}$ が通常の大小関係について, **整列集合**であることを主張している. 更に,

(公理A) 任意の正数 a, ε に対して, 自然数 n_0 があって, $n_0\varepsilon>a$.

$n_0\varepsilon>a$ と $\frac{a}{n}<\varepsilon$ $(n\geqq n_0)$ とは同値であるから, 公理Aは

$$\text{(公理A)} \quad \text{任意の正数 } a \text{ に対して, } \lim_{n\to\infty}\frac{a}{n}=0 \tag{5}$$

といいかえられ, **アルキメデスの公理**とよばれる. $0<a<1$ に対して, $\delta=\frac{1}{a}-1>0$ と置くと, 二項定理より

$$a^{-n}=(1+\delta)^n=1+n\delta+\frac{n(n-1)}{2}\delta^2+\cdots+\delta^n>n\delta \tag{6}$$

であるから, $a^n<\frac{1}{n\delta}$. 従って, 公理Aより, 次の公式を得る.

$$\lim_{n\to\infty} a^n=0 \quad (0<a<1) \tag{7}$$

ある数学者の追想によると, 高校生の時, (5)や(7)が成立する事をどうしても証明出来ず, 先生に質問したら, 御機嫌を損ねてしまったそうである. 諸君は生徒に, 公理だから証明出来ないけれども, 万人が認め得る命題ですねと, 優しく教える先生になりましょうね. 公理を証明出来ぬ事は恥ではない!

さて, 公理Aを実数の連続性公理の一つから導こう. 実数列 $(x_n)_{n\geqq 1}$ は, 正数 M があって, $x_n\leqq M$ $(n\geqq 1)$ が成立する時, **上に有界**と云い, $x_n\leqq x_{n+1}$ $(n\geqq 1)$ の時, **単調非減少**, $x_n<x_{n+1}$ $(n\geqq 1)$ の時, **単調増加**と云う. この時, 次の公理が成立する.

(実数の連続性公理) 上に有界な単調非減少数列は収束する.

さて，ある正数 a と ε に対して，公理Aが成立しなかったとしよう．任意の自然数 n に対して，$n\varepsilon \leqq a$ が成立するから，実数列 $(n\varepsilon)_{n\geqq 1}$ は上に有界である．これは増加数列であるから，実数の連続性公理より収束する．その極限を x_0 とする．$n\varepsilon \leqq a\ (n\geqq 1)$ であるから，$x_0 \leqq a$．一方，数列 $(n\varepsilon)$ は実数 x_0 に限りなく近づくから，十分大きな番号 n_0 を取れば，n_0 番目から先では，x_0 との差が ε より小さくなり，$x_0-\varepsilon < n\varepsilon < x_0+\varepsilon\ (n\geqq n_0)$ が成立する．左辺より，$x_0<(n+1)\varepsilon$ が得られ，単調増加数列 $(n\varepsilon)_{n\geqq 1}$ の極限 x_0 は $n\varepsilon \leqq x_0\ (n\geqq 1)$ を満すので，$x_0<(n+1)\varepsilon \leqq x_0$ が成立し，矛盾である．このように背理法で，公理Aが示された．準備は，これ位にして，教条主義的な解答を与えよう．

自然数 n に対し，自然数の集合 $S_n=\left\{m\in \boldsymbol{N}\ ;\ \dfrac{m}{10^n}>\sqrt{2}\right\}$ は，$2\cdot 10^n$ を含むので空ではない．従って，最小数をもつので，これを p_n+1 と書き，$x_n=\dfrac{p_n}{10^n}$ とおく．$p_n \notin S$ であるから，$\dfrac{p_n}{10^n}\leqq \sqrt{2}<\dfrac{p_n+1}{10^n}$．これは x_n が $\sqrt{2}$ を越えない $\dfrac{m}{10^n}$ の形の有理数の中で最大であることを意味する．$\nu>n$ の時，$x_n=\dfrac{10^{\nu-n}p_n}{10^\nu}$ と書けるので，そのような有理数の内で最大のものである x_ν を越えない．従って，$x_n\leqq x_\nu\ (\nu>n)$．これより

$$0\leqq x_\nu - x_n \leqq \sqrt{2}-x_n<\frac{1}{10^n}\ (\nu>n) \tag{8}$$

を得る．アルキメデスの公理より導かれる公式の(7)より，$d(x_\nu, x_n)=|x_\nu-x_n|\to 0\ (\nu>n\to\infty)$ が成立し，実数列 $(x_n)_{n\geqq 1}$ はコーシー列である．勿論，(7)と(8)より $\sqrt{2}$ に収束する．

上の証明において，$\sqrt{2}$ の代りに任意の実数 x で置き換えても，そのまま，議論を進めることが出来る．従って，x を10進法で小数に展開して，小数第 n 位で打ち切った有理数 x_n は，x に収束する数列 $(n_n)_{n\geqq 1}$ を作る．また，10進法の代りに，任意の自然数 $q\geqq 2$ に対して，q 進法展開しても，10を q に置き換えるだけで，議論は全く同じである．10に拘わるのは，指の数が10本であるからである．

一般に距離空間 (X, d) の部分集合 Y は，X の任意の点 x が，Y に属する X の点列 $(y_n)_{n\geqq 1}$ の極限となる時，X の**稠密**部分集合と云う．上に説明した事柄は，数値線 $(\boldsymbol{R}, d)$ において，有理数全体の集合 $\boldsymbol{Q}$ が稠密であることを意味する．

有理数全体の集合 $\boldsymbol{Q}$ に対しては，そのコーシー列の極限である無理数をも付け加えて数直線を作る事が出来るので，距離空間 $(\boldsymbol{Q}, d)$ は数直線から無理数を除いただけ空席があり，満席ではない．すべてのコーシー列が収束する様に，無理数を塡め込んで満席にした物が数直線の定義その物であり，これは当然満席である．この様に考えると，次の公理は理解し易い．

(実数の連続性公理)　実数のコーシー列は収束する．

類 題

(解答☞ 176ページ)

5．数直線 $(\boldsymbol{R}, d)$ において，有理数全体の集合 $\boldsymbol{Q}$ が稠密であることの証明を清書せよ．

6．正数 r に対して，$\lim r^n$ を求めよ．

(佐賀県中学教員採用試験)

7．$a_1=1, a_2=2, a_n=\dfrac{2a_{n-1}+a_{n-2}}{3}\ (n\geqq 3)$ で表わされる数列 $(a_n)_{n\geqq 1}$ の極限を求めよ．

(埼玉県高校教員採用試験)

8．$a\neq 0, x_1=\dfrac{1}{a}, x_{n+1}=\dfrac{x_n}{1+x_n}\ (n\geqq 1)$ で定義される数列 $(x_n)_{n\geqq 1}$ の一般項を具体的に記し，その極限を求めよ．

(青森県中学・高校教員採用試験)

9．$S_n=\sum_{k=1}^{n}(-1)^k$ に対して，$\lim_{n\to\infty} S_n$ を求めよ．

(千葉県高校教員採用試験)

10．有理数列で有理数に収束する例，有理数列でその極限が有理数でない例，有理数列でその極限が存在しない例，以上の三例をあげ，更に，実数 α に対して

$$a_n=\int_1^n x^\alpha e^{-x}dx\ (n\geqq 1)$$

で与えられる数列が収束することを示せ．

(津田塾大大学院入試問題)

3 (距 離 空 間)——$C[-1,1]$ における L^2 ノルムに関するコーシー列

「$d(f,g)$ が距離の公理を満すことを示せ」等とは書いていないので，その証明を記したり余計な事をするとボロが出て減点されるし，余程融通のきかぬ頭脳硬直型学生と見られるだけである．本書では，3章の問題1のシュワルツの不等式の所で能率的に距離の公理が満たされる事を示しましょう．この問題の重点はあくまでも，距離空間 $(C[-1,1],d)$ が完備でない事の証明にある．

$m \geqq n$ の時，$1/m \leqq 1/n$ であるから，下図から分る様に $1/n \leqq t \leqq 1$ で $f_m(t)=f_n(t)=1$ であり，定義(1)より

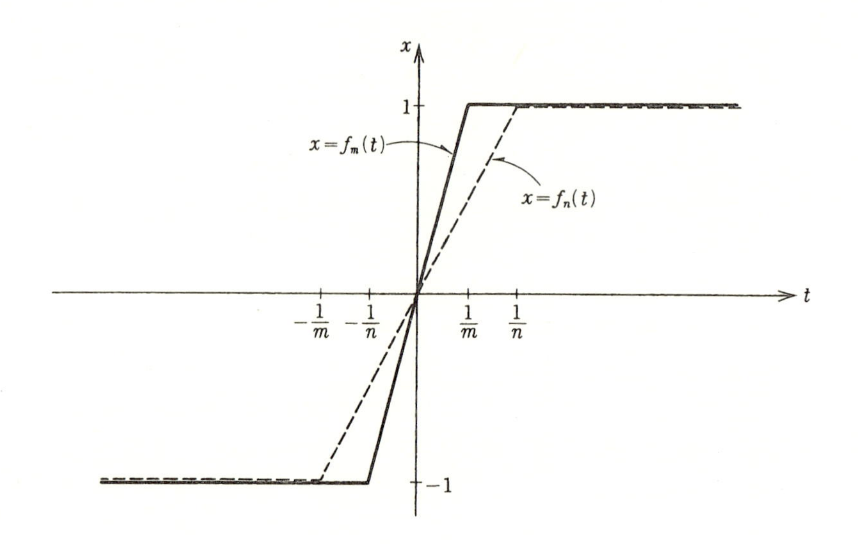

$$(d(f_m,f_n))^2=\int_{-1}^{1}(f_m(t)-f_n(t))^2dt=2\int_0^1(f_m(t)-f_n(t))^2dt$$

$$=2\int_0^{\frac{1}{m}}(mt-nt)^2dt+2\int_{\frac{1}{m}}^{\frac{1}{n}}(1-nt)^2dt$$

$$=\frac{2(m-n)^2}{3m^3}-2\left(\frac{1}{n}-\frac{1}{m}-n\left(\frac{1}{n^2}-\frac{1}{m^2}\right)+\frac{n^2}{3}\left(\frac{1}{n^3}-\frac{1}{m^3}\right)\right)\to 0 \quad (m \geqq n\to\infty)$$

が成立し，点列 $(f_n)_{n\geqq 1}$ は距離空間 $(C[-1,1],d)$ のコーシー列である．もしも点列 $(f_n)_{n\geqq 1}$ が点 f に収束すれば，任意の $0<a<1$ に対して，$n\geqq 1/a$ であれば，

$$\int_{-1}^{-a}(f(t)+1)^2dt+\int_a^1(f(t)-1)^2dt$$

$$=\int_{-1}^{-a}(f(t)-f_n(t))^2dt+\int_a^1(f(t)-f_n(t))^2dt$$

$$\leqq\int_{-1}^{1}(f(t)-f_n(t))^2dt=(d(f_n,f))^2\to 0\ (n\to\infty)$$

が成立し，

$$\int_{-1}^{-a}(f(t)+1)^2dt+\int_a^1(f(t)-1)^2dt=0,$$

従って，$-1\leqq t\leqq -a$ にて $f(t)=-1, a\leqq t\leqq 1$ にて $f(t)=1$ が成立しなければならない．a は任意であるから

$$f(t)=\begin{cases}-1, & -1\leqq t<0\\ 1, & 0<t<1\end{cases}$$

が成立しなければならない．この様な関数 $f(t)$ は $t=0$ で連続でないので，コーシー列 $(f_n)_{n\geqq 1}$ は収束しない．従って距離空間 $(C[-1,1],d)$ は complet でない．

距離空間 $(C[-1,1],d)$ は complet でないので，そのコーシー列の極限である上述の様な不連続関数を塡め込んで満席にしたのが自乗可積分関数の作るヒルベルト空間 $L^2[-1,1]$ であり，その元は**可測関数**と呼ばれ，数直線における無理数と同様な立場にある．この様な積分の理論は**測度論**や**積分論**として解析学の一分野を占めていて，理学部の2年又は3年生が学ぶ物である．

一般に，距離空間 (X,d) はコーシー列も点と見なし，無理やりに X に付け加えて満席にし，完備な距離空間を作る事が出来る．これを**完備化**と言う．まあ，一種の粉飾決算と思えばよい．ここ迄書き進んで来ると，生れて初めて抽象的な議論に出会った読者の戸惑いが眼に浮び，教師の本性を曝け出して，なりふり構わず，くどくどと説明したくなる．

まず，距離空間の定義を，文章としては理解出来るが，実体がはっきりしない読者が多いと思う．私は申したい．実体がはっきりしないのは当然である，定義と公理しか与えられていないのであるから，よく分らないのが普通であると．それ以上妄想してはいけない．少年の日に，a と言う単語の意味が知りたくて，秘かに辞書を引くと b と言う単語に出会い，b を引くと a に戻り，益々分らなくなった経験のある人は多いと思う．これと同じで，定義と公理以外に，自分の頭の中で妄想を逞ましくすると野坂昭如氏的混乱に陥るだけである．最初は無でも，学んで行く内に，次第に自分なりの距離空間の直観が身に付いて来る物である．焦ってはいけない．

読者は又次の様な異議を唱えるであろう：距離空間 X の点は一つのラテン文字 x で表わされていたのに，問題3では距離空間 $C[-1,1]$ の点は関数 $f(t)$ となり，関数 f は $[-1,1]$ の各点 t に実数 $f(t)$ を対応させる物で，そのグラフは長さを持っており，この様な立派な肩書きを持った者を，一つの点に格下げするのには反対であると．我々の考察の対象は前にもくどくど述べた様に，公理を満たす様な距離が導かれた集合であれば，何でもござれ，一局同仁，読売巨人軍の様に江川選手の人権だけを特別扱いする様な差別はしない．その代り，定義と公理をよく守り，没論理的な社説を展開したり，異常事態を招いたりはしない．ユークリッド空間を扱う事もあるし，問題3の様に関数の作る空間，即ち，**関数空間**を扱う事もあるし，数列の作る空間を扱う事もある．これらの場合，点とは，それぞれ，ユークリッド空間の点であり，関数であり，数列である．かかる変幻自在さ，即ち，弁証法的思考法を身に付けねばならない．これこそ，学部の数学と教養の数学を分つ物である．小学校で学ぶ対象は具体的な自然数，正の有理数である．中学校に上って，文字 a, b, c が数字を表す事を識る．高校に合格して，$f(x)=ax^2+bx+c$ と多項式を表す関数を学ぶが，未だ大学入試に「関数 $f(x)$ は…」等と出題しては文部省から叱られる．受験戦争を経て教養部へ入ると，連続関数 $f(x)$ とか，数列 $(a_n)_{n\geqq 1}$ という一般的な述べ方に戸惑う．それでもどうにか，単位を取り学部へ進学すると関数や数列が空間の点となり，それでも，未だ把え所があってよい方で，話は次第に抽象的になり，把え所がなく，終に野坂昭如氏的妄想に耽り，気付いた時は単位を落している．くどい様だが，機械的に計算にたけている人に多いが，妄想を懐いて自滅しないで欲しい．

以上を克服すると距離空間は単純明解，何も暗記する事はない．物の集まり X があって，公理を満す様に X の二元 x,y に距離が導かれた物であり，$x=\lim_{n\to\infty}x_n$ とは $\lim_{n\to\infty}d(x_n,x)=0$ の事であり，$\lim_{m,n\to\infty}d(x_m,x_n)=0$ を満たす点列 $(x_n)_{n\geqq 1}$ をコーシー列と言う．コーシー列が常に収束する距離空間こそ，本章の主役，完備な距離空間である．

4 (逐次近似法)——逐次近似法の一般論

この問題は**逐次近似法**と呼ばれ，完備な距離空間の最も重要な応用問題であり，解析学や数値解析学の重要な手段の一つであり，入試問題としても，毎年何らかの形式で出題されている．

写像 $T : X \to X$ は条件(1)を満す事，**縮小写像**と呼ばれる．a を T の**リプシッツ定数**と言う．逐次近似法とは，縮小写像 $T : X \to X$ に対して，まず何でもよいから一点 x_0 を取り，これを第0近似と言い，x_0 の T による像 x_1 を作り，これを第1近似と言い，次に x_1 の T による像 x_2 を作り，この操作を繰り返す．x_0 は定義されているし，$n \geqq 1$ に対して x_{n-1} が定義されれば，$x_n = Tx_{n-1}$ によって x_n が定義されるので，数学的

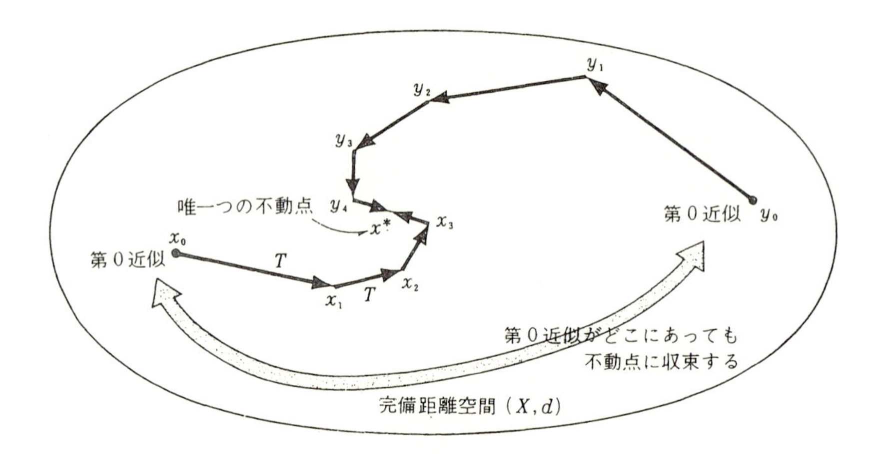

帰納法によって，すべての $n \geqq 1$ に対して x_n が定義される．

我々が頼りにするのは定義と公理，与えられた条件である．すると(2)が頼りになり，

$$d(x_{n+1}, x_n) = d(Tx_n, Tx_{n-1}) \tag{3}$$

を得る．ここ迄来ると，「私でも写せます」と言う具合に(1)に気付き

$$d(x_{n+1}, x_n) \leqq ad(x_n, x_{n-1}) \tag{4}$$

を得る．これが等号であれば，高校の等比数列の議論で

$$d(x_{n+1}, x_n) = a^n d(x_1, x_0)$$

が成立する筈であるが，残念ながら不等号である．新たな事態に直面した時は，最初からやり直す他ないので，等号の代りに不等式で置き換え

$$d(x_{n+1}, x_n) \leqq a^n d(x_1, x_0) \tag{5}$$

を予想し，高校で等比数列の公式を示した様に帰納法による．$n=1$ を(4)に代入すると，(5)が $n=1$ の時成立している事を識る．$n \geqq 2$ に対して，$n-1$ の時の(5)，即ち

$$d(x_n, x_{n-1}) \leqq a^{n-1} d(x_1, x_0) \tag{6}$$

を仮定すると，(4)と(6)より

$$d(x_{n+1}, x_n) \leqq ad(x_n, x_{n-1}) \leqq a^n d(x_1, x_0)$$

を得，(5)が n の時も成立し，数学的帰納法によって，一般の自然数 n に対しても(5)が成立する．この等号と不等号の違いこそ高校数学と大学の違いであるから，違いが分る男に成長して欲しい．

さて，いよいよ，**コーシー-テスト**に入ろう．$m > n$ の時，三角不等式より

$$d(x_m, x_n) \leqq d(x_{n, m-1}) + d(x_{m-1}, x_n)$$

が成立し，やはり数学的帰納法により

$$d(x_m, x_n) \leqq d(x_m, x_{m-1}) + d(x_{m-1}, x_{m-2}) + \cdots + d(x_{n+1}, x_n) \tag{7}$$

と番号が一つずつずれている二点間の距離の和で押えられる．(5)を(7)に代入して

$$d(x_m, x_n) \leqq (a^{m-1} + a^{m-2} + \cdots + a^n) d(x_1, x_0) \quad (m > n) \tag{8}$$

を得る．$0<a<1$ であるから，(8)の右辺は，今度は高校の等比級数の和の公式の適用範囲であり

$$d(x_m, x_n) \leqq \frac{a^n - a^m}{1-a} d(x_1, x_0) \quad (m > n) \tag{9}$$

を得る．$0<a<1$ であるから，次の目標に達する：

$$\lim_{m,n\to\infty} d(x_m, x_n) = 0 \tag{10}$$

(10)が証明されたから，点列 $(x_n)_{n\geqq1}$ はコーシー列であり，距離空間 (X, d) は完備であるから，コーシー列 $(x_n)_{n\geqq1}$ は，どの様な点であるかは分らないにせよ，X の一点 x^* に収束し，

$$x^* = \lim_{n\to\infty} x_n \tag{11}$$

が成立する．

$Tx^*=x^*$ を満足する $x^*\in X$ を T の**不動点**と言い，不動点の存在を保証する定理を**不動点定理**と言う．$Tx^*=x^*$ を証明するには，距離の公理より $d(Tx^*, x^*)=0$ を示せばよい．そのためには，x_n を媒介として，三角不等式より

$$d(Tx^*, x^*) \leqq d(Tx^*, Tx_n) + d(Tx_n, x_n) + d(x_n, x^*)$$

を得るので，$x_{n+1}=Tx_n$ に注目すると，(1)と(5)より

$$d(Tx^*, x^*) \leqq (a+1) d(x_n, x^*) + a^n d(x_1, x_0) \tag{12}$$

を得る．$\lim_{n\to\infty} d(x_n, x^*)=0$ が成立しているし，$0<a<1$ であるから，(12)の右辺において $n\to\infty$ とすると，$d(Tx^*, x^*)\leqq 0$ を得るが，距離の公理より $d(Tx^*, x^*)\geqq 0$ なので $d(Tx^*, x^*)=0$ を得る．やはり距離の公理より，目標の $Tx^*=x^*$ を得，x^* が T の不動点であることを示した．

不動点 x^* の存在を示したので，その**一意性**，即ち，x^* 以外に不動点がない事を示そう．x を別の不動点とする．勿論 $Tx=x$ が成立している．$Tx^*=x^*$ も成立しているので，(1)より，

$$d(x^*, x) = d(Tx^*, Tx) \leqq ad(x^*, x),$$

従って

$$(1-a)(d(x^*, x) \leqq 0$$

を得る．仮定より $0<a<1$ であるから，$d(x^*, x)\leqq 0$ が成立し，さっきの論法で，$d(x^*, x)=0$，従って，$x^*=x$ を得る．

このようにして不動点の一意的存在の証明が終った．問題4の解答もこれで終るが，第0近似 x_0 をどの様に選んでも，これに次々と写像 T を施して得られる点列は皆，T の唯一の不動点 x^* に収束し，不動点 x^* は第0近似 x_0 の取り方に依らない事が重要である．我々は**バナッハの不動点定理**と言う数学で最も由緒ある名跡の一つを詣でたのである．

2章の，問題2の(1)の様な**微分方程式**，類題1の様な**積分方程式**，E-2の様な**微分不等式**，類題3の様な**積分不等式**，本章の類題7の様な**差分方程式**，2章のE-3の様な**差分微分方程式**，これらを総称して**関数方程式**と云う．関数方程式の $\frac{1}{3}$ は不動点定理によって解かれ，その大半はバナッハの不動点定理であり，難しくなると，奥の手の13章のシャウダー-チコノフの不動点定理が用いられる．なお，若い先生は逐次近似法を**反復法**と呼ばれる．

バナッハ (1892-1945)

EXERCISES

(解答☞ 177ページ)

1 **(逐次近似法) ニュートンの方法**

関数 $f(x)$ は閉区間 $[a_0, b_0]$ で C^2 級であって

$$f(a_0)>0,\ f(b_0)<0 \tag{1}$$

であり，更に，$[a_0, b_0]$ の各点で

$$f''(x)>0 \tag{2}$$

を満す．数列 $(a_n)_{n\geqq 1}$ を

$$a_n=a_{n-1}-\frac{f(a_{n-1})}{f'(a_n-1)}\ (n\geqq 1) \tag{3}$$

で定義する．この時，次の事柄を証明せよ．

(イ) $f(x)=0$ は $[a_0, b_0]$ で根を持つが，それは唯一の根である．

(ロ) $f'(a_0)<0$ である．

(ハ) $a=\lim_{n\to\infty}a_n$ が存在し，かつ，$f(a)=0$ が成立する．　(新潟大，東京理科大大学院入試)

2 **(逐次近似法) ニュートンの方法の助変数を伴う変形**

二実変数 t, x の数平面 $\boldsymbol{R}^2$ の点 $(0,0)$ のある近傍で C^1 級の関数 $f(t,x)$ が

$$f(0,0)=0 \quad (1), \qquad f_x(0,0)\neq 0 \quad (2)$$

であると云う．$t=0$ で値 0 を取り，変数 t の数直線 $\boldsymbol{R}^1$ における 0 の近傍 U において，同程度連続な関数の族 $F(U)$ が与えられている．$x\in F(U)$ に対して，$Tx\in C(U)$ を

$$(Tx)(t)=x(t)-\frac{f(t, x(t))}{f_x(0,0)} \tag{3}$$

で定義する時，$Tx\in F(U)$ であると仮定し，写像 $T: F(U)\to F(U)$ を考察する．この時

(イ) 定数 $\alpha\in(0,1)$ と U に含まれる 0 の近傍 V があって，V 上では次の不等式が成立する事を示せ：

$$d(Tx, Ty)\leqq ad(x,y),\ (x, y\in F(V)) \tag{4}$$

ただし，

$$d(x,y)=\sup_{t\in V}|x(t)-y(t)|\ \ (x, y\in F(V)) \tag{5}$$

であり，$F(V)$ は $F(U)$ の関数を V の上に制限して得られる関数全体の族である．

(ロ) $x_0(t)=0, x_n(t)=(Tx_{n-1})(t)$ $(n\geqq 1)$ で定義される関数列 $(x_n)_{n\geqq 1}$ は V 上一様収束する事を示せ．

(大阪市立大大学院入試)

Advice

1 平均値の定理や中間値の定理を用いて(イ)，(ロ)を示すこと．縮小写像の問題と云うよりも，平均値の定理を何度も用いて単調有界な数列は収束すると云う．実数の連続性公理に持ち込んで証明しよう．

2 U が $t=0$ の，W が $(t,x)=(0,0)$ の近傍であるとは正数 ε があって，$(-\varepsilon,\varepsilon)$ が U に含まれたり，0 を中心とする半径 ε の円板が W に含まれる事を意味する．$F(U)$ が**同程度連続**であるとは，任意の $t_0\in U$，$\varepsilon>0$ に対して，正数 δ があって，すべての $x\in F(U)$ に対して，$|t-t_0|<\delta$ であれば，$|x(t)-x(t_0)|<\varepsilon$ が成立する事を云う．平均値の定理を用いて，こちらは，縮小写像へ持込みましょう．同程度連続性は13章で主役を演じます．

逐次近似法の関数方程式への応用

逐次近似法を具体的に用いる際には，戦略として関数空間の設定が重要であり，戦術的にはリプシッツ定数の計算に微積分の力が必要になる．

1 **(関数方程式)** 実直線 $\boldsymbol{R}$ 上の有界な実数値連続関数全体のなす集合を X とする．X 上の距離 d を

$$d(f, g)=\sup_{x\in \boldsymbol{R}}|f(x)-g(x)| \tag{1}$$

によって定義すると，関数空間 (X, d) は完備であることを示せ．

(名古屋大学大学院多元数理科学研究科，九州大学大学院入試)

2 **(関数方程式)** 微分方程式

$$\frac{d^2x}{dt^2}+f(t, x)=0 \tag{1}$$

において，$f(t, x)$ は $a\leqq t\leqq b, |x|<\infty$ で t, x に関し連続であるとする．

（イ） 境界条件 $x(a)=x(b)=0$ を満す(1)の解 $x=x(t)$ が

$$x(t)=\int_a^b G(t, s)f(s, x(s))dt \tag{2}$$

を満すことを示せ．ただし

$$G(t, s)=\begin{cases} \dfrac{(b-t)(s-a)}{b-a}, & a\leqq s\leqq t\leqq b \\ \dfrac{(b-s)(t-a)}{b-a}, & a\leqq t\leqq s\leqq b. \end{cases} \tag{3}$$

（ロ） $f(x, t)$ が任意の x', x'' に対して $a\leqq t\leqq b$ で

$$|f(t, x')-f(t, x'')|\leqq K|x'-x''| \tag{4}$$

を満し

$$0<b-a<\sqrt{\frac{8}{K}} \tag{5}$$

である時は，$x_0=0$,

$$x_{n+1}(t)=\int_a^b G(t, s)f(s, x_n(s))ds \tag{6}$$

で定義される $(x_n(t))_{n\geqq 1}$ は $[a, b]$ で一様収束する事を示せ．

(京都大大学院入試)

3 **(関数方程式)** $f(t)$ を $[a, b]$ 上の連続関数，$K(t, s)$ を $D=\{(t, s)\in \boldsymbol{R}^2 ; a\leqq t\leqq b, a\leqq s\leqq b\}$ 上の連続関数とする．$[a, b]$ 上の任意の連続関数 $x_0(t)$ を用いて

$$x_n(t)=f(t)+\int_a^t K(t, s)x_{n-1}(s)ds \quad (n\geqq 1) \tag{1}$$

で定義される関数列 $(x_n(t))_{n\geqq 1}$ は極限関数 $x(t)$ を持ち，かつ $x(t)$ は $x(t)=f(t)+\int_a^t K(t, s)x(s)ds$ を満す事を示せ．

(津田塾大学大学院理学研究科，金沢大，北海道大大学院入試)

1 (関数方程式)——有界連続実数値関数全体の絶対値上限ノルムによるバナッハ空間化

実数の集合 S に対して，正数 M は

$$x \leqq M \quad (x \in S) \tag{2}$$

が成立する時，Sの **上界**と言う．上界を持つ集合を**上に有界**であると言う．集合 S の最小上界を**上界**と言い $\sup S$ と記す．次の実数の連続性公理を想い起そう：

(ワイエルシュトラスの公理) 上に有界な実数の集合は上限を持つ．

(ワイエルシュトラスーボルツァノ公理) 有界数列は収束部分列を持つ．

11頁では最新問題へ差し替える際割愛した，原題の次の誘導に忠実に従って解答する：

(i) 距離空間 (X, d) におけるコーシー列 $\{f_n\}$ に対して，$\sup_{n\geq 1}\sup_{x\in\mathbf{R}}|f_n(x)|<\infty$ であることを示せ．

(ii) 関数列 $\{f_n\}(f_n\in X)$ と $\mathbf{R}$ 上の実数値関数 f に対して，$\lim_{n\to\infty}\sup_{x\in\mathbf{R}}|f_n(x)-f(x)|=0$ が成り立つならば，$f\in X$ であることを示せ．

(iii) 関数空間 (x, d) は完備であることを示せ．　(名古屋大大学院多元数理科学研究科入試)

(i)の解答　関数列 f_n はコーシー列であるから，自然数 n_1 があって，$m, n\geq n_1$ の時，$d(f_m, f_n)<1$，即ち，$|f_m(x)-f_n(x)|<1(x\in\mathbf{R})$ が成立する．X に属する有限の n_1 個の関数の有界性より，$\max_{1\leq n\leq n_1}\sup_{x\in\mathbf{R}}|f_n(x)|<\infty$ である．$n\geq n_1$ に対しては，$|f_n(x)|\leq|f_{n_1}(x)|+|f_n(x)-f_{n_1}(x)|<|f_{n_1}(x)|+1$ を得るので，$n\leq n_1$ の場合と $n>n_1$ の場合に分けて考え，全ての自然数 n に対し纏めて(i)の証明を終わる：$\sup_{n\geq 1}\sup_{x\in\mathbf{R}}|f_n(x)|\leq \max_{1\leq n\leq n_1}\sup_{x\in\mathbf{R}}|f_n(x)|+\sup_{x\in\mathbf{R}}|f_{n_1}(x)|+1<\infty$．

(ii)の解答　f の連続性　任意の正数 ε を取る．条件(ii)より自然数 N があって，$n>N$ の時，$\sup_{x\in\mathbf{R}}|f_n(x)-f(x)|<\varepsilon/4$．一つの関数 $f_N(x)$ の点 x_0 に於ける連続性の定義より，正数 δ があって，$|x-x_0|<\delta$ を満たす点 x_0 に近い点 x に対して，$|f_N(x)-f_N(x_0)|<\varepsilon/4$．三角不等式より，$|f(x)-f(x_0)|\leq|f(x)-f(x_0)|+|f(x)-f_N(x)|+|f_N(x)-f_N(x_0)|+|f_N(x_0)-f(x_0)|<\varepsilon/4+\varepsilon/4+\varepsilon/4+\varepsilon/4=\varepsilon$ を得，連続性の定義より関数 $f(x)$ は $\mathbf{R}$ の任意の点 x_0 に於いて連続である．

f の有界性　$\varepsilon=1$ の時，上の記号を踏襲する．三角不等式より，$|f(x)|\leq|f(x)-f_{N+1}(x)|+|f_{N+1}(x)|<1/4+\sup_{x\in\mathbf{R}}|f_{N+1}(x)|(x\in\mathbf{R})$．右辺は点 x に無関係であり，関数 $f(x)$ は数直線上有界である．

(iii)の解答　関数空間 (X, d) が完備であること，即ち，任意のコーシー列 f_n，即ち，$d(f_m, f_n)\to 0(m, n\to\infty)$ を満たす関数列 f_n に対して関数 f があって，$\lim_{n\to\infty}d(f_n, f)=0$ が成立する事を証明しよう．数直線 $\mathbf{R}$ の任意の点 x を取る．点 x に於ける関数値の差 $|f_m(x)-f_n(x)|$ は，我々の関数空間の距離の定義(1)より，実数として，距離 $d(f_m, f_n)$ を超えないから，$m, n\to\infty$ の時，$|f_m(x)-f_n(x)|\leq d(f_m, f_n)\to 0$ が成立し，実数列 $f_n(x)$ は実数のコーシー列であり，実数の**連続性公理**の一つ

Cauchy コーシーの公理　実数のコーシー列は収束する．

より収束し，極限 $f(x)$ がある．直上の式より任意の正数 ε に対して，自然数 N があって，$m, n>N$ の時，$|f_m(x)-f_n(x)|\leq d(f_m, f_n)<\varepsilon$．左の不等式にて $m\to\infty$ とすると $|f(x)-f_n(x)|\leqq\varepsilon$ を得るので，実数列の収束の定義より，各 x を固定した実数列 $f_n(x)$ は実数 $f(x)$ に収束している，即ち，関数列 $f_n(x)$ は関数 $f(x)$ に**各点収束**する．x に無関係な自然数 N が取れて，$n>N$ の時，全ての実数 x に対して一様に，$|f_n(x)-f(x)|\leqq\varepsilon$ が成立しているので，数直線 $\mathbf{R}$ 上，関数列 $f_n(x)$ は関数 $f(x)$ に**一様収束**する．この時，小問(ii)で示した様に，極限関数 $f\in X$ であり，$d(f_n, f)=\sup_{x\in\mathbf{R}}|f_n(x)-f(x)|\leqq\varepsilon$ が成立，関数空間 X にて，点列 f_n は点 f に収束，全てのコーシー列 f_n が収束する空間 X は完備である．

以上で数直線 **R** 上**有界**な連続関数の為す距離(1)を備える空間 X の完備性を学んだが，実数 $a<b$ に対して，実変数 t の有界閉区間 $[a,b]$ にて連続な実数値関数 $x(t)$ 全体 $C[a,b]$ が距離 $d(x,y)=\max_{x\in[a,b]}|x_n(t)-x(t)|$ に関して完備である事も，全く，同様にワイエルシュトラスの定理を用いて証明する事が出来る．

さて，$x(t)$ を $[a,b]$ で連続な関数とする．先ず，$x(t)$ の値の集合が上に有界でなければ，任意の自然数 n はその上界ではない．つまり，各 n に対して，$[a,b]$ の点 t_n であって

$$x(t_n)>n \tag{3}$$

を満す様なものがある．実数列 $(t_n)_{n\geqq1}$ は $[a,b]$の中から取ったので，勿論，上に有界であり，公理より収束部分列 $(t_{\nu_n})_{n\geqq1}$ を持つ．その極限を t_0 としよう．関数 $x(t)$ は $t=t_0$ で連続なので，(11章の問題 4 より)

$$x(t_0)=\lim_{n\to\infty}x(t_{\nu_n})=+\infty \tag{4}$$

が成立し，矛盾である．従って，$x(t)$ の値の集合は上に有界である．最初の公理より，それは上限 M を持つ．任意の自然数 n に対して，M より小さな $M-\dfrac{1}{n}$ は，M が最小上界である事から，もはや上界ではない．各 n に対して，$[a,b]$ の点 t_n であって

$$x(t_n)>M-\frac{1}{n} \tag{5}$$

を満すものがある．有界な実数列 (t_n) は収束部分列 $(t_{\nu_n})_{n\geqq1}$ を持つ．その極限を t_0 としよう．関数 $x(t)$ は $t=t_0$ で連続であるから，(やはり，11章の問題 4 より)

$$x(t_0)=\lim_{n\to\infty}x(t_{\nu_n})\geqq M \tag{6}$$

が成立する．一方，M は上界であるから，$x(t)\leqq M(t\in[a,b])$ が成立しているので，$x(t_0)\leqq M$，従って，$x(t_0)=M$ が成立し，関数 $x(t)$ は点 t_0 で最大値を取る事を示した．関数 $-x(t)$ も連続であって，今示した事から，最大値を持つ．よって，関数 $x(t)$ は最小値も持つ．この様にして，次の定理に達した：

(ワイエルシュトラスの定理) 有限な閉区間で連続な関数は最大値，最小値を取る．

問題 $[a,b]$ で連続な関数列 $x_n(t)$ の一様収束極限 $x(t)$ は $[a,b]$ で連続であることを示せ．

(奈良女子大学大学院人間文化研究科，東京都立大大学院入試)

を解こう．任意の正数 ε に対して，$|x_n(t)-x(t)|<\varepsilon$ $(n\geqq n_0, a\leqq t\leqq b)$ が成立する様な n_0 がある．関数 $x_{n_0}(t)$ は t_0 で連続であるから，正数 δ があって，$|t-t_0|<\delta$，$t\in[a,b]$ と t が t_0 に近ければ，$|x_{n_0}(t)-x_{n_0}(t_0)|<\varepsilon$．実数の三角不等式より，$|x(t)-x(t_0)|<|x(t)-x_{n_0}(t)|+|x_{n_0}(t)-x_{n_0}(t_0)|+|x_{n_0}(t_0)-x(t_0)|<\varepsilon+\varepsilon+\varepsilon=3\varepsilon$ が成立する．この様にして，極限関数 $x(t)$ も連続である事が示され，$x\in C[a,b]$ となった．$C[a,b]$ の点列 $(x_n)_{n\geqq1}$ と点 x に対して，$x_n(t)\rightrightarrows x(t)(n\to\infty)$ が成立する事は

$$d(x_n,x)\leqq\varepsilon \quad (n\geqq n_0) \tag{7}$$

即ち，距離空間 $(C[a,b],d)$ において，点列 $(x_n)_{n\geqq1}$ が点 x に収束する事と同値である．かくして，距離空間 $(C[a,b],d)$ の任意のコーシー列 $(x_n)_{n\geqq1}$ は収束する．いいかえれば，距離空間 $(C[a,b],d)$ は完備である．

ワイエルシュトラス (1815-1897)

2 (関数方程式)—— 2階非線形常微分方程式の境界値問題

微分方程式(1)は2次の導関数を含むので，**2階の非線形常微分方程式**である．一般に，常微分方程式は，この問題の(イ)の様な，**積分方程式**へ帰着させるのが常識である．

境界条件 $x(a)=x(b)=0$ を満す微分方程式(1)の解 $x(t)$ に対して，部分積分を行なって

$$\int_a^b G(t,s)f(s,x(s))ds=-\int_a^b G(t,s)\frac{d^2x(s)}{ds^2}ds=-\int_a^t G(t,s)\frac{d^2x(s)}{ds^2}ds-\int_t^b G(t,s)\frac{d^2x(s)}{ds^2}ds$$

$$=-\int_a^t \frac{(b-t)(s-a)}{b-a}\frac{d^2x(s)}{ds^2}ds-\int_t^b \frac{(b-s)(t-a)}{b-a}\frac{d^2x(s)}{ds^2}dt$$

$$=-\left[\frac{(b-t)(s-a)}{b-a}\frac{dx(s)}{ds}\right]_{s=a}^{s=t}+\int_a^t \frac{b-t}{b-a}\frac{dx(s)}{ds}ds-\left[\frac{(b-s)(t-a)}{b-a}\frac{dx(s)}{ds}\right]_{s=t}^{s=b}-\int_t^b \frac{t-a}{b-a}\frac{dx(s)}{ds}ds$$

$$=\int_a^t \frac{b-t}{b-a}\frac{dx(s)}{ds}ds-\int_t^b \frac{t-a}{b-a}\frac{dx(s)}{ds}ds=\frac{b-t}{b-a}(x(t)-x(a))-\frac{t-a}{b-a}(x(b)-x(t))$$

$$=\left(\frac{b-t}{b-a}+\frac{t-a}{b-a}\right)x(t)=x(t)$$

が成立し，(2)を得る．逆に，$G(a,s)=G(b,s)=0$ が成立するから積分方程式(2)の解 $x(t)$ は境界条件 $x(a)=x(b)=0$ を満す．更に，上の様に積分区間 $[a,b]$ を $[a,t]$ と $[t,b]$ に分けて，夫々に，公式

$$\frac{d}{dt}\int_{\psi(t)}^{\varphi(t)} g(t,s)=\varphi'(t)g(t,\varphi(t))-\psi'(t)g(t,\psi(t))+\int_{\psi(t)}^{\varphi(t)}\frac{\partial}{\partial t}g(t,s)ds$$

を用い，$x(t)$ が微分方程式(1)の解である事を示す事が出来るが，本問の要求ではないし，微積分の問題に過ぎないので，読者に委ねよう．関数 G をこの境界値問題の**グリーン関数**と云うが，これらの事は問われていない．

$[a,b]$ で連続な関数全体の集合 $C[a,b]$ に前章の問題3の流儀で，差の絶対値の積分を用いて，二点間の距離を定義しても完備にならないので，逐次近似法は用いられない．しかし，同じ集合 $C[a,b]$ に前問の流儀で差の絶対値の最大値を用いて，二点間の距離を定義すると完備となり，逐次近似法の適用を受ける．この空間における点列 $(x_n)_{n\geq 1}$ の収束とは，関数列 $(x_n(t))_{n\geq 1}$ の一様収束であった．

この様に，同じ集合でも，距離の導入の仕方によっては，完備であったり，完備でなかったりするので，注意を要する．この様な理由で，集合 X と距離 d は併せて，漸く，一人前の距離空間となるのである．

前問の完備な距離空間 $(C[a,b],d)$ を考え，$C[a,b]$ の元 x に対して，$C[a,b]$ の元 Tx を対応させたいが，これは $[a,b]$ 上の関数であり，その点 $t\in[a,b]$ における値 $(Tx)(t)$ を

$$(Tx)(t)=\int_a^b G(t,s)f(s,x(s))ds \tag{7}$$

で定義すると，写像 $T:C[a,b]\to C[a,b]$ の不動点は積分方程式(2)の解である．$f(t,x)$ は条件(4)を満たす時，**リプシッツ条件**を満すと言い，K をその**リプシッツ定数**と言う．グリーン関数 G の定積分

$$\int_a^b G(t,s)ds=\int_a^t \frac{(b-t)(s-a)}{b-a}ds+\int_t^b \frac{(t-a)(b-s)}{b-a}ds=\frac{(t-a)(b-t)}{2}\leqq\frac{(b-a)^2}{8} \tag{8}$$

が写像 T のリプシッツ定数計算の要点である．$C[a,b]$ の二元 x,y に対して，定義(7)と条件(4)より

$$|(Tx)(t)-(Ty)(t)|\leqq K\int_a^b G(t,s)|x(s)-y(s)|ds\leqq Kd(x,y)\int_a^b G(t,s)dt \tag{9}$$

が成立するから，(8)を(9)に代入して

$$d(Tx,Ty)\leqq\frac{(b-a)^2K}{8}d(x,y) \tag{10}$$

を得，$0<b-a<\sqrt{\dfrac{8}{K}}$ の仮定の下で，T は縮小写像である．$x_{n+1}=Tx_n (n\geqq 1)$ であるから，逐次近似法により．距離空間 $(C[a,b],d)$ において点列 $(x_n)_{n\geqq 1}$ は T の不動点に収束し，関数列としては積分方程式(2)の解に一様収束する．

この機会に逐次近似法のレパートリーを拡げよう．距離空間 (X,d) と写像 $T:X\to X$ が与えられ

$$d(Tx,Ty)\leqq Ad(x,y) \quad (x,y\in X) \tag{11}$$

が成立するが，必ずしも，リプシッツ定数 A は1より小ではなく，従って，写像 T は縮小写像ではないとしよう．それにも拘らず，自然数 k があって，T を k 回繰り返して施した写像 $T^k:X\to X$ は縮小写像であって，正の定数 $a<1$ に対して

$$d(T^kx,T^ky)\leqq ad(x,y) \quad (x,y\in X) \tag{12}$$

が成立しているとしよう．写像 $T^k:X\to X$ に対しては，前章の問題4の逐次近似法の手法がそのまま通用する．X の任意の元 x_0 より出発して，これに次々と T^k を作用させて得た点列 $((T^k)^nx_0)_{n\geqq 1}$ は，第0近似 x_0 の取り方に関係しない，T^k の唯一の不動点 u に収束する．即ち，

$$u=\lim_{n\to\infty}T^{nk}x_0, \quad d(T^{nk}x_0,u)\to 0 \quad (n\to\infty) \tag{13}$$

が成立する．くどくなるが，u は x_0 の取り方には関係しないので，x_0 の代りに Tx_0 を代入しても同じ極限 u を得る筈である．即ち

$$u=\lim_{n\to\infty}T^{nk}Tx_0, \quad d(T^{nk}Tx_0,u)\to 0 \quad (n\to\infty) \tag{14}$$

も成立する事が，この議論のサワリの部分である．三角不等式と(11)，(13)，(14)より

$$\begin{aligned} d(Tu,u) &\leqq d(Tu,TT^{nk}x_0)+d(T^{nk}Tx_0,u) \\ &\leqq Ad(u,T^{nk}x_0)+d(T^{nk}Tx_0,u)\to 0 \quad (n\to\infty) \end{aligned}$$

が成立するので，点列 $((T^k)^nx_0)_{n\geqq 1}$ の極限である T^k の不動点 u は，T の不動点でもある事が示された．要約すると，写像 $T^k:X\to X$ が縮小写像であれば，その不動点は，写像 $T:X\to X$ の不動点である．これはバナッハの不動点定理の拡張である．この考えを用いて，次の類題を解こう．

リプシッツ (1832-1903)

類題

(解答☞ 178ページ)

1．積分方程式

$$x(t)=1+\int_0^t\left(\int_0^s x(\sigma)\,d\sigma\right)ds \tag{1}$$

を解け．　　(北海道大大学院入試)

2．積分方程式

$$x(t)=t+\int_0^t(t-s)x(s)\,ds \tag{1}$$

を解け．　　(立教大大学院入試)

3．正数 α，定数 β に対して

$$x(t)\leqq\int_0^t(\alpha x(s)+\beta)\,ds \tag{1}$$

を満す連続関数 $x(t)$ に対して，不等式

$$x(t)\leqq\frac{\beta}{\alpha}(e^{\alpha t}-1) \tag{2}$$

を示せ．　　(東京工業大大学院入試)

4．正数 α に対して，不等式

$$0\leqq x(t)\leqq\alpha\int_0^t x(s)\,ds \tag{1}$$

を満す $[0,\infty]$ 上の連続関数 $x(t)$ は恒等的に零である事を示せ．　　(東京理科大大学院入試)

5．正数 M,η に対して，不等式

$$x(t)\leqq M\int_0^t x(s)\,ds+\eta \tag{1}$$

を満す連続関数 $x(t)$ に対して，不等式

$$x(t)\leqq\eta e^{Mt}$$

が成立する事を示せ．　　(九州大大学院入試)

3 (関数方程式)——ボルテラ型積分方程式

積分方程式

$$x(t)=f(t)+\int_a^t K(t,s)x(s)ds \tag{2}$$

を**ボルテラ型の積分方程式**と言う．$[a,b]$ で連続な関数全体の集合 $C[a,b]$ に問題 1 の距離 d を導くと，$(C[a,b],d)$ は完備な距離空間である．写像 $T:C[a,b]\to C[a,b]$ を

$$(Tx)(t)=f(t)+\int_a^t K(t,s)x(s)ds \tag{3}$$

によって定義すると，積分方程式(2)の解は写像 T の不動点に他ならない．連続関数 $|K(t,s)|$ は D で最大値を取る事を問題 1 の方法で示す事が出来る．その最大値を M とすると，$x,y\in C[a,b]$ に対して

$$(Tx)(t)-(Ty)(t)=\int_a^t K(t,s)(x(s)-y(s))ds \tag{4}$$

が成立するので，両辺の絶対値を取り

$$|(Tx)(t)-(Ty)(t)|\leqq M\int_a^t |x(s)-y(s)|ds \tag{5}$$

を得る．(5)の右辺の被積分関数 $\leqq d(x,y)$ なので，不等式

$$d(Tx,Ty)\leqq M(b-a)d(x,y) \tag{6}$$

を得，写像 T のリプシッツ定数は $M(b-a)$ で必ずしも，T は縮小写像ではない．前問の後半で解説した事項に持込む為，テクニクを用いる．$[a,b]$ 内にある任意の，しかし，固定された t に対して，連続関数 $|x(s)-y(s)|$ は $[a,b]$ において，ワイエルシュトラスの定理より最大値を取る．それを $z(t)$ としよう．積分(4)の積分変数 s は $[a,s]$ 内にあるので，被積分関数 $x(s)-y(s)$ の絶対値は，正しく，$\leqq z(s)$．これが，この問題のサワリの部分，ボルテラ型の解法の骨子である．コロンブスの卵と同じで，一度学ばないと気が付かない．と言うわけで，(5)より

$$|(Tx)(t)-(Ty)(t)|\leqq M\int_s^t z(s)ds,\ z(s)=\max_{a\leqq\sigma\leqq s}|x(\sigma)-y(\sigma)|, \tag{7}$$

が得られる．さて，$d(x,y)$ は連続関数 $|x(t)-y(t)|$ の $[a,b]$ における最大値である．先ず，(7)に $z(s)\leqq d(x,y)$ を代入して

$$|(Tx)(t)-(Ty)(t)|\leqq M(t-a)d(x,y) \tag{8}$$

を得る．(4)の x と y の所に Tx と Ty を代入して

$$(T^2x)(t)-(T^2y)(t)=\int_a^t K(t,s)((Tx)(s)-(Ty)(s))ds \tag{9}$$

(8)を(9)に代入して，(7)の考えを用いて

$$(T^2x(t)-(T^2y)(t)|\leqq Md(x,y)\int_a^t M(s-a)ds=\frac{(M(t-a))^2}{2!}d(x,y) \tag{10}$$

を得る．自然数 n に対して，

$$|(T^nx(t)-(T^2y)(t)|\leqq\frac{(M(t-a))^n}{n!}d(x,y) \tag{11}$$

を仮定する．(5)の x と y の所に Tx と Ty を代入し，次に(11)を代入して，(7)の考えを用いて

$$|(T^{n+1}x)(t)-(T^{n+1}y)(t)|\leqq Md(x,y)\int_a^t\frac{(M(s-a))^n}{n!}ds=\frac{(M(t-a))^{n+1}}{(n+1)!}d(x,y) \tag{12}$$

が成立し，数学的帰納法により，(11)が任意の自然数 n に対して成立する事が示された．従って，写像 T^k：$C[a,b]\to C[a,b]$ のリプシッツ定数は

$$d(T^k x, T^k y) \leqq \frac{(M(b-a))^k}{k!} d(x, y) \tag{13}$$

で与えられ，問題は(13)の右辺の $d(x, y)$ の係数が1より小なる様に k を大きくすると言う．数列の問題に帰着された．数学は民主的でないので，天下り的に行くと，先ず，k_0 を大きく取り，$k \geqq k_0$ の時

$$\frac{M(b-a)}{k} < \frac{M(b-a)}{k_0} < \frac{1}{2} \tag{14}$$

が成立する様に取る．次に，k'_1 をこの定数 k_0 よりも大きくして，しかも，

$$L = \frac{(M(b-a))^{k_0}}{k_0!} \left(\frac{1}{2}\right)^{k_1'-k_0} < 1$$

が成立する様に更に大きく取る．すると(13)の右辺の $\dfrac{M(b-a)}{k}$ は $k' \geqq k'_1$ では $\dfrac{1}{2}$ で押えられて，

$$d(T^{k'} x, T^{k'} y) \leqq \frac{(M(b-a))^{k'}}{k'!} d(x, y) = \frac{(M(b-a))^{k_0}}{k_0!} \frac{M(b-a)}{k_0+1} \cdots \frac{M(b-a)}{k'} d(x, y) \leqq L d(x, y) \tag{15}$$

写像 $T^{k'}: C[a, b] \to C[a, b]$ は縮小写像となり，第0近似 $x_0(t)$ をどの様に取ろうとも，関数列 $(x_n(t))_{n \geqq 1}$ は，写像 T の不動点，即ち，積分方程式の解 $x(t)$ に一様収束する．正に，

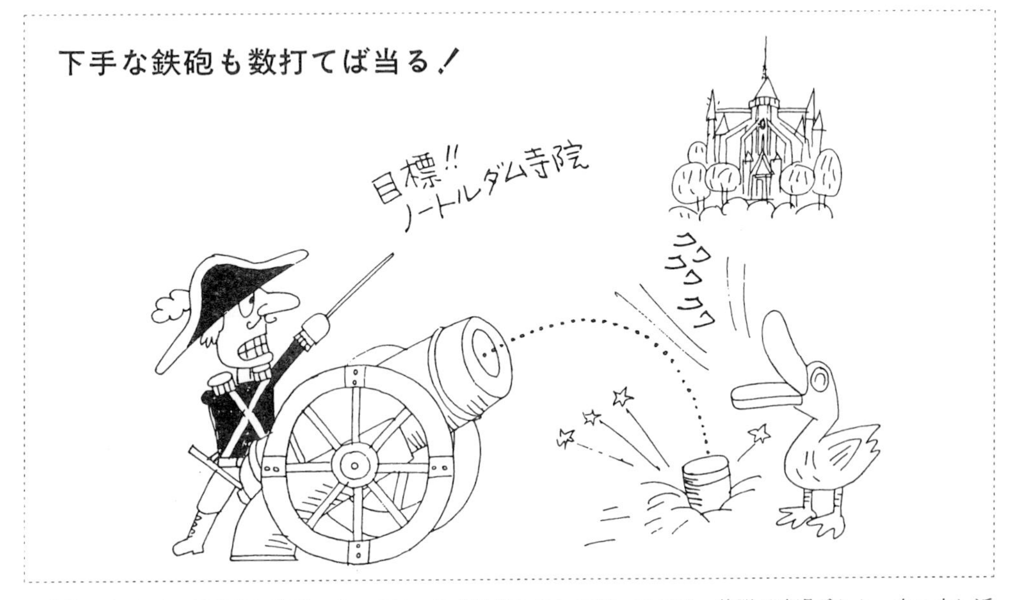

余談になるが，初歩的な砲撃においては，先ず目標に対して撃って見て，着弾が遠過ぎたら，次に少し近くを狙い，近過ぎたら，少し遠くを狙うと言う具合に次々と修正しながら撃って行くと，目標が射程内にあり，弾丸の量に制限がなく，こちらが先に撃たれなければ，何時かは目標に当てる事が出来る．この原理が，逐次近似法の由来である．この旧法を破り，精密な計算に基く砲撃によって，フランス革命を英軍の干渉より守ったのがナポレオンである．

革命干渉で想起するのは，ノモンハン事件における日ソ戦車隊の会戦である．日本軍の戦車は上品だが，花車（きゃしゃ）に出来ていて，撃ち出す弾丸も殆んど命中するが，ソ連の戦車に対してはぼた餅を当てた程の効果しかなかった．これに反し，ソ連の戦車は雑であるが，頑丈に出来ていて，撃ち出す弾丸はめったに当らないが，日本軍の戦車に当ったら最後，木葉微塵にしてしまった．日本軍の戦車隊長は精神に異常を来したと伝えられている．日本軍の統帥者が，この第1線の犠牲を教訓とせずに，参謀共の空論に乗って，次第に戦争に滅り込んで行かれたのは残念である．

EXERCISES

（解答☞ 179ページ）

1 （関数方程式） リプシッツ条件を満す常微分方程式

関数 $f(t,x)$ が $|t-a|\leqq r, |x-b|\leqq\rho$ において連続，かつ，リプシッツ条件

$$|f(t,x)-f(t,y)|\leqq L|x-y| \quad (L \text{ は正の定数}) \tag{1}$$

を満たすとき，初期条件 $x(a)=b$ を満す微分方程式

$$\frac{dx}{dt}=f(t,x) \tag{2}$$

の解が，$|t-a|\leqq r'=\min\left\{r, \frac{1}{L}\log\left(1+\frac{L\rho}{M_0}\right)\right\}$ において唯一つ存在することを示せ．ただし，M_0 は $|t-a|\leqq r$ における関数 $|f(t,b)|$ の最大値である．（東京工業大，金沢大大学院入試）

2 （関数方程式） 微分不等式

$f(t,x)$ を前問の条件を満す関数，関数 $y(t)$ を初期条件 $y(a)=b$ を満す前問の微分方程式(2)の $|t-a|\leqq r$ における解とする．もしも，$|t-a|\leqq r$ で関数 $z(t)$ が，初期条件 $z(a)=b$ と微分不等式

$$\frac{dz}{dt}-f(t,z)\leqq\varepsilon \quad (\varepsilon \text{ は正の定数}) \tag{3}$$

を満すならば，$|t-a|\leqq r$ で，不等式

$$|y(t)-z(t)|\leqq\frac{\varepsilon}{L}(e^{L|t-a|}-1) \tag{4}$$

が成立する事を示せ．（東京工業大大学院入試）

3 （関数方程式） 差分微分方程式

数直線 $\boldsymbol{R}^1$ 上の実数値関数 $x(t)$ に関する差分微分方程式

$$(t^2+1)\frac{dx}{dt}-x(t)+x(t-1)=0 \tag{1}$$

を考える事，$\lim_{t\to-\infty}x(t)=0$ を満す有界連続な解は，$x(t)\equiv0$ に限る事を示せ．（京都大大学院入試）

Advice

1 初期値問題を同値な積分方程式に帰着させよ．この積分方程式はボルテラ型なので，問題3は線型で，これは非線型にせよ，伝統的な手法で処理せよ．なお，$r'\leqq\frac{1}{L}\log\left(1+\frac{L\rho}{M_0}\right)$ に恐れてはいけない．これより，$\frac{M_0}{L}(e^{Lr'}-1)\leqq\rho$ が導かれ，これ自身，立派なヒントではないか．有難いと思え．

2 関数 $z(t)-y(t)$ が満す積分不等式を見出せ．この不等式が等号であれば，その積分方程式はボルテラ型であり，伝統的な手法で解ける．その折現われる等号を全て不等号で置き換えればよい．なお $\frac{\varepsilon}{L}(e^{L|t-a|}-1)=\frac{\varepsilon}{L}\sum_{k=1}^{\infty}\frac{L^k(t-a)^k}{k!}$ も立派なヒントである．問題3の(11)，(13)が示す様に，ボルテラ型→指数型のコツをのみこめ．

3 この問題文には「$x(t)-x(t-1)$，$\frac{dx(t)}{dt}$ 等を一つの既知関数と考えるのも一方法である．」と注意してある．差分微分方程式等見た事もない人も多いと思うが，驚くには当らない．上の様に $x(t)-x(t-1)$ を既知と見なせと言う事は，露骨に言うと微分方程式的手法を用いよと言う事である．従って，(1)を先ず，$-\infty$ から t 迄の積分を用いた，差分積分方程式にし，左辺の $x(t)$ の代りに $x(t-1)$ の式を書いて，$x(t)$ の式との差を作り，$x(t)-x(t-1)$ が左辺にも右辺にも現われる形にして，縮小写像の問題に持込めばよい．なお，$\frac{dx(t)}{dt}$ を既知関数と見なせとは，差分方程式的手法を用いよと言う事だが，我々は差分方程式に対する展望を持たないので止めにする．もう少し難しい差分微分方程式が論じられれば，それ自身，現代数学の立派な論文である．将棋で言えば，この問題は，さしずめ，奨励会入会のテストであろう．解けぬからと自殺しないこと．

内積をもつ線形空間とノルム空間

集合 X があり，その任意の二元 x, y と実数 α, β に対して，如何なる方法でもよいから1次結合 $\alpha x+\beta y$ と内積 $\langle x, y\rangle$ が定義されて，適当な公理を満せば，唯それだけで，シュワルツの不等式やその他の実りある結果が得られ，数列や関数の作る線形空間に応用するとその都度，重要な不等式が得られる．

1 **(内積)** 次の不等式を示せ．

$$\left(\int_a^b f(t)g(t)dt\right)^2 \leqq \left(\int_a^b f^2(t)dt\right)\left(\int_a^b g^2(t)dt\right) \quad (1)$$

(静岡大学大学院数学専攻入試)

2 **(ノルム)** $[a, b]$ 上の連続微分可能な関数全体の集合を $C^1[a, b]$ とする．$C^1[a, b]$ の各元 f に対して

$$\|f\| = \int_a^b |f(t)|dt + \int_a^b |f'(t)|dt \quad (1)$$

で定義される $\|\cdot\|$ はノルムである事を示せ．又，$C^1[a, b]$ はバナッハ空間であるか？

(東京女子大大学院入試)

3 **(内積)** $f(t)$ は数直線上で定義された，次の不等式(1)の右辺の積分が有限である様な，関数とする．この時，任意の実数 h に対して

$$\int_{-\infty}^{+\infty} f(t+h)f(t)dt \leqq \int_{-\infty}^{+\infty} f^2(t)dt \quad (1)$$

が成立する事を示せ．更に $f \neq 0$，$h \neq 0$ の時は常に不等号が成立する事を示せ．

(京都大大学院入試)

4 **(ノルム)** バナッハ空間であって，ヒルベルト空間でない例を一つ挙げよ．

(津田塾大大学院入試)

5 **(ノルム)** ノルム空間 X において，全ての $x, y \in X$ に対して

$$\|x+y\|^2 + \|x-y\|^2 = 2(\|x\|^2 + \|y\|^2) \quad (1)$$

が成立すれば，$x, y \in X$ に対して

$$\langle x, y\rangle = \frac{\|x+y\|^2 - \|x-y\|^2}{4} \quad (2)$$

とおくと内積の公理が成立し，X のノルムはこの内積から $\|x\| = \sqrt{\langle x, x\rangle}$ によって得られる事を示せ．

(東海大大学院入試)

1 (内　積)——シュワルツの不等式

集合 X があって，X の任意の有限個の元 $x_1, x_2, \cdots, x_n$ と同じ個数の任意の実数 $\alpha_1, \alpha_2, \cdots, \alpha_n$ に対して **1次結合**

$$x=\alpha_1 x_1+\alpha_2 x_2+\cdots+\alpha_n x_n \tag{2}$$

が何らかの方法で定義されて X に属し，高校で学んだ様な幾何学的ベクトルが満す演算の法則が成立する時，X を**線形空間**，又は**ベクトル空間**と言い，X の元を**ベクトル**と言い，対照的に実数を**スカラー**と言う．姉妹書「新修線形代数」で詳説したので，細かい事は述べない．只，**零元**と呼ばれる X の元があり，これをスカラー 0 と区別したい時 θ と書くが，

$$x+\theta=\theta+x=x, 0x=\theta \quad (x \in X) \tag{3}$$

が成立する事を注意しておけば，解析学では十分である．

そんな事よりも，解析学の目的は収束を論じる事にある．距離空間の場合と同様に，何とかして数に関係付けたい．その目的で，内積の概念を導入する．

線形空間 X は，どんな方法でもよいから，その任意の二元 x, y に対して実数 $\langle x, y\rangle$ が対応して，公理

(I1)　$x \in X$ に対して $\langle x, y\rangle \geqq 0$．$\langle x, x\rangle=0$ であれば $x=\theta$．

(I2)　$\langle x, y\rangle=\langle y, x\rangle$．

(I3)　ベクトル x, y, z とスカラー α に対して

$$\langle x, y+z\rangle=\langle x, y\rangle+\langle x, z\rangle, \quad \langle \alpha x, y\rangle=\alpha\langle x, y\rangle.$$

が成立する時，**内積を持つ線形空間**と言う．(I1), (I2), (I3)を**内積の公理**，$\langle x, y\rangle$ を x, y の**内積**，又は**スカラー積**と言う．

任意のベクトル $x \in X$ に対して，(3)と(I3)より $\langle \theta, x\rangle=\langle 0x, x\rangle=0\langle x, x\rangle=0$ が成立するので，次の公式

$$\langle \theta, x\rangle=\langle x, \theta\rangle=0 \quad (x \in X) \tag{4}$$

が導かれる．さて，任意のベクトル $x, y \in X$ とスカラー t に対して，$tx+y$ は X の元で，(I1)より，これと自分自身との内積は $\geqq 0$ であり，更に，この内積を(I2), (I3)を用いて展開すると

$$0 \leqq \langle tx+y, tx+y\rangle = t^2\langle x, x\rangle + 2t\langle x, y\rangle + \langle y, y\rangle \qquad (5).$$

$x \neq \theta$ であれば，(I1)より $\langle x, x\rangle > 0$ であるから，(5)の右辺は高校生諸君の忘れ得ぬ定符号の 2 次関数であり，判別式 $\leqq 0$ が条件反射の様に導かれ

$$(\langle x, y\rangle)^2 \leqq \langle x, x\rangle\langle y, y\rangle \qquad (6).$$

任意のベクトル x に対して，(I1)より $\langle x, x\rangle \geqq 0$ なので

$$\|x\| = \sqrt{\langle x, x\rangle} \qquad (7)$$

と置く事が出来，これを x の**ノルム**と言う．(6)と(7)よりシュワルツの不等式と呼ばれる今回の主要なテーマ

(シュワルツの不等式) $$|\langle x, y\rangle| \leqq \|x\|\,\|y\| \qquad (8)$$

が $x \neq \theta$ の時得られた．「新修線形代数」で詳説したが，$n+1$ 個のベクトル $x, x_1, x_2, \cdots, x_n$ はそのうちのどれか一つ，例えば，x が他の残りの $x_1, x_2, \cdots, x_n$ の 1 次結合(2)で表わされる時，**1 次従属**と言う．さて，(8)で等号が成立する事と判別式$=0$ と同値で，**内積を持つ線形空間 X の任意の二元 x, y に対してシュワルツの不等式が成立し，等号が成立するのは x と y が 1 次従属の時に限る．**

$[a, b]$ で連続な実数値関数 $f(t)$ 全体の集合 $C[a, b]$ は通常の演算で線形空間となり，

$$\langle f, g\rangle = \int_a^b f(t)g(t)\,dt \qquad (9)$$

は内積となる．この内積に関して，f, g の距離は

$$d(f, g) = \sqrt{\int_a^b (f(t)-g(t))^2\,dt} \qquad (10)$$

であり，1 章の問題 3 より，この距離空間は完備でない．その完備化こそ**自乗可積分可測関数**の作るヒルベルト空間 $L^2[a, b]$ である．$C[a, b]$ に(9)で内積を導く時のノルムは

$$\|f\| = \sqrt{\int_a^b (f(t))^2\,dt}$$

で与えられるから，シュワルツの不等式(8)は

$$\left(\int_a^b f(t)g(t)\,dt\right)^2 \leqq \left(\int_a^b f^2(t)\,dt\right)\left(\int_a^b g^2(t)\,dt\right) \qquad (11)$$

であるが，f, g の代りに $|f|, |g|$ を代入した

$$\left(\int_a^b |f(t)g(t)|\,dt\right)^2 \leqq \left(\int_a^b f^2(t)\,dt\right)\left(\int_a^b g^2(t)\,dt\right) \qquad (12)$$

の方が，積分の収束の判定に有用である．

静岡大学の原題では，より抽象的な，測度空間 (X, Σ, μ) に於ける自乗可積分な関数 f, g に対して不等式

$$\int_X |f(x)g(x)|\,d\mu(x) \leqq \sqrt{\int_X f(x)^2\,d\mu(x)}\sqrt{\int_X g(x)^2\,d\mu(x)} \qquad (13)$$

を求めて居るが，これは数学科三年の積分論のテーマである．

類 題

(解答☞ 180ページ)

1． 方向余弦が $(l_1, m_1, n_1), (l_2, m_2, n_2)$ である二つの単位ベクトルのスカラー積はどれか．

(国家上級職物理専門試験)

2． 自然数 n に対して，順序を問題にする n 個の実数の組 $x=(x_1, x_2, \cdots, x_n)$ 全体の集合を $\boldsymbol{R}^n$ とおく．$\boldsymbol{R}^n$ の二元 $x=(x_1, x_2, \cdots, x_n)$ と $y=(y_1, y_2, \cdots, y_n)$ とスカラー α, β に対して

$$\alpha x + \beta y = (\alpha x_1 + \beta y_1, \alpha x_2 + \beta y_2, \cdots, \alpha x_n + \beta y_n) \qquad (1)$$

によって，1 次結合を定義すると，$\boldsymbol{R}^n$ は線形空間となることを示せ．また

$$\langle x, y\rangle = \sum_{i=1}^n x_i y_i = x_1y_1 + x_2y_2 + \cdots + x_ny_n \qquad (2)$$

とおくと，$\langle x, y\rangle$ は内積の公理を満す事を示せ．更に，この内積を持つ線形空間におけるシュワルツの不等式を書き記せ．

2 (ノルム)—— $C^1[a,b]$ が完備とならないノルム

内積を持つ線形空間 X において，シュワルツの不等式より，

$$\|x+y\|^2=\langle x+y, x+y\rangle=\langle x, x\rangle+2\langle x, y\rangle+\langle y, y\rangle\leqq\|x\|^2+2\|x\|\,\|y\|+\|y\|^2 \tag{2}$$

が成立するので，

$$\|x\|=\sqrt{\langle x, x\rangle} \tag{3}$$

で定義されるノルムは，**ノルムの公理**と呼ばれる次の公理を満す事が分る：

(N1) $\|x\|\geqq 0$ で，$\|x\|=0$ であれば $x=\theta$.

(N2) スカラー α に対して，$\|\alpha x\|=|a|\,\|x\|$.

(N3) (三角不等式) $\|x+y\|\leqq\|x\|+\|y\|$.

一般に，線形空間 X は，どんな方法でもよいから，X の任意の元 x に対して，実数 $\|x\|$ が対応して，上記ノルムの公理を満す事を，**ノルム空間**と言い，$\|x\|$ を x の**ノルム**と言う．内積を持つ線形空間はノルム空間であるが，問題 4 で反例を示す様に，逆は必ずしも成立しない．従って，ノルム空間の方がより一般的である．

さて，ノルム空間 X の任意の二元 x, y に対して

$$d(x, y)=\|x-y\| \tag{4}$$

とおくと，**距離の公理**

(D1) $d(x, y)\geqq 0$ で，$d(x, y)=0$ と $x=y$ は同値.

(D2) $d(x, y)=d(y, x)$.

(D3) (三角不等式) $d(x, z)\leqq d(x, y)+d(y, z)$

が成立する事を見るのは易しい．従って，ノルム空間は(4)によって距離を導く事により，距離空間となり，完備性を論じる事が出来る．完備なノルム空間を**バナッハ空間**と言う．内積を持つ線形空間は，距離空間として完備な時，**ヒルベルト空間**と言う．ヒルベルト空間の一歩手前と言う気持を込めて，若い人はカッコよく，内積を持つ線形空間を**プレヒルベルト空間**と言う．

さて，問題の解答へ入ろう．

導関数 $f'(t)$ が存在して，これも連続である関数は連続微分可能，又は，カッコよく C^1 級と言う．1 章の問題 3 の折線は角で微分可能ではないので，これを a から t 迄積分しよう．

$$\alpha_n=\frac{a+b}{2}-\frac{b-a}{2n},\ \beta_n=\frac{a+b}{2}+\frac{b-a}{2n} \quad (n\geqq 1) \tag{5}$$

とおくと

$$\alpha_n<\alpha_m<\beta_m<\beta_n\ (m>n),\quad \alpha_n, \beta_n\to\frac{a+b}{2}\quad (n\to\infty) \tag{6}$$

これを用いて折線関数 $y_n(t)$ を

$$y_n(t)=\begin{cases} -(b-a),\ a\leqq t\leqq\alpha_n \\ n(2t-a-b),\ \alpha_n\leqq t\leqq\beta_n \\ b-a,\ \beta_n\leqq t\leqq b \end{cases} \tag{7}$$

で定義する．この $y_n(t)$ を a から t 迄積分して，$x_n(t)$ を

$$x_n(t)=\int_a^t y_n(s)\,ds \tag{8}$$

で定義する．右上の図にて影の部分の面積を計算して，

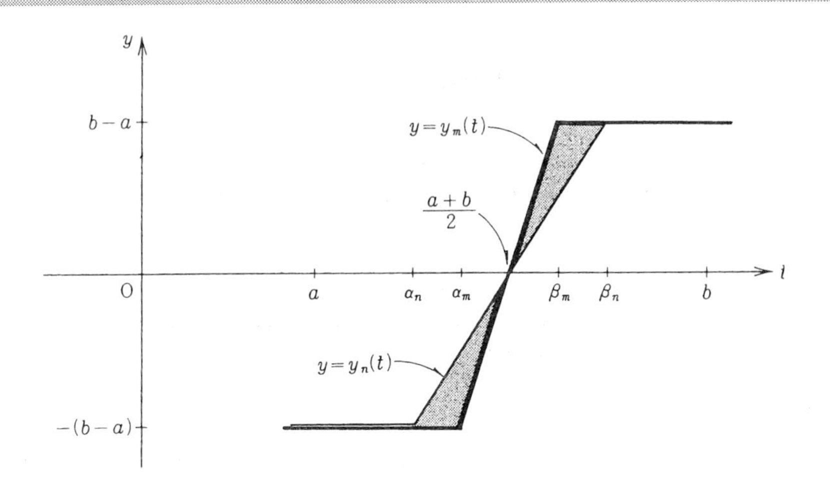

まるで大学入試の様な計算で

$$\int_a^b |y_m(t)-y_n(t)|dt=(\beta_n-\beta_m)(b-a) \quad (m \geqq n) \tag{9}$$

を得るので，(9)→0 ($m \geqq n \to \infty$) である．又 $m \geqq n \to \infty$ の時

$$\int_a^b |x_m(t)-x_n(t)|dt=\int_a^b \left|\int_a^t (y_m(s)-y_n(s))ds\right|dt \leqq \int_a^b \left(\int_a^t |y_m(s)-y_n(s)|ds\right)dt$$
$$\leqq \int_a^b \left(\int_a^b |y_m(s)-y_n(s)|ds\right)dt=(b-a)\int_a^b |y_m(s)-y_n(s)|ds \to 0 \tag{10}$$

を得る．積分の好きな女性は(8),(9),(10)の積分を実行しそうだが，入試は時間の制限があり，賢明ではない．高校数学と大学数学の違いは不等式を用いた評価にある．違いの分る聡明な女性であろう．不等式のない論文は価値がないと言う解析学者もいる程である．我々の $(x_n)_{n\geqq 1}$ はコーシー列となった．これが収束列であれば，1章の問題3で論じた方法で，その極限 $x(t)$ の導関数 $x'(t)$ が

$$x'(t)=\begin{cases} -(b-a), & a \leqq t < \dfrac{a+b}{2} \\ b-a, & \dfrac{a+b}{2} < t \leqq b \end{cases} \tag{11}$$

を満す事を示す事が出来るので，$x \notin C^1[a,b]$ となり矛盾である．よって(1)でノルムを導かれる線形空間 $C^1[a,b]$ は，完備でないノルム空間の例であり，勿論バナッハ空間ではない．

類 題

(解答☞ 180ページ)

3．類題2の $\boldsymbol{R}^n$ は n 次元のヒルベルト空間である事を示せ．

4．実数列 $(x_i)_{i\geqq 1}$ と $(y_i)_{i\geqq 1}$ に対して，$\sum_{i=1}^{\infty} x_i^2 < +\infty$ および $\sum_{i=1}^{\infty} y_i^2 < +\infty$ が成立する時，不等式

$$\left(\sum_{i=1}^{\infty}|x_i y_i|\right)^2 \leqq \left(\sum_{i=1}^{\infty} x_i^2\right)\left(\sum_{i=1}^{\infty} y_i^2\right) \tag{1}$$

が成立する事を示せ（この不等式もシュワルツの不等式と呼ばれる）．

5．自乗の和が収束する様な，即ち，

$$\sum_{i=1}^{\infty} x_i^2 < +\infty \tag{1}$$

である様な実数列 $(x_i)_{i\geqq 1}$ 全体の集合を l^2 とし，l^2 の任意の二元 $x=(x_i)_{i\geqq 1}, y=(y_i)_{i\geqq 1}$ とスカラー α, β に対して，1次結合を

$$\alpha x+\beta y=(\alpha x_i+\beta y_i)_{i\geqq 1} \tag{2}$$

で定義する．この時，前問を用いて，$\alpha x+\beta y \in l^2$ である事を示し，内積

$$\langle x, y\rangle=\sum_{i=1}^{\infty} x_i y_i \tag{3}$$

がうまく定義出来る事を示し，更に，l^2 が無限次元のヒルベルト空間である事を示せ．

3 （内　積）——シュワルツの不等式で等号成立

本問に入る前の準備として，先ず，次の問題を考察しよう．

問題　$[a,b]$ で連続な実数値関数 $f(t)$ 全体の集合 $C[a,b]$ は通常の演算

$$\langle f,g\rangle=\int_a^b f(t)g(t)\,dt \tag{2}$$

で内積となる．これで $C[a,b]$ はヒルベルト空間となるか？　（津田塾大大学院入試）

この内積に関して，f,g の距離は

$$d(f,g)=\sqrt{\int_a^b (f(t)-g(t))^2 dt} \tag{3}$$

であり，1章の問題3より，この距離空間は完備ではない．その完備化こそ**自乗可積分可測関数**の作るヒルベルト空間 $L^2[a,b]$ である．$C[a,b]$ に(2)で内積を導く時のノルムは

$$\|f\|=\sqrt{\int_a^b f(t)^2 dt} \tag{4}$$

で与えられるから，問題1のシュワルツの不等式(6)は

$$\left(\int_a^b f(t)g(t)\,dt\right)^2\leqq\left(\int_a^b f^2(t)\,dt\right)\left(\int_a^b g^2(t)\,dt\right) \tag{5}$$

であるが，数列同様，f,g の代りに $|f|,|g|$ を代入した

$$\left(\int_a^b |f(t)g(t)|\,dt\right)^2\leqq\left(\int_a^b f^2(t)\,dt\right)\left(\int_a^b g^2(t)\,dt\right) \tag{6}$$

の方が，積分の収束の判定に有用である．定義域が無限区間の場合，その定積分の定義は有限区間の積分の極限であるから，(6)の両辺にて，$a\to-\infty,\ b\to+\infty$ として

$$\left(\int_{-\infty}^{+\infty} |f(t)g(t)|\,dt\right)^2\leqq\left(\int_{-\infty}^{+\infty} f^2(t)\,dt\right)\left(\int_{-\infty}^{+\infty} g^2(t)\,dt\right) \tag{7}.$$

$$\int_{-\infty}^{+\infty} f^2(t)\,dt<+\infty \tag{8}$$

を満す連続関数 $f(t)$ 全体の集合 $\mathscr{G}$ の任意の二元 f,g に対して，

$$\langle f,g\rangle=\int_{-\infty}^{+\infty} f(t)g(t)\,dt \tag{9}$$

の右辺は(7)より絶対値が収束するので，意味を持ち，類題5の $\boldsymbol{l}^2$ の場合と同様に，$\mathscr{G}$ は内積を持つ線形空間となり，この空間でのシュワルツの不等式は勿論次式で与えられる：

$$\left(\int_{-\infty}^{+\infty} f(t)g(t)\,dt\right)^2\leqq\left(\int_{-\infty}^{+\infty} f^2(t)\,dt\right)\left(\int_{-\infty}^{+\infty} g^2(t)\,dt\right) \tag{10}.$$

さて，問題の解答に入ろう．(1)の左辺にシュワルツの不等式(10)を適用して

$$\left(\int_{-\infty}^{+\infty} f(t+h)f(t)\,dt\right)^2\leqq\left(\int_{-\infty}^{+\infty} f^2(t+h)\,dt\right)\left(\int_{-\infty}^{+\infty} f^2(t)\,dt\right) \tag{11}$$

を得る．(11)の右辺の第一の積分は，変数変換 $s=t+h,\ ds=dt$ によって

$$\int_{-\infty}^{+\infty} f^2(t+h)\,dt=\int_{-\infty}^{+\infty} f^2(s)\,ds=\int_{-\infty}^{+\infty} f^2(t)\,dt \tag{12}$$

と第二の積分と同じ値となり，不等式(1)に達する．

もしも，恒等的に零でない f と $h\neq0$ に対して，シュワルツの不等式(1)において等号が成立すれば，問題1で解説した様に，二つの関数 $f(t+h)$ と $f(t)$ は，線形空間 $\mathscr{G}$ の二つのベクトルと見て，1次従属である．線形代数に辿り着けたのは有難い事で，$(\alpha,\beta)\neq(0,0)$ である様なスカラー α,β があって，$\alpha f(t+h)+$

$\beta f(t)\equiv 0$ が成立する．$\alpha=0$ であれば，$\beta\neq 0$ なので，$f(t)\equiv 0$ となり仮定に反する．従って $\alpha\neq 0$ であり，実数 a があって，$f(t+h)=af(t)$．数学的帰納法によって，任意の整数 n に対して

$$f(t+nh)=a^n f(t) \tag{13}$$

を得る．例えば，$h>0$ の場合に，整数 k に対して，閉区間 $[kh,(k+1)h]$ 上の積分に対しては，変数変換 $t=s+kh$ によって，(13)より

$$\int_{kh}^{(k+1)h} f^2(t)\,dt=\int_0^h f^2(s+kh)\,ds=a^{2k}\int_0^h f^2(s)\,ds \tag{14}$$

を得る．$(-\infty,+\infty)$ 上の積分は無限個の重なり合わぬ区間 $[kh,(k+1)h]$ 上の積分の和で，(14)より

$$\int_{-\infty}^{+\infty} f^2(t)\,dt=\sum_{k=-\infty}^{+\infty}\int_{kh}^{(k+1)h} f^2(t)\,dt=\Big(\sum_{k=-\infty}^{+\infty} a^{2k}\Big)\Big(\int_0^h f^2(s)\,ds\Big) \tag{15}$$

を得る．$h<0$ の時は，(15)の左辺の積分や右辺の積分が，それぞれ，$(k+1)h$ から kh 迄，h から 0 迄となるだけである．さて，(15)の右辺の第一項は，$a\neq 0$ であるから，$a^2\geqq 1$ か $a^2<1$ かのいずれかであり，$a^2\geqq 1$ の時は，$k=0,1,2,\cdots$ の和が，$a^2<1$ の時は，$k=-1,-2,-3,\cdots$ の和が∞となる．更に，第二項も，$f\neq 0$ なので，(13)を考慮に入れると正である．従って，(15)の右辺は∞となり，$f\in\mathcal{G}$の仮定に反し，矛盾である．

線形空間 X の p 個の元 $x_1,x_2,\cdots,x_p$ は 1 次従属でない時，**1 次独立**であると言う．1 次独立である様な p 個の元が存在する様な自然数 p の最大値 n があれば n を，なければ ∞ を X の**次元**と言う．

我々の関数空間$\mathcal{G}$においては，$\{t^n e^{-|t|}\,;\,n=0,1,2,3,\cdots\}$ は 1 次独立であるから，$\mathcal{G}$は無限次元である．解析学では数列や関数の作る∞次元の空間が考察の対象である．従って，解析学とは∞次元の幾何であり，本書は，∞次元の空間の名所，名跡を訪ねる周遊の旅である．

解析学は∞次元の幾何である！

問題　階段状関数 f_1,f_2,f_3,f_4 及び D は実変数 x の区間 $[0,1),[1,2),[2,3),[3,4]$ で値 f_1：$+1,+1,+1,+1$　f_2：$+1,+1,-1,-1$　f_3：$+1,-1,-1,+1$　f_4：$+1,-1,+1,-1$　D：$+5,+2,+1,+3$ を取る．このとき，次の問いに答えよ．

(i)　区間 $[0,4]$ で f_1,f_2,f_3,f_4 が互いに直交する事を示せ．

(ii)　関数 $D(x)$ を区間 $[0,4]$ で $D=\sum_{i=1}^4 a_i f_i$ と表す場合の定数係数 a_1,a_2,a_3,a_4 の値を求めよ．

（東京大学大学院地球惑星科学専攻入試）

解答． f_1,f_2 の内積 $\langle f_1,f_2\rangle$ は積の積分の和 $\int_0^4 f_1(x)f_2(x)\,dx$．積分範囲を $[0,1),[1,2),[2,3),[3,4]$ の四区間に分割，二つの $+1$ と二つの -1 の和 $\int_0^1(+1)\,dx+\int_1^2(+1)\,dx+\int_2^3(-1)\,dx+\int_0^1(-1)\,dx$ は 0．57頁でも述べるが，高数や junior 線形代数の有限次元の幾何同様，無限次元の幾何，解析学でも，内積 $\langle f_1,f_2\rangle=0$ の二つの関数（＝ベクトル）f_1,f_2 は直交するという．同じ計算を実行すると，全く同様に $\langle f_i,f_j\rangle=0\,(i\neq j)$ であり，4 個のベクトル f_1,f_2,f_3,f_4 は互いに直交している．従って，$\langle D,f_i\rangle=\sum_{j=1}^4 a_j\langle f_j,f_i\rangle=a_i$ が成立，左の内積の計算を四区間に分割して実行すれば良い．$a_1=\langle D,f_1\rangle=5+2+1+3=11$, $a_2=\langle D,f_2\rangle=5+2-1-3=3$, $a_3=\langle D,f_3\rangle=5-2-1+3=5$, $a_4=\langle D,f_4\rangle=5-2+1-3=1$．57頁のフーリエ係数(14)の予習，step function での case study である．

類題 （解答☞ 181ページ）

6．$\{t^n e^{-|t|}\,;\,n=0,1,2,3,\cdots\}$ の 1 次独立性を示せ．

7．$f(t)$ を $[a,b]$ 上の C^1 級の関数で，$f(a)=0$ とする．この時，任意の $a\leqq\tau\leqq b$ に対し

$$|f(\tau)|\leqq\int_a^b|f'(t)|\,dt,\quad |f(\tau)|^2\leqq(b-a)\int_a^b|f'(t)|^2\,dt$$

なる不等式が成立する事を示せ．

（新潟大大学院入試）

4 (ノルム)——バナッハ空間であってもヒルベルト空間でない例

問題　閉区間 $[a, b]$ 上の全ての連続関数からなる線形空間 $C[a, b]$ はノルム

$$\|f\| = \max_{a \leqq t \leqq b} |f(t)| \quad (f \in C[a, b]) \tag{1}$$

に関して完備である事を示せ．　　　　　　　　　　　　　　　　　　　　（九州大大学院入試）

$n \geqq 1$ に対し，$C[a, b]$ の元 $f_1, f_2, \cdots, f_n$ は連続関数であるから，スカラー $\alpha_1, \alpha_2, \cdots, \alpha_n$ に対して，関数としての 1 次結合 $\alpha_1 f_1 + \alpha_2 f_2 + \cdots + \alpha_n f_n$ は連続関数である．従って $C[a, b]$ は，自然に線形空間となる．その二元 f, g に対して，(1)によって定義されるノルムから導かれる距離は

$$d(f, g) = \max_{a \leqq t \leqq b} |f(t) - g(t)| \tag{2}$$

であるから，2 章の問題 1 の距離(1)に他ならない．この距離空間は完備であり，バナッハ空間である．

内積を持つ線形空間において，ノルムを $\|x\| = \sqrt{\langle x, x \rangle}$ で定義するが，このノルムはノルム全体の中では特別な物である事を解説しよう．X の任意の二元 x, y に対して

$$\|x + y\|^2 = \langle x \pm y, x \pm y \rangle = \|x\|^2 \pm 2\langle x, y \rangle + \|y\|^2 \tag{3}$$

が成立するので，平面幾何で有名な次の定理を得る：

(中線定理)
$$\|x + y\|^2 + \|x - y\|^2 = 2(\|x\|^2 + \|y\|^2) \tag{4}.$$

$\alpha = 0, b = 1$ の場合に上述のバナッハ空間 $C[0, 1]$ を考え，$f(t) = t, g(t) = 1 - t$ に対して中線定理を験すと

$$\|f + g\|^2 + \|f - g\|^2 = 1 + 1 = 2 \neq 4 = 2(1 + 1) = 2(\|f\|^2 + \|g\|^2) \tag{5}$$

となり，中線定理は成立せず，このノルムは内積を見繕って作る事が出来ぬので，$C[0, 1]$ はバナッハ空間であるがヒルベルト空間ではない．

問題　複素数列 $a = (a_1, a_2, a_3, \cdots)$ で $\sum_{j=1}^{\infty} |a_j|^2 < \infty$ をみたすもの全体を ℓ^2 とする．ℓ^2 は $(a, b) = \sum_{j=1}^{\infty} a_i \bar{b_j}$ を内積として複素ヒルベルト空間となることが知られている．この内積から導かれるノルムを $\|\cdot\|$ と表す．さて，ℓ^2 からそれ自身への有界線形作用素の全体を $\mathcal{L}$ と表すことにし，$\mathcal{L}$ の点列 $\{S_n\}, \{T_n\}$ を次のように定義する：$S_n a = (a_{n+1}, a_{n+2}, a_{n+3}, \cdots)$, $T_n a = (0, \cdot, 0,$ 第 n 項 $a_1, a_2, a_3, \cdots)$ $(a \in \mathcal{L})$．このとき次の問に答えよ．

(i). $S \in \mathcal{L}$ に対し，ノルム $\|S\|_{\mathcal{L}}$ を $\|S\|_{\mathcal{L}} = \sup\{\|S\|_{\mathcal{L}} ; a \in \ell^2, \|a\| = 1\}$ と定義する．すべての自然数 n に対し，$\|S_n\|_{\mathcal{L}} = \|T_n\|_{\mathcal{L}} = 1$ となることを示せ．

(ii). 任意の $a\in\ell^2$ に対して，$\lim\|S_na\|=0$ を示せ．

(iii). 任意の $a, b\in\ell^2$ に対して，$\lim(T_na, b)=0$ を示せ． (東北大学大学院数学専攻入試)

X をノルム $\|\cdot\|$ を持つバナッハ空間とし，T を X から X への線形写像で，T の**グラフ** $G(T)=\{(x, Tx)\,;\,x\in X\}$ が $X\times X$ の閉集合であるとする．各 $x\in X$ に対して $\|x\|_1=\|x\|+\|Tx\|$ と定義する．このとき，次の(i)，(ii)を示せ．

(i). $\|\cdot\|_1$ はノルムの条件を満たす．

(ii). X は $\|\cdot\|_1$ の下でバナッハ空間になる． (東京工業大学大学院数理・計算科学専攻入試)

次問の体言止め命題の，定義は，定義を述べ，例は例を挙げ，用言止め命題は証明せよ．

(i). 実ノルム空間の定義．

(ii). 実ノルム空間の例．

(iii). 実内積空間の定義．

(iv). 実内積空間の例．

(v). 実内積空間は実ノルム空間をなす．

(vi). 実ノルム空間 E から実ノルム空間 F への線形写像 T の定義．T が有界線形写像であることの定義．

(vii). 実ノルム空間 E から実ノルム空間 F への線形写像 T のノルムの定義．不等式 $\|Tx\|\leq\|T\|\cdot\|x\|$ $(x\in E)$ が成り立つ．

(viii). T が E から F への有界線形写像のとき，等式 $\|T\|=\inf\{\|Tx\|/\|x\|\,;\,x\neq 0\}$ が成り立つ．

(ix). 実 Banach 空間の例．

(x). 実 Hilbert 空間の例． (津田塾大学大学院理学研究科入試)

東北大解答．$\|a\|=1$ を満たす全ての $a\in\ell^2$ に対して，$\|S_na\|_{\mathcal{L}}=\sum_{j=n+1}^{\infty}|a_j|^2\leq\sum_{j=1}^{\infty}|a_j|^2=1$ が成立するから，$\|S_n\|_{\mathcal{L}}\leq 1$．他方，成分 a_j が $j=n+1$ の時のみ 1 で，他の $j\neq n+1$ では 0 である，$a\in\ell^2$ は $\|a\|=1$ を満たし，然も，$\|Sa\|_{\mathcal{L}}=|a_{n+1}|^2=1$ が成立，ノルムの上限 $\|S\|_{\mathcal{L}}\geq 1$ であり，上に得た $\|S\|_{\mathcal{L}}\leq 1$ と併せて，$\|S\|_{\mathcal{L}}\geq 1$．全ての $\|a\|=1$ を満たす全ての $a\neq\ell^2$ に対して，$\|T_na\|^2=\|a\|^2=1$ が成立するから，$\|T_n\|^21$．シュワルツの不等式を適用して得る次の第二辺にて，収束級数 $\sum_{j=1}^{\infty}|a_j|^2$ に対して $n\to\infty$ の時，$\sum_{j=1}^{\infty}|a_j|^2\to 0$ が成立，$(T_na, b)=\sum_{j=1}^{\infty}a_{n+j}\bar{b}_j\leq\sqrt{\sum_{j=1}^{\infty}|a_{n+j}|^2}\|b\|\to 0$．

東工大解答．22頁のノルムの 3 公理が示せるから，$\|\cdot\|_1$ はノルムの条件を満たす．x_n をノルム空間 $(X, \|\cdot\|_1)$ のコーシー列とする．T は140頁の意味での線形写像であるから，$m, n\to\infty$ の時，ノルム $\|x_m-x_n\|_1=\|x_m-x_n\|+\|Tx_m-Tx_n\|\to 0$ より $\|x_m-x_n\|, \|Tx_m-Tx_n\|\to 0$ で，完備なノルム空間 X にて，2 点列 x_n, Tx_n は共にコーシー列であり，2 点 x, y があり，$n\to\infty$ の時，$x_n\to x, Tx_n\to y, \|x_n-x\|\to 0, \|Tx_n-y\|\to 0$．これは，$(x, y)$ が135頁の意味での積空間 $X\times X$ に於て，グラフ $G(T)$ の点列 (x_n, Tx_n) の139頁の意味での極限点であり，39頁の基-3 より，$(x, y)\in G(T), y=Tx$ 即ち，$\|x_n-x\|_1\to 0$．

ノルム空間 $(X, \|\cdot\|_1)$ は完備である．

津田塾解答．前半は今迄の復習，後半は，$Tx/\|x\|=T(x/\|x\|)$ に留意，同じ津田塾140/141頁及び206頁を予習せよ．

ヒルベルト (1862-1943)

類題 (解答☞ 181ページ)

8．多項式 $f(t)=a_0+a_1t+\cdots+a_nt^n$ のノルムを

$$\|f\|=|a_0|+|a_1|+\cdots+|a_n| \quad (1)$$

によって定義する時，多項式全体はノルム空間ではあるが，バナッハ空間でない事を示せ．

(東海大大学院入試)

5 （ノルム）——中線定理を満すノルムは内積から導かれる

問題　数直線上の連続関数 $f(t)$ が数直線上の任意の2点 s, t に対して

$$f\left(\frac{s+t}{2}\right)=\frac{f(s)+f(t)}{2} \tag{3}$$

を満せば，$f(t)$ は1次関数である事を示せ．　（岡山大大学院入試）

の解説から始める．$f=$定数 c の時も，(3)が成立するから，$f(t)$ から定数 $f(0)$ を引いた，$f(t)-f(0)$ も(3)の解である．従って，$f(t)$ の代りに $f(t)-f(0)$ を考察する事により，$f(0)=0$ と仮定して一般性を失なわない．(3)に $s=-t$ を代入して $f(-t)=-f(t)$，更に $s=0$ を代入して，$f(2^{-1}t)=2^{-1}f(t)$ を得る．数学的帰納法により，自然数 n に対して $f(2^{-n}t)=2^{-n}f(t)$ が成立する．自然数 m に対して

$$f\left(\frac{mt}{2^n}\right)=\frac{m}{2^n}f(t) \tag{4}$$

を仮定すれば，自然数 $m+1$ に対して

$$f\left(\frac{(m+1)t}{2^n}\right)=f\left(\frac{\dfrac{mt}{2^{n-1}}+\dfrac{t}{2^{n-1}}}{2}\right)=\frac{f\left(\dfrac{mt}{2^{n-1}}\right)+f\left(\dfrac{t}{2^{n-1}}\right)}{2}=\frac{\dfrac{m}{2^{n-1}}f(t)-\dfrac{1}{2^{n-1}}f(t)}{2}=\frac{m+1}{2^n}f(t)$$

を得るので，(4)は任意の $m\geqq 1$ に対して成立する．1章の問題2の様に，任意の正数 t を2進法で表わした時，小数第 n 位迄で打切り t_n とすると，t_n は $m2^{-n}$ の形の有理数であり，$0\leqq t-t_n\leqq 2^{-n}\to 0$ $(n\to\infty)$ が成立するので，f の連続性より

$$f(t)=\lim_{n\to\infty}f(t_n)=\lim_{n\to\infty}t_nf(1)=tf(1).$$

$x\pm y$ と y との組に中線定理(1)を適用して

$$\|x\pm 2y\|^2=2\|x\pm y\|^2+2\|y\|^2-\|x\|^2 \tag{5}$$

を得るので，(2)と(5)より

$$\langle x, 2y\rangle=\frac{2(\|x+y\|^2-\|x-y\|^2)}{4}=2\langle x, y\rangle \tag{6}$$

又，中線定理(1)を $x\pm y$ と $x\pm z$ の組に適用し

$$\|x\pm y\|^2+\|x\pm z\|^2=\frac{\|2x\pm y\pm z\|^2+\|y-z\|^2}{2} \tag{7}$$

を得るので，(2),(6),(7)より

$$\langle x, y\rangle+\langle x, z\rangle=\frac{\|x+y\|^2+\|x+z\|^2-\|x-y\|^2-\|x-z\|^2}{4}=\frac{\|2x+y+z\|^2-\|2x-y-z\|^2}{8}$$

$$=\frac{\left\|x+\dfrac{y+z}{2}\right\|^2-\left\|x-\dfrac{y+z}{2}\right\|^2}{2}=2\left\langle x, \frac{y+z}{2}\right\rangle=\langle x, y+z\rangle \tag{8}$$

スカラー α, β に対して，三角不等式より $|\|x\pm\alpha y\|-\|x\pm\beta y\||\leqq|\alpha-\beta|\|y\|$ が成立し，$\|x\pm\alpha y\|$ 従って $\langle x, \alpha y\rangle$ は α の連続関数である．(8)より $\langle x, (\alpha+\beta)y\rangle=\langle x, \alpha y+\beta y\rangle=\langle x, \alpha y\rangle+\langle x, \beta y\rangle$ が成立するので $f(t)=\langle x, ty\rangle$ に上の問題が適用出来て，$\langle x, \alpha y\rangle=\alpha\langle x, y\rangle$ が成立し，$\langle x, y\rangle$ は内積の公理を満し，(6)より $\langle x, x\rangle=\|x\|^2$.

問題　H を実ヒルベルト空間とし，$x, y\in H$ の内積を (x, y)，ノルムを $\|x\|$ で表し，M を H の閉部分空間とするとき，次のことを示せ：$x, y\in H$ に対して，中線定理(1)が成立する．各 $x\notin M$ に対して，唯一つの $z\in M$ があって，$\|z-x\|=\inf\{\|\mu-x\|; \mu\in M\}$ が成立する．この x, z の組に対しては，全ての $\mu\in M$ に対し

て，$(x-z,\mu)=0$ が成立する．　　　　(東京都立大学大学院理学研究科入試)

解答．点 x から点 $\mu\in M$ への距離 $\|\mu-x\|$ の下限を ρ とする．下限＝最大下界，であるから，任意の自然数 n に対して，下限より大きな $\rho+1/n$ は下界ではないので，$z_n\in M$ があって，$\rho+1/n>\|z_n-x\|$．ρ は下限であるから，$\|z_n-x\|\geq\rho$．$(z_m+z_n)/2\in M, \|(z_m+z_n)/2-x\|\geq\rho$．中線定理(1)の意味の x に $(z_m-x)/2, y$ に $(z_n-x)/2, x+y$ に $(z_m+z_n)/2\in M$ を代入し，(1)の意味の $\|x-y\|^2$ に付いて解き，

$$0\leq\left\|\frac{z_m-z_n}{2}\right\|^2=2\left(\left\|\frac{z_m-x}{2}\right\|^2+\left\|\frac{z_n-x}{2}\right\|^2\right)-\left\|\frac{z_m+z_n}{2}-x\right\|^2\leq \tag{9}$$

$2((\rho+1/m^2)/4+(\rho+1/n)^2/4)-\rho^2\to2(\rho^2/4+\rho^2/4)-\rho^2=0$ (as $m,n\to\infty$) を得るので，点列 z_n は完備な H でコーシー列を為し，H の一点 z に収束する．閉な M の点列の極限であるから，$z\in M$．$\rho+1/n>\|z_n-x\|\geq\rho$ にて $n\to\infty$ として，$\|z-x\|=\rho$ を得，更に，今一つ $z'\in M$；$\|z'-x\|=\rho$ があれば，(9)式の z_m に z, z_n に z' を代入し，$\|z-z'\|=0$．即ち，$z=z'$ を得る．ここ迄は，M は凸であれば，部分空間でなくとも良いが，更に M が部分空間であれば，任意の $\mu\in M$ に対して，$z+\lambda\mu\in M$ であり，全ての実数 λ に対して $\rho^2\leq\|z-x-\lambda\mu\|^2=\|z-x\|^2-2\lambda(z-x,\mu)+\lambda^2\|\mu\|^2$，即ち，$\lambda$ の二次関数 $\lambda^2\|\mu\|^2-2\lambda(z-x,\mu)$ が常に非負で，λ の係数 $(z-x,\mu)=0$．x から M への最短距離を達成する点 $z\in M$ は x から M に下ろした，垂線 $x-z$ の足であるとの，初等幾何の直感が無限次元 Hilbert 空間の幾何でも貫徹される．

類題

(解答☞ 181ページ)

9．$\boldsymbol{R}^1=(-\infty,\infty)$ で定義された実数値連続関数 $f(t)$ が，すべての $s,t\in\boldsymbol{R}^1$ に対して

$$f(s+t)=f(s)+f(t) \tag{1}$$

を満す時，$f(t)$ はどの様な関数であるか．
(奈良女子大大学院入試)

10．$f(s,t)$ が t について連続であって，任意の s,t_1,t_2 に対して，

$$f(s,t_1+t_2)=f(s,t_1)+f(s,t_2) \tag{1}$$

$$f(s,1)=\sin s \tag{2}$$

を満す時，f の形を定めよ．　(東京工業大大学院入試)

11．関数方程式

$$f(s+t)=f(s)+f(t)\ (s,t\in\boldsymbol{R}) \tag{1}$$

はある種の条件の下で，一意的な解

$$f(t)=f(1)t \tag{2}$$

を持つ事は知られている（勿論，定数 $f(1)$ の不確かさを除いて）．出来るだけ弱いと思われる条件を付け，証明を試みよ．　(名古屋大大学院入試)

12．f を $\boldsymbol{R}$ で定義された関数である正数 $C>0$ があって，任意の実数 s,t に対して，

$$|f(s+t)-f(s)-f(t)|\leq C \tag{1}$$

を満すとする．この時，次の事柄を証明せよ．

(i) $|f(2^ns)-2^nf(s)|\leq(2^n-1)C$．

(ii) $g(s)=\lim_{n\to\infty}\dfrac{f(2^ns)}{2^n}$ は存在する．

(iii) 任意の $s,t\in\boldsymbol{R}$ に対して，$g(s+t)=g(s)+g(t)$．

(iv) $f-g$ は有界である．

(津田塾大，岡山大大学院入試)

13．有理数体 $\boldsymbol{Q}$ から $\boldsymbol{Q}$ への写像 f が，任意の $s,t\in\boldsymbol{Q}$ に対して

(i) $f(s+t)=f(s)+f(t)$

(ii) $f(st)=f(s)f(t)$

(iii) $f(1)=1$

を満せば，f は恒等写像である事を示せ．
(北海道大大学院入試)

14．$x_i(t)(1\leq i\leq n)$ は，何れも区間 $[a,b]$ で定義された関数とする．$x_i(t)$ を第 i 成分とする n 次元のベクトルを $x(t)$, a から b 迄の $x(t)$ の定積分を

$$\int_a^b x(t)\,dt=\left(\int_a^b x_1(t)\,dt,\int_a^b x_2(t)\,dt,\cdots,\int_a^b x_n(t)\,dt\right) \tag{1}$$

で定義する．又 n 次元のベクトル $x=(x_1,x_2,\cdots,x_n)$ のノルムを $\|x\|=\sqrt{\sum_{i=1}^n x_i^2}$ で定義する．この時，次の不等式を示せ．

$$\left\|\int_a^b x(t)\,dt\right\|\leq\int_a^b\|x(t)\|\,dt \tag{2}$$

(国家公務員上級職数学専門試験)

EXERCISES

(解答☞ 182ページ)

1 (内積) **畳み込み**

$x(t), y(t)$ は共に $-\infty < t < \infty$ で連続な関数で

$$\int_{-\infty}^{+\infty}(|x(t)|^2+|y(t)|^2)\,dt < +\infty \tag{1}$$

であるとする．この時，

$$(x*y)(t)=\int_{-\infty}^{+\infty}x(s)y(t-s)\,ds \tag{2}$$

で定義される関数は有界かつ連続である事を示せ． (九州大大学院入試)

2 (内積) **線形常微分方程式の境界値問題**

$[a, b]$ において連続な実数値関数全体 $C[a, b]$ 上で内積 $\langle x, y\rangle$ を

$$\langle x, y\rangle=\int_a^b x(t)y(t)\,dt \quad (x, y\in C[a, b]) \tag{1}$$

によって定義する．p を $[a, b]$ 上の C^2 級関数とし，$C[a, b]$ の部分空間

$$\Gamma=\{x\in C^2[a, b]\ ;\ x(a)=x(b)=0\} \tag{2}$$

を考える．この時，$C[a, b]$ の部分空間 Γ 上で定義された，2 階線形微分作用素

$$L=p(t)\frac{d^2}{dt^2}+\frac{dp(t)}{dt}\frac{d}{dt} \tag{3}$$

に対して，次の命題を証明せよ：

(イ) $x, y\in\Gamma$ に対して

$$\langle Lx, y\rangle=\langle x, Ly\rangle \tag{4}$$

が成立する．

(ロ) L の相異なる固有値 λ_1, λ_2 に対する固有関数 x_1, x_2 は直交する，即ち

$$\langle x_1, x_2\rangle=0 \tag{5}$$

(ハ) $[a, b]$ 上で $p(t)>0$ であれば，L の固有値は正でない． (金沢大大学院入試)

Advice

1 前半はシュワルツの不等式を用い，問題 3 のムードで証明せよ．後半は，t_0 における連続性を示す為に，$(x*y)(t)-(x*y)(t_0)$ を(2)を用いて積分で表わす．それを，又，シュワルツの不等式を用いて，絶対値の自乗の積分にする．y を含む積分が，t が t_0 に近い時，小さい事を示す為には，$|t|\geqq R$ と t が大きい範囲の積分と，$|t|\leqq R$ と t が有界な範囲の積分に分け，R を大にして先ず前者を小にし，次に t を t_0 に近づけ後者を小にする．このテクニクが積分論で必須であるので，修得しましょう．$x*y$ を x と y の**畳み込み**や**コンボリューション**と呼び，解析学の重要な概念で，確率論や統計学に重用され，x と y の一種の積です．

2 (イ)は内積を定義(1)に従って書き下し，次にそれを部分積分する．(ロ)，(ハ)はどこかで見た様な気がしますね．これは，全く，対称行列が定義する 1 次変換の固有値問題のまねをすればよい．即ち，「新修線形代数」の12章の問題 1 の基-1 の対称行列の固有値が実数である事，同じく12章の問題 4 の基-2 の正規行列の相異なる固有値に対する固有ベクトルは直交する事の証明のまねをしましょう．くどくなりますが，解析学は∞次元の幾何ですよ．芸術家の卵も大家の作品のまねをして，習作を繰り返す内に，巨匠へと成長する人が現われます．数学の論文も同じですね．ただし，これは奨励会入会テストです．

級数と指数関数

級数は多くの関数を生み出す，関数の母である．実変数 x の実数値関数のテイラー級数に複素数 z や行列 A を代入し，指数関数と三角関数が姉妹と識る．

1 **（級数）** 関数 $\log\dfrac{1+\sqrt{1+x}}{2}$ を $x=0$ においてテイラー展開し，その級数の収束半径を求めよ．

（名古屋大学大学院多元数理科学研究科入試）

2 **（級数）** 線形ノルム空間 X が完備である為の必要十分条件は，$\sum_{k=1}^{\infty}\|x_k\|<+\infty$ である様な如何なる級数 $\sum_{k=1}^{\infty}x_k$ も X で収束する事である事を示せ．

（金沢大，学習院大大学院入試）

3 **（級数）** （イ） $[-a, a]$ で定義された実数値連続関数 $f(t)$ に対し，$u_0=f$

$$u_n(t)=\int_0^t u_{n-1}(s)ds \quad (n\geqq 1, -a\leqq t\leqq a) \tag{1}$$

で $(u_n(t))_{n\geqq 1}$ を定義する時，次式が成立する事を示せ：

$$u_n(t)=\int_0^t \frac{(t-s)^{n-1}}{(n-1)!}f(s)ds \quad (n\geqq 1, -a\leqq t\leqq a) \tag{2}$$

（ロ） $g(t)$ を $[-a, a]$ の C^n 級関数とする．この時

$$g(t)=\sum_{k=0}^{n-1}\frac{g^{(k)}(0)}{k!}t^k+\frac{t^n}{(n-1)!}\int_0^1(1-s)^{n-1}g^{(n)}(st)ds \tag{3}$$

が成立する事を示せ．

（北海道大大学院入試）

4 **（指数）** 連立の常微分方程式

$$\frac{dy_1}{dx}=2y_1+3y_2 \quad (1), \qquad \frac{dy_2}{dx}=-y_1-2y_2 \quad (2)$$

を 2 次列ベクトル y を用いて $\dfrac{dy}{dx}=Ay$ と表した時の 2 次正方行列 A を対角化し，初期値問題 $x=0$ の時，$y_1=2, y_2=0$ を解け．

（東京大学大学院地球惑星科学専攻入試）

5 **（指数）** $A=\begin{pmatrix}0 & -1\\ 1 & 0\end{pmatrix}$ のとき，e^{tA} を求めよ．

（九州大学大学院数理学研究科入試，国家公務員上級職数学専門試験）

6 **（指数）** n 次の正方行列 A，B が可換であれば，e^{tA} は微分方程式

$$\frac{dx}{dt}=Ax \tag{1}$$

の解の基本系である事を使って，A と B とが可換ならば，$e^{A+B}=e^Ae^B$ が成立する事を示せ．

（お茶の水女子大大学院入試）

1 (級　数)——整級数の収束半径

この問題も奥行が深いので，先ず，正数列 $(a_n)_{n\geqq 1}$ に対する次の公式の証明から始める：

$$\lim_{n\to\infty}\sqrt[n]{a_n}=\lim_{n\to\infty}\frac{a_{n+1}}{a_n} \tag{1}$$

(1)の右辺の極限を r とする．$\frac{a_{n+1}}{a_n}$ は r に限りなく近づくのであるから，どんなに小さな正数 ε を持って来ても，自然数 n_0 を十分大きく取れば，n_0 番から先の n に対しては $\frac{a_{n+1}}{a_n}$ と r との差は ε より小さくなる筈である．大きいとか小さいとか本音を洩らすのは端ないから，大学の講義風に蒲とと的に，淑やかに立て前を述べると，任意の正数 ε に対して，自然数 n_0 があって

$$r-\varepsilon<\frac{a_{n+1}}{a_n}<r+\varepsilon \quad (n\geqq n_0) \tag{2}.$$

$a_n>0$ であるから，通分して，数学的帰納法により

$$(r-\varepsilon)^{n-n_0}a_{n_0}<a_n<(r-\varepsilon)^{n-n_0}a_{n_0} \tag{3}$$

を示す事が出来る．n 乗根を取り，

$$(r-\varepsilon)^{1-\frac{n_0}{n}}a_{n_0}{}^{\frac{1}{n}}<a_n{}^{\frac{1}{n}}<(\gamma+\varepsilon)^{1-\frac{n_0}{n}}a_{n_0}{}^{\frac{1}{n}} \tag{4}.$$

$n\to\infty$ の時，(4)の最左辺と最右辺は $r\pm\varepsilon$ に収束するので，更び上の論法より n_0 より大きな自然数 n_1 が取れて

$$r-2\varepsilon<a_n{}^{\frac{1}{n}}<\gamma+2\varepsilon \quad (n\geqq n_1) \tag{5}.$$

(5)は，$\sqrt[n]{a_n}\to r$，即ち(1)を意味する．公式(1)の証明において，出て来た不等式が皆等式であれば，これは高校の等比数列の議論である．高校数学と大学数学の違いは不等式にある．

実数列 c_n の第 n 項以降の上限 $\sup_{k\geqq n}c_k\leqq\infty$ は n に付いて単調非増加であるから，$\pm\infty$ も数に入れると，必ず極限があり，これを数列の**上極限**と言い，

$$\overline{\lim}_{n\to\infty}c_n = \text{又は}\ \limsup_{n\to\infty}c_n := \inf_{n\geqq 1}\sup_{k\geqq n}c_k \tag{6}$$

の様に極限記号の上にバーを付けて表す．上極限は必ず存在するので，整級数 $\sum_{k=0}^{\infty}a_kx^k$ の，

コーシー・アダマールの公式　　収束半径$=\overline{\lim}_{n\to\infty}\sqrt[n]{|a_n|}$ の逆数　(7)

は理論上大変貴重である．勿論，普通の極限が存在すれば，上極限に等しく，(7)の極限記号の上のバーを外した形でコーシー・アダマールの公式が成立する．それでもベキ根，の極限は計算に馴染まないので，最新の入試問題に差し替える，改訂の前の上の公式(1)は整級数 $\sum_{k=0}^{\infty}a_kx^k$ の収束半径に関わる，

ダランベールの公式　　収束半径$=\lim_{n\to\infty}|a_n|/|a_{n+1}|$　(8)

を与え，非常に重要であり，改訂後も温存し，改訂後に差し替えた名大院試解答に活用する．改訂に際して，スペースがなく31頁には記せなかった，名大院試の原題の分数を / で改悪した物は，

(イ)　関数　$f(x)=1/\sqrt{1+x}\quad(x>-1)$　(9)

の $x=0$ におけるテイラー展開を求めよ．

(ロ)　関数　$g(x)=\log((1+\sqrt{1+x})/2)\quad(x>-1)$　(10)

の $x=0$ におけるテイラー展開が次の級数で与えられることを示せ．

$$s(x)=\sum_{k=1}^{\infty}(-1)^{k-1}((2k-1)!!/(2\cdot(2k)!!))x^k \quad (x>-1). \tag{11}$$

また，この級数の収束半径を求めよ．ただし

$$(2k)!!=(2n)(2n-2)\cdots4\cdot2,\quad (2k-1)!!=(2n-1)(2n-3)\cdots3\cdot1 \tag{12}$$

（名古屋大学大学院多元数理科学研究科入試）

である．ここでお手持ちの微積分書を復習し，例えば姉妹書，本書同様改訂予定の「改訂独習微分積分学」58頁を参照されると，関数 $f(x)$ が点 a の近傍で C^∞ 級，即ち，任意の階数の導関数が存在すれば，その近傍に於いて，収束を度外視すれば，次の**テイラー展開**が与えられる：

$$f(x)=\sum_{k=0}^{\infty}\frac{f^{(k)}(a)}{k!}(x-a)^k. \tag{13}$$

さて，一般のベキ α に対する微分の公式

$$\frac{d}{dx}(1+x)^\alpha=\alpha(1+x)^{\alpha-1} \tag{14}$$

を想起しよう．数学的帰納法により，n 回微分した，n 階の導関数の公式

$$\frac{d^n}{dx^n}(1+x)^\alpha=\alpha(\alpha-1)\cdots(\alpha-n+1)(1+x)^{\alpha-n} \tag{15}$$

を導く事が出来る．(15)を活用しての，$a=0$ を中心とする一般のベキ関数 $(1+x)^\alpha$ のテイラー展開(13)は，

$$(1+x)^\alpha=\sum_{k=0}^{\infty}(\alpha(\alpha-1)\cdots(\alpha-k+1)/k!)x^k \quad (-1<x<1) \tag{16}$$

である．α が自然数の時は，級数(16)は有限和であり，通常の**二項定理**と一致する．α が非負整数でない時，級数(16)は無限和である．x^{n+1} の係数の x^n の係数による商の極限が(8)が与えた収束半径

$$\lim_{n\to\infty}\left(\left|\frac{\alpha(\alpha-1)\cdots(\alpha-n)}{(n+1)!}\right|\right)\Big/\left(\left|\frac{\alpha(\alpha-1)\cdots(\alpha-n+1)}{n!}\right|\right)=\lim_{n\to\infty}\left|\frac{\alpha-n}{n+1}\right|=1 \tag{17}$$

である．$|x|<1$ で収束する(16)を**一般化された二項定理**と言う．$\alpha=-1/2$ の場合に一般化された二項定理を適用してのテイラー展開

$$\frac{1}{\sqrt{1+x}}=(1+x)^{-\frac{1}{2}}=\sum_{k=0}^{\infty}\frac{-\frac{1}{2}\left(-\frac{1}{2}-1\right)\cdots\left(-\frac{1}{2}-k+1\right)}{k!}x^k \quad (-1<x<1) \tag{18}$$

は(12)の記法の下で，(11)に一致する．次に，(10)の両辺を微分，$g'(x)=1/2-\sqrt{1+x}/2$ $(-1<x)$ を得るので，$g(x)$ のテイラー展開の x^k の係数は(18)の x^{k-1} の係数の k による商であり，展開(11)を得る．

$$\left|\frac{a_{k+1}}{a_k}\right|=\frac{(2k+1)!!}{2\cdot(2k+2)!!}\frac{2\cdot(2k-2)!!}{(2k-1)!!}=\frac{(2k+1)(2k-1)}{(2k+2)(2k)}\to1 \tag{19}$$

であるから，ダランベールの公式(8)より，級数 $s(x)$ の，求める，収束半径は 1 である．

2 （級　数）――ノルム空間の絶対収束級数

バナッハ空間 X の元の列 $(x_n)_{n\geqq1}$ が与えられた時，$n\geqq1$ に対して，第 n **部分和**を

$$s_n=\sum_{k=1}^{n}x_k=x_1+x_2+\cdots+x_n \tag{1}$$

によって定義し，バナッハ空間 X において点列 $(s_n)_{n\geqq1}$ が点 s に収束する時，即ち

$$\|s_n-s\|=\|x_1+x_2+\cdots+x_n-s\|\to0 \quad (n\to\infty) \tag{2}$$

が成立する時，級数 $\sum x_k$ は s に**収束**すると言い

$$s=\sum_{k=1}^{\infty}x_k=x_1+x_2+\cdots+x_n+\cdots \tag{3}$$

と書く．X は完備であるから，点列 $(s_n)_{n\geqq1}$ の収束とそれがコーシー列である事とは同値であり，それは

$$\|s_m-s_n\|=\|\sum_{k=n+1}^{m}x_k\|=\|x_{n+1}+x_{n+2}+\cdots+x_m\|\to0 \quad (m>n\to\infty)$$

と同値である．三角不等式より $\|\sum_{k=n+1}^{m}x_k\|\leqq\sum_{k=n+1}^{m}\|x_k\|$ なので

$$\sum_{k=n+1}^{m}\|x_k\|=\|x_{n+1}\|+\|x_{n+2}\|+\cdots+\|x_m\|\to0 \quad (m>n\to\infty) \tag{4}$$

であれば，$\sum x_k$ は収束する．1 章で問題 2 で論じた実数の連続性公理の一つである所の

（コーシーの公理） 実数のコーシー列は収束する．

より，(4)は $\sum\|x_k\|<\infty$ と同値なので

基本事項-1 $\sum_{i=1}^{\infty}\|x_k\|<+\infty$ であれば，$\sum_{k=1}^{\infty}x_k$ は収束する．

バナッハ空間値級数と尤もらしい事を言ったが，基-1 より，その収束は実数の**正項級数**の収束に帰着される．

（ベキ根判定法） $a_n\geqq0\ (n\geqq1)$ において $\rho=\lim_{n\to\infty}\sqrt[n]{a_n}$ があれば，

$$\rho<1 \text{ の時 } \sum_{k=1}^{\infty}a_k<+\infty,\quad \rho>1 \text{ の時 } \sum_{k=1}^{\infty}a_k=+\infty.$$

$\rho<1$ の時，$r=\dfrac{\rho+1}{2}$ と書くと，$\rho<r<1$．r は極限 ρ より大きいので，十分大きな自然数 n_0 を取れば，$\sqrt[n]{a_n}<r\ (n\geqq n_0)$．従って $a_n<r^n\ (n\geqq n_0)$ となり，公比 $r<1$ の等比級数は高校数学より収束するから，$\sum a_k<+\infty$．$\rho>1$ の時は $a_n>r^n\to\infty\ (n\to\infty)$ であるから，勿論，$\sum a_k=+\infty$．

前問の公式(1)とベキ根判定法より，次の比判定法を得る．

（比判定法） $a_n>0\ (n\geqq1)$ の時，$\rho=\lim_{n\to\infty}\dfrac{a_{n+1}}{a_n}$ があれば，

$$\rho<1 \text{ の時 } \sum_{k=1}^{\infty}a_k<+\infty,\quad \rho>1 \text{ の時 } \sum_{k=1}^{\infty}a_k=+\infty.$$

さて $\sum_{k=1}^{\infty}\|x_k\|<+\infty$ である様な級数 $\sum_{k=1}^{\infty}x_k$ は**絶対収束**すると言う．この時，次の様に形式的な計算が許される．

基-2　絶対収束級数 $\sum_{k=1}^{\infty} x_k$ は次の(5)の意味で**無条件収束**する．

各 $\nu=1, 2, 3, \cdots$ に対して，有限又は無限個の数列 $\{n(\nu, l)\ ;\ l=1, 2, 3, \cdots\}$ を与え，任意の自然数が $n(\nu, l)$ の中に丁度一回だけ過不足なく現われる様にし，$s=\sum_{k=1}^{\infty} x_k$, $t_\nu=\sum_l x_{x(\nu, l)}$, $\tau_m=\sum_{\nu=1}^{m} t_\nu$ と置く．$\sum_l \|x_{n(\nu, l)}\| \leqq \sum_{k=1}^{\infty} \|x_k\| < +\infty$ であるから t_ν は絶対収束級数の和である．任意の自然数 N に対して，m を十分大きく取れば，$\{1, 2, \cdots, N\} \subset \bigcup_{\nu=1}^{m} \{n(\nu, 1), n(\nu, 2), \cdots\}$．従って $\|\tau_m - s\| \leqq \sum_{k=N+1}^{\infty} \|x_k\| \to 0\ (m\to\infty)$ が成立し，次式を得る：

$$\sum_{k=1}^{\infty} x_k = \sum_{\nu=1}^{\infty} \sum_l x_{n(\nu, l)} \tag{5}$$

比判定法と前問の公式(1)を結び付けると，次の基本事項を得る：

基-3　$\lim_{n\to\infty} \frac{\|x_{n+1}\|}{\|x_n\|} < 1$ であれば，級数 $\sum_{k=1}^{\infty} x_k$ は絶対収束する．

バナッハ空間値級数の収束の一般論はこの位にして置き，本問の解答に移ろう．

線形ノルム空間 X が完備であれば，冒頭で述べた様に，絶対収束級数 $\sum x_k$ は収束する．

次に，十分性を示そう．$(y_n)_{n\geqq 1}$ をノルム空間 X のコーシー列とする．$\|y_m - y_n\| \to 0\ (m, n\to\infty)$ であるから，数学的帰納法を用いて，自然数列 $(n_i)_{i\geqq 1}$ を $n_1 < n_2 < \cdots < n_i < n_{i+1} < \cdots$，及び，$\|y_{n_{i+1}} - y_{n_i}\| < 2^{-i}\ (i \geqq 1)$ が成立する様に，取る事が出来る．この $(y_{n_i})_{i\geqq 1}$ については

$$\sum_{i=1}^{\infty} \|y_{n_{i+1}} - y_{n_i}\| < \sum_{i=1}^{\infty} 2^{-i} = 1 < +\infty \tag{6}$$

が成立する．与えられた条件より，(6)が成立する絶対収束級数の部分和 $\sum_{i=1}^{k-1} (y_{n_{i+1}} - y_{n_i}) = y_{n_k} - y_{n_1}$ は $k\to\infty$ とした時の極限を持つ．コーシー列 $(y_n)_{n\geqq 1}$ は，収束部分列 $(y_{n_i})_{i\geqq 1}$ を持つので，1章の類題4より，それ自身収束する．任意のコーシー列が収束する様なノルム空間 X は完備である．

基-3の二，三の応用を述べよう．$[a, b]$ で定義された定数値連続関数 $x(t)$ の全体の集合 $C[a, b]$ はノルム

$$\|x(t)\| = \max_{a\leqq t\leqq b} |x(t)| \tag{7}$$

により，3章の問題4で学んだ様にバナッハ空間となる．空間 $C[a, b]$ における点列 $(x_n(t))_{n\geqq 1}$ とは連続関数列であり，点 $x(t)$ とは連続関数であり，この空間にて点列 $(x_n)_{n\geqq 1}$ が点 x に収束するとは，$\|x_n - x\| \to 0\ (n\to\infty)$，即ち，任意の正数 ε に対して，自然数 n_0 があって，$\|x_n - x\| < \varepsilon\ (n \geqq n_0)$ が成立する事であり，

$$|x_n(t) - x(t)| < \varepsilon \quad (n \geqq n_0,\ a \leqq t \leqq b) \tag{8}$$

と微積分学的に書き表わす事も出来る．この時，$[a, b]$ の任意の点 t を固定すれば，$|x_n(t) - x(t)| \leqq \|x_n - x\| \to 0\ (n\to\infty)$ より

$$x(t) = \lim_{n\to\infty} x_n(t) \tag{9}$$

が成立しているが，この収束を微積分学的に保証する任意の ε に対する n_0 の存在が t に無関係に取れる事から，(8)が成立する時，(9)の収束は**一様**であると言い，$[a, b]$ で $f_n \rightrightarrows f\ (n\to\infty)$ と記す．これに反し，単なる(9)の成立は，**各点収束**，又は**単純収束**と言う．各点収束では

$$|x_n(t) - x(t)| < \varepsilon \quad (n \geqq n_0) \tag{10}$$

が成立する様な $n_0 = n_0(t)$ は点 t とともに変ってよい．**一様収束**の上の様な微積分学的説明がうるさい人は教師同様バナッハ空間 $C[a, b]$ における収束と心得ておけば十分である．

3 （級　数）——テイラー展開

(2)を仮定すると下の様に累次積分が得られ，２重積分

$$u_{n+1}(x)=\int_0^x\left(\int_0^t\frac{(t-s)^{n-1}}{(n-1)!}f(s)\,ds\right)dt=\iint_{\substack{0\leqq t\leqq x\\0\leqq s\leqq t}}\frac{(t-s)^{n-1}}{(n-1)!}f(s)\,dsdt \tag{4}$$

に等しく，下図の影の領域上の積分であり，積分順序を変更して先に t で積分すると具体的に計算出来て

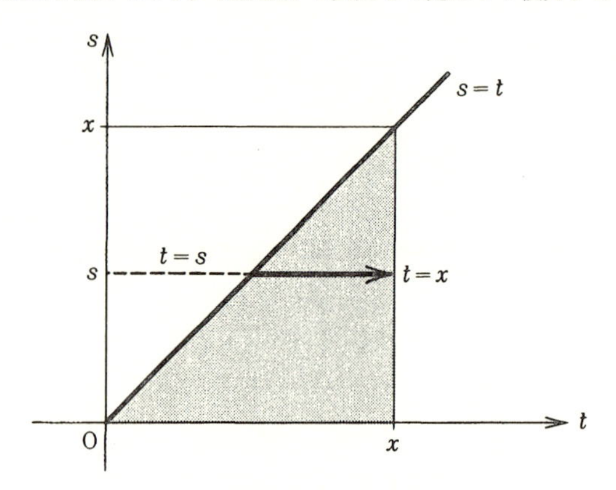

$$u_{n+1}(x)=\int_0^x\left(\int_s^x\frac{(t-s)^{n-1}}{(n-1)!}f(s)\,dt\right)ds=\int_0^x\frac{(x-s)^n}{n!}f(s)\,ds$$

と $n+1$ の時の(2)を得，数学的帰納法により(2)は正しい．

$$h(t)=g(t)-\sum_{k=0}^{n-1}\frac{g^{(k)}(0)}{k!}t^k \tag{5}$$

に対して，$h(0)=h'(0)=\cdots=h^{(n-1)}(0)=0$, $h^{(n)}(t)=g^{(n)}(t)$ が成立し，$f(t)=g^{(n)}(t)$ に(イ)の議論を適用すると，$u_0=h^{(n)}$, $u_1=h^{(n-1)}$, $\cdots$, $u_n=h$ が得られ，(2)は(3)を意味する．

前問の解答で述べた一様収束の話を続けよう．一様収束の利点は下記の微積分記号と極限記号の可換性にある．

基-1　$[a, b]$ で連続関数列 $(x_n(t))_{n\geqq1}$ が $x_n(t)\rightrightarrows x(t)$ $(n\to\infty)$ であれば

$$\lim_{n\to\infty}\int_a^b x_n(t)\,dt=\int_a^b\lim_{n\to\infty}x_n(t)\,dt \tag{6}$$

$$\left|\int_a^b x_n(t)\,dt-\int_a^b x(t)\,dt\right|\leqq\int_a^b|x_n(t)-x(t)|\,dt\leqq(b-a)\|x_n-x\|\to0\ \ (n\to\infty).$$

基-2　$[a, b]$ で C^1 級の関数列 $(x_n(t))_{n\geqq1}$ に対し，$x_n(a)\to A$ $(n\to\infty)$ および，$[a, b]$ で $x_n'(t)\rightrightarrows y(t)$ $(n\to\infty)$ ならば

$$x_n(t)\rightrightarrows\int_a^t y(s)\,ds+A \tag{7}$$

従って，次の公式が成立する：

$$\lim_{n\to\infty}\frac{d}{dt}x_n(t)=\frac{d}{dt}\lim_{n\to\infty}x_n(t) \tag{8}$$

$$\left|x_n(t)-\left(\int_a^t y(s)\,ds=A\right)\right|=\left|\int_a^t(x_n'(s)-y(s))\,ds+(x_n(a)-A)\right|$$

$$\leqq \int_a^t |x_n'(s)-y(s)|ds+|x_n(a)-A| \leqq (b-a)\|x_n'-y\|+|x_n(a)-a| \to 0 \quad (n\to\infty)$$

基-1, 2 を関数項級数 $\sum_{k=1}^{\infty} x_k(t)$ に適用するには，部分和の列の一様収束が得られればよいが，これはバナッハ空間 $C[a,b]$ での収束に他ならぬので，前問の(7)と基-3 より

> **基-3** 関数列 $(x_n(t))_{n\geqq 1}$ に対して正数列 $(M_n)_{n\geqq 1}$ があって
>
> $$|x_n(t)| \leqq M_n \ (n\geqq 1, a\leqq t\leqq b) \qquad (9) \qquad\qquad \lim_{n\to\infty}\frac{M_{n+1}}{M_n}<1 \qquad (10)$$
>
> が成立すれば，級数 $\sum_{k=1}^{\infty} x_k(t)$ は $[a,b]$ で一様収束する．

基-1, 2, 3 はバナッハ空間値関数項級数に対しても，絶対値をノルムと読み変えれば，そのまま成立する．

バナッハ空間 X の任意の二元 x, y とスカラー α, β に対して一次結合 $\alpha x+\beta x \in X$ が定義されているが，更に積 $xy\in X$ が定義され，X は単位元を持つ必らずしも可換でない環をなし，$\alpha(xy)=(\alpha x)y=x(\alpha y)$ が成立し，それより重要な事はノルムが積に対して

$$\|xy\| \leqq \|x\|\,\|y\| \qquad (11)$$

を満す時，X を**バナッハ代数**と言う．

さて，バナッハ代数 X の元の列 $(a_n)_{n\geqq 1}$ と X の元 c が与えられた時，X の元 x を変数とする級数

$$f(x)=\sum_{k=0}^{\infty} a_k(x-c)^k \qquad (12)$$

を c を中心とする**整級数**と言う．$f(x)$ は，勿論，有限和

$$f_n(x)=\sum_{k=0}^{n} a_k(x-c)^k \qquad (13)$$

に対する $\|f_n(x)-f(x)\|\to 0 \ (n\to\infty)$ の意味での極限である．

> **基-4** $0\leqq R=\lim_{n\to\infty}\frac{\|a_n\|}{\|a_{n+1}\|}\leqq +\infty$ が存在すれば，任意の $0<r<R$ に対して，(12)は $\|x-c\|\leqq r$ で絶対かつ一様収束する．

(11)より $\|a_k(x-c)^k\| \leqq \|a_k\|\,\|x-c\|^k \leqq \|a_k\| r^k$．その右辺の第 $k+1$ 項を k 項で割った極限は $\frac{r}{R}<1$ であるから，前問の基-3 より基-4 は導かれる．バナッハ空間値整級数は 8 章の E5 に応用する．

> **基-5** $[-a,a]$ で C^∞ 級の関数 f に対し，正数 α, r, M があり，
>
> $$|f^{(k)}(t)| \leqq Mk^\alpha r^k \quad (k=1,2,\cdots, -a\leqq t\leqq a) \qquad (14)$$
>
> が成立すれば，$[-a,a]$ にて次の級数は $f(t)$ に一様収束する：
>
> $$f(t)=\sum_{k=0}^{\infty}\frac{f^{(k)}(0)}{k!}t^k \qquad (15)$$

(2),(3)より $C[-a,a]$ の元として

$$\left\|f(t)-\sum_{k=0}^{n-1}\frac{f^{(k)}(0)}{k!}t^k\right\| \leqq \frac{Mn^\alpha r^n a^n}{(n-1)!} \qquad (16)$$

が成立する．(16)の右辺 a_n に対して $\frac{a_{n+1}}{a_n}\to 0 \ (n\to\infty)$ が成立し，問題 1 の公式(1)より $a_n\to 0$ 従って基-5 を得る．

4 (指　数)——定数係数線形常微分方程式の解法

先ず，前問，前々問に引き続き，一様収束の解説から始める．

基-1　前問の基-5の条件の下で，任意の $m \geqq 1$ に対して，次の級数は $f^{(m)}(t)$ に一様収束する．

$$\frac{d^m}{dt^m}f(t)=\sum_{k=0}^{\infty}\frac{f^{(k)}(0)}{k!}\frac{d^m}{dt^m}t^k=\sum_{k=m}^{\infty}\frac{f^{(k)}(0)}{(k-m)!}t^{k-m} \tag{3}$$

$$\left\|\frac{f^{(k)}(0)}{(k-m)!}t^{k-m}\right\| \leqq \frac{Mk^{\alpha}r^k a^{k-m}}{(k-m)!} \quad (k \geqq m)$$

であるが，その右辺を a_k とすると

$$\frac{a_{k+1}}{a_k}=\frac{ra}{k+1-m}\left(1+\frac{1}{k}\right)^{\alpha}\to 0 \quad (k\to\infty)$$

が成立し，前問の基-3より(3)の右辺は $[-a,a]$ で一様収束する．問題3の基-2を用いると m に関する数学的帰納法により基-1を得る．

級数

$$f(t)=\sum_{k=0}^{\infty}\frac{f^{(k)}(0)}{k!}t^k=f(0)+\frac{f'(0)}{1!}t+\frac{f''(0)}{2!}t^2+\cdots+\frac{f^{(n)}(0)}{n!}t^n+\cdots \tag{4}$$

を f の $t=0$ における**マクローリン**又は**テイラー展開**，(3)を級数(4)の**項別微分**と言う．また，バナッハ代数値級数に戻って

基-2　X をバナッハ代数，a を X の元，t を実変数とし，指数関数 e^{ta} (これは $\exp(ta)$ とも記されるが) を

$$e^{ta}=\exp(ta)=\sum_{k=0}^{\infty}\frac{t^k a^k}{k!} \tag{5}$$

で定義すると，(5)は絶対収束し，任意の $m \geqq 1$ に対して，t に関して m 回項別級微分が出来，次式が成立する：

$$\frac{d^m}{dt^m}e^{ta}=\sum_{k=0}^{\infty}\frac{t^k a^{k+m}}{k!}=e^{ta}a^m=a^m e^{ta} \tag{6}$$

任意の正数 r に対して，$|t| \leqq r$ において(6)の一般項は

$$a_k=\frac{r^k\|a\|^{k+m}}{k!}$$

で押えられ，$\dfrac{a_{k+1}}{a_k}=\dfrac{r\|a\|}{k+1}\to 0\ (k\to\infty)$ が成立するから，問題3の基-3より(6)は絶対かつ一様収束し，問題3の基-2より基-2を得る．

実変数 t の実数値指数関数に前問で解説した基本事項を適用する為，正の定数 a に対して，関数

$$f(t)=e^{at} \quad (7), \qquad f^{(k)}(t)=a^k e^{at} \quad (8)$$

を考察しよう．任意の閉区間 $[-R,R]$ において

$$|f^{(k)}(t)| \leqq a^k e^{aR} \tag{9}$$

が成立するから，前問の基-5において，$M=e^{aR}$, $\alpha=0$, $r=1$ としたものとなり，

$$e^{at}=\sum_{k=0}^{\infty}\frac{a^k t^k}{k!}=1+\frac{at}{1!}+\frac{a^2t^2}{2!}+\cdots+\frac{a^n t^n}{n!}+\cdots \tag{10}$$

は $[-R,R]$ で絶対かつ一様収束し，R は任意であるから，数直線全体で絶対収束し，基-2のバナッハ代数として，実数体 $\boldsymbol{R}$ を採用したものと対する．$\cos t$，$\sin t$ を次々と微分して行くと，夫々，$-\sin t, \cos t$；

$-\cos t, -\sin t$；$\sin t, -\cos t$；$\cos t, \sin t$ に戻るので，次のテイラー展開を得る．

$$\cos t = 1 - \frac{t^2}{2!} + \frac{t^4}{4!} \cdots \quad (11), \qquad \sin t = t - \frac{t^3}{3!} + \frac{t^5}{5!} - \cdots \quad (12).$$

実数全体の集合 $\boldsymbol{R}$ の次に簡単なバナッハ代数は複素数全体 $\boldsymbol{C}$ である．複素数 $z = x + iy$ の**絶対値**を

$$|z| = \sqrt{x^2 + y^2} \tag{13}$$

によって定義し，これをノルムと見なすと，複素数 z, w に対して $|zw| = |z||w|$ が成立するので，$\boldsymbol{C}$ はバナッハ代数である．(5)より**複素変数** z の**指数関数**を

$$e^z = \exp(z) = \sum_{k=0}^{\infty} \frac{z^k}{k!} = 1 + \frac{z}{1!} + \frac{z^2}{2!} + \cdots + \frac{z^n}{n!} + \cdots \tag{14}$$

によって定義する事が出来る．絶対収束級数は無条件収束するから，任意の複素数 z, w に対して，**指数の法則**

$$e^{z+w} = \sum_{k=0}^{\infty} \frac{(z+w)^k}{k!} = \sum_{k=0}^{\infty} \left(\sum_{l+m=k} \frac{z^l}{l!} \frac{w^m}{m!} \right) = \left(\sum_{l=0}^{\infty} \frac{z^l}{l!} \right) \left(\sum_{m=0}^{\infty} \frac{w^m}{m!} \right) = e^z e^w \tag{15}$$

を得る．z が実数 x の時は，(14)は(10)より既知の e^x と一致する．z が純虚数 iy の時は，$z = iy$ を(14)に代入し，実部と虚部に整理すると，(11),(12)より**オイラーの公式**

$$e^{iy} = \left(1 - \frac{y^2}{2!} + \frac{y^4}{4!} - \cdots \right) + i \left(y - \frac{y^3}{3!} + \frac{y^5}{5!} - \cdots \right) = \cos y + i \sin y \tag{16}$$

を得る．(16)に $-y$ を代入し，(16)との和と差を作ると

$$\cos y = \frac{e^{iy} + e^{-iy}}{2}, \ \sin y = \frac{e^{iy} - e^{-iy}}{2i} \quad (17).$$

複素数 $z = x + iy$ に対して，(15),(16)より

$$e^{x+iy} = e^x e^{iy} = e^x (\cos y + i \sin y) \tag{18}$$

を得る．

連立の常微分方程式(1)-(2)の係数行列は $A := \begin{pmatrix} 2 & 3 \\ -1 & -2 \end{pmatrix}$ で，その特性方程式 $\begin{vmatrix} 2-\lambda & 3 \\ -1 & -2-\lambda \end{vmatrix} = (2-\lambda)(-2-\lambda) - 3(-1) = \lambda^2 - 1 = 0$ の根 $\lambda = \lambda_1 := -1, \lambda_2 := 1$ が固有値で，対角化された行列 D の対角要素であり，同次一次方程式 $Ay = \lambda_1 y, Ay = \lambda_2 y$ の夫々一つの解を第一，二列のベクトルに持つ行列 $L := \begin{pmatrix} -1 & -3 \\ 1 & 1 \end{pmatrix}$ を用いて $AL = LD$，即ち，対角化 $L^{-1}AL = D = \begin{pmatrix} -1 & 0 \\ 0 & 1 \end{pmatrix}$ を達成する．一次変換 $y = Lz := L\begin{pmatrix} z_1 \\ z_2 \end{pmatrix}$ にて変数変換を施すと，(1)-(2)と同値な常微分方程式 $dx/dy = Ay$ は常微分方程式 $dz/dx = Dz$ に帰着され，D が対角であるから，これは二つの単独方程式 $dz_1/dx = -z_1, dz_2/dx = z_2$ に帰着され，指数関数の微分の公式(7),(8)より，これらの一般解は，任意定数 c_1, c_2 を用いて，$z_1 = c_1 e^{-x}, z_2 = c_2 e^x$ で与えられ，一次変換 $y = Lz$ にて y に戻した，$y = Lz = \begin{pmatrix} -1 & -3 \\ 1 & 1 \end{pmatrix} \begin{pmatrix} c_1 e^{-x} \\ c_2 e^x \end{pmatrix} = \begin{pmatrix} -c_1 e^{-x} - 3c_2 e^x \\ c_1 e^{-x} + c_2 e^x \end{pmatrix}$ は二つの任意定数 c_1, c_2 を含む連立常微分方程式(1)-(2)の一般解 $y_1 = -c_1 e^{-x} - 3c_2 e^x, y_2 = c_1 e^{-x} + c_2 e^x$ を与え，与えられた初期値問題の解は $c_1 = 1, c_2 = -1$ 時の $y_1 = -e^{-x} + 3e^x, y_2 = e^{-x} - e^x$ である．

5 (指　数)——行列値指数関数

前問において，実変数 t の実数値指数関数 e^t のテイラー展開

$$e^t=\sum_{k=0}^{\infty}\frac{t^k}{k!}=1+\frac{t}{1!}+\frac{t^2}{2!}+\cdots+\frac{t^n}{n!}+\cdots \tag{1}$$

を得た．更に，任意のバナッハ代数 X とその元 a を取り，(1)の t の所に X の元 at を代入した級数

$$e^{at}=\sum_{k=0}^{\infty}\frac{t^k a^k}{k!}=1+\frac{at}{1!}+\frac{a^2t^2}{2!}+\cdots+\frac{a^nt^n}{n!}+\cdots \tag{2}$$

が絶対収束し，更に，項別微分が出来て，公式

$$\frac{d^m}{dt^m}e^{at}=a^m e^{at} \tag{3}$$

が成立する事を学んだ．

最も簡単なバナッハ代数は実数体であり，これに対する関数(1)は既知の指数関数 e^t であり，これが我々の出発点である．次に簡単なバナッハ代数は複素数体であり，(1)に純虚数 iy に代入するとオイラーの公式

$$e^{iy}=\cos y+i\sin y \tag{4}$$

を得る．(4)に $-y$ を代入し，(4)との和と差を作ると

$$\cos y=\frac{e^{iy}+e^{-iy}}{2} \tag{5}$$

$$\sin y=\frac{e^{iy}-e^{-iy}}{2i} \tag{6}$$

を得る．高等学校の数学で学ぶ三角関数は -1 と 1 の間で周期 2π で振動する有界関数である．一方の指数関数は 0 から $+\infty$ 迄単調に増加する．この両者は，両極端で全く，縁もゆかりもない様に見える．しかし，今，級数を学び，複素変数の指数関数を知り，指数関数と三角関数は全くの姉妹である事を識った．筆者は，高校生の折，竹内端三の関数論の書物で，この事実を識った時の感激に優る感激をその後覚えた事がない．

複素数体の次に簡単なバナッハ代数は n 次の正方行列全体の集合 M_n である．

n 次の正方行列 $A=(a_{ij})$ 全体の集合 M_n にノルム

$$\|A\|=\max_{1\leq j\leq n}\sum_{i=1}^{n}|a_{ij}| \tag{7}$$

を導く．別の $B=(b_{ij})\in M_n$ に対して，$C=(c_{ij})=AB$ とおくと，

$$\|AB\|=\max_{1\leq j\leq n}\sum_{i=1}^{n}\left|\sum_{k=1}^{n}a_{ik}b_{kj}\right|\leq\max_{1\leq j\leq n}\sum_{i=1}^{n}\left(\sum_{k=1}^{n}|a_{ik}|\,|b_{kj}|\right)$$

$$=\max_{1\leq j\leq n}\sum_{k=1}^{n}\left(\sum_{j=1}^{n}|b_{kj}|\right)|a_{ik}|\leq\|B\|\left(\max_{1\leq j\leq n}\sum_{k=1}^{n}|b_{kj}|\right)=\|A\|\,\|B\|$$

が成立するので，M_n もバナッハ代数となり，前問の基-2 の適用を受け

$$e^{At}=\sum_{k=0}\frac{A^kt^k}{k!}=1+\frac{At}{1!}+\frac{A^2t^2}{2!}+\cdots+\frac{A^nt^n}{n!}+\cdots \tag{8}$$

に対して

$$\frac{d}{dt}e^{At}=Ae^{At}=e^{At}A \tag{9}$$

が得られる．本問の行列 A に対して，行列の掛け算を実行すれば

$$A=\begin{pmatrix}0&-1\\1&0\end{pmatrix},\ A^2=\begin{pmatrix}-1&0\\0&-1\end{pmatrix},\ A^3=\begin{pmatrix}0&1\\-1&0\end{pmatrix},\ A^4=\begin{pmatrix}1&0\\0&1\end{pmatrix} \tag{10}$$

を得るので，A の 5 乗以上は計算する必要が無く，(10)を(8)に代入し，余弦と正弦のテイラー展開より

$$e^{tA}=\sum_{k=0}^{\infty}\frac{t^kA^k}{k!}=\begin{pmatrix}1-\frac{t^2}{2!}+\cdots & -t+\frac{t^3}{3!}-\cdots \\ t-\frac{t^3}{3!}+\cdots & 1-\frac{t^2}{2!}+\cdots\end{pmatrix}=\begin{pmatrix}\cos t & -\sin t \\ \sin t & \cos t\end{pmatrix} \tag{11}$$

なる直交行列を得，本問の解答を得る．この様な行列変数の指数関数は**リー群**の理論において重要な役割を果し，理学部，又は，大学院で学ぶ．いずれにせよ，三角関数は，益々，指数関数と密になる．

問題　行列 $A=\begin{pmatrix}4 & 2 \\ 1 & 5\end{pmatrix}$ を考える．

(a)　行列 A の固有値と対応する右固有ベクトルを求めよ．

(b)　$n\geq 1$ に対して，A^n の各要素を n の関数として表せ．

(c)　e^A を $\sum_{n=0}^{\infty}\frac{A^n}{n!}$ で定義する．行列 e^Aの各要素を具体的に書き表せ．

（東京工業大学大学院数理・計算科学専攻入試）

解答　固有方程式 $|A-\lambda I|=\begin{vmatrix}4-\lambda & 2 \\ 1 & 5-\lambda\end{vmatrix}=\lambda^2-9\lambda+18=(\lambda-3)(\lambda-6)=0$ の根 $\lambda=3,6$ が固有値で，$Ax=3x$, $Ax=6x$ の解，$-2,1$ と $1,1$ を要素とする列ベクトルが固有ベクトルである．これらを第一，二列とする行列 P に対して，$\Delta=P^{-1}AP$ は $3,6$ を対角要素とする対角行列である．数学的帰納法により，Δ^n は $3^n, 6^n$ を対角要素とする対角行列である，事を示す事が出来るので，$e^{\Delta}=\sum_{n=0}^{\infty}\frac{\Delta^n}{n!}$ は e^3, e^6 を対角要素とする対角行列である．$A^n=(P\Delta P^{-1})^n=P\Delta(P^{-1}P)\Delta(P^{-1}\cdots P)\Delta(P^{-1}P)\Delta P^{-1}=P\Delta^nP^{-1}=\begin{pmatrix}(23^n+6^n)/3 & (-23^n+26^n)/3 \\ (-3^n+6^n)/3 & (3^n+26^n)/3\end{pmatrix}$, $e^A=P\sum_{n=0}^{\infty}\frac{\Delta^n}{n!}P^{-1}=\begin{pmatrix}(2e^3+e^6)/3 & (-2e^3+2e^6)/3 \\ (-e^3+e^6)/3 & (e^3+2e^6)/3\end{pmatrix}$. 整関数 f に対し，固有値 $\lambda_1\neq\lambda_2$ の行列 A の $f(A)$ の固有値は $f(\lambda_1), f(\lambda_2)$，右固有ベクトルは A に同じ．

類　題

（解答☞ 183ページ）

1．$SO(2)$ の元 X に対して，$\exp A=X$ を示す行列 A を求めよ．

2．次の事柄を示せ：

（イ）　$e^t=\sum_{k=0}^{\infty}\frac{t^k}{k!}=1+\frac{t}{1!}+\frac{t^2}{2!}+\cdots+\frac{t^n}{n!}+\cdots$ (1).

（ロ）　$\sum_{k=0}^{n}\frac{1}{k!}<e<\sum_{k=0}^{n}\frac{1}{k!}+\frac{1}{n!n}$ (2).

（ハ）　e は無理数である．

（兵庫県高校教員採用試験）

3．$\lim_{t\to\infty}\frac{\sin t}{t}=1$ を証明するのに使う $\sin t$ の展開は次の内どれか？　（国家公務員上級職物理専門試験）

4．$\cos t+\sin t$ を展開すると次のどの様な式になるのか？　（国家公務員上級職機械専門試験）

5．ポアッソン分布の積率母関数はどれか？

（国家公務員上級職数学並びに土木専門試験）

6．地震の震動を単弦振動とみなした場合，その最大加速度は次のどれが正しいか？　全振幅 A に（反）比例し，周期 $T(T^2)$ に（反）比例する．

（国家公務員上級職建築専門試験）

7．周期 $2l$ の関数 $g(x)$ をフーリエ級数で表わすと

$$g(x)=\frac{a_0}{2}+\sum_{n=1}^{\infty}\left(a_n\cos\frac{n\pi x}{l}+b_n\sin\frac{n\pi x}{l}\right) \tag{1}$$

$$a_n=\frac{1}{l}\int_{-l}^{l}g(t)\cos\frac{n\pi t}{l}dt,\ b_n=\frac{1}{l}\int_{-l}^{l}g(t)\sin\frac{n\pi t}{l}dt \tag{2}$$

となる．この時，複素指数関数を用いて表わすと

$$g(x)=\sum_{n=-\infty}^{+\infty}c_n\exp\left(-\frac{in\pi x}{l}\right),$$

$$c_n=\frac{1}{2l}\int_{-1}^{1}g(t)\exp\left(\frac{in\pi t}{l}\right)dt \tag{3}$$

となる事を示せ．

（国家公務員上級職電子・通信専門記述試験）

8．
$$\frac{d^2y}{dx^2}-3\frac{dy}{dx}+2y=0 \tag{1}$$

$$\frac{d^2y}{dx^2}+2\frac{dy}{dx}+2y=0 \tag{2}$$

の一般解を求めよ．

6 (指　数)——行列値指数関数と微分方程式系

実変数 t を独立変数，$x_1, x_2, \cdots, x_n$ を従属変数とする定数係数線形連立微分方程式

$$\left.\begin{aligned} \frac{dx_1}{dt} &= a_{11}x_1 + a_{12}x_2 + \cdots + a_{1n}x_n \\ \frac{dx_2}{dt} &= a_{21}x_2 + a_{22}x_2 + \cdots + a_{2n}x_n \\ &\cdots\cdots\cdots\cdots\cdots\cdots \\ \frac{dx_n}{dt} &= a_{n1}x_1 + a_{n2}x_2 + \cdots + a_{nn}x_n \end{aligned}\right\} \tag{2}$$

を n 次の正方行列 $A=(a_{ij})$ と n 次の列ベクトル $x=(x_i)$ を用いて表現した物が(1)である．始めに言葉ありきと言う様に，記号が簡単になると言う事は，それに応じて，人間の頭脳の働きが明解になると言う事で非常に重要である．さて，バナッハ代数 M_n 値指数関数は前問の考察により，(1)を満す．更に，二項定理は可換でなければ成立せぬが，仮定より $AB=BA$ なので，$(A+B)^l$ に対して，二項定理による展開が許される．絶対収束級数は無条件収束するから，二項定理を用いて，

$$e^{A+B}=\sum_{l=0}^{\infty}\frac{(A+B)^l}{l!}=\sum_{l=0}^{\infty}\Big(\sum_{m+n=l}\frac{A^mB^n}{m!n!}\Big)=\Big(\sum_{m=0}^{\infty}\frac{A^m}{m!}\Big)\Big(\sum_{n=0}^{\infty}\frac{B^n}{n!}\Big) \tag{3}$$

が成立する．従って，可換，即ち，$AB=BA$ である様な $A, B\in M_n$ に対しては，**指数の法則**

$$e^{A+B}=e^Ae^B \tag{4}$$

が成立する．以上は，本問の見通しのよい解答であるが，設問に従っていない．従って，合格しない．

$m\times l$ の行列値関数 $f(t)=(f_{ij}(t))$ と $l\times n$ 次の行列値関数 $g(t)=(g_{ij}(t))$ の積 $h(t)$ は

$$h(t)=(h_{ij}(t)),\ h_{ij}=\sum_{k=1}^{l}f_{ik}(t)g_{kj}(t) \tag{5}$$

で定義される．(5)の $h_{ij}(t)$ に対して，積の微分の公式を用いると，$h_{ij}'(t)=\sum_{k=1}^{l}f_{ik}'(t)g_{kj}(t)+\sum_{k=1}^{l}f_k(t)g_{kj}'(t)$ が成立するので，これらを成分とする行列の微分について，公式

$$\frac{d}{dt}f(t)g(t)=\frac{df(t)}{dt}g(t)+f(t)\frac{dg(t)}{dt} \tag{6}$$

を得る．勿論，行列の微分とは，各成分の微分を成分とする行列を言う．この公式を n 次の正方行列値関数 $e^{t(A+B)}, e^{-tA}, e^{-tB}$ に適用すると，A, B は可換なので，これらと $e^{t(A+B)}, e^{-tA}, e^{-tB}$ も可換であって，前問の(9)を用いて

$$\frac{d}{dt}e^{t(A+B)}e^{-tB}e^{-tA}=(A+B)e^{t(A+B)}e^{-tB}e^{-tA}-Be^{t(A+B)}e^{-tB}e^{-tA}-Ae^{t(A+B)}e^{-tB}e^{-tA}=0$$

を得る．従って，$e^{t(A+B)}e^{-tB}e^{-tA}=$定値（$t=0$ における値）$=$単位行列 1．従って，$e^{t(A+B)}=e^{tA}e^{tB}$, $t=1$ を代入して，$e^{A+B}=e^Ae^B$ を得る．

$c_0\fallingdotseq 0, c_1, c_2, \cdots, c_m$ を実数の定数とし，微分方程式

$$c_0\frac{d^mx}{dt^m}+c_1\frac{d^{m-1}x}{dt^{m-1}}+\cdots+c_{m-1}\frac{dx}{dt}+c_mx=0 \tag{7}$$

を考察しよう．a が複素数の場合でも問題 4 の基-2 より，指数関数 $x=e^{at}$ が(7)の解であるための必要十分条件は**特性方程式**と呼ばれる次の代数方程式が成立する事である：

$$c_0a^m+c_1a^{m-1}+\cdots+c_{m-1}a+c_m=0 \tag{8}$$

$a_1, a_2, \cdots, a_p$ が(8)の夫々 $n_1, n_2, \cdots, n_p$ 重根であると 1 次結合

$$x=\sum_{j=1}^{p}\sum_{\nu=0}^{n_j-1}c_{j,\nu}t^{\nu}e^{a_jt}\quad (c_{j,\nu}\text{ は任意定数}) \tag{9}$$

を(7)に代入すると解である事が分る．ここで論じたいのは虚根 $\alpha\pm i\beta$ が現われた時の処置である．指数関数 $e^{(\alpha\pm i\beta)t}$ は(7)の解であるから，これらの一次結合

$$\frac{e^{(\alpha+i\beta)t}+e^{(\alpha-i\beta)t}}{2}=e^{\alpha t}\cos\beta t,\ \frac{e^{(\alpha+i\beta)t}-e^{(\alpha-i\beta)t}}{2i}=e^{\alpha t}\sin\beta t \tag{10}$$

が問題5の公式(5)，(6)より導かれ，これらも(7)の解である．

基-1 特定方程式(8)が虚根 $\alpha\pm\beta i$ を持つ時は，公式(9)の $e^{(\alpha\pm\beta i)t}$ の所に $e^{\alpha t}\cos\beta t,\ e^{\alpha t}\sin\beta t$ を代入せよ．

(7)の右辺が零でない場合，**非同次**と言う．定数 B, b に対して，非同次方程式

$$c_0\frac{d^m x}{dt^m}+c_1\frac{d^{m-1}x}{dt^{m-1}}+\cdots+c_{m-1}\frac{dx}{dt}+c_m x=Be^{bt} \tag{11}$$

は次の指数関数(12)を解に持つ：

$$x=\frac{Be^{bt}}{c_0 b^m+c_1 b^{m-1}+\cdots+c_{m-1}b+c_m} \tag{12}$$

$e^{(\alpha+i\beta)t}=e^{\alpha t}\cos\beta t+ie^{\alpha t}\sin\beta t$ である事を用いて，(11)の右辺が $e^{\alpha t}\cos\beta t+e^{t\alpha}\sin\beta t$ の場合も，$e^{(\alpha+i\beta)t}$ に対する(12)の解の実部と虚部を求めて，解が得られる．(11)の一般解は(12)の解（**特解**と言う）と(11)の**同次方程式**と呼ばれる(7)の解（**余関数**と言う）の和を作ればよい．

微分方程式は1階の場合は解が積分で求められる型がある．先ず

$$\frac{dx}{dt}+p(t)x(t)=q(t) \tag{13}$$

を**線形**と言う．この一般解は，係数 $p(t)$ の一つの原始関数を用いて，任意定数 C を一つ含む．

$$x(t)=e^{-\int p(t)dt}\left(\int q(t)e^{\int p(t)dt}dt+C\right) \tag{14}$$

で与えられる．これは，合成関数の微分法で(14)を微分すれば，解である事が分る．(14)は暗記すれば，それで終り．微分方程式

$$\frac{dx}{dt}=\frac{T(t)}{X(x)} \tag{15}$$

を**変数分離型**と言い，高校のカリキュラムにある．教職試験の微分方程式は殆んどこれで

$$\int X(x)dx=\int T(t)dt \tag{16}$$

で，積分の問題である．この様に，公式を用いて，積分で求める方法を**求積法**と言い，最も幼稚な方法であり，公式の機械的運用に過ぎない．

類 題

（解答☞ 184ページ）

9. $t^2\dfrac{dx}{dt}-x^2=tx$ を解け．

（埼玉県高校教員採用試験）

10. $t\dfrac{dx}{dt}=x+t^2e^t$ の $t=1$ の時 $x=0$ なる解を求めよ．

（大阪府高校教員採用試験）

11. $\cos^2 t\sin x dx=\cos^2 x dt$ を解け．

（兵庫県高校教員採用試験）

12. C^1 級の正則行列値関数 A に対して，$\dfrac{d}{dt}A^{-1}$ は次のどれか．

（国家公務員上級職数学専門試験）

13. $\dfrac{d^2x}{dt^2}+\dfrac{dx}{dt}-6x=e^t$ の一般解を求めよ．

（山梨県中学・高校教員採用試験）

14. $\dfrac{d^2x}{dt^2}-3\dfrac{dx}{dt}+2x=\sin t,\ \dfrac{d^2x}{dt^2}+2\dfrac{dx}{dt}+2x=2e^t\cos t$ の一般解を求めよ．

（東工大大学院入試）

EXERCISES

（解答☞ 185ページ）

1（指　数）ばね秤の変位

ばね秤の指針の変位 x は

$$m\ddot{x}+p\dot{x}+qx=mg \tag{1}$$

の解である．この解が図の A, B の様になる時，m, p, q の間の関係は夫々次のどれか？

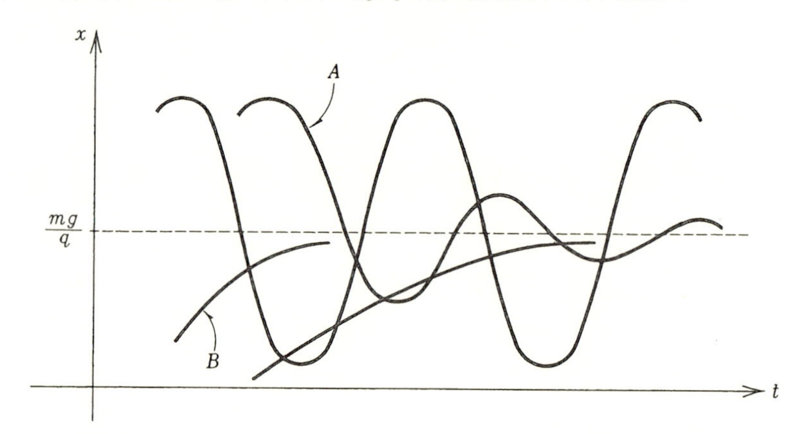

（多肢選択欄は省略する）　　（国家公務員上級職機械専門試験）

2（指　数）行列の指数関数

行列

$$z=\begin{pmatrix} x & -y \\ y & x \end{pmatrix} \tag{1}$$

に対して，行列 e^Z を求めよ．　　（立教大大学院入試）

3（指　数）定数係数連立微分方程式

連立微分方程式

$$\left.\begin{aligned} \frac{dy}{dt}&=y+z-\sin t \\ \frac{dz}{dt}&=-y+z-\cos t \end{aligned}\right\} \tag{1}$$

の一般解を求めよ．　　（東京工業大大学院入試）

Advice

1 先ず，定数 a に対して，指数関数 $x=e^{at}$ が微分方程式 $m\ddot{x}+p\dot{x}+qx=0$ の解である為に，定数 a が満すべき，一般に特性方程式と呼ばれる．2次方程式を求め，その一般解（余関数と呼ばれる）を求めること，これに特解 $\dfrac{mg}{q}$ を加えたものが微分方程式(1)の一般解である．特性方程式の判別式の符号によって，指数関数が指数掛け三角関数等と変るであろう．

2 問題5，6を利用して能率的に計算しましょう．

3 行列を用いて，連立方程式(1)を

$$\frac{d}{dt}\begin{pmatrix} y \\ z \end{pmatrix}=\begin{pmatrix} 1 & 1 \\ -1 & 1 \end{pmatrix}\begin{pmatrix} y \\ z \end{pmatrix}+\begin{pmatrix} -\sin t \\ -\cos t \end{pmatrix}$$

と変形し，前問を用いて余関数を求め，特解は $\cos t$, $\sin t$ の1次結合の係数を連立方程式に帰着させて求めましょう．

三　角　級　数

三角級数を論じるのに，二通りの方法がある．一つは $\frac{\sin t}{t}$ の積分を用い，微積分学的手法で，区分的に滑らかな関数をフーリエ展開する方法であり，一つは完全正規直交列の抽象空間論的手法である．本章では，前者を学び計算力を身に付け，次章では後者を学び洞察力を身に付けよう．

1 **(三角級数)**　実数 α，h に対して，次の余弦級数，

$$I=\sum_{k=1}^{n}\cos(\alpha+kh)=\cos(\alpha+h)+\cos(\alpha+2h)+\cdots+\cos(\alpha+nh) \quad (1)$$

および，正弦級数

$$J=\sum_{k=1}^{n}\sin(\alpha+kh)=\sin(\alpha+h)+\sin(\alpha+2h)+\cdots+\sin(\alpha+nh) \quad (2)$$

の和を求めよ．　(青森県中学・高校教員採用試験)

2 **(三角級数)**　$0<x<\infty$ で定義された関数

$$g(x)=\int_0^\infty f(x,t)dt,\ \ f(x,t)=e^{-xt}\frac{\sin t}{t} \quad (x\geqq 0,\ t>0) \quad (1)$$

に対して，$g'(x)$ を計算し，これを利用して $g(x)$ を求めよ．　(九州大大学院入試)

3 **(三角級数)**　$[a,b]$ でルベッグ可積分な関数 $f(t)$ に対して

$$\lim_{x\to\infty}\int_a^b f(t)\cos xt\,dt=\lim_{x\to\infty}\int_a^b f(t)\sin xt\,dt=0 \quad (1)$$

を証明せよ．　(北海道大，慶応大大学院入試)

4 **(三角級数)**　(イ)　周期 2π の関数 $f(x)=x$ $(-\pi<x\leqq\pi)$ をフーリエ展開せよ．

(東北大学大学院機械・知能系，慶応義塾大学大学院入試)

(ロ)　(a)　周期 2π の関数 $g(x)=x^2$ $(-\pi<x\leqq\pi)$ のフーリエ級数を求めよ．

(b)　(a)の結果を用いて次の(1-1)の級数 S_1 の値を求めよ．

(c)　(a)の結果とパーセバルの公式を用いて次の(1-2)の級数 S_2 の値を求めよ．

$$S_1=\sum_{n=1}^{\infty}\frac{(-1)^{n-1}}{n^2} \quad (1\text{-}1), \qquad S_2=\frac{1}{2}\left(\frac{2\pi^2}{3}\right)^2+\sum_{n=1}^{\infty}\frac{16}{n^4} \quad (1\text{-}2)$$

(大阪大学大学院電気工学・通信工学・電子工学専攻，九州大学大学院大気海洋環境システム学専攻，津田塾大学大学院入試)

1 （三角関数）——等比級数の和としての三角級数の和

4 章の問題 4 で解説したが，整級数を利用して，複素数 z に対する指数関数の値を

$$e^z=\exp(z)=\sum_{k=0}^{\infty}\frac{z^k}{k!}=1+\frac{z}{1!}+\frac{z^2}{2!}+\cdots+\frac{z^n}{n!}+\cdots \tag{3}$$

で定義すると，指数の法則等の指数関数らしい性質を得る．得に純虚数 it に対して，**オイラーの公式**

$$e^{it}=\cos t+i\sin t,\ e^{-it}=\cos t-i\sin t \tag{4}$$

が成立し，(4)の和と差を作り，2 と $2i$ で割ると

$$\cos t=\frac{e^{it}+e^{-it}}{2},\quad \sin t=\frac{e^{it}-e^{-it}}{2i} \tag{5}$$

を得る．(4)と(5)より，指数関数と三角関数は定義域を複素数に迄拡げると，同じ穴の狸である事が分る．本書を通じて，この考えが如何に計算を合理的にするかを学ばれたい．

h が 2π の整数倍であれば，(1),(2)を眺めただけで，$I=n\cos\alpha, J=n\sin\alpha$ を得るので，以下の計算では，h が 2π の整数倍でないと仮定する．前章で少し学んだが，正弦や余弦の計算問題が出たら，条件反射の様に，そのつれ合いを求め，オイラーの公式(4)に持込まねばならぬ．

$$I+iJ=\sum_{k=1}^{n}(\cos(\alpha+kh)+i\sin(\alpha+kh)=\sum_{h=1}^{n}e^{i(\alpha+kh)}=e^{i(\alpha+h)}\sum_{k=0}^{n-1}e^{ikh} \tag{6}$$

を作ると，初項 $e^{i(\alpha+h)}$，公比$=e^{ih}\neq1$ の等比級数である．等比級数は高校以来の頼りがいのある忠実な味方，複素数に対しても，その和の公式は，証明と共に，そのまま成立し

$$I+iJ=e^{i(\alpha+h)}(1+e^{ih}+(e^{ih})^2+\cdots+(e^{ih})^{n-1})=e^{i(\alpha+h)}\frac{e^{inh}-1}{e^{ih}-1} \tag{7}$$

を得るが，これを(5)に帰着させる，次の技巧が重要で，分母と分子を $e^{i\frac{h}{2}}$ で割り

$$I=iJ=\frac{e^{i(\alpha+(n+1)h)}-e^{i(\alpha+h)}}{e^{ih}-1}=\frac{e^{i\left(\alpha+\left(n+\frac{1}{2}\right)h\right)}-e^{i\left(\alpha+\frac{h}{2}\right)}}{e^{i\frac{h}{2}}-e^{-i\frac{h}{2}}} \tag{8}$$

を得る．(4),(5)を用いて，分子，分母を三角関数に帰しつつ，分母を実数化して，実部と虚部に分け，

$$I+iJ=\frac{\sin\left(\alpha+\left(n+\frac{1}{2}\right)h\right)-\sin\left(\alpha+\frac{h}{2}\right)}{2\sin\frac{h}{2}}+i\frac{\cos\left(\alpha+\frac{h}{2}\right)-\cos\left(\alpha+\left(n+\frac{1}{2}\right)h\right)}{2\sin\frac{h}{2}} \tag{9}$$

を得る．(9)の実部が I，虚部が J なので，本問の解答を得る：

$$I=\frac{\sin\left(\alpha+\left(n+\frac{1}{2}\right)h\right)-\sin\left(a+\frac{h}{2}\right)}{2\sin\frac{h}{2}} \tag{10}$$

$$J=\frac{\cos\left(\alpha+\frac{h}{2}\right)-\cos\left(\alpha+\left(n+\frac{1}{2}\right)h\right)}{2\sin\frac{h}{2}} \tag{11}$$

を得る．三角関数の加法，減法定理を用いても求められるが，連立方程式を用いず，鶴亀算で解く様なものであり，高校生ならぬ，学士の卵である読者のすべき事ではない．行き掛けの駄賃で

$$K=\sum_{k=1}^{n}(-1)^{k-1}\cos(\alpha+kh)+i\sum_{k=1}^{n}(-1)^{k-1}\sin(\alpha+kh)=\sum_{k=1}^{n}(-1)^{k-1}e^{i(\alpha+kh)}$$

を初項 $e^{i(\alpha+h)}$，公比$=-e^{ih}\neq1$（$h\neq\pi$ の奇数倍）の等比級数の和の公式を用い

$$K=e^{i(\alpha+h)}\sum_{k=0}^{n-1}(-e^{ih})^k=e^{i(\alpha+h)}\frac{1-(-1)^n e^{inh}}{1+e^{ih}}$$

$$=\frac{e^{i\left(\alpha+\frac{h}{2}\right)}+(-1)^{n-1}e^{i\left(\alpha+\left(n+\frac{1}{2}\right)h\right)}}{e^{i\frac{h}{2}}+e^{-i\frac{h}{2}}}$$

と変形し，同じ技巧を用いて，実部と虚部を求めて，$h\neq\pi$ の奇数倍の時，公式

$$\sum_{k=1}^{n}(-1)^{k-1}\cos(\alpha+kh)=\frac{\cos\left(\alpha+\frac{h}{2}\right)+(-1)^{n-1}\cos\left(\alpha+\left(n+\frac{1}{2}\right)h\right)}{2\cos\frac{h}{2}} \tag{12}$$

$$\sum_{k=1}^{n}(-1)^{k-1}\sin(\alpha+kh)=\frac{\sin\left(\alpha+\frac{h}{2}\right)+(-1)^{n-1}\sin\left(\alpha+\left(n+\frac{1}{2}\right)h\right)}{2\cos\frac{h}{2}} \tag{13}$$

を得る．更に，例えば，(10)，(11)の両辺を h で微分すると，公式

$$\sum_{k=1}^{n}k\sin(\alpha+kh)=\frac{\cos\left(\alpha+\frac{nh}{2}\right)\sin\frac{nh}{2}-n\cos\left(\alpha+\left(n+\frac{1}{2}\right)h\right)\sin\frac{h}{2}}{2\sin^2\frac{h}{2}} \tag{14},$$

$$\sum_{k=1}^{n}k\cos(\alpha+kh)=\frac{\cos\left(\alpha+\frac{nh}{2}\right)\cos\frac{nh}{2}+n\sin\left(\alpha+\left(n+\frac{1}{2}\right)h\right)\sin\frac{h}{2}}{2\sin^2\frac{h}{2}} \tag{15},$$

を得る．同じ考え方で，実定数 a, b に対する指数関数 $e^{(a+ib)t}$ は

$$e^{(a+ib)t}=e^{at}\cos bt+ie^{at}\sin bt \tag{16}$$

であるが，その原始関数は

$$\frac{e^{(a+ib)t}}{a+ib}=\frac{(a-ib)e^{(a+ib)t}}{(a-ib)(a+ib)}=\frac{e^{at}(a\cos bt+b\sin bt)}{a^2+b^2}+i\frac{e^{at}(-b\cos bt+a\sin bt)}{a^2+b^2}$$

であるから，その実部と虚数を取り，(4)より

$$\int e^{at}\cos bt\,dt=\frac{e^{at}(a\cos bt+b\sin bt)}{a^2+b^2},$$

$$\int e^{at}\sin bt\,dt=\frac{e^{at}(-b\cos bt+a\sin bt)}{a^2+b^2} \tag{17}$$

が成立する．同じ考えで，類題4を解き，腕を磨きましょう．

フーリエ（1768-1830）

類題

（解答☞ 185ページ）

1．$e^{\pi i}$ を求めよ．　（神奈川県中学教員採用試験）

2．$x+\dfrac{1}{x}=2\cos\theta$ の時，$x^n+\dfrac{1}{x^n}$ を求めよ．

（岐阜県中学教員採用試験）

3．実数 θ に対して，

$$\left(\frac{1+\cos\theta+i\sin\theta}{1+\cos\theta-i\sin\theta}\right)^n=\cos n\theta+i\sin n\theta \tag{1}$$

を示せ．　（東京私立中学教員採用試験）

4．

$$\int_{-\infty}^{+\infty}e^{-x^2}\cos xt\,dt=e^{-\frac{t^2}{4}}\int_{-\infty}^{+\infty}e^{-x^2}ix \tag{1}$$

を示せ．　（熊本大大学院入試）

2 (三 角 級 数)——積分記号内での微分を用いたディリクレ核の定積分の計算

$f(x,t)$ を $a \leqq x \leqq b, 0 \leqq t < \infty$ で定義された連続関数とする時，$T \geqq 0$ に対して

$$g(x, T) = \int_0^T f(x,t)\,dt \quad (a \leqq x \leqq b) \tag{2}$$

と置く．$T \to \infty$ の時の $g(x, T)$ の極限が無限区間の積分

$$g(x) = \int_0^\infty f(x,t)\,dt = \lim_{T\to\infty}\int_0^T f(x,t)\,dt \tag{3}$$

である．この収束が $[a, b]$ の x に関して一様の時，即ち，任意の正数 ε に対して，x に無関係な正数 T_0 が取れて

$$|g(x) - g(x, T)| < \varepsilon \quad (T \geqq T_0, a \leqq x \leqq b) \tag{4}$$

が成立する時，積分(3)は $[a, b]$ で**一様収束**すると言う．$g(x)$ は連続関数 $g(x, T)$ の $T\to\infty$ の時の一様収束極限であるから，２章の問題１より $[a, b]$ で連続である．一様収束は難かしいと思うのは誤りで，次の基本事項で十分である．

基本事項　$t \geqq 0$ で連続な関数 $h(t)$ があって

$$|f(x,t)| \leqq h(t) \quad (a \leqq x \leqq b, t \geqq 0), \quad \int_0^\infty h(t)\,dt < \infty \tag{5}$$

が成立すれば，積分(3)は $[a, b]$ で一様収束する．

$$\left|\int_0^\infty f(x,t)\,dt - \int_0^T f(x,t)\,dt\right| = \left|\int_T^\infty f(x,t)\,dt\right| \leqq \int_T^\infty |f(x,t)|\,dt \leqq \int_T^\infty h(t)\,dt \to 0 \quad (T\to\infty)$$

が $[a, b]$ の x に関して一様に成立するので，基本事項を得る．更に，次の問題を準備する．

問題　$f(x,t), f_x(x,t)$ が $a \leqq x \leqq b, t \geqq 0$ で連続で $\int_0^\infty f(x,t)\,dt$ が収束し，$\int_0^\infty f_x(x,t)\,dt$ が $[a, b]$ で一様収束すれば，

$$\frac{d}{dx}\int_0^\infty f(x,t)\,dt = \int_0^\infty \frac{\partial f}{\partial x}(x,t)\,dt \quad (a \leqq x \leqq b) \tag{6}$$

が成立する事を示せ．　　（九州大大学院入試）

---

x を $[a, b]$ の任意の点，ε を任意の正数とする．点 x と点 a で積分(3)が収束しているから，点 x に関係するかも知れない正数 T_1 と，正数 T_2 があって

$$\left|\int_T^\infty f(x,t)\,dt\right| < \frac{\varepsilon}{3} \ (T \geqq T_1), \quad \left|\int_T^\infty f(a,t)\,dt\right| < \frac{\varepsilon}{3} \ (T \geqq T_2)$$

積分 $\int_0^\infty f_x(x,t)\,dt$ は $[a, b]$ で一様収束しているから，$[a, b]$ の点 s に無関係な正数 T_3 が取れて

$$\left|\int_T^\infty f_s(s,t)\,dt\right| < \frac{\varepsilon}{3(b-a)} \ (T \geqq T_3, a \leqq s \leqq b)$$

$T_0 = \max(T_1, T_2, T_3)$ に対して，$T \geqq T_0$ であれば，

$$\left|\int_0^x\left(\int_0^\infty f_s(s,t)\,dt\right)dt - \int_0^\infty f(x,t)\,dt + \int_0^\infty f(a,t)\,dt\right|$$

$$\leqq \left|\int_a^x\left(\int_0^\infty f_s(s,t)\right)ds - \int_a^x\left(\int_0^T f_s(s,t)\,dt\right)ds\right|$$

$$+\left|\int_0^T\left(\int_a^x f_s(s,t)\,ds\right)dt - \int_0^\infty f(x,t)\,dt + \int_0^\infty f(a,t)\,dt\right|$$

$$\leqq \int_a^x \left| \int_T^\infty f_s(s,t)\,dt \right| ds + \left| \int_T^\infty f(x,t)\,dt \right| + \left| \int_T^\infty f(a,t)\,dt \right| < \frac{\varepsilon}{3} + \frac{\varepsilon}{3} + \frac{\varepsilon}{3} = \varepsilon.$$

ε は任意であるから

$$\int_a^x \left(\int_0^\infty f_s(s,t)\,dt \right) ds = \int_0^\infty f(x,t)\,dt - \int_0^\infty f(a,t)\,dt \tag{7}$$

が成立し，(6)を得る．次にこの結果を本問に応用する．

$f(x,0)=1$ とおく．正数 T に対し，自然数 n があって，$n\pi < T \leqq (n+1)\pi$.

$$\int_0^T f(x,t)\,dt = \sum_{k=0}^{n-1} \int_{k\pi}^{(k+1)\pi} f(x,t)\,dt + \int_{n\pi}^T f(x,t)\,dt \tag{8}$$

が成立するが，変数変換 $t=s+k\pi$ を施すと

$$\int_{k\pi}^{(k+1)\pi} f(x,t)\,dt = -(-1)^k a_k(x), \quad a_k(x) = e^{-k\pi x} \int_0^\pi e^{-xs} \frac{\sin s}{s+k\pi}\,ds \tag{9}$$

が成立し，$(a_k(x))_{k\geqq 1}$ は減少，一様有界である．即ち，

$$a_k(x) \geqq a_{k+1}(x) \quad (k \geqq 0), \quad a_k(x) < \frac{1}{k} \quad (k \geqq 1) \tag{10}$$

別の $S>T$ に対しても自然数 m があって $m\pi < S \leqq (m+1)\pi$.

$$\left| \int_T^S f(x,t)\,dt \right| \leqq \left| \int_T^{(n+1)\pi} \right| + \left| \sum_{k=n+1}^{m-1} (-1)^k a_k(x) \right| + \left| \int_{m\pi}^S \right|$$

$$\leqq \int_{n\pi}^{(n+1)\pi} |f(x,t)|\,dt + a_{n+1}(x) + \int_{m\pi}^{(m+1)\pi} |f(x,t)\,dt$$

が成立し，これは $x \geqq 0$ に対して $\frac{1}{n} + \frac{1}{n} + \frac{1}{m}$ で押えられるので，$S>T\to\infty$ の時一様に 0 に収束する．従って，積分(1)は $x \geqq 0$ で一様収束し，連続関数 $g(x)$ を与える．

又，任意の正数 $0<a<b$ に対して，$a \leqq x \leqq b$ において

$$|f_x(x,t)| = e^{-xt}|\sin t| \leqq e^{-at}, \quad \int_0^\infty e^{-at}\,dt = \frac{1}{a} < \infty \tag{11}$$

が成立し，基-1 より $\int_0^\infty f_x(x,t)\,dt$ は $[a,b]$ で一様収束する．前頁の問題と(11)及び問題 1 の(17)より

$$\frac{d}{dx} g(x) = \int_0^\infty f_x(x,t)\,dt = -\int_0^\infty e^{-xt} \sin t\,dt = -\frac{1}{x^2+1} \quad (x>0) \tag{12}$$

を得るので，定数 C があって

$$g(x) = C - \tan^{-1} x \quad (13). \qquad |g(x)| \leqq \int_0^\infty |f(x,t)|\,dt \leqq \int_0^\infty e^{-xt}\,dt = \frac{1}{x} \to 0 \quad (x\to\infty)$$

であるから，(13)の両辺にて $x\to\infty$ として，$C=\frac{\pi}{2}$. $g(x)$ は $x=0$ で連続であるから，次式(14)，従って公式(15)を得る：

$$g(0) = \lim_{x\to+0} g(x) = \frac{\pi}{2} \quad (14),$$

$$\int_{-\infty}^{+\infty} \frac{\sin t}{t}\,dt = \pi \tag{15}$$

ディリクレ (1805-1859)

(15)の被積分関数は**ディリクレ核**と呼ばれ，その原始関数は初等関数では表されないが，無限積分(15)が具体的に求まるのは面白い．なお，8 章の問題 5，9 章の問題 6 では，関数論を用いて解くので，乞御期待．

3 (三 角 関 数)——リーマン-ルベグの補題

先ず，$f(t)$ が連続な場合を解答する．

$[a,b]$ で連続な関数 $f(t)$ は，例えば6章の問題4で示す様に，一様連続であるから，任意の正数 ε に対して，正数 δ があって $|t'-t''|\leqq\delta, t''\in[a,b]$ であれば $|f(t')-f(t'')|<\frac{\varepsilon}{2(b-a)}$. 自然数 p があって，$p>\frac{1}{\delta}$. この p を用いて $[a,b]$ を p 等分し，$[a,b]$ 上の**階段関数** $g_p(t)$ を，$g_p(b)=f(t_{p-1})$,

$$t_k=a+\frac{k(b-a)}{p}\ (0\leqq k\leqq p),\ \ g_p(t)=f(t_k)\ (t_k\leqq t<t_{k+1},\ 0\leqq k\leqq p-1) \tag{2}$$

で定義する（62頁の図を参照の事）．g_p の果す重要な役割は

$$\int_a^b|f(t)-g_p(t)|dt=\sum_{k=0}^{p-1}\int_{t_k}^{t_{k+1}}|f(t)-g_p(t)|dt\leqq\sum_{k=0}^{p-1}\frac{\varepsilon}{2(b-a)}\cdot(t_{k+1}-t_k)=\frac{\varepsilon}{2} \tag{3}$$

$$\left|\int_a^b g_p(t)\cos xtdt\right|\leqq\sum_{k=0}^{p-1}\left|\int_{t_k}^{t_{k+1}}f(t_k)\cos xtdt\right|\leqq\frac{2}{x}\sum_{k=0}^{p-1}|f(t_k)| \tag{4}$$

の二式である．任意の正数 ε を取るが，一旦取ってしまうと固定した数，即ち，定数である．この ε によって上述の順に δ や p を定めると，これも定数，従って(4)の最右辺の分子は定数である．従って，正数 M があって，$x\geqq M$ であれば，(4)の最右辺$<\frac{\varepsilon}{2}$. この時

$$\left|\int_a^b f(t)\cos xtdt\right|\leqq\int_a^b|f(t)-g_p(t)|dt+\left|\int_a^b g_p(t)\cos xtdt\right|<\frac{\varepsilon}{2}+\frac{\varepsilon}{2}=\varepsilon \tag{5}$$

正弦の場合も同様であり，一般の場合もルベック可積分関数 $f(t)$ 等，詳しく知らなくとも，任意の正数 ε に対して，階段関数 $g(t)$ があって，

$$\int_a^b|f(t)-g(t)|dt<\frac{\varepsilon}{2} \tag{6}$$

が成立する事を知っておれば，それから先は上の証明と同様である．この要領で本問の(1)をやはりルベック可積関数 $f(t)$ に対しても証明する事が出来る．

$[a,b]$ で与えられた関数 $f(t)$ は次頁の図の様に $[a,b]$ の分割 $a=t_0<t_1<\cdots<t_p=b$ があって，端点 t_k, t_{k+1} での値を修正すれば，f は各小区間 $[t_k,t_{k+1}]$ で C^1 級になる時，f は**区分的に C^1 級**であると言う．この時，端点 t_k で f が連続でない場合は，f の値を

$$f(t_k)=\frac{f(t_k-0)+f(t_k+0)}{2},\ \ f(a)=f(a+0),\ \ f(b)=f(b-0) \tag{7}$$

と左右の極限の平均と約束しておくと便利である．

> **基-1** $[0,a]$ で区分的に C^1 級の関数 $f(t)$ に対して
> $$\lim_{x\to\infty}\int_0^a f(t)\frac{\sin xt}{t}dt=\frac{\pi f(0)}{2} \tag{8}$$

$\frac{f(t)-f(0)}{t}$ は区分的に連続であるから，(1)と前問の公式(15)より

$$\int_0^a f(t)\frac{\sin xt}{t}dt=\int_0^a f(0)\frac{\sin xt}{t}dt+\int_0^a\frac{f(t)-f(0)}{t}\sin xtdt$$

$$=f(0)\int_0^{xa}\frac{\sin t}{t}dt+\int_0^a\frac{f(t)-f(0)}{t}\sin xdt\to f(0)\int_0^\infty\frac{\sin t}{t}dt=\frac{\pi f(0)}{2}.$$

上の証明において，前問の積分公式(15)が決定的な役割を果している．

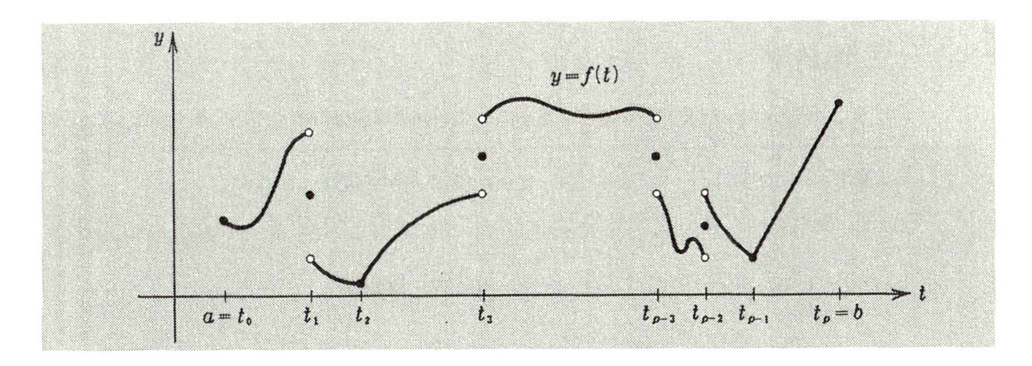

周期 2π の関数 $f(t)$ の**フーリエ係数** a_k, b_k を

$$a_k=\frac{1}{\pi}\int_{-\pi}^{\pi}f(t)\cos kt\,dt\quad (k\geqq 0),\quad b_k=\frac{1}{\pi}\int_{-\pi}^{\pi}f(t)\sin kt\,dt\quad (k\geqq 1) \tag{9}$$

で定義し，次の級数を $f(x)$ の**フーリエ展開**と言う：

$$f(x)\sim\frac{a_0}{2}+\sum_{k=1}^{\infty}(a_k\cos kx+b_k\sin kx) \tag{10}$$

(10)の右辺の様な級数を**三角級数**，又は**フーリエ級数**と言う．f が区分的に C^1 級の時，先ず部分和 $S_n(x)=\frac{a_0}{2}+\sum_{k=1}^{n}(a_k\cos kx+b_k\sin kx)$ を計算しよう．問題1の(10)より

$$S_n(x)=\frac{1}{\pi}\int_{-\pi}^{\pi}f(t)\left(\frac{1}{2}+\sum_{k=1}^{n}(\cos kx\cos kt+\sin kx\sin kt)\right)dt$$

$$=\frac{1}{\pi}\int_{-\pi}^{\pi}f(t)\left(\frac{1}{2}+\sum_{k=1}^{n}\cos k(x-t)\right)dt=\frac{1}{\pi}\int_{-\pi}^{\pi}f(t)\frac{\sin\left(n+\frac{1}{2}\right)(x-t)}{2\sin\frac{x-t}{2}}dt.$$

従って

$$S_n(x)=\frac{2}{\pi}\int_0^{\pi}\left(\frac{f(x+t)+f(x-t)}{2}\cdot\frac{\frac{t}{2}}{\sin\frac{t}{2}}\right)\frac{\sin\left(n+\frac{1}{2}\right)t}{t}dt \tag{11}$$

と見做す事により，$[0,\pi]$ 上の積分に基-1が適用出来て，

> **基-2** f が周期 2π の区分的に C^1 級の関数であれば，フーリエ級数(10)は $f(x)$ に収束する．ただし，不連続点における f の値は左右の極限の平均と約束する．又，この収束は f が連続な区間で一様である．

なお，一様収束性について一言しよう．$[a,b]$ で f が連続であれば，6章の問題4や12章の問題7で示す様に，f は一様連続である．(11)を用いて $S_n(x)-f(x)$ を積分で表し，この積分区間を $[0,\delta]$ と $[\delta,\pi]$ に分け，前者では，一様連続性より δ を小さく取ると小さくなり，後者は x に関して一様に n を大きく取り，リーマン-ルベグの補題より小さくすればよい．

類題

(解答☞ 186ページ)

5．周期 2π の C^2 級関数 f のフーリエ係数と f'' のそれとの関係を求めよ．

(神奈川県中学教員採用試験)

6．周期 2π の C^m 級の関数 f のフーリエ係数 a_n, b_n は $\lim_{n\to\infty}n^m a_n=\lim_{n\to\infty}n^m b_n$ なる事を示せ．

4 (三 角 関 数)——フーリエ展開

周期 2π の関数が偶関数や奇関数であると，フーリエ展開は，次の様に，幾らか楽になる．

基本事項　偶関数 $f(-x)=f(x)$ のフーリエ展開は，**余弦級数**

$$f(x)\sim\frac{a_0}{2}+\sum_{k=1}^{\infty}a_k\cos kx \quad (2),\qquad a_k=\frac{2}{\pi}\int_0^{\pi}f(t)\cos kt\,dt \quad (3)$$

であり，奇関数 $f(-x)=-f(x)$ のフーリエ展開は，**正弦級数**

$$f(x)\sim\sum_{k=1}^{\infty}b_k\sin kx \quad (4),\qquad b_k=\frac{2}{\pi}\int_0^{\pi}f(t)\sin kt\,dt \quad (5).$$

上の基本事項を(イ)の奇関数，(ロ)の偶関数に適用しよう．

(イ)　奇関数 $f(x)$ は下図の様なグラフを持ち，基本事項より

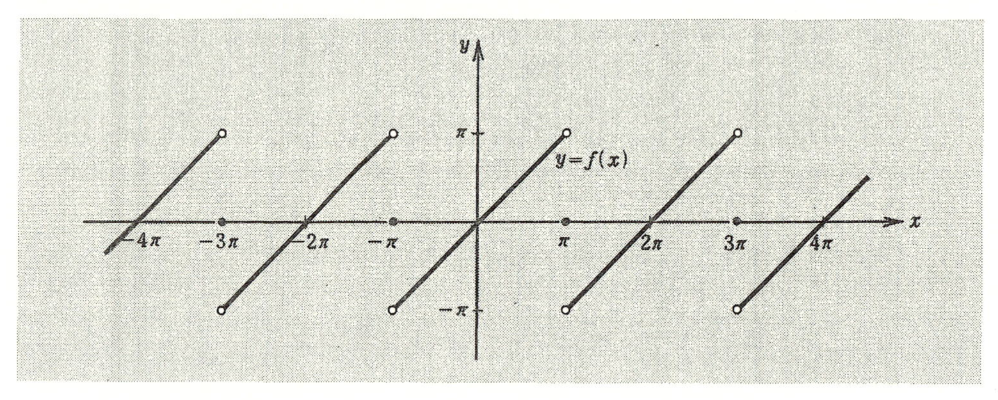

$$b_k=\frac{2}{\pi}\int_0^{\pi}t\sin kt\,dt=\frac{2}{\pi}\left[\frac{-t\cos kt}{k}+\frac{\sin kt}{k^2}\right]_0^{\pi}=\frac{-2\cos k\pi}{k}=\frac{2(-1)^{k-1}}{k},$$

$$x=2\left(\sin x-\frac{\sin 2x}{2}+\frac{\sin 3x}{3}-\cdots\right)\quad(-\pi<x<\pi) \qquad (6).$$

二つの連続な，更に一般に65頁で述べるルベグ Lebesgue の意味での自乗可積分な，周期 2π の実数値関数全体を $\mathcal{L}$ とし，$\mathcal{L}$ の二元 f,g，即ち，二つの周期 2π の実数値関数 f,g をベクトルと考え，その**内積**を

$$\langle f,g\rangle:=\int_{-\pi}^{\pi}f(x)g(x)\,dx \qquad (7)$$

で定義すると，61頁の類題 3 で示す公式により，三角関数の列 $\left\{\frac{1}{\sqrt{2\pi}},\frac{\cos x}{\sqrt{\pi}},\frac{\sin x}{\sqrt{\pi}},\frac{\cos 2\pi}{\sqrt{\pi}},\frac{\sin 2x}{\sqrt{\pi}},\cdots,\frac{\cos kx}{\sqrt{\pi}},\frac{\sin kx}{\sqrt{\pi}},\cdots\right\}$ は自分との内積 1，他との内積 0 の意味で正規直交列で，これらへの任意のベクトル $f\in\mathcal{L}$ の正射影は

$$\left\langle f,\frac{1}{\sqrt{2\pi}}\right\rangle:=\int_{-\pi}^{\pi}f(x)\frac{1}{\sqrt{2\pi}}dx=\sqrt{\frac{\pi}{2}}a_0, \qquad (8)$$

$$\left\langle f,\frac{\cos kx}{\sqrt{\pi}}\right\rangle:=\int_{-\pi}^{\pi}f(x)\frac{\cos kx}{\sqrt{\pi}}dx=\sqrt{\pi}a_k,\qquad \left\langle f,\frac{\sin kx}{\sqrt{\pi}}\right\rangle:=\int_{-\pi}^{\pi}f(x)\frac{\sin kx}{\sqrt{\pi}}dx=\sqrt{\pi}b_k \qquad (9)$$

であり，f をこれら無限個の座標系で表示する事

$$f\sim\frac{\sqrt{\pi}a_0}{\sqrt{2}}\frac{1}{\sqrt{2\pi}}+\sum_{k=1}^{\infty}\left(\sqrt{\pi}a_k\frac{\cos kx}{\sqrt{\pi}}+\sqrt{\pi}b_k\frac{\sin kx}{\sqrt{\pi}}\right)=\frac{a_0}{2}+\sum_{k=1}^{\infty}(a_k\cos kx+b_k\sin kx) \qquad (10)$$

が，フーリエ展開である．然も，座標軸はこれら正弦と余弦で間に合っている，即ち，60/61頁の意味で，上述の座標系は完全正規直交基底である．大学入学直後学んだ junior の有限次元の線形代数では，ベクト

ルのノルム（=大きさ）の自乗は，正規直交基底に関する座標の自乗の和に等しいが，我々 senior の**無限次元空間**$\mathcal{L}$**に於いても，初等幾何**のピタゴラスの定理を一般化した有限次元の線形代数**が貫徹し，**

$$\int_{-\pi}^{\pi}(f(x))^2dx=\left(\frac{\sqrt{\pi}a_0}{\sqrt{2}}\right)^2+\sum_{k=1}^{\infty}((\sqrt{\pi}a_k)^2+(\sqrt{\pi}b_k)^2))=\pi\left(\frac{a_0^2}{2}+\sum_{k=1}^{\infty}(a_k^2+b_k^2)\right) \tag{11}$$

が成立し，これを**パーセバルの関係式**と言う．

以上の教養の下で，我々の正弦級数(6)にパーセバルの関係式(11)を適用すると，ノルムの自乗である x^2 の $[-\pi,\pi]$ 上の積分値は $2\pi^3/3$ であるから，有名な級数の和の公式

$$\sum_{k=1}^{\infty}\frac{1}{k^2}=\frac{\pi^2}{6} \tag{12}$$

を得る．次問同様杜の都の同専攻の別年度に出題されて居たが，紙数が無く，45頁では記せなかった．

（ロ） (a) 周期 2π の偶関数 $g(x)$ は(2)のタイプの余弦級数に展開され，(3)より先ず，

$$a_0=\frac{2}{\pi}\int_0^{\pi}t^2dt=\frac{2\pi^2}{3} \tag{13}$$

を得る．二回部分積分して得るフーリエ係数は，

$$a_k=\frac{2}{\pi}\int_0^{\pi}t^2\cos kt\,dt=\frac{4(-1)^k}{k^2}. \tag{14}$$

であり，次のフーリエ展開を得る：

$$t^2=\frac{\pi^2}{3}+\sum_{k=1}^{\infty}4\frac{(-1)^k}{k^2}\cos kt \quad (-\pi\leq t\leq\pi). \tag{15}$$

(b) (15)に $t=0$ を代入し，有名な級数の和の公式

$$S_1=\sum_{n=1}^{\infty}\frac{(-1)^{n-1}}{n^2}=\frac{\pi^2}{12} \tag{16}$$

を得るが，絶対値を項とする級数の和(12)の半分であるのは面白い．

(c) 関数 $g(x)=x^2$ のノルムは $(-\pi,\pi]$ 上の自乗の定積分値 $2\pi^5/5$ であり，我々の余弦級数(15)にパーセバルの関係式(11)を適用すると，

$$\frac{2\pi^5}{5}=\pi\left(\frac{1}{2}\left(\frac{2\pi^2}{3}\right)^2+\sum_{k=1}^{\infty}\left(\frac{4(-1)^k}{k^2}\right)^2\right) \tag{17}$$

を，上式右辺第1項が(1)式右辺第1項に整合するので安心しつつ，解答 $S_2=\frac{2\pi^4}{5}$ を得る．これより直ちに，有名な級数の和の公式

$$\sum_{n=1}^{\infty}\frac{1}{n^4}=\left(\frac{2}{5}-\frac{2}{9}\right)\frac{\pi^4}{16}=\frac{\pi^4}{90} \tag{18}$$

を得るが，(1-2)の出題の方がより教育的である．

本章において三角級数論を学んだが，その鍵は $\int_{-\infty}^{+\infty}\frac{\sin t}{t}dt=\pi$ にあった．

類 題

（解答☞ 186ページ）

7．a を整数でない定数とする．$0<x<2\pi$ の時，

$$\pi\cos ax=\frac{\sin 2a\pi}{2a}+\sum_{k=1}^{\infty}\frac{a\sin 2a\pi\cos kx+k(\cos 2a\pi-1)\sin kx}{a^2-k^2} \tag{1}$$

を証明せよ．（慶応大大学院入試）

8．α が整数でない時，級数

$$\sum_{k=1}^{\infty}\frac{1}{\alpha^2-k^2} \tag{1}$$

の和を求めよ．（慶応大大学院入試）

EXERCISES

（解答☞ 186ページ）

1 **（三角級数） 熱伝導の偏微分方程式の解法**

有界数列 $(c_k)_{k\geqq 1}$ に対して級数

$$u(x,t)=\sum_{k=1}^{\infty} c_k e^{-k^2 t}\sin kx \quad (t>0,\, 0\leqq x\leqq\pi) \tag{1}$$

で定義される関数 $u(x,t)$ は

$$\text{境界条件 } u(0,t)=u(\pi,t)=0 \tag{2}$$

を満す偏微分方程式

$$\frac{\partial^2 u}{\partial x^2}(x,t)-\frac{\partial u}{\partial t}(x,t)=0 \tag{3}$$

の解である事を示せ．又，$u(x,t)$ は x 及び t について無限回微分可能である事を示せ． （金沢大大学院入試）

2 **（三角級数） 弦の振動の偏微分方程式の解法**

弦の振動の方程式

$$\frac{\partial^2 u}{\partial t^2}=\frac{\partial^2 u}{\partial x^2} \quad (t\geqq 0,\, 0\leqq x\leqq\pi) \tag{1}$$

$$u(0,x)=\varphi(x),\ u_t(0,x)=0 \quad (0\leqq x\leqq\pi) \quad (2), \qquad u(t,0)=u(t,\pi)=0 \quad (t\geqq 0) \quad (3)$$

をフーリエの方法（変数分離法）を用いて解け．解級数が真の解であるには初期値 φ はどの様な条件を満せばよいか？ （奈良女子大大学院入試）

3 **（三角級数） 単調減少係数の三角級数**

次の級数の収束性を調べよ．

$$f(t)=\sum_{k=1}^{\infty}\frac{\sin kt}{k} \tag{1}$$

（お茶の水女子大大学院入試）

Advice

1 (1)は**熱伝導**の方程式と呼ばれる．先ず，微分可能性もあらばこそ，(1)を t で1回，x で2回項別に偏微分して，偏微分方程式(3)が成立する事を確かめる．物理や工学書であれば，このあたりで引き上げてよいが，これからの論理が本書や院入試での聞かせ所である．項別微分を正当化するには，4章の問題3で解説した様に，微分される級数が各点収束し，微分された結果の級数が一様収束すれば十分である．この一様収束性は同じく，基-3によって与えられている比の極限<1を示せば十分である．結果として，高尚な理論も，高校程度の極限の計算に帰される．

2 項別微分に対する配慮は前問と同じであるが，力学等で学ぶ手法がこの問題の花形である．u が $u(x,t)=u(t)v(x)$ と t だけの関数と x だけの関数の積と言う特別な形の場合に，(1)が成立する為には，$u(t)$ と $v(x)$ は同じ形の定数係数2階線形微分方程式を満さねばならぬ．これが(2)，(3)を満す様にし，これらの無限個の解の結合が，丁度，三角級数となる．

3 **アーベルの総和法**なる次の技巧を用いましょう．

$$S_n(t)=\sum_{k=1}^{n}\sin kt \tag{2}$$

とおくと，

$$\sum_{k=n}^{m}\frac{\sin kt}{k}=\sum_{k=n}^{m}\frac{S_k(t)-S_{k-1}(t)}{k}.$$

この式を変形して，問題1の公式(10)，(11)を利用して，$S_k(t)$ の局所有界性より，一様収束性を示せばよい．そのためには，上式を $m>n$ 大の時，小さくする様に努力すること．

6 フーリエ級数

正規直交系(e_i)とはヒルベルト空間Hにおける直交座標系であり，Hの元xのフーリエ係数$\alpha_i=\langle x, e_i\rangle$は点$x$の$e_i$軸に関する座標であり，フーリエ展開$x=\sum\alpha_i e_i$は点$x$を座標で表わした物であり，正に解析学は無限次元の幾何である．

1 （**フーリエ級数**）（イ） ベクトルの1次独立性について論じよ．

（ロ） ベクトル空間の次元について論じよ．

（津田塾大学大学院理学研究科，東京女子大大学院入試）

2 （**フーリエ級数**） Xは内積$<, >$を持つ線形空間，$e_1, e_2, \cdots, e_n$はXの正規直交列，Vは$e_1, e_2, \cdots, e_n$の張るXの部分空間，xはXの元，α_iはこの正規直交列に関するxのフーリエ係数とする．この時，次の命題(イ),(ロ)が成立する事を示せ．

（イ） $x-\sum_{i=1}^{n} a_i e_i$はVと直交する．

（ロ） 任意の実数$\beta_1, \beta_2, \cdots, \beta_n$に対して，$\|x-\sum_{i=1}^{n} a_i e_i\| \leqq \|x-\sum_{i=1}^{n}\beta_i e_i\|$ （津田塾大大学院入試）

3 （**フーリエ級数**） ヒルベルト空間Hの正規直交列$(e_i)_{i\geqq 1}$に対して次の三命題は同値である事を示せ：

（イ） Hの任意の元xに対して$x=\sum_{i=1}^{\infty}\alpha_i e_i$が成立する．

（ロ） Hの任意の元xに対して**パーセバルの関係式** $\|x\|^2=\sum_{i=1}^{\infty}\alpha_i{}^2$が成立する．

（ハ） Hの元xの全てのフーリエ係数$\langle x, e_i\rangle$が零であれば，xは零ベクトルある．

（早稲田大大学院入試）

4 （**フーリエ級数**） Hを可分ヒルベルト空間，$(e_i)_{i\geqq 1}$をHの完全正規直交系とする．$f(t)$を閉区間$[0,1]$からHへの連続写像とし

$$f_n(t)=\sum_{k=1}^{n}\langle f(t), e_k\rangle e_k \tag{1}$$

と置く．この時，次式(2)が成立する事を証明せよ：

$$\lim_{n\to\infty}\sup_{0\leqq t\leqq 1}\|f_n(t)-f(t)\|=0 \tag{2}$$

（東京大大学院入試）

5 （**フーリエ級数**） 関数列$\{f_n\}_{n=1}^{\infty}$；

$$f_n(x)=\frac{\sin^2(x+n)}{1+|x+n|}$$

は$L^2(\boldsymbol{R})$に於て弱収束するが，強収束しないことを示せ． （東京大学大学院数理科学専攻入試）

1 (フーリエ級数)——ベクトル空間における一次独立性とその次元

集合 X があって，X の任意の有限個の元 $x_1, x_2, \cdots, x_n$ と同じ個数の任意の実数 $\beta_1, \beta_2, \cdots, \beta_n$ に対して
1次結合

$$x=\beta_1 x_1+\beta_2 x_2+\cdots+\beta_n x_n \tag{1}$$

が何らかの方法で定義されて X に属し，高校で学んだ様な幾何学的ベクトルが満す演算の法則が成立する時，X を **線形空間**，又は**ベクトル空間**と言い，X の元を**ベクトル**と言い，対照的に実数を**スカラー**と言う．姉妹書「新修線形代数」で詳しく述べたので，細かい事は述べない．只，**零元**と呼ばれる X の元があり，これをスカラー0と区別したい時 θ と書くが，

$$x+\theta=\theta+x=x,\ 0x=\theta \quad (x\in X)$$

が成立する事を注意しておけば，解析学では十分である．

線形空間 X の部分集合 E は E の任意の有限個の元 $x_1, x_2, \cdots, x_n$ の1次結合が零であれば，即ち，

$$\beta_1 x_1+\beta_2 x_2+\cdots+\beta_n x_n=\theta \tag{2}$$

が成立すれば，係数 β_i が全て零になる時，即ち，$\beta_1=\beta_2=\cdots=\beta_n=0$ である時，**1次独立**であると言い，1次独立でない時に，**1次従属**であると言う．線形空間 X は，1次独立な部分集合の濃度が，有限な上界を持つ時，その最大値を X の**次元**と言い，X は**有限次元**であると言う．有限次元でない時，無限次元であると言う．線形代数の主要学習対象は有限次元であり，本書のそれは無限次元である．

有限な n 次元の線形空間 X は，その定義より，1次独立な n 個のベクトル $x_1, x_2, \cdots, x_n$ を持つ．x を X の任意の元としよう．$n+1$ の $x_1, x_2, \cdots, x_n, x$ は，n の最小性より，もはや1次独立ではない．従って，$\beta_1=\beta_2=\cdots=\beta_n=\beta_{n+1}=0$ ではない様な実数 $\beta_1, \beta_2, \cdots, \beta_{n+1}$ があって

$$\beta_1 x_1+\beta_2 x_2+\cdots+\beta_n x_n+\beta_{n+1} x_{n+1}=0 \tag{3}$$

が成立する．もしも，$\beta_{n+1}=0$ であれば，$\beta_1=\beta_2=\cdots=\beta_n=0$ ではない様な実数 $\beta_1, \beta_2, \cdots, \beta_n$ に対して(2)が成立するから，$x_1, x_2, \cdots, x_n$ はもはや1次独立ではない．従って，$\beta_{n+1}\neq 0$．各 β_i は $-\beta_{n+1}$ で割れて，これを γ_i とすると，x は，1次独立な $x_1, x_2, \cdots, x_n$ の1次結合

$$x=\gamma_1 x_1+\gamma_2 x_2+\cdots+\gamma_n x_n \tag{4}$$

で表わされる．もう，一組の実数 $\gamma_1', \gamma_2', \cdots, \gamma_n'$ があって，$x=\gamma_1' x_1+\gamma_2' x_2+\cdots+\gamma_n' x_n$ であれば，(4)との差を取って

$$(\gamma_1-\gamma_1')x_1+(\gamma_2-\gamma_2')x_2+\cdots+(\gamma_n-\gamma_n')x_n=\theta \tag{5}$$

を得る．$x_1, x_2, \cdots, x_n$ の1次独立性より，$\gamma_1-\gamma_1'=\gamma_2-\gamma_2'=\cdots=\gamma_n-\gamma_n'=0$ を得る．以上を要約すると，**有限な n 次元の線形空間 X の任意の n 個の1次独立なベクトル $x_1, x_2, \cdots, x_n$ に対して，X の任意の元 x は，これらの1次結合(4)で一意的に表わされる**．この時，$x_1, x_2, \cdots, x_n$ を線形空間 X の**基底**と言う．この時，γ_i を x のこの基底に関する**成分**と言う．

例えば，実変数 t の n 次多項式

$$x=\sum_{k=0}^{n}\gamma_k t^k=\gamma_0+\gamma_1 t+\cdots+\gamma_n t^n \tag{6}$$

全体の作る線形空間 X では，ベクトル $1, t, \cdots, t^n$ は次に示す様に基底をなす．もしも1次結合

$$\gamma_0+\gamma_1 t+\cdots+\gamma_n t^n\equiv 0 \tag{7}$$

であれば，相異なる $(n+1)$ 個の点 $t_1, t_2, \cdots, t_{n+1}$ で(7)が成立し，$n+1$ 個の元 $\gamma_0, \gamma_1, \cdots, \gamma_n$ に関する同次連立1次方程式(8)を得る．その係数の作る行列式は，「新修線形代数」の6章の類題11で学んだかの有名な

バンデルモンドの行列式(9)

$$\begin{cases}\gamma_0+\gamma_1 t_1+\cdots+\gamma_n t_1{}^n=0\\ \gamma_0+\gamma_1 t_2+\cdots+\gamma_n t_2{}^n=0\\ \cdots\cdots\cdots\cdots\cdots\cdots\cdots\cdots\\ \gamma_0+\gamma_1 t_{n+1}+\cdots+\gamma_n t_{n+1}{}^n=0\end{cases} \tag{8}$$

$$\begin{vmatrix}1 & t_1 & \cdots & t_1{}^n\\ 1 & t_2 & \cdots & t_2{}^n\\ \cdots & \cdots & \cdots & \cdots\\ 1 & t_{n+1} & \cdots & t_{n+1}{}^n\end{vmatrix}=\prod_{i<j}(t_i-t_j)\neq 0 \tag{9}$$

であり，(9)より，係数の行列式 $\neq 0$ なので，「新修線形代数」の 6 章の問題 2 の議論より $\gamma_0=\gamma_1=\cdots=\gamma_n=0$. 従って，$1, t, t^2, \cdots, t^n$ は 1 次独立で，X の基底をなし，X は $(n+1)$ 次元である．

問題 (a) 関数の組 $e^t, te^t, t^2e^t, t^3e^t$ は一次独立であることを示せ．（東京都立大学大学院理学研究科入試）

(b) 関数の組 $e^{at}, e^{bt}, e^{ct}, e^{dt}$ は一次独立であることを示せ．（金沢大学大学院数物科学専攻入試）

解答 (a) $\gamma_0+\gamma_1 te^t+\gamma_2 t^2e^t+\gamma_3 t^3 e^t=0$ の両辺に e^{-t} を掛け，直ぐ上の議論に帰着させよ．

(b) 相異なる a, b, c, d に対して，$\gamma_0 e^{at}+\gamma_1 e^{bt}+\gamma_2 e^{ct}+\gamma_3 e^{dt}=0$ の両辺を三回微分して得る，$e^{at}, b^{bt}, c^{ct}, e^{dt}$ が満たす 4 個の同次連立一次方程式は $n=3$ の時の(8)である．

内積を持つ線形空間 X において，X の二元 x, y の内積とノルムに関して

（シュワルツの不等式） $|\langle x, y\rangle|\leq\|x\|\,\|y\|$ (10)

が成立し，更に，X の零でない二元 x, y に対して，$\|x\|>0, \|y\|>0$ であり，次式(11)の右辺の絶対値 ≤ 1 なので，

$$\cos\theta=\frac{\langle x, y\rangle}{\|x\|\,\|y\|} \tag{11}$$

によって，二つのベクトル x, y のなす角を θ を定義する事が出来る．特に X の二元 x, y は

$$\langle x, y\rangle=0 \tag{12}$$

が成立する時，**直交**すると言う．これらを高校では，ベクトルの持つ性質として学んだが，抽象的な理論においては，逆にこれらが角や直交性の定義である．

さて，X の元の有限，又は，無限の系 $e_1, e_2, \cdots, e_n, \cdots$ は

$$\langle e_i, e_i\rangle=1, \langle e_i, e_j\rangle=0 \quad (i\neq j) \tag{13}$$

が成立する時，**正規直交系**と言う．この時，X の元 x に対して

$$\alpha_i=\langle x, e_i\rangle \tag{14}$$

で与えられる実数 α_i を，x の正規直交系に関する**フーリエ係数**と言う．

> **基本事項** x が $e_1, e_2, \cdots, e_n$ の 1 次結合 $x=\sum_{i=1}^{n}\alpha_i e_i$ で表わされれば，e_i の係数 α_i はフーリエ係数(14)である．

(13)より $\langle e_i, e_j\rangle$ は $i=j$ の時のみ生残り，値は 1 なので

$$\langle x, e_j\rangle=\langle\sum_{i=1}^{n}\alpha_i e_i, e_j\rangle=\sum_{i=1}^{n}\alpha_i\langle e_i, e_j\rangle=\alpha_j.$$

2 （フーリエ級数）——正規直交列と最小自乗法

内積を持つ線形空間 X の正規直交列 $e_1, e_2, \cdots, e_n$ の 1 次結合に対して，次の定理が成立する．

（ピタゴラスの定理）
$$\|\sum_{i=1}^{n}\alpha_i e_i\|^2=\sum_{i=1}^{n}\alpha_i^2 \quad (1).$$

次の第二式の最初の添字 i と 次の添字 j を別の字にしても独立に動かして計算するのが，急所である：

$$\|\sum_{i=1}^{n}\alpha_i e_i\|^2=\langle\sum_{i=1}^{n}\alpha_i e_i, \sum_{j=1}^{n}\alpha_j e_j\rangle=\sum_{i,j=1}^{n}\alpha_i\alpha_j\langle e_i, e_j\rangle=\sum_{i=1}^{n}\alpha_i^2.$$

一般に線形空間 X の部分集合 A の有限個の元の 1 次結合全体の集合はやはり線形空間で，A が**張る** X の**部分空間**と言う．さて，内積を持つ線形空間 X にて，正規直交系 $e_1, e_2, \cdots, e_n$ が与えられているとしよう．それが張る部分空間を V と書こう．問題 1 の基本事項より V の元はフーリエ係数を係数とする 1 次結合で表わされるが，X の元 x に対しては，一般にそうなるとは限らない．しかし

$$Px=\sum_{i=1}^{n}\langle x, e_i\rangle=e_i\in V \quad (2)$$

を x の V の上への**正射影**と言う．高校で学んだ様に，空間ベクトルでは，e_1, e_2 に対する我々の Px は丁度 e_1, e_2 が決定する平面へのベクトル x の幾何学的な正射影と一致する．我々の議論はその抽象化である．

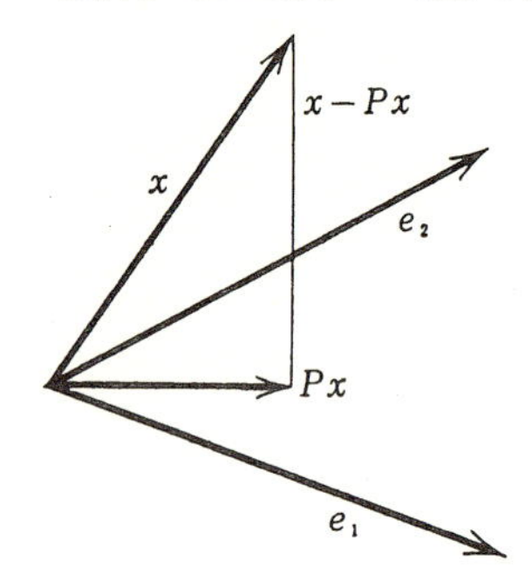

(2)において，前問の基本事項より $\langle x-Px, e_i\rangle=\langle x, e_i\rangle-\langle Px, e_i\rangle=\langle x, e_i\rangle-\langle x, e_i\rangle=0$ $(1\leqq i\leqq n)$ が成立し，$x-Px$ は各 e_i と，従って部分空間 V と直交している．この時，初等幾何では $y=Px$ は，$x-y$ のノルムを最小にする様な V の元，即ち，x と V の点 y との距離 $\|x-y\|$ を最小にする様な V の元であったが，(ロ)が主張する様に我々の議論でも同様である．

準備はこれ位にして，本問の解答へ進もう．次の様に i, j を区別するのが見所である．

$$\|x-\sum_{i=1}^{n}\beta_i e_i\|^2=\langle x-\sum_{i=1}^{n}\beta_i e_i, x-\sum_{j=1}^{n}\beta_j e_j\rangle$$
$$=\langle x, x\rangle-\langle\sum_{i=1}^{n}\beta_i e_i, x\rangle-\langle x, \sum_{j=1}^{n}\beta_j e_j\rangle+\langle\sum_{i=1}^{n}\beta_i e_i, \sum_{j=1}^{n}\beta_j e_j\rangle$$
$$=\|x\|^2-2\sum_{i=1}^{n}\beta_i\langle x, e_i\rangle+\sum_{i,j=1}^{n}\beta_i\beta_j\langle e_i, e_j\rangle$$
$$=\|x\|^2+\sum_{i=1}^{n}(\beta_i^2-2\alpha_i\beta_i)=\|x\|^2+\sum_{i=1}^{n}(\alpha_i-\beta_i)^2-\sum_{i=1}^{n}\alpha_i^2 \quad (3)$$

に $\beta_i=\alpha_i$ を代入すると

$$\|x-\sum_{i=1}^{n}\alpha_i e_i\|^2=\|x\|^2-\sum_{i=1}^{n}\alpha_i^2 \quad (4)$$

を得るので，(4)≦(3)，即ち(ロ)を得る．よって

基本事項 X の元 x の正規直交系 $e_1, e_2, \cdots, e_n$ の張る部分空間 V の上への正射影 Px はフーリエ係数を係数とする1次結合であり，それは x から V への最短距離を与える．

さて，内積を持つ線形空間 X にて正規直交無限系 $e_1, e_2, \cdots, e_n, \cdots$ が与えられているとしよう．X の元 x のフーリエ係数 α_i に対して，$n \geqq 1$ の時，(4)より

$$\sum_{i=1}^{n} \alpha_i^2 \leqq \|x\|^2 \tag{5}$$

が成立し，$n \to \infty$ として次のベッセルの不等式を得る：

(ベッセルの不等式) $$\sum_{i=1}^{\infty} \alpha_i^2 \leqq \|x\|^2 < \infty \tag{6}$$

更に(4)より，(6)にて等号，即ち

(パーセバルの関係式) $$\sum_{i=1}^{\infty} \alpha_i^2 = \|x\|^2 \tag{7}$$

が成立する事と

$$x = \sum_{i=1}^{\infty} \alpha_i e_i = \lim_{n \to \infty} \sum_{i=1}^{n} \alpha_i e_i \tag{8}$$

が成立する事とは同値である．

$[a, b]$ で連続な実数値関数全体を $C[a, b]$ とし，その任意の二元 x, y の内積を

$$\langle x, y \rangle = \int_a^b x(t) y(t) dt \tag{9}$$

で定義すると $C[a, b]$ は内積を持つ線形空間となる．(9)に関して直交する関数を**直交関数**と言う．複素数値関数全体を考えると，複素数体上の線形空間となる．その際は，実数体上の議論において，内積(9)の被積分関数を，$x(t)y(t)$ の代りに，$x(t)\overline{y(t)}$ を考え，実数の自乗の代りに，複素数の絶対値の自乗を考え

$$\langle x, y \rangle = \int_a^b x(t) \overline{y(t)} dt \tag{10}$$

$$\|x\| = \sqrt{\int_a^b |x(t)|^2 dt} \tag{11}$$

で内積やノルムを定義すれば全く平行して議論を進める事が出来る．本質的でないので詳しく述べない．

類題

(解答☞ 188ページ)

1．関数列 $\{e^{2n\pi i t} ; n=0, \pm 1, \pm 2, \cdots\}$ の1次独立性を示せ． (京都大大学院入試)

2．$[a, b]$ 上の連続関数全体の集合 $C[a, b]$ にて正規直交関数列 $(\varphi_n(t))_{n \geqq 1}$ を考察する．

(イ) $x \in C[a, b]$ に対し次式を最小にする係数 $\alpha_1, \alpha_2, \cdots, \alpha_n$ を求めよ：

$$\int_a^b \left(x(t) - \sum_{i=1}^{n} \alpha_i \varphi_i(t)\right)^2 dt.$$

(ロ) (イ)で求めた $\alpha_1, \alpha_2, \cdots, \alpha_n$ に対し次の不等式を示せ：

$$\sum_{i=1}^{\infty} \alpha_i^2 \leqq \int_a^b x(t)^2 dt \tag{1}$$

(ハ) (1)において等号が成立し，かつ $\sum_{i=1}^{\infty} \alpha_i \varphi_i(t)$ が $[a, b]$ で一様収束する時，$[a, b]$ の各点 t で

$$x(t) = \sum_{i=1}^{\infty} \alpha_i \varphi_i(t) \tag{2}$$

が成立する事を証明せよ． (大阪市立大大学院入試)

3 (フーリエ級数)――完全正規直交列

X の元 x のフーリエ係数 α_i を用いて，$n \geqq 1$ に対して，1 次結合

$$x_n = \sum_{i=1}^{n} \alpha_i e_i \tag{1}$$

を考える．ベッセルの不等式より $\sum \alpha_i^2 \leqq \|x\|^2 < +\infty$ なので，ピタゴラスの定理より，$m > n$ の時

$$\|x_m - x_n\|^2 = \|\sum_{i=n+1}^{m} \alpha_i e_i\|^2 = \sum_{i=n+1}^{m} \alpha_i^2 \to 0 \quad (m > n \to \infty) \tag{2}$$

が成立し，ノルム空間 X の点列 $(x_n)_{n \geqq 1}$ はコーシー列である．従って，ノルム空間 X の完備性を仮定すれば，コーシー列 $(x_n)_{n \geqq 1}$ は X の収束列である．

$$y = \sum_{i=1}^{\infty} \alpha_i e_i = \lim_{n \to \infty} x_n = \lim_{n \to \infty} \sum_{i=1}^{n} \alpha_i e_i, \quad \alpha_i = \langle x, e_i \rangle \tag{3}$$

を X の元 x の正規直交列 $(e_i)_{i \geqq 1}$ に関する**フーリエ展開**と言う．内積を持つ線形空間は，$\|x_m - x_n\| \to 0 (m, n \to \infty)$ である様なコーシー列が常に収束する時，即ち，ノルム空間として完備である時，**ヒルベルト空間**と言う．

(イ), (ロ)の同値性は既に示した．(ロ)の仮定の下で，(ハ)は $\|x\|^2 = \sum |\langle x, e_i \rangle|^2 = 0$ より導かれる．(ハ)の仮定の下では，(3)の y に対して，問題 1 の基本事項より

$$\langle y, e_i \rangle = \langle y - x_n, e_i \rangle + \langle x_n, e_i \rangle = \langle y - x_n, e_n \rangle + \alpha_i \tag{4}$$

が得られるが，シュワルツの不等式より

$$|\langle y - x_n, e_i \rangle| \leqq \|y - x_n\| \|e_i\| = \|y - x_n\| \to 0 \quad (n \to \infty) \tag{5}$$

が成立するから，(4)において $n \to \infty$ として，$\langle y, e_i \rangle = \alpha_i$．$\langle x - y, e_i \rangle = \langle x, e_i \rangle - \langle y, e_i \rangle = 0 \ (i \geqq 1)$ が成立するから，(ハ)の仮定の下では $x - y = \theta$．即ち(イ)が成立し，三命題は同値である．三命題(イ), (ロ), (ハ)の何れか一つ，従って全てが成立する様な正規直交系を普通は**完全正規直交系**，岩波の**数学辞典**では**完備**正規直交系と言う．正規直交系は orthonormal であるから ON 系，完全正規直交は complete orthonormal であるから CON 系と講義等では略記される事が多い．

1 章の問題 1 で述べた様に満員が complete（米），complet（仏），vollständig（独）に近いニュアンスを持つ．$e_1, e_2, \cdots, e_n, \cdots$ が完全正規直交の時，真部分系 $e_1, e_3, \cdots, e_{2n-1}, \cdots$ は正規直交な無限系であるが，未だ完全ではない．これは $e_2, e_4, \cdots, e_{2n}, \cdots$ と空席を無限に持っている．空席を詰めて満席にしたのが complete である．高木貞治先生が岩波の名著「解析概論」で vollständig を充満と訳しておられるのは，さすがである．

問題 (1). $a > 0$ とする．$f(x) = 1 - \dfrac{|x|}{a} \ (-a \leqq x \leqq a) \quad 0 \ (x < -a, a < x)$ のフーリエ変換を求め，これを用いて $\displaystyle\int_0^{\infty} \left(\frac{\sin x}{x}\right)^2 dx$ 及び $\displaystyle\int_0^{\infty} \left(\frac{\sin x}{x}\right)^4 dx$ の値を求めよ．（京都大学大学院数理工学専攻入試）

(2). 実数関数 $f(t)$ のフーリエ変換 $F(\omega)$ とその逆変換を次式で定義する．

$$(\mathcal{F}f)(\omega) = F(\omega) = \frac{1}{\sqrt{2\pi}} \int_{-\infty}^{\infty} f(t) e^{-i\omega t} dt, \qquad (\mathcal{F}^{-1}F)(t) = (f(t) = \frac{1}{\sqrt{2\pi}} \int_{-\infty}^{\infty} F(\omega) e^{i\omega t} d\omega. \tag{6}$$

$F(\omega)$ が $F(\omega) = \{\pi \ (|\omega| \leqq \omega_0) \quad 0 \ (|\omega| > \omega_0)\}$ のとき，逆変換 $f(t)$ と $I(\omega_0) = \int_{-\infty}^{\infty} |f(t)|^2 dt$ を求め，$\int_{-\infty}^{\infty} |f(t)|^2 dt = \int_{-\infty}^{\infty} |F(\omega)|^2 d\omega$ の成立を示せ．（東北大学大学院機械・知能工学専攻入試）

問題(1)で与えられる $f(x)$ の(6)の意味での Fourier 変換は39頁 Euler の公式を適用，

$$(\mathcal{F}f)(t)=\frac{1}{\sqrt{2\pi}}\left(\int_{-a}^{0}e^{-ixt}\left(1+\frac{x}{a}\right)dx+\int_{0}^{a}e^{-ixt}\left(1-\frac{x}{a}\right)dx=\frac{1}{\sqrt{2\pi}}\frac{2}{at^2}\left(1-\frac{e^{iat}+e^{-iat}}{2}\right)=\right.$$

$$\frac{2}{\sqrt{2\pi}at^2}(1-\cos at)=\frac{2}{\sqrt{2\pi}at^2}2\sin^2\frac{at}{2}=\frac{4\sin^2\frac{at}{2}}{at^2\sqrt{2\pi}}. \tag{7}$$

Fourier 変換(6)は各成分 $f(t)$ を角 $-\omega t$ の回転をさせ加え $\int$ した，自乗可積分な可測関数の為す，無限次元空間 $L^2(-\infty,+\infty)$ での言わば回転で，それ故逆変換は逆回転で角の符号を(6)の様に変えれば済む，unitary 変換なので，内積を保存し，**Plancherel の関係式**

$$(\mathcal{F}f,\mathcal{F}h)=(f,h)\quad(\text{任意の } f,h\in L^2(-\infty,+\infty)) \tag{8}$$

が成立している．$\|f\|^2=(f,f)=2\int_0^a\left(1-\frac{x}{a}\right)^2dx=\frac{2a}{3}$ であり，上記 Plancherel の関係式より，求める積分は $a=1$ の時の $\frac{2}{3}=\|f\|^2=(f,f)=\|\mathcal{F}f\|^2=\int_{-\infty}^{\infty}(\mathcal{F}f)^2dt=\frac{2}{\pi}\int_{-\infty}^{\infty}\left(\frac{\sin\frac{t}{2}}{\frac{t}{2}}\right)^4dt=\frac{1}{\pi}\int_{-\infty}^{\infty}\frac{\sin^4 t}{t^4}dt$ なので，$\int_{-\infty}^{\infty}\left(\frac{\sin t}{t}\right)^4 dt=\frac{2\pi}{3}$．自乗については，$k(x)=1\ (|x|\leq 1),\ =0\ (|x|\leq 1)$ に Plancherel の関係式を適用し，200頁同様 π．

問題(2)．一定の時刻電流が流れるパルスの応用は，Euler の公式より，$f(t)=\frac{1}{\sqrt{2\pi}}\int_{-\omega_0}^{\omega_0}\pi e^{i\omega t}d\omega=\frac{2\pi}{\sqrt{2\pi}t}\frac{e^{i\omega_0 t}-e^{-i\omega_0 t}}{2i}=\frac{\sqrt{2\pi}\sin\omega_0 t}{t}$．前問(1)で準備した，積分公式に帰着させて，$I(\omega_0)=\|f\|^2=\int_{-\infty}^{\infty}\left(\frac{\sqrt{2\pi}\sin\omega_0 t}{t}\right)^2dt=2\omega_0\pi^2$．他方，$\|F\|^2=\int_{-\omega_0}^{\omega_0}\pi^2 d\omega=2\omega_0\pi^2=\|f\|^2$．(8)は，離散的な Fourie 級数に対する59頁(7)の連続的な Fourie 変換版で，Fourier 変換が関数の大きさを変えない，無限次元の回転である事を示す，Plancherel の関係式(8)のパルスに関わる case study を終わる．この問題は，物理を駆使する，航空・電気・機械系で必須のフーリエやラプラス変換のアントレで，千年と杜の都を介して，紹介した．

以上の考察によって，次の事実を識った．ヒルベルト空間 H の正規直交系 $e_1,e_2,\cdots,e_n,\cdots$ とは，無限次元の空間 H における直交座標系である．それが完全とは，もう，新たな直交座標を加える余地がなく座標系としては満席で，完全な状態を示す．完全正規直交系 $e_1,e_2,\cdots,e_n,\cdots$ に対する H の元 x のフーリエ係数 $\alpha_i=\langle x,e_i\rangle$ とは，無限次元のベクトル空間 H における，ベクトル x の座標軸 e_i に関する成分であり，勿論，x の e_i 軸上への正射影である．x のフーリエ展開 $x=\sum\alpha_i e_i$ とは，無限次元の線形空間 H の基底 $e_1,e_2,\cdots,e_n,\cdots$ で x を表現したものに他ならない．パーセバルの関係式 $\|x\|^2=\sum\alpha_i^2$ とは，無限次元の空間におけるピタゴラスの定理，そのものである．この様に考えると，有限次元の幾何の直観がそのまま，無限次元のヒルベルト空間に映り，新たに暗記する事なく，新たな多くの成果を身に着ける事が出来る．

類 題

(解答☞ 188ページ)

3．次の公式を証明せよ：

$$\int_{-\pi}^{\pi}\cos mt\cos nt\,dt=\begin{cases}2\pi, & m=n=0\\ \pi, & m=n\neq 0\\ 0, & m\neq 0\end{cases} \tag{1}$$

$$\int_{-\pi}^{\pi}\sin mt\sin nt\,dt=\begin{cases}\pi, & m=n\neq 0\\ 0, & m\neq n\end{cases} \tag{2}$$

$$\int_{-\pi}^{\pi}\cos mt\sin nt\,dt=0 \tag{3}$$

4．閉区間 $[-1,1]$ において**チェビシェフ**多項式 T_n は

$$T_n(t)=\cos(n\cos^{-1}t)\quad(n=0,1,2,\cdots) \tag{1}$$

で定義される．この時，$T_n(t)$ は t の n 次の多項式であり

$$\int_{-1}^{1}\frac{T_m(t)T_n(t)}{\sqrt{1-t^2}}dt=\begin{cases}\pi, & m=n=0\\ \frac{\pi}{2}, & m=n\neq 0\\ 0, & m\neq n\end{cases}$$

が成立する事を証明せよ．

(早稲田大，九州大大学院入試)

4 (フーリエ級数)——助変数を伴うフーリエ展開

先ず，$(X, d), (X', d')$ を完備な距離空間，$f: X \to X'$ を写像とする．f が X の点 x_0 で**連続**であるとは，任意の正数 ε に対して，正数 δ があって，$d(x, x_0) < \delta$ を満す $x \in X$ に対して，$d'(f(x), f(x_0)) < \varepsilon$ が成立する事を言う．この f が**一様連続**であるとは，任意の正数 ε に対して，正数 δ が X の点に無関係に一様に取れて，$d'(f(x), f(x_0)) < \varepsilon$ が成立する事を言う．我々の写像 $f: [0,1] \to H$ の一様連続性を背理法により示そう．f が一様連続でなければ，正数 ε_0 があって，任意の自然数 n に対して，$[0,1]$ の二点 t_n, t_n' があって，その距離は $|t_n - t_n'| < \dfrac{1}{n}$ と小さいにも拘らず，その値は $\|f(t_n) - f_n')\| \geqq \varepsilon_0$ と小さくならない．2章の問題1のワイエルシュトラス-ボルツァノの公理より，有界数列 $(t_n)_{n\geqq 1}$ は収束部分列 $(t_{\nu_n})_{n\geqq 1}$ を持つ．同じ番号の選び方に対して，有界数列 $(t'_n)_{n\geqq 1}$ も収束部分列を持つ．と言う訳で，$t_n \to t_0, t_n' \to t_0$ $(n \to \infty)$ と仮定して一般性を失なわない．$n \to \infty$ とすると，$0 = \|f(t_0) - f(t_0)\| \geqq \varepsilon_0 > 0$ が得られ，矛盾である．この準備の下で，本問の解答に移る．

$f(t)$ が定値写像であれば，本問は前問に他ならない．助変数 t を伴う所が，新機軸である．定値の時に成立するならば，少し話を進めて，5章の問題3で用いた階段関数の時，成立しないだろうか．幸にして，今証明した様に，連続写像 $f: [0,1] \to H$ は一様連続なので，階段関数 $g_p(t)$ で一様に近似され，その $g_p(t)$ に前問を適用すれば，本問は解決するのではないか．この様な戦略で臨む．

$[0,1]$ からノルム空間 H への連続写像 f は一様連続であるから，任意の正数 ε に対して，正数 δ があって

$$\|f(t) - f(t')\| < \frac{\varepsilon}{3} \quad (t, t' \in [0,1], |t - t'| \leqq \delta) \tag{1}$$

が成立する．1章の問題2の公理Aを用いて，$p > \dfrac{1}{\delta}$ である様に大きな自然数 p を取り，$[0,1]$ を p 個の閉区間 $[t_k, t_{k+1}]$ $(0 \leqq k \leqq p-1)$ に分割して，夫々では定値である様な**階段関数** $g_p(t)$ を次の様に定義する：

$$t_k = \frac{k}{p} (0 \leqq k \leqq p), g_p(t) = f(t_k) \quad (t_k \leqq t < t_{k+1}, 0 \leqq k \leqq p-1), g_p(1) = f(1) \tag{2}.$$

任意の $t \in [0,1]$ はある k に対し，$t_k \leqq t < t_{k+1}$ $(0 \leqq k \leqq p-1)$ であるか，$t=1$ であるかであり，p の取り方から，$|t - t_k| \leqq \dfrac{1}{p} < \delta$ が成立し，(1)より

$$\|f(t) - g_k(t)\| = \|f(t) - f(t_k)\| < \frac{\varepsilon}{3} \quad (t \in [0,1]) \tag{3}.$$

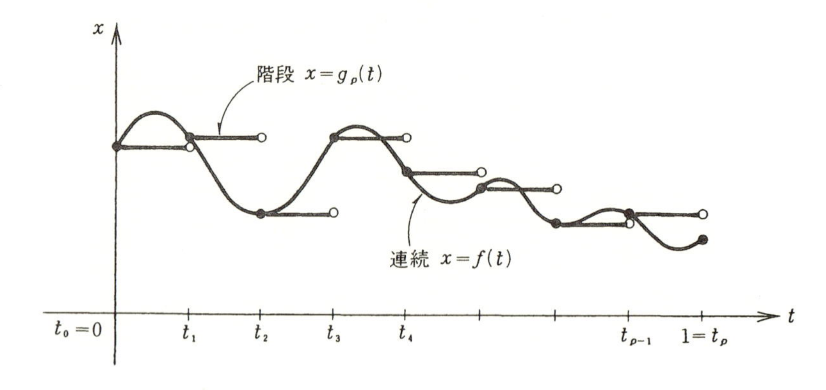

ピタゴラスの定理とベッセルの不等式より，$n \geqq 1, t \in [0,1]$ に対して，

$$\left\|\sum_{k=1}^{n} \langle f(t) - g_p(t) \rangle, e_k \rangle e_k \right\|^2 = \sum_{k=1}^{n} |\langle f(t) - g_p(t), e_k \rangle|^2 \leqq \|f(t) - g_t(t)\|^2 < \frac{\varepsilon^2}{9} \tag{4}.$$

(4)より，$t\in[0,1]$ に対して問題2の

$$\|g_p(t)-\sum_{k=1}^{n}\langle g_p(t),e_k\rangle e_k\|^2=\|g_p(t)\|^2-\sum_{k=1}^{n}|\langle g_p(t),e_k\rangle|^2 \tag{5}$$

が成立するが，実際には(5)は $p+1$ の点 $t_0,t_1,\cdots,t_p$ においてのみ考察すればよい所が解答の鍵である．各 t_k においてパーセバルの関係式が成立しているから，$n\to\infty$ とすれば(5)→0．これを保証する大きな自然数は各 t_k に対応して定まるので，それら $p+1$ 個の最大のものを取ればよい．従って，上述の正数 ε に対して，自然数 n_0 があって $n\geqq n_0$ の時，$[0,1]$ の点 t に対して一様に

$$\|g_p(t)-\sum_{k=1}^{n}\langle g_p(t),e_k\rangle e_k\|^2<\frac{\varepsilon^2}{9}\quad(n\geqq n_0,\ t\in[0,1]) \tag{6}$$

結論として，三角不等式より，$n\geqq n_0,\ t\in[0,1]$ の時，

$$\|f(t)-\sum_{k=1}^{n}\langle f(t),e_k\rangle e_k\|\leqq\|f(t)-g_p(t)\|+\|g_p(t)-\sum_{k=1}^{n}\langle g_p(t),e_k\rangle e_k\|$$

$$+\|\sum_{k=1}^{n}\langle g_p(t)-f(t),e_k\rangle e_k\|<\frac{\varepsilon}{3}+\frac{\varepsilon}{3}+\frac{\varepsilon}{3}=\varepsilon \tag{7}$$

類 題

(解答☞ 189ページ)

5．関数 $x(t)$ が $[a,b]$ で連続であれば，それはこの区間で**一様連続**である．即ち，任意に与えられた正数 ε に対して，正数 δ が存在し

$$|x(t)-x(t')|<\varepsilon\ (t,t'\in[a,b],|t-t'|<\delta) \tag{1}$$

が成立する事である．関数 $x(t)=t^2$ を $[-1,2]$ において考察する時，$\varepsilon=\frac{1}{10}$ に対する上記 δ の最大の物を

$\frac{1}{10},\frac{1}{25},\frac{1}{50},\frac{1}{75},\frac{1}{100}$ の内から選び出せ．

(国家公務員上級職数学専門試験)

6．数直線で自乗可積分関数全体の作るヒルベルト空間 $L^2(-\infty,\infty)$ の完全正規直交列 $(\varphi_n)_{n\geqq1}$，$L^2(-\infty,\infty)$ の二元 x,y，及び，それらのフーリエ係数 $\alpha_i=\langle x,\varphi_i\rangle,\beta_i=\langle y,\varphi_i\rangle$ に対して

$$\langle f,g\rangle=\int_{-\infty}^{+\infty}f(t)g(t)\,dt=\sum_{i=1}^{\infty}\alpha_i\beta_i \tag{1}$$

が成立する事を証明せよ． (上智大大学院入試)

7．φ を

$$\varphi(t)=\begin{cases}a\exp\left(\frac{1}{1-t^2}\right),|t|<1\\0,\ \ |t|\geqq1\end{cases} \tag{1}$$

で定義される数直線上の関数とし，a は

$$\int_{-\infty}^{+\infty}\varphi(t)\,dt=1 \tag{2}$$

である様に定める．この時任意の $u\in L^2(-\infty,\infty)$ に対して

$$v=u*\varphi=\int_{-\infty}^{+\infty}u(s)\varphi(t-s)\,ds \tag{3}$$

で定義される関数 v は $C^\infty(-\infty,\infty)\cap L^2(-\infty,\infty)$ に属する事を示せ． (九州大大学院入試)

8．整数 n に対して，**ルジャンドル**多項式を

$$P_n(t)=\frac{1}{2^n n!}\frac{d^n}{dt^n}(t^2-1)^n \tag{1}$$

で定義する時，

$$\int_{-1}^{1}P_m(t)P_n(t)\,dt=\begin{cases}\frac{2}{2n+1},\ m=n\\0,\ m\neq n\end{cases} \tag{2}$$

が成立する事を示せ．

9．区間 $\left[-\frac{\pi}{2},\frac{\pi}{2}\right]$ において，L^2 の二つの関数 $x(t)$ と $y(t)$ の内積を

$$\langle x,y\rangle=\int_{-\frac{\pi}{2}}^{\frac{\pi}{2}}x(t)y(t)\,dt \tag{1}$$

によって定義する．この時，$\sin t$ の L^2 の意味における最良近似1次多項式を $l(t)$ とすると，関数 $e(t)=l(t)-\sin t$ は全ての2次多項式と直交する事を示せ．

(九州大大学院入試)

5 (フーリエ級数)——多項式全体のなす線形部分空間の稠密性

$[a, b]$ で連続な関数 $x(t)$ が任意の整数 $n \neq 0$ に対して

$$\int_a^b t^n x(t)\,dt = 0 \tag{1}$$

を満たせば，恒等的に $x(t)=0 (a \leq t \leq b)$ が成立する事を示せ．　　(早稲田大，新潟大大学院入試)

を改訂前55頁に掲載していた．その証明の準備に

(ワイエルシュトラスの定理)　$[a, b]$ で連続な関数 $x(t)$ と正数 ε に対して，多項式 $p(t)$ があって

$$|x(t)-p(t)| < \varepsilon \quad (t \in [a, b]) \tag{2}.$$

を用いるので，これを証明しよう．区間を簡単にする為に，変数 t を次の変数変換によって，$s \in [0, 1]$ に変えよう：

$$y(s) = x(a+(b-a)s) \quad (0 \leqq s \leqq 1) \tag{3}.$$

連続関数 $y(s)$ は，2章の問題1の，同名の定理より有界である，即ち，

$$|y(s)| \leqq M \quad (s \in [0, 1]) \tag{4}$$

を満す様な正の定数 M がある．任意の正数 ε に対して，問題4で述べられている様に，正数 δ があって

$$|y(s)-y(s')| < \frac{\varepsilon}{2} \quad (s, s' \in [0, 1], |s-s'| < \delta) \tag{5}.$$

ε に対して定まるこの正数 δ に対して

$$n > \frac{b-a}{\delta} \quad (6), \qquad n > \frac{M}{\varepsilon\delta^2} \quad (7)$$

の二式を満す様に自然数 n を十分大きく取る．$0 \leqq k \leqq n$ を満す整数 k に対して，k 次の多項式 $\varphi_k(s)$ を

$$\varphi_k(s) = \binom{n}{k} s^k (1-s)^{n-k} \tag{8}$$

で定義すると，確率変数 k の二項分布であり，全確率1，平均 ns，分散 $ns(1-s)$，即ち，

$$\sum_{k=0}^{n} \varphi_k(s) = 1, \quad \sum_{k=0}^{n} k\varphi_k(s) = ns, \quad \sum_{k=0}^{n} (k-ns)^2 \varphi_k(s) = ns(1-s) \tag{9}$$

を公式集より見出す事が出来る．多項式 $q_n(s)$ を

$$q_n(s) = \sum_{k=0}^{n} y\left(\frac{k}{n}\right) \varphi_k(s) \tag{10}$$

で定義すると，(9)の第一式より

$$y(s) - q_n(s) = \sum_{k=0}^{n} \left(y(s) - y\left(\frac{k}{n}\right)\right) \varphi_k(s) \tag{11}.$$

$[0, 1]$ の元 s を任意の取り固定し，この s に対して整数 $k=0, 1, 2, \cdots, n$ を次の様に二つに類別する：

$$I' = \left\{k ; \left|\frac{k}{n} - s\right| < \delta\right\}, \qquad I'' = \left\{k ; \left|\frac{k}{n} - s\right| \geqq \delta\right\} \tag{12}.$$

更に $k \in I'$ に対しては，(5)より $y(s) - y\left(\frac{k}{n}\right)$ は小さく，$k \in I''$ に対しては，これは小さくないが，$(k-ns)^2 \geqq n^2\delta^2$ が成立し，(9)の第三式に持ち込めて計算が出来る．この要領で，(11)より

$$y(s) - q_n(s) = \left(\sum_{k \in I'} + \sum_{k \in I''}\right)\left(y(s) - y\left(\frac{k}{n}\right)\right)\varphi_k(s),$$

$$\left|\sum_{k \in I'} \left(y(s) - y\left(\frac{k}{n}\right)\right)\varphi_k(s)\right| \leqq \sum_{k \in I'} \frac{\varepsilon}{2} \varphi_k(s) \leqq \frac{\varepsilon}{2} \sum_{k=0}^{n} \varphi_k(s) = \frac{\varepsilon}{2},$$

$$\left|\sum_{k\in I''}\left(y(s)-y\left(\frac{k}{n}\right)\right)\varphi_k(s)\right|\leqq\sum_{k\in I''}2M\varphi_k(s)\leqq\sum_{k\in I''}\frac{2M(k-ns)^2}{n^2\delta^2}\varphi_k(s)$$

$$\leqq\frac{2M}{n^2\delta^2}\sum_{k=0}^{n}(kn-s)^2\varphi_k(s)=\frac{2Ms(1-s)}{n\delta^2}\leqq\frac{M}{2n\delta^2}<\frac{\varepsilon}{2}$$

が，n が(7)を満す様に大きく取ったから成立し，

$$|y(s)-q_n(s)|=\varepsilon \quad (0\leqq s\leqq 1) \tag{13}$$

最後に，t の高々 n 次の多項式

$$p(t)=q\left(\frac{t-a}{b-a}\right) \quad (a\leqq t\leqq b) \tag{14}$$

は(2)を満す．

任意の正数 ε に対して，ワイエルシュトラスの定理より，多項式 $p(t)$ があって，(2)が成立する．条件(1)より x は p と直交するから，シュワルツの不等式と(2)を用いると

$$\left(\int_a^b x^2(t)dt\right)^2=\left(\int_a^b x(t)(x(t)-p(t))dt+\int_a^b x(t)p(t)dt\right)^2=\left(\int_a^b x(t)(x(t)-p(t))dt\right)^2$$

$$\leqq\int_a^b x^2(t)dt\int_a^b(x(t)-p(t))^2dt\leqq\varepsilon^2(b-a)\int_a^b x^2(t)dt$$

が成立し，ε は任意であるから，$x(t)=0$ $(a\leqq t\leqq b)$ を得る．

$[-1,1]$ で連続な関数全体の集合 $C[-1,1]$ に対して，問題２の(9)の要領で内積を導く．コーシー列が全て収束する様に，完備にし，ヒルベルト空間 $L^2[-1,1]$ を完全正規直交系の理論の受け皿とする．$L^2[-1,1]$ の元は**自乗可積分可測関数**と呼ばれ，**ルベグ積分論**の対象であり，理学部の三年生が学ぶであろう．

$L^2[-1,1]$ では，類題８の解答で述べた如く，ルジャンドル多項式列 $\left\{\sqrt{\frac{2n+1}{2}}P_n\ ;\ n=0,1,2,\cdots\right\}$ は完全正規直交列である．各 P_n のノルムは１でないので，微妙な注意が必要である．$x\in L^2[-1,1]$ に対して

$$\left\langle x,\sqrt{\frac{2n+1}{2}}P_n\right\rangle\sqrt{\frac{2n+1}{2}}P_n=\left(\frac{2n+1}{2}\int_{-1}^{1}x(s)P_n(s)ds\right)P_n(t)$$

が成立しているから，そのフーリエ展開は

$$x(t)=\sum_{n=0}^{\infty}a_nP_n(t),\ a_n=\frac{2n+1}{2}\int_{-1}^{1}x(s)P_n(s)ds \tag{15}$$

で与えられ，x の**ルジャンドル級数展開**と言う．更に，類題４のヒルベルト空間において，チェビシェフ多項式列は完全正規直交列であり，そのフーリエ展開は次の**チェビシエフ級数展開**である．

$$x(t)=\sum_{n=0}^{\infty}a_nT_n(t),\ a_0=\frac{1}{\pi}\int_{-1}^{1}\frac{x(t)}{\sqrt{1-t^2}}dt,\ a_n=\frac{2}{\pi}\int_{-1}^{1}\frac{x(t)T_n(t)}{\sqrt{1-t^2}}dt \quad (n\geqq 1) \tag{16}$$

f_n のノルムの自乗は，変数変換 $y=x+n$ による次式で，関数列 f_n は $L^2(\mathbf{R})$ にて０に強収束し得ない：

$$=\int_{-\infty}^{\infty}\left(\frac{\sin^2(x+n)}{1+|x+n|}\right)^2dx=\int_{-\infty}^{\infty}\left(\frac{\sin^2 y}{1+|y|}\right)^2dy=n \text{ に無関係な正の定数で } M \text{ と置く．} \tag{16}$$

任意の正数 ε を取る．任意の $f\in L^2(\mathbf{R})$ に対して，$R>1$ があって，次の(17)の第一式が成立する．

$$\int_{|x|>R}|f(x)|^2dx<\frac{\varepsilon^2}{4M},\qquad N>\max\left(2R,1+\frac{12\|f\|R}{\varepsilon}\right),\ n-R>N-R>\frac{N}{2}>\frac{4\sqrt{2R}\|f\|}{\varepsilon}. \tag{17}$$

この R に対して，上の第二式が成立する様な自然数 N を取り，上記 $f\in L^2(\mathbf{R})$ と55頁の f_n との内積は

$$\langle f_n,f\rangle=\int_{-\infty}^{\infty}\frac{\sin^2(x+n)}{1+|x+n|}f(x)dx=\left(\int_{-R}^{R}+\int_{|x|>R}\right)\frac{\sin^2(x+n)}{1+|x+n|}f(x)dx \quad (n>N). \tag{18}$$

(18)の右辺第一積分の絶対値の自乗は，21頁のシュワルツの不等式(8)と(19)より

$$\leqq\int_{-R}^{R}\left(\frac{\sin^2(x+n)}{1+|x+n|}\right)^2dx\int_{-R}^{R}|f(x)|^2dx\leqq\frac{2R}{(n-R)^2}\|f\|^2<\frac{2R}{\left(\frac{N}{2}\right)^2}\|f\|^2<\frac{8\|f\|^2R}{N^2}<\frac{\varepsilon^2}{4}. \tag{19}$$

(18)の右辺第二積分の絶対値の自乗は，次の積の第一積分には変数変換 $y=x+n$ を施し，

$$\leqq\left(\int_{|x|>R}\left(\frac{\sin^2(x+n)}{1+|x+n|}\right)^2dx\right)\left(\int_{|x|>R}|f(x)|^2dx\right)\leqq M\int_{|x|>R}|f|^2dx<M\frac{\varepsilon^2}{4M}<\frac{\varepsilon^2}{4}. \tag{20}$$

$\sqrt{(19)}+\sqrt{(20)}$ は $|\langle f_n,f\rangle|<\varepsilon$ $(n>N)$ を与えるので，０に強収束しない f_n は０に弱収束する．

EXERCISES

(解答☞ 192ページ)

1 **(フーリエ級数) 正規直交列と最小自乗法の応用**

内積を

$$\langle u, v\rangle=\int_0^{\pi}u(t)v(t)dt \tag{1}$$

として実ヒルベルト空間と考えた実数値関数の空間 $L^2(0,\pi)$ を X で表わす．X の元 u の内で

$$u(t)=\sum_{k=1}^{\infty}\alpha_k\sin kt \quad (\text{平均収束}) \quad (\text{ただし } \alpha_k\geqq 0),\ (k\geqq 1) \tag{2}$$

の形に表わされる物全体を M とする．この時，先ず，M は X の内点を持たない閉凸集合であり，任意の $x\in X$ に対して

$$\mathrm{dist}(x, M)=\inf_{u\in M}\|x-u\| \tag{3}$$

と置けば，

$$\mathrm{dist}(x, M)=\|x-u_x\| \tag{4}$$

なる $u_x\in M$ が一意的に存在する事を示せ．$x(t)=\sin^5 t$ に対して，u_x の具体的な形を求めよ．

(東京大大学院入試)

2 **(フーリエ級数) 最小自乗法の応用**

H を内積を持つ線形空間，$(x_n)_{n\geqq 1}$ を H の元の系，L_n を $\{x_1, x_2, \cdots, x_n\}$ で張られる H の線形部分空間とする．この時，各 $n\geqq 1$ に対して，x_n が x_{n+1} に最も近い L_n の元であれば，不等式

$$\|x_1\|\leqq\|x_2\|\leqq\cdots\leqq\|x_n\|\leqq\cdots \tag{1}$$

が成立する事を示せ．

(東北大大学院入試)

Advice

1 我々の馴れた区間は $[0,2\pi]$ であるが，この問題では $[0,\pi]$ なので，注意を要する．先ず $L^2[0,\pi]$ において $\left\{\sqrt{\frac{2}{\pi}}\sin nt\ ;\ n\geqq 1\right\}$ が直交列をなす事を示す．次に，(2)の u に対して，パーセバルの関係式

$$\sum_{k=1}^{\infty}\alpha_k{}^2=2\pi\|u\|^2 \tag{5}$$

を示しましょう．上の式(2)が有限和であって，$\alpha_k\geqq 0$ と言う条件がなければ，問題 2 です．付帯条件 $\alpha_k\geqq 0$ があって，しかも無限和と言う所が新機軸ですが，あくまでも，解析学は無限次元の幾何であり，有限次元の類推が，第 1 象限が内点を持つ事を除いては，ヒルベルト空間では正しいので，2 次元か 3 次元の絵を画いて考えて見ましょう．問題 4 同様，色々と味を付けて面白くしてあります．

2 もしも，$\{x_1, x_2, \cdots, x_n\}$ が 1 次独立であれば，グラム-シュミットの方法で正規直交列 $\{e_1, e_2, \cdots, e_n\}$ を作り，$\{x_1, x_2\cdots, x_i\}$ と $\{e_1, e_2, \cdots, e_i\}$ は同じ部分空間を張る様に出来る事は「新修線形代数」の 7 章の E5, E6 で学びましたね．x_n が x_{n+1} に最も近い L_n の元と言う事を，フーリエ係数との関係に結び付けて，これまた，問題 2 に持込めそうですね．1 次独立でない時は，間引きして，$(x_n)_{n\geqq 1}$ の部分列 $(x_{\nu(n)})_{n\geqq 1}$ を取り，$x_{\nu(1)}, x_{\nu(2)}, \cdots, x_{\nu(n)}$ は 1 次独立であって，任意の x_i はこれらの 1 次結合で表される様にする事を忘れると，かなり減点され，間引きされそうですね．

7 複素微分

局所的に整級数に展開出来る関数は解析関数と呼ばれ，文字通り，解析学で最も重要な概念である．多項式，分数式，指数関数，三角関数，及び，それらの逆関数，更には，これらの合成関数である所の初等関数は皆解析関数である．解析関数を識らずして，解析学を語る事は出来ない．

1 **（複素微分）** 多項式 z^4+1 を因数分析せよ． （東北大学大学院情報科学研究科入試）

2 **（複素微分）** $(1+i)^i$ を求めよ． （慶応大大学院入試）

3 **（複素微分）** 整級数 $f(z)=\sum_{n=0}^{\infty} a_n(z-c)^n$ が点 $z_0 \neq c$ で収束すれば，開円板 $|z-c|<|z_0-c|$ で絶対収束し，その収束半径 R は

$$R=\frac{1}{\overline{\lim_{n\to\infty}}\sqrt[n]{|a_n|}} \tag{1}$$

で与えられる事を示せ． （大阪市立大大学院入試）

4 **（複素微分）** $a_0=0, a_1=1, a_n=a_{n-1}+a_{n-2}(n \geqq 2)$ なる数列 $(a_n)_{n\geqq 1}$ を具体的に求め，整級数 $\sum_{n=1}^{\infty} a_n z^n$ の収束半径を求めよ． （名古屋大大学院入試）

5 **（複素微分）** 整級数 $f(z)=\sum_{n=0}^{\infty} a_n(z-c)^n$ は収束円 $|z-c|<R$ 内の各点で複素微分可能であり，その複素導関数は収束する整級数 $f'(z)=\sum_{n=1}^{\infty} na_n(z-c)^{n-1}$ で与えられる事を示せ．
（広島大大学院入試）

6 **（複素微分）** 領域 D で正則な関数 $f(z)$ は，$|f(z)|$，又は，$\arg(f(z))$ が定数であれば，定数関数である事を示せ．
（九州大学大学院大気海洋環境システム学専攻，信州大学大学院数学専攻，京都大大学院入試）

7 **（複素微分）** 整関数 $f(z)$ が全ての $z \in \boldsymbol{C}$ に対して $f(z+2\pi)=f(z)$ をみたすとする．$f(z)$ は

$$f(z)=\sum_{n=-\infty}^{\infty} a_n e^{\sqrt{-1}nz}, \qquad a_n \in \boldsymbol{C} \tag{1}$$

という展開を持ち，右辺の級数は各 $z \in \boldsymbol{C}$ に対して絶対収束することを示せ．

$f(z)$ が全ての z に対して $|f(z)| \leq A\exp(B|z|)$ をみたすとする．ここで，A, B は正の定数である．このとき $f(z)$ は有限和による表示，

$$f(z)=\sum_{n=-N}^{N} a_n e^{\sqrt{-1}nz} \tag{2}$$

をもつことを示せ． （東京大学大学院数理科学研究科入試）

1 (複 素 微 分)——二項方程式の解法

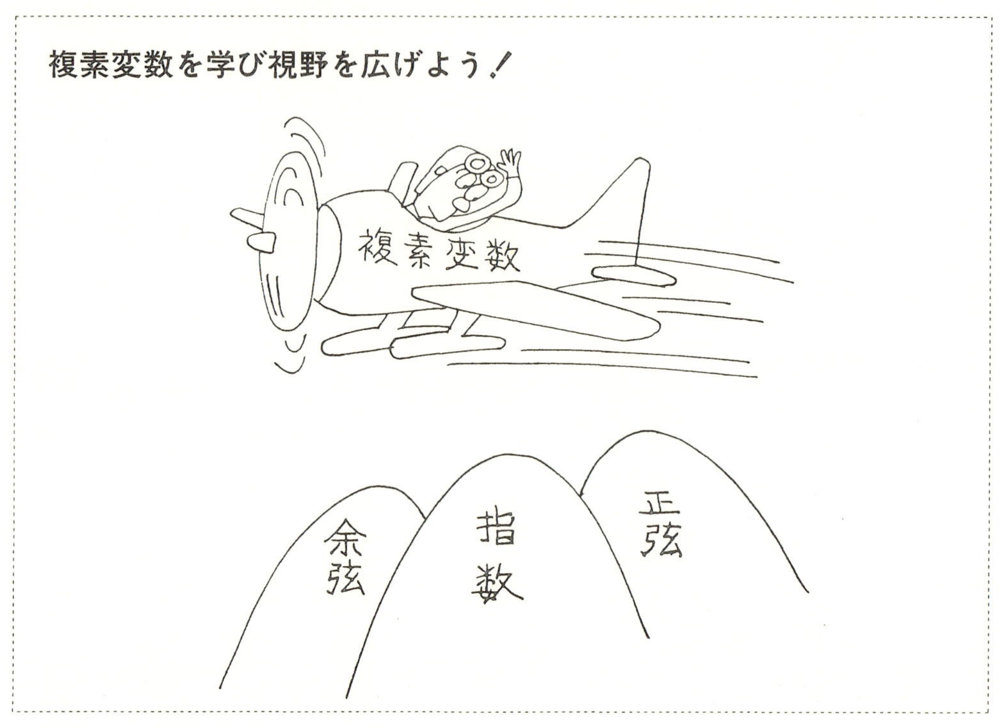

実変数 x の指数関数 e^x をテイラー展開すると

$$e^x=\sum_{k=0}^{\infty}\frac{x^k}{k!}=1+\frac{x}{1!}+\frac{x^2}{2!}+\cdots+\frac{x^n}{n!}+\cdots \quad (-\infty<x<\infty) \tag{1}$$

が得られる．x の所に複素変数 z を代入して，整級数

$$e^z=\sum_{k=0}^{\infty}\frac{z^k}{k!}=1+\frac{z}{1!}+\frac{z^2}{2!}+\cdots+\frac{z^n}{n!}+\cdots \tag{2}$$

を考察すると，(2)は全ての複素数 z に対して絶対収束する．複素数 z, w に対して**指数の法則**

$$e^{z+w}=e^z e^w \tag{3}$$

が成立し，e^z は指数関数の名に恥じないので，これを**複素変数 z の指数関数**の定義式とする．e^z に純虚数 $z=iy$ を代入し，実部と虚部に整理すると，**オイラーの公式**

$$e^{iy}=\cos y+i\sin y \tag{4}$$

を得る．従って，5 章の類題 1「$e^{\pi i}$ を求めよ (神奈川県中学教員採用試験).」は(4)より，$e^{\pi i}=\cos\pi+i\sin\pi=-1$ と解けるが，この様に指数関数の値が負になる事は，高校数学では予想もしない事であった．(4)の y の所に $-y$ を代入し，和と差を作ると

$$\cos y=\frac{e^{iy}+e^{-iy}}{2} \quad (5), \qquad \sin y=\frac{e^{iy}-e^{-iy}}{2i} \quad (6)$$

を得る．高校数学では，指数関数 e^y は y が $-\infty$ から $+\infty$ 迄変化するにつれて，0 から∞迄単調増加し，これに反し，三角関数 $\cos y, \sin y$ は -1 と $+1$ の間を周期的に律気に振動するので，指数関数と三角関数は余く赤の他人に思えた．しかし，今少し，複素変数の指数関数を学んだだけで，これらが互に(4),(5),(6)にて固く結ばれる姉妹である事を知り，数学の深淵を垣間見て，視野を広げた．今から複素変数の関数を学び，

解析学の本質に迫ろう．

複素変数 $x+iy$ に対する指数関数(2)に対して指数の法則(3)を用いて積にし，更に(4)を用いて三角関数で表わすと

$$e^{x+iy}=e^{x}e^{iy}=e^{x}(\cos y+i\sin y) \tag{7}$$

を得る．(7)を e^{x+iy} の定義式としている書物も多いが，合理的ではあるが，取り付き難い．どちらかというと(2)はフランスで，(7)はアメリカ流の定義である．

話変って，複素数 $z=x+iy$ に対して，x, y 直交座標軸を持つ平面上の点 (x, y) を対応させると，複素数全体の集合 C は平面と同型になる．C を平面と同一視し，**複素平面**，又は，**ガウス平面**と呼ぶ．この時，点 (x, y) と書く代りに点 $x+iy$ と書き，複素数 $x+iy$ と同一視する．x 軸上の点 $(x, 0)$ は実数 x に対応し，y 軸上の点 $(0, y)$ は純虚数 iy に対応するから，x 軸を**実軸**，y を**虚軸**と言う，点 $z=x+iy$ と原点との距離を複素数 z の**絶対値**と言い，$|z|$と書く．この時

$$|z|=\sqrt{x^2+y^2} \tag{8}$$

が成立している．又，0 と z を結ぶ線分が実軸，即ち，x 軸となす角 θ を複素数 z の**偏角**と言い，$\mathbf{arg}\,z$ と書く．複素数 $z=x+iy$ の絶対値が γ で，偏角が θ であれば，下図の様な事情にあり

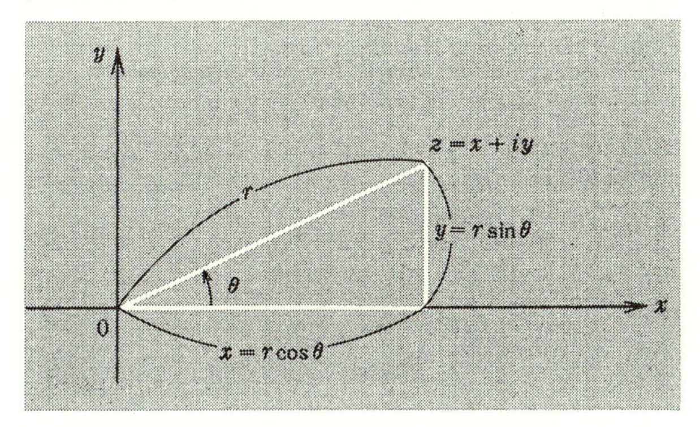

$x=r\cos\theta, y=r\sin\theta$ が成立するので，(4)を用いると

$$z=r(\cos\theta+i\sin\theta)=re^{i\theta}=|z|e^{i\arg z} \tag{9}$$

を得る．(9)を複素数 z の**極形式**と言う．複素数 z に対して，絶対値 γ は一意的に定まるが，偏角 θ は 2π の整数倍 $2n\pi$ を加える任意性がある．

さて，-1 を右辺に移項させての二項方程式 $z^4=-1$ の偏角は上述の $e^{\pi i}=-1$ より $(2k+1)\pi$ であり，$z^4=e^{(2k+1)\pi}$ の解は，指数の法則により自然に

$$z_k=e^{\frac{(2k+1)}{4}\pi} \qquad (k=0, 1, 2, 3) \tag{10}$$

と導かれる．$\cos\frac{\pi}{4}=\sin\frac{\pi}{4}=\frac{1}{\sqrt{2}}$ を考慮に入れると，$z_0=\frac{1+i}{\sqrt{2}}, z_1=\frac{-1+i}{\sqrt{2}}, z_2=\frac{-1-i}{\sqrt{2}}, z_3=\frac{1-i}{\sqrt{2}}$．剰余定理より，複素数体 C 上の因数分解は，$z^4+1=\left(z-\frac{1+i}{\sqrt{2}}\right)\left(z-\frac{-1+i}{\sqrt{2}}\right)\left(z-\frac{-1-i}{\sqrt{2}}\right)\left(z-\frac{1-i}{\sqrt{2}}\right)$．実数体 R 上の因数分解は，$(z-z_0)(z-z_3)(z-z_1)(z-z_2)$ に和差の積＝自乗の差を適用して，$z^4+1=(z^2-\sqrt{2}\,z+1)(z^2+\sqrt{2}\,z+1)$．有理数体 Q 上の因数分解は z^4+1．

原題では実数体 **R**，複素数体 **C**，有理数体 **Q**，素数 p に対して p 個の元からなる有限体 K_p を係数としての因数分解を求め，一般の体 K に対する剰余環 $K[x]/(x^4+1)$ の構造を求めているので，数学の女王，代数学を志す読者は，杜の都を目指して更に研鑽されよ．

2 (複 素 微 分)――複素変数の対数

極形式を用いて，教職問題「$(1\pm i)^{10}$ を求めよ（大阪府高校）」を解くには，$1\pm i$ は下図の様に

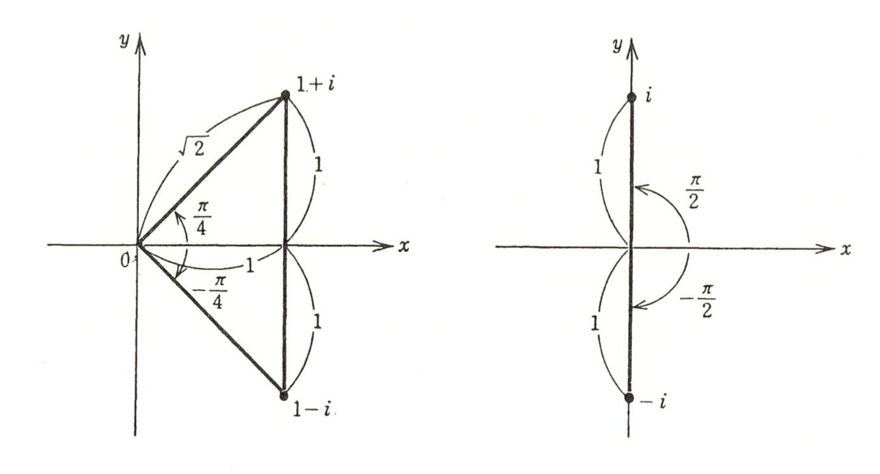

$$1\pm i=\sqrt{2}\,e^{\pm\frac{\pi i}{4}} \qquad (1), \qquad\qquad \pm i=e^{\pm\frac{\pi i}{2}} \qquad (2)$$

を満すので，指数の法則と $e^{\pm 2\pi i}=1$ より，$(1\pm i)^{10}=(\sqrt{2}\,e^{\pm\frac{\pi i}{4}})^{10}=2^5e^{\pm\frac{5\pi i}{2}}=2^5e^{\pm\frac{\pi i}{2}}=\pm 32i$ を得る．

複素数 z が与えられた時，実変数の場合と同じく

$$e^{w}=z \qquad (3)$$

を満す複素数 w を，z の**対数**と言い，$\log z$ と書く．前問の(7)より，複素数 $w=u+iv$ に対して

$$|e^{w}|=|e^{u+iv}|=|e^{u}\cos v+ie^{u}\sin v|=e^{u}\sqrt{\cos^2 v+\sin^2 v}=e^{u}>0 \qquad (4)$$

が成立しているから，その様な w がある z は零ではない．逆に零でない複素数 z の極形式と e^{w} のそれを比較すると

$$e^{u}e^{iv}=e^{w}=z=|z|e^{i\arg z} \qquad (5)$$

と書ける．(5)の両辺の絶対値は夫々，e^{u} と $|z|$ で，これらは当然等しくなければならぬので $e^{u}=|z|$．e^{u} は実数 u の普通の指数関数で，これが正数 $|z|$ に等しい事から，正数 $|z|$ の普通の対数 $\log|z|$ を用いて，$u=\log|z|$．一方(5)の両辺の偏角は，夫々，v と $\arg z$ で，これらは 2π の整数倍の差を持つが，2π の整数倍を加える任意性は元来 $\arg z$ が持っているので，これらの泥臭い事を全て $\arg z$ に背負わせると，$v=\arg z$．従って $w=u+iv$ より

$$\log z=\log|z|=i\arg z \qquad (6)$$

を得るが，(6)は $z=|z|e^{i\arg z}$ の両辺の対数を気楽に取れば，自然に導かれる事なので，このムードを理解しさえすれば，暗記の必要は全くない．ところで，先程から普通の対数と言う曖昧な表現を用いて来たが，正数 x の極形式は $z=xe^{2n\pi i}$ であるので，その対数は

$$\log z=\log x+2n\pi i \quad (n=0,\pm1,\pm2,\cdots) \qquad (7)$$

であり，普通の対数 $\log x$ は $z=x$ の偏角を零と見なした物である事を知る．これを**主値**と言う．又，負の数 $z=-x(x>0)$ の極形式は次頁の図より

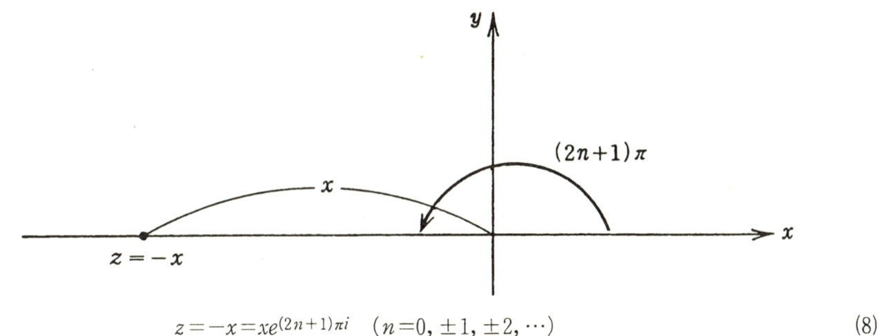

$$z=-x=xe^{(2n+1)\pi i} \quad (n=0, \pm1, \pm2, \cdots) \tag{8}$$

であるから，その対数は

$$\log(-x)=\log x+(2n+1)\pi i \quad (n=0, \pm1, \pm2, \cdots) \tag{9}$$

で与えられる．高校に於いて，対数関数の中に負数 $-x$ を代入したら，恐らく劣等生扱いされて，試験に際しては零点を頂くかも知れない．しかし，大学の数学では負数の対数も取扱い，その値は複素数で，しかも，無限多価となるだけである．正に，劣等生と秀才の差は紙一重で，マークシート方式では判定出来ない．従って，共通1次試験の内容を高校の先生方はより技巧的にする様要求しておられるが，大学入試センターはそれを受け入れてはならない．それは，論文形式の2次試験に委ねなければならない．さもないと，大数学者となるかも知れない逸材をむざむざと不合格にするからである．

なお変数分離型の微分方程式を解く際現れる，$\dfrac{1}{x}$ の不定積分を，教職試験を見ると $\log|x|$ と表す様要求されている気配がするが，我々の立場では，$\log x$ も正しい．$\log x+c$ と指数関数の合成は $e^c x=Cx$ と出来て，いよいよ合理的である．しかし，大学院入試のトップクラスが落ちる所を見ると，その様な答案は危険であろう．

複素数 $a\neq0, b$ に対して，$\log a$ は無限多価ではあるが，兎に角定義出来るので，b を掛けて指数関数に代入した

$$a^b=e^{b\log a} \tag{10}$$

で以って，a^b の定義式としよう．勿論，無限多価である．

さて，本問を解答しよう．

(1)より $1+i=\sqrt{2}\,e^{\left(\frac{\pi}{4}+2n\pi\right)i}$ であるから，$i\log(1+i)=i\left(\log\sqrt{2}+\left(\frac{\pi}{4}+2n\pi\right)i\right)=-\left(\frac{\pi}{4}+2n\pi\right)+\frac{i}{2}\log2.$

(7)，(10)より，$n=0, \pm1, \pm2, \cdots$ に対して

$$(1+i)^i=e^{-\left(\frac{\pi}{4}+2n\pi\right)+\frac{i}{2}\log 2}=e^{-\left(\frac{\pi}{4}+2n\pi\right)}\left(\cos\left(\frac{\log2}{2}\right)+i\sin\left(\frac{\log2}{2}\right)\right) \tag{11}$$

複素数 z に対して，前問の(5)，(6)を拠り所にして，三角関数を

$$\cos z=\frac{e^{iz}+e^{-iz}}{2} \quad (12), \qquad \sin z=\frac{e^{iz}-e^{-iz}}{2i} \quad (13)$$

で定義する．

類題

(解答☞ 194ページ)

1．$(1+i)^{20}$ を求めよ．　(千葉県高校教員採用試験)
2．$(1+\sqrt{3}\,i)^{-6}$ を求めよ．　(石川県高校教員採用試験)
3．$z=2+\sqrt{3}\,i, w=2-\sqrt{3}\,i$ の時，z^3+w^3 を求めよ．　(千葉県高校教員採用試験)
4．$\sin z=2$ を満す z を求めよ．　(早稲田大大学院入試)
5．$(1+i)^{1+i}$ を求めよ．　(東海大大学院入試)

3 (複素微分)——収束半径に関するコーシー-アダマールの定理

実数列 $(a_n)_{n\geq 1}$ の極限は必らずしも存在しないので，常に存在する上極限を定義すると，理論の上では便利である．p 番目から先の項が作る数列 $(a_n)_{n\geq p}$ が上に有界であれば，公理より存在するその上限を b_p とし，上に有界でなければ，$b_p=+\infty$ と約束する．$b_p\geq b_{p+1}(p\geq 1)$ が成立するので，単調数列 $(b_p)_{p\geq 1}$ が下に有界であれば，公理より存在するその極限を考え，下に有界でなければ，$\lim b_p=-\infty$ と約束し，

$$-\infty\leqq\varlimsup_{n\to\infty}a_n=\lim_{p\to\infty}b_p=\lim_{p\to\infty}\sup_{n\geqq p}a_n\leqq+\infty \tag{2}$$

で以って，実数列 $(a_n)_{n\geq 1}$ の**上極限** $\varlimsup a_n$ を定義する．上極限については，

> **基本事項**　有限な実数 a が，実数列 $(a_n)_{n\geq 1}$ の上極限であるための必要十分条件は，任意の正数 ε に対して，次の二命題が成立する事である：
>
> （イ）　自然数 n_0 があって，$a_n<a+\varepsilon\ (n\geqq n_0)$．
>
> （ロ）　$a_n>a-\varepsilon$ を満す自然数 n が無数にある．

を知っておけばよい．次の級数収束判定法において，上極限が真価を発揮する：

> **（ベキ根判定法）**　複素数列 $(a_n)_{n\geq 1}$ に対して，$\rho=\varlimsup\sqrt[n]{|a_n|}<1$ の時は級数 $\sum a_n$ は絶対収束し，$\rho>1$ の時は発散する．

$\rho<1$ の時，$r=\dfrac{\rho+1}{2}$ とおくと，$\rho<r<1$．$a=\rho,\ \varepsilon=r-\rho>0$ に対して，基本事項の(イ)を適用する．自然数 n_0 があって，$\sqrt[n]{|a_n|}<a+\varepsilon=r$，即ち，

$$|a_n|<r^n\quad(n\geqq n_0) \tag{3}$$

公比 $r<1$ の等比級数 $\sum r^n$ は高校で学んだ様に収束するから，(3)より $\sum|a_n|<+\infty$．$\rho>1$ の時は $r=\dfrac{\rho+1}{2}>1$ であり，今度は，基本事項の(ロ)を用いると，$|a_n|>r^n$ なる n は無数にある．$r>1$ であるから，やはり高校数学より $r^n\to+\infty$．従って $|a_n|\to+\infty$ となる部分列が取れ，級数 $\sum a_n$ は収束しない．上の様に，不等式を媒介として高校数学へ持ち込むのが大学の数学のコツである．

複素数列 $(a_n)_{n\geq 0}$ と複素数 c が与えられた時，$(z-c)^0=1$ と約束し，$n=0$ から始まる，複素数 z に関係する級数

$$f(z)=\sum_{n=0}^{\infty}a_n(z-c)^n=a_0+a_1(z-c)+\cdots+a_n(z-c)^n+\cdots \tag{4}$$

を考え，c を**中心**とする**整級数**と言う．(4)は $z=c$ で常に収束しているが，

> **（コーシー-アダマールの定理）**　整級数(4)は
>
> $$0\leqq R=\frac{1}{\varlimsup\sqrt[n]{|a_n|}}\leqq+\infty \tag{5}$$
>
> に対して，開円板 $|z-c|<R$ で絶対かつ広義一様収束し，その外部 $|z-c|>R$ で発散する．

任意の $0<r<R$ に対し，閉円板 $|z-c|\leqq r$ にて

$$|a_n(z-c)^n|\leqq|a_n|r^n\quad(n\geqq 0) \tag{6}$$

$$\varlimsup\sqrt[n]{|a_nr^n|}=(\varlimsup\sqrt[n]{|a_n|}r)=\frac{r}{R}<1 \tag{7}$$

が成立する．先ずベキ根判定法と(7)より，$\sum|a_n|r^n$ が収束し，次に(6)より $\sum a_n(z-c)^n$ が絶対かつ狭義一様収束する．開円板 $|z-c|<R$ に含まれる任意の同心閉円板 $|z-c|\leqq r$ で狭義一様収束すると言う意味で，(4)

は $|z-c|<R$ で**広義一様収束**する．円外 $|z-c|>R$ では $\overline{\lim}\sqrt[n]{|a_n(z-c)^n|}=\frac{|z-c|}{R}>1$ であるから，やはりベキ根判定より，(4)は発散する．この R を(4)の**収束半径**，$|z-c|=R$ を**収束円**と言う．連続関数列 $\sum_{k=0}^{n}a_k(z-c)^k$ の広義一様収束極限(4)は，2章の問題1より，収束円内で z の連続関数である．4章の問題1の(1)で示した様に，$\lim\left|\frac{a_n+1}{a_n}\right|$ が存在すれば，$\overline{\lim}\sqrt[n]{|a_n|}$ も存在して等しいから，次の公式を得る：

（ダランベールの公式） $0\leqq$ 収束半径 $R=\lim\left|\frac{a_n}{a_{n+1}}\right|\leqq+\infty$　　(8).

上極限は常に存在しているから，建て前としては(5)を用いて，上極限は計算に馴染まぬので，ズバリ(8)を用いて収束半径を算出するのが，本音である．建て前と本音を旨く使い分ける人がエリートである．例えば e^z の定義式に対して，$a_n=\frac{1}{n!}$ であるから，$\frac{a_n}{a_{n+1}}=n+1\to\infty$ が成立し，その収束半径は $+\infty$，即ち，平面全体で広義一様収束し，連続関数となる．この様に，収束半径 $=\infty$ の整級数を**整関数**と言う．

これで後半の証明は終ったが，前半は点 z_0 が収束円の外部にある得ぬ事からも導かれ，**アーベルの定理**と言うが，念の為証明しよう．収束級数 $\sum_{n=0}^{\infty}a_n(z_0-c)^n$ の一般項は有界であるから，正数 M があって，$|a_n(z_0-c)|^n\leqq M$ $(n\geqq0)$．正数 $r<|z_0-c|$ に対して，$|z-c|\leqq r$ であれば，

$$|a_n(z-c)^n|=\left|a_n(z_0-c)^n\left(\frac{z-c}{z_0-c}\right)^n\right|\leqq M\left(\frac{r}{|z_0-c|}\right)^n$$

が成立するので，4章の問題3の基-4より，$\sum_{n=0}^{\infty}a_n(z-c)^n$ は $|z-c|\leqq r$ で絶対かつ一様収束する．

複素平面の開集合Ωで定義された複素数値関数 $f(z)$ は局所的に整級数で表わされる時，即ち，Ωの任意の点 c に対してΩに含まれる c を中心とする十分小さな開円板を取れば，そこで $f(z)$ が c を中心とする整級数で表わされる時，**解析的**であると言う．

問題　複素数を変数とする関数 $f(z)=\sum_{n=0}^{\infty}\frac{n^2}{2^n}z^n$ を考える．式 $f(z)$ 右辺の級数の収束半径 R を求めよ．

$\oint_{|z|=r}\frac{f(z)}{z^2}\,\mathrm{d}z\,(0<r<R)$ を求めよ．

$f(z)$ の定義域を解析接続により $|z|\geq R$ の領域へ拡張し，$f(z=-2)$ を求めよ．

（平成14年度東京工業大学大学院基礎物理学専攻入試）

解答　整級数 f の係数 $c_n=n^2/2^n$ の隣接二項の比の極限 $R=\lim_{n\to\infty}|c_n/c_{n+1}|=\lim_{n\to\infty}(n^2/2^n)/((n+1)^2/2^{n+1})=2\lim_{n\to\infty}1/(1+1/n)^2=2$ が，ダランベールの公式(8)より導れれる，整級数 $f(z)$ の収束半径である．77頁の(9)より，収束円 $|z|<2$ 内では項別微分可能で，$f'(z)=\sum_{n=0}^{\infty}(n^2/2^n)nz^{n-1}=1/2+\sum_{n=2}^{\infty}(n^2/2^n)nz^{n-1}$．特に，収束円の中心値は $f'(0)=1/2$．90頁の $n=1$ 次の導関数に対する Cauchy の積分表示(3)より，$\oint_C\frac{f(z)}{z^2}\mathrm{d}z=2\pi\mathrm{i}f'(0)=\pi i$．収束円 $|z|<2$ 内で，$\left(1-\frac{z}{2}\right)^{-1}=\sum_{n=0}^{\infty}\frac{z^n}{2^n}$．左辺は公式で，右辺は項別微分し，$\left(-\frac{1}{2}\right)(-1)\left(1-\frac{z}{2}\right)^{-2}=\sum_{n=0}^{\infty}\frac{nz^{n-1}}{2^n}=\frac{1}{2}z\left(1-\frac{z}{2}\right)^{-2}=\sum_{n=0}^{\infty}\frac{nz^n}{2^n}$．$\left(-\frac{1}{2}\right)^2(-1)(-2)\left(1-\frac{z}{2}\right)^{-3}=\sum_{n=0}^{\infty}\frac{n(n-1)z^{n-2}}{2^n}$．もう一度項別微分し，$\frac{1}{2}z^2\left(1-\frac{z}{2}\right)^{-3}=\sum_{n=0}^{\infty}\frac{n(n-1)z^n}{2^n}$．$f(z)=\sum_{n=0}^{\infty}\frac{n^2}{2^n}z^n=\sum_{n=2}^{\infty}\frac{n(n-1)}{2^n}z^n+\sum_{n=1}^{\infty}\frac{n}{2^n}z^n=\frac{1}{2}z^2\left(1-\frac{z}{2}\right)^{-3}+\frac{1}{2}z\left(1-\frac{z}{2}\right)^{-2}=\frac{z^2}{2^2}\sum_{n=2}^{\infty}\frac{n(n-1)}{2^{n-2}}z^{n-2}+\frac{z}{2}\sum_{n=1}^{\infty}\frac{n}{2^{n-1}}z^{n-1}=\frac{1}{2-z}$ の 2, 1 階項別微分 $\times z^2, z$ の和なので $=\frac{2z(z+2)}{(2-z)^3}$ が成立し，右辺は $z\neq2$ で正則であるから，左辺の $f(z)$ の $z\neq2$ への解析接続であり，求める $z=-2$ での値は $f(z=-2)=\frac{(-2)(-2+2)}{(2-(-2))^3}=0$．

4 (複 素 微 分)——整級数と収束半径の具体例

出題者と同じレベルでこの問題を楽しむ為，行き掛けの駄賃で差分方程式を学ぼう．一般に定義 $\alpha_0, \alpha_1, \cdots, \alpha_p$ に対して

$$\alpha_0 a_n + \alpha_1 a_{n-1} + \cdots + \alpha_p a_{n-p} = 0 \qquad (1)$$

なるものを**差分方程式**と言い，**数値解析学**で重要であり，**橋梁工学**や**近代経済学**に応用され，その方面の理工経商学部の学生が学ぶものであるが，その心は 4 章の問題 6 で触れた**微分方程式の演算子法**と同じである．さて，$a_n = \lambda^n$ が(1)の解であるための必要十分条件は，定数 λ が**特性方程式**と呼ばれる p 次方程式

$$\alpha_0 \lambda^p + \alpha_1 \lambda^{p-1} + \cdots + \alpha_p = 0 \qquad (2)$$

の解である事が，代入するとすぐ分る．

この特性方程式は p 次の代数方程式なので，8 章の問題 5 の代数学の基本定理より必らず解を持つが，一般には虚根もあるし，重根もある．$\lambda_1, \lambda_2, \cdots, \lambda_p$ が相異なる p 個の根であれば，任意定数 $C_1, C_2, \cdots, C_p$ に対して

$$a_n = C_1 \lambda_1{}^n + C_2 \lambda_2{}^n + \cdots + C_p \lambda_p{}^n$$

は(1)の**一般解**を与える．さて，我々の特性方程式は $\lambda^2 = \lambda + 1$ であり，その解は $\dfrac{1 \pm \sqrt{5}}{2}$ であるから，任意定数 A, B を用いて

$$a_n = A\left(\frac{1-\sqrt{5}}{2}\right)^n + B\left(\frac{1+\sqrt{5}}{2}\right)^n \quad (n \geqq 0) \qquad (3)$$

が $a_n = a_{n-1} + a_{n-2}$ の一般解である．疑い深い人は(3)を $a_n = a_{n-1} + a_{n-2}$ に代入して，検証されたい．**初期条件** $a_0 = 0, a_1 = 1$ を(3)が満す為には $A + B = 0, \dfrac{1-\sqrt{5}}{2}A + \dfrac{1+\sqrt{5}}{2}B = 1$ が必要かつ十分であり，A, B に関するこの連立方程式を解いて $A = -\dfrac{1}{\sqrt{5}}, B = \dfrac{1}{\sqrt{5}}$，従って

$$a_n = \frac{1}{\sqrt{5}}\left(\frac{1+\sqrt{5}}{2}\right)^n - \frac{1}{\sqrt{5}}\left(\frac{1-\sqrt{5}}{2}\right)^n \quad (n \geqq 0) \qquad (4)$$

が前半の解答である．$(a_n)_{n \geqq 0}$ は整数列であるべきなのが気になる人の数学的感度は高いが，二項定理で(4)を展開して安心されたい．収束半径 R は問題 3 の公式(8)を用いて次の様な高校数学に持込み計算する：

$$R = \lim_{n\to\infty}\left|\frac{a_n}{a_{n+1}}\right| = \lim_{n\to\infty}\left|\frac{\left(\frac{1+\sqrt{5}}{2}\right)^n - \left(\frac{1-\sqrt{5}}{2}\right)^n}{\left(\frac{1+\sqrt{5}}{2}\right)^{n+1} - \left(\frac{1-\sqrt{5}}{2}\right)^{n+1}}\right|$$

$$= \frac{2}{1+\sqrt{5}} \lim_{n\to\infty}\left|\frac{1 - \left(\frac{1-\sqrt{5}}{1+\sqrt{5}}\right)^n}{1 - \left(\frac{1-\sqrt{5}}{1+\sqrt{5}}\right)^{n+1}}\right| = \frac{2}{1+\sqrt{5}}.$$

ついでに和は，$|z| < \dfrac{2}{1+\sqrt{5}}$ の時，等比級数の和の公式より

$$\sum_{n=0}^{\infty} a_n z^n = \frac{1}{\sqrt{5}} \sum_{n=0}^{\infty}\left(\frac{1+\sqrt{5}}{2}z\right)^n - \frac{1}{\sqrt{5}} \sum_{n=0}^{\infty}\left(\frac{1-\sqrt{5}}{2}z\right)^n$$

$$= \frac{1}{\sqrt{5}}\left(\frac{1}{1 - \frac{1+\sqrt{5}}{2}z} - \frac{1}{1 - \frac{1-\sqrt{5}}{2}z}\right) = \frac{z}{1 - z - z^2}.$$

複素平面の開集合 Ω で定義された複素数値関数 $f(z)$ は Ω の点 c で，差分商 $\dfrac{f(c+h) - f(c)}{h}$ の極限

$$f'(c)=\lim_{h\to 0}\frac{f(c+h)-f(c)}{h} \tag{5}$$

が存在する時，**点 c で複素微分可能**であると言い，$f'(c)$ を**複素微分係数**と言う．f が Ω の各点 z で複素微分可能な時，単に**複素微分可能**と言い，$f'(z)$ を**複素導関数**と言う．(5)は，h が複素数として 0 に収束する時と言う立派な建て前を忘れると，実変数の場合と全く同様である．従って本音としては，実変数の場合に成立する様々な微分の公式がそのまま複素微分の場合も成立すると理解しておけば十分である．複素と言う形容句を省略する書物も多い．

2 実変数 x, y の実数値関数 $u(x, y)$ は点 (a_1, a_2) を中心とする円板内で定義され，実数 A_1, A_2 があって

$$u(a_1+\varepsilon_1, a_2+\varepsilon_2)=u(a_1, a_2)+A_1\varepsilon_1+A_2\varepsilon_2+o(\sqrt{\varepsilon_1{}^2+\varepsilon_2{}^2}) \tag{6}$$

が成立する時，点 (a_1, a_2) で**全微分可能**であると言う．ただし $\frac{f}{g}\to 0$ の時，$f=o(g)$ と略記する．この時，点 (a_1, a_2) にて偏微係数 u_x, u_y が存在して，夫々，A_1, A_2 に等しい．

複素変数 $z=x+iy$ の複素数値関数 $f(z)=u(x, y)+iv(x, y)$ は，実部 $u(x, y)$ と虚数 $v(x, y)$ が C^1 級の時，即ち，偏導関数 u_x, u_y, v_x, v_y が存在して連続の時，**C^1 級**であると言う．この時，

$$f_x=u_x+iv_x \quad (7), \qquad f_y=u_y+iv_y \quad (8)$$

と約束する．

さて，2 実変数 x, y の C^1 級の実数値関数 $u(x, y)$ は，領域 D，即ち，連結な開集合 D で $u_x=u_y\equiv 0$ であれば D で定数である事を示そう．(α, β) を D の任意の点だが，定点とする．$E=\{(x, y)\in D\,;\,u(x, y)=u(\alpha, \beta)\}$ なる D の部分集合を考える．u は連続であるから，E の点列の極限も又，D に含まれる限り，E に含まれる．この様な意味で，E は D の**閉部集合**である．次に，(γ, δ) を E の任意の点とする．(γ, δ) は開集合 D の点であるから，**開集合の定義**より，正数 ε を十分小さく取れば，(γ, δ) を中心とした半径 ε の開円板△は D に含まれる．(x, y) を△の任意の点とすると，$u(x, y)$ は凸な△で C^1 級であるから，平均値の定理より，(α, β) と (x, y) を結ぶ線分上の点 (ξ, η) があって，

$$u(x, y)=u(\alpha, \beta)=u_x(\xi, \eta)(x-\alpha)+u_y(\xi, \eta)(y-\beta) \tag{9}$$

が成立するが，$u_x=u_y\equiv 0$ なので，$u(x, y)=u(\alpha, \beta)$．これは，$\triangle\subset E$ を意味する．E はその任意の点の近傍である△が E に含まれるので，定義より，開集合である．連結な D の空でない，開，かつ，閉集合 E は，12章の問題 1 より D に一致し，$u(x, y)\equiv u(\alpha, \beta)$．常識的に考えると，$u_x=u_y\equiv$ より，$u=$定数であるが，D が凸でないと，平均値の定理が使えないので，この作法が要る．また，D が連結でなければ，二つの開 D_1, D_2 に分けられるので，D_1 で $u\equiv 0$, D_2 で $u\equiv 1$ とおけば，u は D で $u_x=u_y\equiv 0$ だが，$u\neq$定数なる反例が出来る．この辺が微積分とそれを少し超える数学の違いである．

問題 (i)．関数 $f(z)=(x^2-y^2)+2xyi$ が正則（$z=x+\mathrm{i}y$ について微分可能な正則関数）である事を示し，その導関数 $f'(z)$ を求めよ．

(ii)．$\int_{|z|=1}\mathrm{e}^{3iz}\mathrm{d}z$ の値を求めよ．　（九州大学大学院量子プロセス理工学・物質理工学専攻入試）

解答欄は85頁に続く．

類題 （解答☞ 194ページ）

6．複素数 α に対して，**一般化された二項級数**

$$\sum_{n=1}^{\infty}\frac{\alpha(\alpha-1)(\alpha-2)\cdots(\alpha-n+1)}{n!}z^n$$

の収束半径を求めよ．

7．$a_1=1, a_2=2, 3a_n=2a_{n-1}+a_{n-2}\ (a\geqq 3)$ なる数列 $(a_n)_{n\geqq 1}$ の極限を求めよ．（埼玉県高校教員採用試験）

5 （複素微分）――整級数の項別複素微分

先ず，次の準備から始める．

> **基-1**　n の p 次の多項式 $b_n=\beta_0 n^p+\beta_1 n^{p-1}+\cdots+\beta_p(\beta_0\neq 0)$ を a_n に掛けたものを係数とする整級数
>
> $$g(z)=\sum_{n=0}^{\infty}a_n b_n(z-c)^n \tag{1}$$
>
> の収束半径は $f(z)=\sum_{n=0}^{\infty}a_n(z-c)^n$ の収束半径 R と一致する．

$$\left|\frac{b_{n+1}}{b_n}\right|=\left|\frac{\beta_0\left(1+\frac{1}{n}\right)^p+\frac{\beta_1}{n}\left(1+\frac{1}{n}\right)^{p-1}+\cdots+\frac{\beta_p}{n^p}}{\beta_0+\frac{\beta_1}{n}+\cdots+\frac{\beta_p}{n^p}}\right|\to 1$$

なる高校数学の計算と 4 章の問題 1 の(1)より，$\lim\sqrt[n]{|b_n|}=\lim\frac{|b_{n+1}|}{|b_n|}=1$．従って，やはり公式より，

$$\overline{\lim}\sqrt[n]{|a_n b_n|}=(\overline{\lim}\sqrt[n]{|a_n|})(\lim\sqrt[n]{|b_n|})=\overline{\lim}\sqrt[n]{|a_n|}$$

を得るので，(1)より f と g の収束半径は一致する．特に $b_n=n$ とし，

> **基-2**　整級数 $f(z)=\sum_{n=1}^{\infty}a_n(z-c)^n$ と 整級数
>
> $$g(z)=\sum_{n=1}^{\infty}na_n(z-c)^{n-1} \tag{2}$$
>
> の収束半径は等しい．

さて本問の解答をするが，その際，$c=0$ として一般性を失なわない．任意の $|z|<R$ に対して正数 $r<R-|z|$ を取り，任意の複素数 $0<|h|<r$ を用意し，差分商の計算を強行する．二項定理より

$$\frac{f(z+h)-f(z)}{h}-\sum_{n=1}^{\infty}na_n z^{n-1}=\sum_{n=2}^{\infty}a_n\left(\frac{(z+h)^n-z^n}{h}-nz^{n-1}\right)$$

$$=\sum_{n=2}^{\infty}a_n\left(\frac{n(n-1)}{2}z^{n-2}h+\frac{n(n-1)(n-2)}{3\cdot 2}z^{n-3}h^2+\cdots+h^{n-1}\right) \tag{3}$$

を得るので，各項の絶対値を取り

$$\left|\frac{f(z+h)-f(z)}{h}-\sum_{n=1}^{\infty}na_n z^{n-1}\right|\leqq\sum_{n=2}^{\infty}|a_n|\left(\frac{n(n-1)}{2}|z|^{n-2}|h+\cdots+|h|^{n-1}\right)$$

を得るが，この右辺は(3)のそれの a_n, z, h の所に $|a_n|, |z|, |h|$ を代入したものであるから，もう一つ前の式に戻れて

$$\left|\frac{f(z+h)-f(z)}{h}-\sum_{n=1}^{\infty}na_n z^{n-1}\right|\leqq\sum_{n=2}^{\infty}|a_n|\left(\frac{(|z|+|h|)^n-|z|^n}{|h|}-n|z|^{n-1}\right) \tag{4}$$

と，問題を実数の範囲での議論に持込む事が出来た．こうなると微分学の実力を発揮する事が出来る．実変数 t の n 次式 $k(t)=(t+a)^n$ を二次の項迄テイラー展開すると，公式 $k(t)=k(0)+k'(0)t+\frac{k''(\theta t)}{2}t^2$ $(0<\theta<1)$ より，$0<\theta<1$ があって，$(t+a)^n=a^n+na^{n-1}t+\frac{n(n-1)}{2}(a+\theta t)^{n-2}t^2$．従って，$a\geqq 0, t>0$ であれば，$(t+a)^n<a^n+na^{n-1}t+\frac{n(n-1)}{2}(i+a)^{n-2}t^2$．$a=|z|, t=|h|$ を代入し，

$$\frac{(|z|+|h|)^n-|z|^n}{|h|}-n|z|^{n-1}\leqq\frac{n(n-1)}{2}(|z|+|h|)^{n-2}|h| \tag{5}$$

を得るので，(5)を(4)に代入し，$|h|<r$ に注意し，

$$\left|\frac{f(z+h)-f(z)}{h}-\sum_{n=1}^{\infty}na_nz^{n-1}\right|\leqq\left(\sum_{n=2}^{\infty}\frac{n(n-1)}{2}|a_n|(|z|+r)^{n-2}\right)|h| \tag{6}$$

を得る．(6)の右辺を $|h|$ を割った級数は $|z|+r<R$ であるから，基-1 より収束し，有限な数であるから，(6)にて $h\to 0$ とし，

$$\lim_{h\to 0}\frac{f(z+h)-f(z)}{h}=\sum_{n=1}^{\infty}na_nz^{n-1} \tag{7}$$

を得る．m に関する帰納法により次の基本事項を得る：

基-3　$|z-c|<R$ で収束する整級数

$$f(z)=\sum_{n=0}^{\infty}a_n(z-c)^n \tag{8}$$

は任意の $m(\geqq 0)$ 回複素微分可能であり，m 次導関数 $f^{(m)}(z)$ は

$$f^{(m)}(z)=\sum_{n=m}^{\infty}n(n-1)\cdots(n-m+1)a_n(z-c)^{n-m} \tag{9}$$

で与えられる．

(9)を(8)の**項別微分**と言う．(8)が実変数のしかも多項式の時公式により楽に微分したものと，(9)は同じ形をしているので，改めて暗記すべきものはない．$z=c$ を(9)に代入すると，$a_m=\dfrac{f^{(m)}(c)}{m!}$ が成立するので，(8)は**テイラー展開**

$$f(z)=\sum_{n=0}^{\infty}\frac{f^{(n)}(c)}{n!}(z-c)^n \tag{10}$$

に他ならない．

上の基本事項は解析的微分方程式の解を求める際有力な武器となる．もしも整級数(8)が解であれば，(8)の $f(z)$ を項別微分した

$$\frac{df(z)}{dz}=\sum_{n=1}^{\infty}na_n(z-c)^{n-1}=\sum_{n=0}^{\infty}(n+1)a_{n+1}(z-c)^n \tag{11}$$

$$\frac{d^2f(z)}{dz^2}=\sum_{n=2}^{\infty}n(n-1)a_n(z-c)^{n-2}=\sum_{n=0}^{\infty}(n+2)(n+1)a_{n+2}(z-c)^n \tag{12}$$

等を微分方程式に代入して $(z-c)^n$ の係数を整理し，a_n が定まる．これを**形式解**と云う．形式解が**真の解**である為には，収束半径が正であればよい．

類題

（解答☞ 194ページ）

8．

$$f(x)=\frac{1}{1-z} \tag{1}$$

の $z=2$ におけるテイラー展開を求めよ．

（国家公務員上級職数学専門試験）

9． 関数 $f(x)=2^x$ は $g(x)=a_0x^n+a_1x^{n-1}+\cdots+a_{n-1}x+a_0$ の様な整関数とならない事を示せ．

（新潟県高校教員採用試験）

10． 複素平面 C 上で解析的な二つの関数 f,g がすべての点 z で，連立微分方程式

$$f'(z)=g(z),\quad g'(z)=-f(z) \tag{1}$$

を満し，更に，初期条件

$$f(0)=0,\quad g(0)=1 \tag{2}$$

が成立すると言う．f,g はどの様な関数であるか．

（お茶の水大大学院入試）

11． 微分方程式

$$(1-z^2)\frac{d^2w}{dz^2}-z\frac{dw}{dz}+aw=0 \tag{1}$$

の $z=0$ で $w=0$ となる解析的な解を求めよ．

（九州大大学院入試）

12． 開円板 $|z|=1$ 上の解析関数 $f(z)$ で

$$(f(z))^n=z\quad(n\geqq 2) \tag{1}$$

となるものはない事を示せ．（名古屋大大学院入試）

6 (複素微分)——コーシー-リーマンの偏微分方程式系

先ず複素微分について学ぼう．

> **基本事項**　複素平面の開集合Ωで定義された複素変数$z=x+iy$の複素数値関数$f(z)=u(x,y)+iv(x,y)$がΩの点$c=a_1+ia_2$で複素微分可能である為の必要十分条件は2実変数x,yの2個の実数値関数$u(x,y)$, $v(x,y)$が共に点(a_1,a_2)で全微分可能であって，しかも点(a_1,a_2)で
>
> **（コーシー-リーマンの関係式）**　$u_x=v_y,\ u_y=-v_x$　(1)
>
> を満す事である．この時，複素微係数$f'(c)$は
>
> $$f'(c)=u_x(a_1,a_2)+iv_x(a_1,a_2)=\frac{1}{i}(u_y(a_1,a_2)+iv_y(a_1,a_2)) \tag{2}$$
>
> で与えられる．

$f'(c)=A_1+iA_2$, $h=\varepsilon_1+i\varepsilon_2$とおくと，$c+h=(a_1+\varepsilon_1)+i(a_2+\varepsilon_2)$で

$$f(c+h)=f(c)+f'(c)h+o(|h|) \tag{3}$$

即ち，問題4の(5)が成立する為には

$$u(a_1+\varepsilon_1,a_2+\varepsilon_2)+iv(a_1+\varepsilon_1,a_2+\varepsilon_2)$$
$$=u(a_1,a_2)+iv(a_1,a_2)+(A_1+iA_2)(\varepsilon_1+i\varepsilon_2)+o(\sqrt{\varepsilon_1{}^2+\varepsilon_2{}^2})$$

が成立する事が必要十分であり，掛け算$(A_1+iA_2)(\varepsilon_1+i\varepsilon_2)$を実行して

$$(A_1+iA_2)(\varepsilon_1+i\varepsilon_2)=A_1\varepsilon_1-A_2\varepsilon_2+i(A_2\varepsilon_1+A_1\varepsilon_2)$$

を得る所が幼稚ではあるが，コーシー-リーマンの関係式のサワリの部分であり，これを考慮に入れて上の式を実部，虚部に分け，

$$u(a_1+\varepsilon_1,a_2+\varepsilon_2)=u(a_1,a_2)+A_1\varepsilon_1-A_2\varepsilon_2+o(\sqrt{\varepsilon_1{}^2+\varepsilon_2{}^2})$$
$$v(a_1+\varepsilon_1,a_2+\varepsilon_2)=v(a_1,a_2)+A_2\varepsilon_1+A_1\varepsilon_2+o(\sqrt{\varepsilon_1{}^2+\varepsilon_2{}^2}) \tag{4}$$

が成立する事，即ち，u,vが点(a_1,a_2)で全微分可能であって，しかも$u_x=A_1=v_y$, $u_y=-A_2=-v_x$，即ち(1)が成立する事と同値である．この(1)は覚え難いが，$f=u+iv$に対して，$f_x=u_x+iv_x$, $f_y=u_y+iv_y$と約束すると，(1)は点cにて

（コーシー-リーマンの関係式）　$f_x=\dfrac{1}{i}f_y$　(5)

と単純化されるだけでなく，次の様な明確な幾何学的意味を持つ．複素微分である問題4の(5)はhが複素数として気儘に0に近づく時，その近づき方に無関係に一定の極限値$f'(c)$に近づく事を意味する．特に$h=$実数$\varepsilon\to0$とした時の極限はf_xである．又$h=$純虚数$i\varepsilon\to0$とした時の極限は

$$\frac{f(c+h)-f(c)}{h}=\frac{u(a_1,a_2+\varepsilon)-u(a_1,a_2)}{i\varepsilon}+i\frac{v(a_1,a_2+\varepsilon)-v(a_1,a_2)}{i\varepsilon}\to\frac{1}{i}f_y(c) \tag{6}$$

と(6)の分母にiがある事が曲者で，両者が一致する事を主張するのが，コーシー-リーマンの式(5)に他ならない．これが単なる必要条件でなく，十分条件でもある事を強く主張するのが，上に示した基本事項である．

コーシー-リーマンの式は実軸方向と虚軸方向からの

微分のドッキングである！

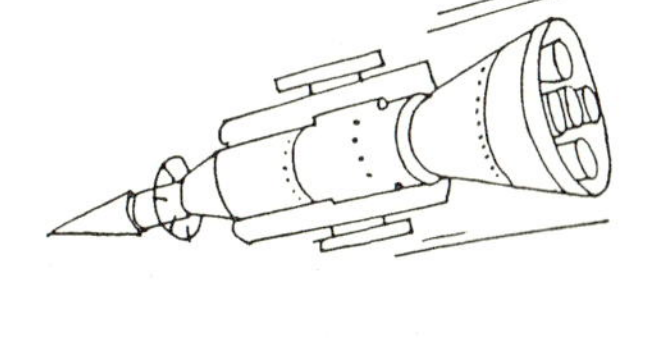

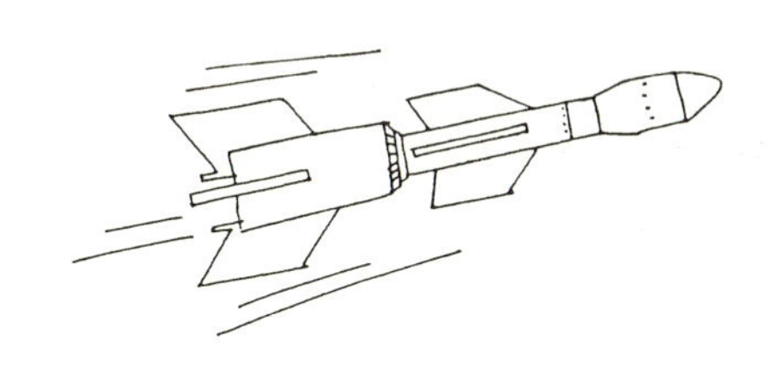

複素平面の開集合Ωで定義された関数$f(z)=u(x,y)+iv(x,y)$は，u,vが2実変数x,yの実数値関数としてC^1級で，即ちu_x,u_y,v_x,v_yが存在して連続であって，しかも，コーシー-リーマンの式(1)=(5)がΩの各点で成立する時，**正則**であると言う．前問の基-3より，解析関数は複素変数zの関数として任意次数の導関数が存在して連続，言いかえれば，無限回連続微分可能であり，更に(2)より

$$\frac{d}{dz}=\frac{\partial}{\partial x}=\frac{1}{i}\frac{\partial}{\partial y},\ \frac{\partial^{m+n}}{\partial x^m \partial y^n}=i^n\frac{d^{m+n}}{dz^{m+n}} \tag{7}$$

が成立するから，二実変数x,yの関数としてもC^∞級である．よって，局所的に整級数で表わされる解析関数はC^1級で(1)を満し，正則である．正則関数はx,yの関数としてC^1級であるから，勿論全微分可能で基本事項より複素微分可能である．以上の考察を図示すると

解 析 的 → 正　則 → 微分可能（これも正則と言う）

analytic　　holomorphic　　regular

という関係が成立するが，実は三命題は同値である事が示され，これらは単に正則と呼ばれる事が多い．

次に本問の解答を示す．

$|f|^2=u^2+v^2=$定数c．$c>0$の時，両辺をx,yで偏微分して，$uu_x+vv_x=0, uu_y+vv_y=0$．これらの式をu,vの同次連立1次方程式と見做すと非単純解があるから，(1)に留意して，「新修線形代数」の6章の問題2の基-3より係数の行列式$=u_xv_y-u_yv_x=u_x^2+u_y^2=v_x^2+v_y^2\equiv 0$より$u_x=u_y=v_x=v_y\equiv 0$．$D$が連結であれば，問題4で述べた様に，$f$は定数である．

次に領域Dが単連結で，$\arg f(z)$が一価連続な枝を取れる時，その枝$\tan^{-1}f(z)$を用いての式

$$\arg f(z)=\tan^{-1}\frac{v}{u}=\text{定数} \tag{8}$$

の第二辺，右辺をx,yで偏微分して，

$$\frac{\dfrac{\partial \frac{v}{u}}{\partial x}}{1+\left(\dfrac{v}{u}\right)^2}=\frac{u\dfrac{\partial v}{\partial x}-v\dfrac{\partial u}{\partial x}}{u^2+v^2}=0,\qquad \frac{\dfrac{\partial \frac{v}{u}}{\partial y}}{1+\left(\dfrac{v}{u}\right)^2}=\frac{u\dfrac{\partial v}{\partial y}-v\dfrac{\partial u}{\partial y}}{u^2+v^2}=0 \tag{9}$$

を得る．(9)をu,vの同次方程式と見なすと上と同様の理由で行列式$v_xu_y-u_yu_x=0$を得るので，コーシー-リーマン(1)を代入して，$-u_yu_y-u_xu_x=0$を得，後は，絶対値が定数の場合と同様な議論で，偏角が定数でる．正則関数fは定数である．

7 (複 素 微 分)——指数多項式

$z=0$ を中心とする収束半径∞の級数が定義する関数を**整関数**と言う．整関数 $f(z)$ は79頁で述べた様に複素平面全体 C で正則であり，逆も成立する．ここで70頁の対数関数(6)を用いて，合成関数

$$F(\zeta):=f\left(\frac{\log\zeta}{i}\right) \quad (\zeta\neq 0) \tag{3}$$

を考察しよう．対数関数の $\log\zeta=\log|\zeta|+i\arg\zeta$ は偏角 $\arg\zeta$ の枝の取り方によって，整数 k に対する $2k\pi\mathrm{i}$ の違いが出るが，i で割って居るので，条件 $f(z+2k\pi)=f(z)$ より，平面から穴 $\zeta=0$ を空けた領域 $0<|\zeta|<\infty$ で一価正則であり，ζ の負のベキを含む99頁のローラン級数

$$F(\zeta):=\sum_{\ell=-\infty}^{+\infty} c_\ell \zeta_\ell \tag{4}$$

に展開され，係数 c_ℓ は98頁(7)より

$$c_\ell=\frac{1}{2\pi i}\int_{|\zeta|=r}\frac{F(\zeta)}{\zeta^{\ell+1}}d\zeta \tag{5}$$

で与えられる．

ここで，合成関数 $F(\zeta)$ の ζ 平面での上の絶対値の評価をする：$r>1$ の時，ζ 平面の円周 $|\zeta|=r$ の助変数表示は $\zeta=re^{i\theta}(0\leq\theta\leq 2\pi)$ であり，その写像 $z=\log\zeta/i$ による像 $z=(\log r+i\theta)/i(0\leq\theta\leq 2\pi)$ は実軸に平行な長さ 2π の線分であり，$|z|=|\log r+i\theta|\leq\log r+2\pi$ であるから，与えられた評価式 $|f(z)|\leq A\exp(B|z|)$ より，線分上で評価式 $|F(\zeta)|\leq A\exp(B(\log r+2\pi))\leq Ae^{B\pi}r^B$ を得，係数評価式

$$|c_\ell|\leq Ae^{B\pi}r^{B-\ell} \tag{6}$$

を得る．ここで，$N\geq B$ を満たす最小の自然数を N とする．$n>N$ の時，定跡通りに $r\to\infty$ とすると，

$$|c_\ell|\leq Ae^{B\pi}r^{B-\ell}\to 0 \tag{7}$$

を得る．$\ell<-N$ に対しても $r\to 0$ として，$c_\ell=0(|\ell|>N)$．$\zeta=e^{iz}$ を(4)に代入し，(2)の証明を終わる．本問を読み，下の定理(11)を条件反射した：

$z=0$ を中心とする関数 $f(z)$ のテイラー展開

$$f(z)=\sum_{n=0}^{\infty}\frac{f^{(n)}(0)}{n!}z^n \tag{8}$$

の z^n の係数 $\times n!$ は n 階の微分係数 $f^{(n)}(0)$ で与えられ，それは91頁のコーシーの係数評価式(10)より，半径 r の円周上の $|f(z)|$ の最大値 $M(r)$ を用いて，

$$|f^{(n)}(0)|\leq\frac{n!M(r)}{r^n} \tag{9}$$

で評価される．ここで自然数 p と正数 M があって，全ての $r>0$ に対して

$$M(r)\leq Mr^p \tag{10}$$

が成立すれば，

$$f(z)\text{ は高々 }p\text{ 次の多項式である．} \tag{11}$$

との定理を証明しよう：自然数 $n>p$ に対して，z^n の係数 $\times n!$ は $r\to\infty$ の時，

$$M(r)\leq Mr^{\text{負の }p-n}\to 0 \tag{12}$$

が成立するから，0 であり，級数(3)で与えられる整関数 $f(z)$ は高々 p 次の多項式である．

67頁の問題 7 としては，81頁の「関数関係不変の原理」に纏わる九大院試問題

領域 D での解析関数 $f(z)$ に対して，次の四命題は同値である事を示せ：

（イ） $f(z)$ は D 内で恒等的に零である．

（ロ） D の空でない開集合 Δ 上で $f(z)$ は恒等的に零である．

（ハ） $c_\nu \neq c, f(c_\nu)=0(\nu \geq 1)$ なる D の点列 (c_ν) と点 c があって，$c_\nu \to c$.

（ニ） D の点 c があって，$f^{(n)}(c)=0(n \geq 0)$. （九州大学大学院入試）

を掲載していたが，最新の東大院試で差し替えた．他頁で引用して居るので，上記**一致の定理**を証明する：

（イ)→(ロ)→(ハ)は自明なので，先ず(ハ)→(ニ)を証明しよう：自然数 m に付いて，$f^{(n)}(c)=0(0 \leq n \leq m-1)$ が成立すると仮定すると，77頁のテイラー展開の定数項から始まる最初の m 項の係数が 0 であるから，点 c の近傍 V で収束し，点 c の近傍 V で

$$g(z) := \sum_{k=m}^{\infty} c_k (z-c)^{k-m} = \frac{f(z)}{(z-c)^m} \quad (z \neq c) \tag{13}$$

を定義すると，$g(z)$ は点 c で連続であって，

$$\frac{f^{(m)}(c)}{m!} = g(c) = \lim_{\nu \to \infty} g(c_\nu) = \lim_{\nu \to \infty} \frac{f(c_\nu)}{(c_\nu - c)^m} = 0 \tag{14}$$

を得るので，数学的帰納法により(ニ)が成立する．

次に，(ニ)→(イ)を示そう．領域 D の部分集合

$$E = \{z \in D \,;\, f^{(m)}(z)=0(\text{全ての } m \geq 0 \text{ に対して})\} = \cap_{m=0}^{\infty} \{z \in D \,;\, f^{(m)}(z)=0\} \tag{15}$$

は仮定より点 c を含むから空でなく，(15)式右辺の共通集合を構成する個々の集合 $\{ \}$ は(77)頁で論じた，m 次の導関数 $f^{(m)}(z)$ が連続であるからその，複素平面の閉集合 $\{0\}$ の原像であり，137頁基-2 の(ニ)より閉であり，閉集合の交わり E は120頁の(F 2)より，閉集合である．最後に，E が開集合である事を証明しよう．

E の任意の点 c を取る．関数 f は解析的であるから，定義より正数 r があって，f は開円板 $|z-c|<r$ で収束する整級数に展開され，77頁の議論より開円板 $|z-c|<r$ で77頁のテイラー級数(10)に展開されて居る．$c \in E$ であるから，条件 $f^{(m)}(c)=0$（全ての $m \geq 0$ に対して）が成立し，(10)の係数が全て 0 であるから，この開円板で f は恒等的に零であり，全ての導関数も恒等的に零で，開円板 $|z-c|<r$ の点 z は E に含まれ，117頁の意味で E の内点であり，全ての点が内点である集合 E は118頁の意味で開集合である．

領域 D とは連結な開集合であり，146頁の基-1 の(ハ)が成立しないので，その空でない開且つ閉部分集合 E は D 自身に一致し，結果的に，領域 D 上 f は恒等的に零である．

今述べた様に，実軸と交わる複素平面の領域 D 上の解析関数 $f(z)$ と $g(z)$ が，z が実変数 x の時，一致すれば，即ち，$f(x) \equiv g(x)$ であれば，複素変数の関数として，D 全体で，$f(z) \equiv g(z)$ が成立し，f と g とは一致する．のみならず，

（関数関係不変の原理） 解析関数の間に，z が実変数の時成立する関係式があって，それが z の解析関数であれば，その関係式は，複素変数 z の時も成立する．

を得る．

EXERCISES

(解答☞ 194ページ)

1 (複素微分) **複素微分と実偏微分**

正則関数 $f(z)=u+iv$ に対して，$f^{(n)}(z)=\dfrac{\partial^n u}{\partial x^n}+i\dfrac{\partial^n v}{\partial x^n}$, $f^{(2n)}(z)=(-1)^n\left(\dfrac{\partial^{2n}u}{\partial y^{2n}}+i\dfrac{\partial^{2n}v}{\partial y^{2n}}\right)$ を示せ．

(東海大大学院入試)

2 (複素微分) **コーシー-リーマンとラプラスの偏微分方程式**

関数 $f(z)=u=iv$ が微分可能な時，次の等式のどれが成立するか．

(イ) $u_x+v_y=0$　(ロ) $u_y+v_x=0$　(ハ) $u_{xx}+u_{yy}=0$

(ニ) $u_x+iv_x=-i(u_y+iv_y)$　(ホ) $f_{xx}+f_{yy}=0$

(国家公務員上級職数学専門試験)

3 (複素微分) **ラプラスの偏微分方程式とコーシー-リーマンの偏微分方程式系**

$\varDelta=\dfrac{\partial^2}{\partial x^2}+\dfrac{\partial^2}{\partial y^2}$ とおく時，C^2 級の関数 f が，$\varDelta f=\varDelta(z^2f)=0$ を満せば正則関数である事を示せ．

(熊本大大学院入試)

4 (複素微分) **複素導関数と実ヤコビアン**

z-平面の領域 D が正則写像 $w=f(z)$ によって，w-平面の領域 W に写る時，W の面積 $|W|$ は

$$|W|=\iint_D|f'(z)|^2dxdy \tag{1}$$

で与えられる事を示せ．

(東京女子大大学院入試)

5 (複素微分) **C^∞ でも実解析的でない例**

$f(x)=\begin{cases} e^{-\frac{1}{x}}, & x>0 \\ 0, & x\leqq 0 \end{cases}$ は原点の近傍で実解析的でない事を示せ．

(京都大大学院入試)

6 (複素微分) **導関数項級数の収束**

複素平面 C の点 z_0 の近傍で解析的な関数 $f(z)$ があって級数 $\sum_{n=0}^{\infty}f^{(n)}(z_0)$ が収束すれば，関数 $f(z)$ は整関数に接続され，全ての $z\in C$ に対して，$\sum_{n=0}^{\infty}f^{(n)}(z)$ が収束する事を示せ．

(東京大大学院入試)

Advice

1, 2, 3, 4　問題 6 の公式(1), (5), (7)をよく眺めましょう．なお，正則関数が C^2 級である事は，次章で示しますので，仮定してよい．

5　実解析的であれば，複素解析関数に接続され，実軸上の左半分で零であれば，一致の定理の(ハ)より恒等的に零になるので，これはおかしいですね．これは軟らかでも実解析的でない有名な例です．

6　面倒なので，$z_0=0$ としましょう．$\sum f^{(n)}(0)$ が収束すれば，$|f^{(n)}(0)|$ は有界である事より，$f(z)=\sum_{n=0}^{\infty}\dfrac{f^{(n)}(0)}{n!}z^n$ が絶対かつ広義一様収束する事を示しましょう．次に $f^{(k)}(z)=\sum_{n=k}^{\infty}\dfrac{f^{(n+k)}(0)}{n!}z^n$ を，再び $\sum_{n=0}^{\infty}f^{(n)}(0)$ が収束する事より，$m>l$ を大きくすれば，$\sum_{n=l}^{m}f^{(n)}(0)$ は小さくなると云う考えより，$\sum_{n=l}^{m}f^{(n)}(0)$ で表わしましょう．

複　素　積　分

グルリと一廻り積分しても零と言う，コーシーの積分定理は，関数論の花，プリマドンナであり，大阪万博ではフランス館に展示されていた，フランスの誇りである．複素積分を学び，関数論の妙味を満喫しよう．

1　（**複素積分**）　$(x, y) \neq (0, 0)$ で C^1 級の関数 f は，$df = \dfrac{xdy - ydx}{x^2 + y^2}$，即ち，$\dfrac{\partial f}{\partial x} = \dfrac{-y}{x^2 + y^2}$，$\dfrac{\partial f}{\partial y} = \dfrac{x}{x^2 + y^2}$ を満さぬ事を示せ．　（千葉大学大学院数学・情報数理学専攻，東北大大学院入試）

2　（**複素積分**）　原点を中心とする開円板 D の閉包 $\bar{D} = D \cup \partial D$ の近傍で C^2 級の関数 u, v に対して，$\Delta = \dfrac{\partial^2}{\partial x^2} + \dfrac{\partial^2}{\partial y^2}$ とする時，

$$\iint_D (\Delta u \cdot v - u \cdot \Delta v) dxdy = \int_{\partial D} \left(u \frac{\partial u}{\partial n} - v \frac{\partial u}{\partial n} \right) ds \tag{1}$$

が成立する事を示せ（ただし $\dfrac{\partial}{\partial n}$ は外法線方向の微分）．　（金沢大大学院入試）

3　（**複素積分**）　有限個の閉曲線で囲まれた領域 D の閉包 $\bar{D}$ の近傍で C^1 級の関数 f に対して

$$\frac{\partial f}{\partial \bar{z}} = \frac{1}{2} \left(\frac{\partial f}{\partial x} - \frac{1}{i} \frac{\partial f}{\partial y} \right) \tag{1}$$

なる約束の下で

$$\int_{\partial D} f(z) dz = 2i \iint_D \frac{\partial f}{\partial \bar{z}} dxdy \tag{2}$$

を証明せよ．　（大阪市立大大学院入試）

4　（**複素積分**）　Cauchy の積分表示について述べよ．　（東京女子大学大学院数学専攻入試）

コーシーの積分定理よりコーシーの積分表示を導け．　（奈良女子大学大学院人間文化研究科入試）

5　（**複素積分**）　代数学の基本定理について論じよ．　（群馬県高校教員採用試験）

代数学の基本定理を証明せよ．　（九州大大学院入試）

1 （複 素 積 分）――微分形式の円周上の線積分

二実変数 x, y の平面 $\boldsymbol{R}^2$ の集合 E 上で定義された二つの複素数値関数 p, q に対して

$$f=pdx+qdy \tag{1}$$

と言う形をしたものを，E 上の**一次の微分形式**と言う．p, q が C^1 級の時，f は C^1 級と言う具合に，p, q の形容句をそのまま f に冠せる．関数との積や，微分形式同志の和は，ベクトル的に定義する．本問が言う様に，C^1 級の関数 f に対して

$$df=\frac{\partial f}{\partial x}dx+\frac{\partial f}{\partial y}dy \tag{2}$$

を f の**微分**と言う．dx, dy の**外積** $dx\wedge dy$, $dy\wedge dx$ を考え

$$dx\wedge dx=dy\wedge dy=0 \quad (3), \qquad dx\wedge dy=-dy\wedge dx \quad (4)$$

と約束し，二つの微分形式の外積には

$$\begin{aligned}(pdx+qdy)\wedge(rdx+sdy)&=prdx\wedge dx+qrdy\wedge dx+psdx\wedge dy+qsdy\wedge dy\\ &=(ps-qr)dx\wedge dy \end{aligned}\tag{5}$$

と言う計算の法則が成立すると約束する．又，$\boldsymbol{R}^2$ の集合 E 上の関数 p に対して

$$f=pdx\wedge dy \tag{6}$$

なる形をしたものを**二次の微分形式**と言う．微分形式(1)の**微分**を，(2)の約束で dp, dq を作り，

$$\begin{aligned}df&=dp\wedge dx+dq\wedge dy=\left(\frac{\partial p}{\partial x}dx+\frac{\partial p}{\partial y}dy\right)\wedge dx+\left(\frac{\partial q}{\partial x}dx+\frac{\partial q}{\partial y}dy\right)\wedge dy\\ &=\left(\frac{\partial q}{\partial x}-\frac{\partial p}{\partial y}\right)dx\wedge dy\end{aligned}\tag{7}$$

で定義する．

さて，数直線の閉区間 $[\alpha, \beta]$ から $\boldsymbol{R}^2$ の中への連続写像 $\gamma：[\alpha, \beta]\to\boldsymbol{R}^2$ を**道**，**路**，**曲線**等と呼び，点 t における γ の値 $\gamma(t)$ を x, y 座標で表わした

$$\gamma：x=x(t), y=y(t) \quad (\alpha\leqq t\leqq\beta) \tag{8}$$

を**路 γ の助変数（パラメーター）表示**と言い，積分の計算に不可欠である．今後，我々は，$x(t), y(t)$ が区分的に滑らかで，しかも，$[\alpha, \beta]$ の各点で

$$(x'(t))^2+(y'(t))^2\neq 0 \tag{9}$$

が成立し，陰関数の存在定理より，局所的に，$y=y(x)$，又は，$x=x(y)$ と解かれる．まともな道しか考えないので，安心されたい．

路 $\gamma：x=x(t), y=y(t)$ $(\alpha\leqq t\leqq\beta)$ 上の１次の微分形式 $f=pdx+qdy$ の積分を

$$\int_\gamma f=\int_\gamma(pdx+qdy)=\int_\alpha^\beta\left((p(x(t), y(t))\frac{dx(t)}{dt}+q(x(t), y(t)\frac{dy(t)}{dt}\right)dt \tag{10}$$

の右辺で定義し，路 γ に沿っての f の**線積分**と言い，左辺で表わす．右辺の分子と分母の dt を約算すると真中の式が得られるムードで，暗記の要がないのが数学者向きである．この辺の好みの岐れが，数学者と非数学者の分岐点である．

例えば，本問の右辺の微分形式が，左辺の様に，ある C^1 級の関数 f の微分であれば，原点を中心として，半径１の円周

$$\gamma：x=\cos\theta, y=\sin\theta \quad (0\leqq\theta\leqq 2\pi) \tag{11}$$

に沿って，df を定義(10)に従って線積分すると，合成関数の微分法より

$$\int_\gamma df=\int_\gamma\left(\frac{\partial f}{\partial x}dx+\frac{\partial f}{\partial y}dy\right)=\int_0^{2\pi}\left(\frac{\partial f}{\partial x}\frac{dx}{d\theta}+\frac{\partial f}{\partial y}\frac{dy}{d\theta}\right)d\theta$$

$$=\int_0^{2\pi}\frac{df}{d\theta}d\theta=f(1,0)-f(1,0)=0 \qquad (12).$$

一方，与えられた微分形式を積分すると

$$\int_\gamma\left(\frac{-y}{x^2+y^2}dx+\frac{x}{x^2+y^2}dy\right)=\int_0^{2\pi}\left(-y\frac{dx}{d\theta}+x\frac{dy}{d\theta}\right)d\theta$$

$$=\int_0^{2\pi}(-\sin\theta\cdot(-\sin\theta)+\cos\theta\cdot\cos\theta)\,d\theta=\int_0^{2\pi}d\theta=2\pi \qquad (13)$$

を得る．従って，$0=2\pi$ となり矛盾であり，その様な f はない．

有限個の閉曲線で囲まれた領域 D の**境界** ∂D とはそれらの有限個の曲線の事を言うが，その**向き**は，助変数が進むにつれて，D を左側に見る向きと約束する．公式

$$\int_{\partial D}pdx=-\iint_D\frac{\partial p}{\partial y}dxdy \qquad (14), \qquad \int_{\partial D}qdy=\iint_D\frac{\partial q}{\partial x}dxdy \qquad (15)$$

を下図の様に，$\bar{D}=\{(x,y)\in R^2\,;\,y_1(x)\leqq y\leqq y_2(x),\alpha\leqq x\leqq\beta\}$ であり，p,q が $\bar{D}$ の近傍で C^1 級の時に，二重積分と累次積分，定積分と原始関数の関係を用いて示して置く．

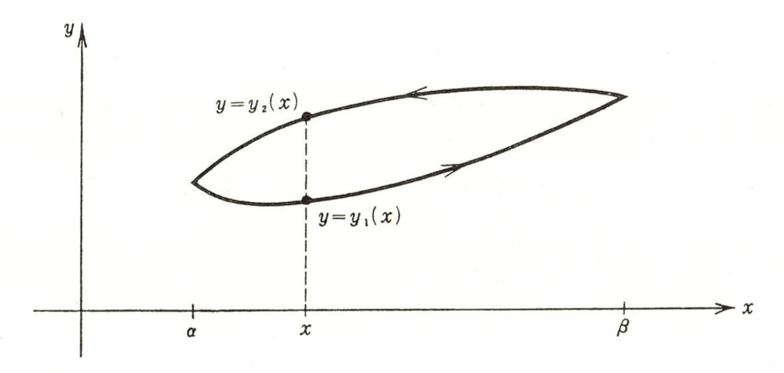

$$\iint_D\frac{\partial p}{\partial y}dxdy=\int_\alpha^\beta\left(\int_{y_1(x)}^{y_2(x)}\frac{\partial p}{\partial y}dy\right)dx=\int_\alpha^\beta(p(x,y_2(x))-p(x,y_1(x)))\,dx=-\int_{\partial D}pdx.$$

なお，変数変換 $u=u(x,y)$, $v=v(x,y)$ は，微分形式の演算を用いると，(2),(5)の約束より，

$$du\wedge dv=\left(\frac{\partial u}{\partial x}dx+\frac{\partial u}{\partial y}dy\right)\wedge\left(\frac{\partial v}{\partial x}dx+\frac{\partial v}{\partial y}dy\right)$$

$$=\left(\frac{\partial u}{\partial x}\frac{\partial v}{\partial y}-\frac{\partial u}{\partial y}\frac{\partial v}{\partial x}\right)dx\wedge dy \qquad (16)$$

と云う具合に，形式的な計算の中に自然にヤコビヤンが現れ，便利である．

75頁九大量子プロセス理工学・物質理工学専攻解答．(i)．$u=x^2-y^2$, $v=2xy$ の偏導関数を求めると，確かに $u_x=2x=v_y$, $u_y=-2y=-v_x$ が成立，78頁の CR 偏微分方程式系(1)が成立するので，f は正則で，複素導関数は78頁(2)式より，$f'=u_x+\mathrm{i}v_x=-2x+\mathrm{i}2y=2z$ であるから，原点での値が 0 の，$2z$ の原始関数の公式より，$f(z)=z^2$ に気付く．

(ii)．被積分関数は平面全体で正則であるから，89頁 Cauchy の積分定理(17)より，$\int_{|z|=1}e^{3iz}\mathrm{d}z=0$ である．

2 (複素積分)——ストークスの定理とガウス-グリーンの公式

一般に，距離空間(X, d)の点xの**近傍**Vとは，Xの部分集合であって，十分小さな正数εを取ると，xのみならず，球$B(x; d, \varepsilon)$を含む事を云う．Xの点xがXの部分集合Eの**触点**であるとは，xの任意近傍VとEとが交る事を云う．集合Eの触点全体の集合をEの**閉包**，又は，**触集合**（アデランス）と言い，$\bar{E}$と書く．これは，我々の場合，Dとその境界∂Dの合併となる．ある集合Eの**近傍**Vとは，VがEの各点の近傍である事を言う．言い換えれば，Eの近傍は，Eの一定の近さの点をゴッソリ含む．これらの位相的諸概念は10章で詳しく学ぶので，以上は応急措置とも準備運動とも見なし，さらりと進まれたい．

前問の公式(14),(15)より，Dが一つの曲線で囲まれた領域の場合に

（ガウスの公式）
$$\int_{\partial D}(p\,dx + q\,dy) = \iint_D\left(\frac{\partial p}{\partial x} - \frac{\partial p}{\partial y}\right)dxdy \qquad (2).$$

これは，$f = p\,dx + q\,dy$と微分形式の形にすると，前問の(7)より

（ストークスの定理）
$$\int_{\partial D} f = \iint_D df \qquad (3)$$

と言う，数学者向きの，暗記不用の公式を得る．しかも，(3)は境界を取る作用素と微分を取る作用素が互に共役である事を意味する．これがDの境界を偏微分記号の片割を用いて∂Dと書く理由である．なお(3)の右辺に現れる$dx \wedge dy$は$dxdy$を意味するものと約束する．

Dが有限個の曲線で囲まれた領域の場合も(3)は成立する．この場合は，下図の様に新たな曲線を用いて，

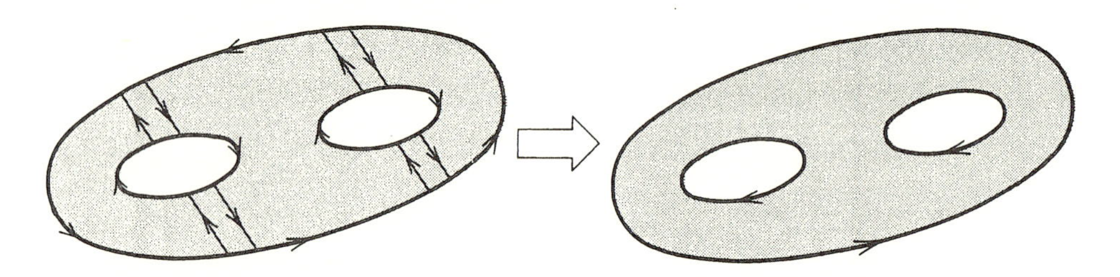

Dを一つの曲線で囲まれた領域に分割し，夫々に対して，公式(2)や(3)を適用する．新たに付け加えた曲線に沿っての積分は，それを境界に持つ隣接した領域に対して，二回互に逆向きに現われ，和を取ると消えてしまい，外側と内側の曲線に沿っての積分が，夫々，逆向きに生残る．それ故，前問で述べた様に，∂Dの向きを，外と内では互に逆向になる様定めたものである．ストークスの定理は高次元の，しかも，抽象的な微分可能多様体でも，そのまま成立する．単純明解さこそ数学の生命である．ベクトル解析の書を書店で見て，本論の明確さを体得されたい．

さて，本問の説明に入るが，領域Dは上に述べた様な有限個の曲線で囲まれた領域に留め置こう．抽象的な方が易しいからである．公式(2)のpの所に$-u\dfrac{\partial v}{\partial y}$，$q$の所に$u\dfrac{\partial v}{\partial x}$を代入すると

$$\frac{\partial}{\partial x}\left(u\frac{\partial v}{\partial x}\right) = u\frac{\partial^2 v}{\partial x^2} + \frac{\partial u}{\partial x}\frac{\partial v}{\partial x},\ \frac{\partial}{\partial y}\left(u\frac{\partial v}{\partial y}\right) = u\frac{\partial^2 v}{\partial y^2} + \frac{\partial u}{\partial y}\frac{\partial v}{\partial y}$$

なので

$$\int_{\partial D}\left(-u\frac{\partial v}{\partial y}dx + u\frac{\partial v}{\partial x}dy\right) = \iint_D\left(u\Delta v + \frac{\partial u}{\partial x}\frac{\partial v}{\partial x} + \frac{\partial u}{\partial y}\frac{\partial v}{\partial y}\right)dxdy$$

を得るので，uとvの役割を入れ換えた式を減じると

(ガウス-グリーンの公式) $\iint_D (u\Delta v - v\Delta u)\,dxdy$

$$= \int_{\partial D}\left(\left(u\frac{\partial u}{\partial y} - u\frac{\partial v}{\partial y}\right)dx + \left(u\frac{\partial v}{\partial x} - v\frac{\partial u}{\partial x}\right)dy\right) \tag{4}$$

を得る．ここで，$D=\{x^2+y^2<r^2\}$ の境界を

$$\partial D : x = r\cos\theta,\ y = r\sin\theta \quad (0 \leqq \theta \leqq 2\pi) \tag{5}$$

と助変数表示すると，

$$(4)\text{の右辺} = \int_0^{2\pi}\left(\left(v\frac{\partial u}{\partial y} - u\frac{\partial v}{\partial y}\right)\frac{dx}{d\theta} + \left(u\frac{\partial v}{\partial x} - v\frac{\partial u}{\partial x}\right)\frac{dy}{d\theta}\right)d\theta$$

$$= \int_0^{2\pi}\left(\left(v\frac{\partial u}{\partial y} - u\frac{\partial v}{\partial y}\right)(-r\sin\theta) + \left(u\frac{\partial v}{\partial x} - v\frac{\partial u}{\partial x}\right)(r\cos\theta)\right)d\theta$$

$$= \int_0^{2\pi}\left(\left(-\frac{\partial u}{\partial y}\sin\theta - \frac{\partial u}{\partial x}\cos\theta\right)v + \left(\frac{\partial v}{\partial y}\sin\theta + \frac{\partial v}{\partial x}\cos\theta\right)u\right)r\,d\theta$$

$$= \int_{\partial D}\left(u\frac{\partial v}{\partial n} - v\frac{\partial u}{\partial n}\right)ds$$

の右辺が(1)の右辺の定義式である．

さて，x, y-平面を複素 z-平面と見なすと，路 $\gamma : x=x(t), y=(t)$ $(\alpha \leqq t \leqq \beta)$ は $z(t)=x(t)+iy(t)$ と置く事により

$$\gamma : z = z(t) \quad (\alpha \leqq t \leqq \beta) \tag{6}$$

と表わされる．γ 上の連続関数 f に対して，$dz=dx+idy$ と約束すると，fdz は一次の微分形式であり，その γ 上の積分は

$$\int_\gamma f(z)\,dz = \int_\gamma (fdx + ifdy) = \int_\alpha^\beta \left(f(z(t))\frac{dx(t)}{dt} + if(z(t))\frac{dy(t)}{dt}\right)dt \tag{7}$$

であるから

$$\frac{dz(t)}{dt} = \frac{dx(t)}{dt} + i\frac{dy(t)}{dt} \tag{8}$$

なる約束の下では

$$\int_\gamma f(z)\,dz = \int_\alpha^\beta f(z(t))\frac{dz(t)}{dt}dt \tag{9}$$

で与えられ，(9)の右辺の分母と分子の dt を約算すると左辺に達する形となり，暗記の必要がない．これを，関数 f の路 γ に沿っての**複素積分**と言う．γ を**積分路**と言う．複素積分は(9)をその定義式として具体的に計算出るが，次問で論じるコーシーの積分定理は，正則関数の閉曲線に沿っての複素積分は計算する事なしに零である事を主張する．

なお，頭脳硬直型の人は，複素積分(7),(8)を，$f(z)=u(x,y)+iv(x,y)$ と実部と虚部に直し

$$\int_\gamma f(z)\,dz = \int_\gamma (udx - vdy) + i\int_\gamma (vdx + udy)$$

$$= \int_\alpha^\beta \left(u(x(t),y(t))\frac{dx(t)}{dt} - v(x(t),y(t))\frac{dy(t)}{dt}\right)dt +$$

$$i\int_\alpha^\beta \left(v(x(t),y(t))\frac{dx(t)}{dt} + u(x(t),y(t))\frac{dy(t)}{dt}\right)dt \tag{10}$$

と表さないと心の安らぎが得られない様であるが，これでは何の為に複素変数を学んでいるのか分らない．

3 (複 素 積 分)——一般化されたコーシーの積分定理

複素変数 $z=x+iy$ とその共役複素数 $\bar{z}=x+iy$ は C^1 級の関数なのでその偏微分は，$\dfrac{\partial z}{\partial x}=1$, $\dfrac{\partial z}{\partial y}=i$, $\dfrac{\partial \bar{z}}{\partial x}=1$, $\dfrac{\partial \bar{z}}{\partial y}=-i$ なので，問題 1 の定義式(2)より，

$$dz=dx+idy \quad (3), \qquad d\bar{z}=dx-idy \quad (4)$$

で与えられる．これより

$$dy=\frac{dz+d\bar{z}}{2} \quad (5), \qquad dy=\frac{dz-d\bar{z}}{2i} \quad (6)$$

を得るので，C^1 級の関数 f の微分 df の定義式である問題 1 の(2)に代入して

$$df=\frac{1}{2}\left(\frac{\partial f}{\partial x}+\frac{1}{i}\frac{\partial f}{\partial y}\right)dz+\frac{1}{2}\left(\frac{\partial f}{\partial x}-\frac{1}{i}\frac{\partial f}{\partial y}\right)d\bar{z} \tag{7}$$

を得る．関数 f の z, $\bar{z}$ に関する偏導関数を天下り的に

$$\frac{\partial f}{\partial z}=\frac{1}{2}\left(\frac{\partial f}{\partial x}+\frac{1}{i}\frac{\partial f}{\partial y}\right) \quad (8), \qquad \frac{\partial f}{\partial \bar{z}}=\frac{1}{2}\left(\frac{\partial f}{\partial x}-\frac{1}{i}\frac{\partial f}{\partial y}\right) \quad (9)$$

で定義すると，(7),(8),(9)より

$$df=\frac{\partial f}{\partial z}dz+\frac{\partial f}{\partial \bar{z}}d\bar{z} \tag{10}$$

と，あたかも，z と $\bar{z}$ が実の独立変数であるかのような様相を呈し，尤もらしくて，以上の議論は暗記の要が無く数学者向きである．筆者の狭い経験では，50年代に先ず，一変数で流行し，60年代の初めに，ヘルマンダーによる**非同次コーシー-リーマンの方程式**の解法による多変数関数論の再構成へと結実した．ベクトル解析からの決別こそ，この発展があったのである．存在は意識を決定し，記号は理論を決定する．人間の頭脳は有限個の細胞よりなる．これを最大限に活用するには，下らぬものを入れぬ事である．関数 f, g に対して，公式

$$d(fdz+gd\bar{z})=df\wedge dz+dg\wedge d\bar{z} \tag{11}$$

が成立し，やはり，z と $\bar{z}$ が独立変数であるかの様な錯覚を感じるが，それ以上妄想を懐く暇があったら，より高度の数学へと進んだ方がよい．以上は約束，しかも便利な約束に過ぎない．更に，(3),(4)と $dx\wedge dy=-dy\wedge dx$ の約束より

$$d\bar{z}\wedge dz=(dx+idy)\wedge(dx+idy)=2idx\wedge dy \tag{12}$$

が成立し，$d\bar{z}\wedge dz$ に関する積分は本質的には面積積分である．

さて，以上の準備の下で，本問に挑む．慎重な人は

$$d(fdz)=df\wedge dz=\left(\frac{\partial f}{\partial z}dz+\frac{\partial f}{\partial \bar{z}}d\bar{z}\right)\wedge dz=\frac{\partial f}{\partial \bar{z}}d\bar{z}\wedge dz$$

が成立する事を dx, dy による定義式に基いて，検証されたい．前問のストークスの定理より

$$\int_{\partial D}fdz=\iint_D d(fdz)=\iint_D \frac{\partial f}{\partial \bar{z}}d\bar{z}\wedge dz=2i\iint_D \frac{\partial f}{\partial \bar{z}}dxdy \tag{13}$$

を得るが，(13)の右辺で $dx\wedge dy$ に関する積分が $dxdy$ に関する積分に等しいのは，この世の約束事である．(13)を**一体化されたコーシーの積分定理**と言う．

色即是空，空即是色！

前章の問題 6 で説いた様に，複素変数 $z=x+iy$ の複素数値関数 $f(z)=u(x,y)+iv(x,y)$ が，複素微分可能である為の必要十分条件は

(コーシー-リーマンの偏微分方程式系) $\dfrac{\partial u}{\partial x}=\dfrac{\partial v}{\partial y},\ \dfrac{\partial u}{\partial y}=-\dfrac{\partial v}{\partial x}$ (14)

であり，これは $f_x=u_x+iv_x, fy=u_y+iv_y$ の約束の下では，

(コーシー-リーマンの偏微分方程式) $\dfrac{\partial f}{\partial x}=\dfrac{1}{i}\dfrac{\partial f}{\partial y}$ (15)

と同値であり，更に，定義式(9)より，

(コーシー-リーマンの偏微分方程式) $\dfrac{\partial f}{\partial \bar{z}}=0$ (16)

と同値である．C^1 級の関数 f は，上の(14),(15),(16)の何れか一つ，従って，全てが成立する時，正則関数と呼んだ．公式(2)=(13)の右辺の積分関数が零になる事こそ，f が正則である定義式(16)に他ならぬので，関数論の真髄

(コーシーの積分定理) 有限個の閉曲線で囲まれた領域 D の閉包 $\bar{D}$ の近傍で正則な関数 $f(z)$ に対して

$$\int_{\partial D} f(z)\,dz=0 \tag{17}$$

に達した．∂D の境界が二つ以上の曲線から成る時は，∂D の向きの定め方から，外側の大きな曲線 γ_0 に沿っての積分が，内側の小さな曲線 γ_j の普通の，反時計の正の向きの積分の和に等しく

$$\int_{\gamma_0} f(z)\,dz=\sum_{j=1}^{n}\int_{\gamma_j} f(z)\,dz. \tag{18}$$

問題 実積分 $A_n=\int_0^{\infty}\exp(-x^n)dx$ を用いて，定積分 $S_n=\int_0^{\infty}\exp(ix^n)dx$ は $S_n=\exp\left(\frac{\pi i}{2n}\right)An$ と表されることを示せ． (東京大学大学院地球惑星科学専攻入試)

解答． 正則関数 $f(z):=e^{iz^n}$ を94頁のE1右図の4を $2n$ にした $4n$ 分扇形図の扇形を構成する積分路 C に対して，Cauchy の積分定理を適用する．$4n$ 分扇形図の実軸上の線分 $\gamma_1: z=x\ (0\leq x\leq R)$ に沿っての $f(z)$ の積分は実変数 x の複素数値関数 $f(x)$ の積分 S_n である．$z=R$ から $z=R\exp\left(\frac{\pi i}{2n}\right)$ 迄の円弧 γ_2 を z の偏角 θ により助変数表示すると $z=R\exp(i\theta)\ \left(0\leq\theta\leq\frac{\pi}{2n}\right)$，$dz=iR\exp(i\theta)$ であるから，この円弧に沿っての複素積分は，$\int_{\gamma_2} f(z)dz=\int_0^{\frac{\pi}{2n}}\exp(iR^n\exp(in\theta))iR\exp(i\theta)d\theta$ であり，93頁不等式(8)より，不等式 $|\exp(iR^n\exp(in\theta)|=\exp(-R^n\sin(n\theta))\leq\exp\left(-R^n\frac{2n\theta}{\pi}\right)$ を得るので，$n>1$ であれば，$R\to\infty$ の時，$\left|\int_{\gamma_2} f(z)dz\right|\leq\int_0^{\frac{\pi}{2n}}\exp\left(-R^n\frac{2n\theta}{\pi}\right)Rd\theta=\frac{\pi}{-2nR^n}R\exp\left(-R^n\frac{2n\theta}{\pi}\right)\Big|_0^{\frac{\pi}{2n}}=\frac{\pi(1-\exp(-R^n))}{2nR^{n-1}}$ は0に収束する．$R\exp\left(\frac{\pi i}{2n}\right)$ から原点迄の線分 γ_3 に沿っての複素積分は，線分 γ_3 の助変数表示が $z=t\exp\left(\frac{\pi i}{2n}\right)$，$t$ は R から0迄であり，$\int_{\gamma_3} f(z)dz=\int_R^0\exp\left(it^n\exp\left(it^n\exp\left(\frac{\pi i}{2}\right)\right)\right)\exp\left(\frac{\pi i}{2n}\right)dt=-\exp\left(\frac{\pi i}{2n}\right)\int_0^R\exp(it^n)dt$．これを，上記 Cauchy の積分定理より得る，$\int_{\gamma_1} f(z)dz+\int_{\gamma_2} f(z)dz+\int_{\gamma_3} f(z)dz=0$ に代入し，$R\to\infty$ とすると，上で見た様に，$\int_{\gamma_2} f(z)dz\to 0$ であり，証明を終る．

類題

(解答☞ 196ページ)

1．0と $1+i$ を結ぶ線分 γ に沿っての次の複素積分の値はどれか

$$\int_{\gamma}(x-y+ix^2)\,dz$$

(イ) $-\frac{1}{2}+\frac{i}{3}$　(ロ) $\frac{4}{5}+\frac{i}{4}$　(ハ) $-\frac{2}{3}+\frac{5}{6}i$

(ニ) $-\frac{1}{3}+\frac{i}{3}$　(ホ) $-\frac{1}{2}+\frac{i}{6}$

4 （複素積分）——コーシーの積分表示

D を有限個の曲線で囲まれた領域，f を D の閉包 $\bar{D}$ の近傍で正則な関数，z を D の点とする点，有名な

（コーシーの積分表示）　$$f(z)=\frac{1}{2\pi i}\int_{\partial D}\frac{f(\xi)}{\xi-z}d\xi \tag{1}$$

を証明しよう．被積分関数は $\xi=z$ では定義出来ないので，下図の様に z を中心とする半径 ε の閉円板 $|\xi-$

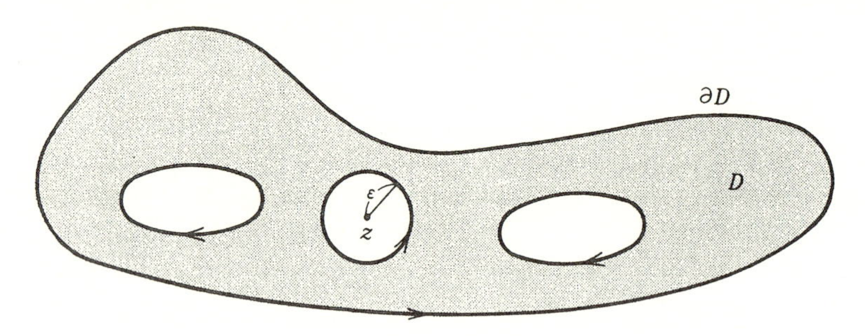

$z|\leqq\varepsilon$ を D からくり抜き，領域 D_ε を作成する．D_ε の境界 ∂D_ε は ∂D の新たな円周 $|\xi-z|=\varepsilon$ を追加したものであるがこの円周は内側の境界を構成するので，反時計の向きの逆である．領域 D_ε の近傍で(1)の被積分関数は正則であるから，コーシーの積分定理が適用出来，前問の(18)に注意して

$$\int_{\partial D}\frac{f(\xi)}{\xi-z}d\xi=\int_{|\xi-z|=\varepsilon}\frac{f(\xi)}{\xi-z}d\xi=\int_0^{2\pi}\frac{f(z+\varepsilon e^{i\theta})}{\varepsilon e^{i\theta}}i\varepsilon e^{i\theta}d\theta=\int_0^{2\pi}f(z+\varepsilon e^{i\theta})id\theta\to 2\pi i f(z) \tag{2}$$

助変数表示 $\xi=z+\varepsilon e^{i\theta}$, $\dfrac{d\xi}{d\theta}=i\varepsilon e^{i\theta}(0\leqq\theta\leqq 2\pi)$ を用い，$\varepsilon\to 0$ とすると，上の(2)を得て，(1)に達する．

数学的帰納法を用いながら，差分商の極限を作って，(1)を複素微分すると，$n\geqq 0$ に対して

（コーシーの積分表示）　$$f^{(n)}(z)=\frac{n!}{2\pi i}\int_{\partial D}\frac{f(\xi)}{(\xi-z)^{n+1}}d\xi \tag{3}$$

と(1)の積分記号で z について n 回微分した式を得る．公式(1)と(3)が関数論の出発点である．

今後の計算の便宜の為に複素積分の評価式を与えておく．路 $\gamma : z=z(t)$ $(\alpha\leqq t\leqq\beta)$，上での連続関数 $f(z)$ の絶対値の最大値を M とし，γ の周の長さを L とすると，$\dfrac{dz(t)}{dt}=\dfrac{dx(t)}{dy}+i\dfrac{dy(t)}{dt}$ なので，

$$\left|\frac{dz(t)}{dt}\right|=\sqrt{\left(\frac{dx}{dt}\right)^2+\left(\frac{dy}{dt}\right)^2}$$

が成立し，次の不等式を得る：

$$\left|\int_\gamma f(z)dz\right|=\left|\int_\alpha^\beta f(z(t))\frac{dz(t)}{dt}dt\right|\leqq M\int_\alpha^\beta\left|\frac{dz(t)}{dt}\right|dt=ML \tag{4}$$

公式(3)で示した様に，正則関数は複素変数にいて無限回複素微分可能であって，本問の設定が出来る．領域 D の任意の点を a とする．領域とは開連結集合であるから，D は a の近傍であり，定義より正数 r を十分小さく取れば，半径 r の閉円板 $|z-a|\leqq r$ は D に含まれる．各 $f_n(z)$ は D で正則であるから，この閉円板に対して，コーシーの積分表示が成立し，

$$f_n^{(\alpha)}(z)=\frac{\alpha!}{2\pi i}\int_{|\xi-a|=r}\frac{f_n(\xi)}{(\xi-z)^{\alpha+1}}d\xi=\frac{\alpha!}{2\pi}\int_0^{2\pi}\frac{f_n(a+re^{i\theta})}{(a+re^{i\theta}-z)^{\alpha+1}}re^{i\theta}d\theta \tag{5}$$

が $\alpha\geqq 0, |z-a|<r$ に対して成立する．$(f_n(z))_{n\geqq 1}$ が $f(z)$ に D で広義一様収束する事の定義より，それは，

D 内の閉円板 $|\zeta-a|\leqq r$ で一様収束している．(5)の真中の複素積分は実質的には，(5)の右辺の実変数 θ に関する $[0,2\pi]$ 上の積分であるから，4章の問題3の基-1より，積分記号の中で極限が取れて

$$f(z)=\frac{1}{2\pi}\int_0^{2\pi}\frac{f(a+re^{i\theta})re^{i\theta}}{a+re^{i\theta}-z}d\theta=\frac{1}{2\pi i}\int_{|\zeta-a|=r}\frac{f(\zeta)}{\zeta-z}d\zeta \tag{6}$$

を得る．(6)の右辺を用いると，$f(z)$ は差分商の極限を作って，複素微分が出来て正則である．再び(5)を用いて，今や $f(z)$ に対して成立する(3)との差を作り，$\alpha\geqq 0, |z-a|<r$ に対して

$$f_n^{(\alpha)}(z)-f^{(\alpha)}(z)=\frac{\alpha!}{2\pi i}\int_{|\zeta-a|=r}\frac{f_n(\zeta)-f(\zeta)}{(\zeta-z)^{\alpha+1}}d\zeta \tag{7}$$

を得る．任意の正数 ε に対して，一様収束性より，自然数 n_0 を十分大きく取れば，n_0 番目から先の n に対しては，$|f_n(\zeta)-f(\zeta)|<\varepsilon$ $(n\geqq n_0, |\zeta-a|=r)$．半径が半分の同心閉円板 $|z-a|\leqq\frac{r}{2}$ 上の点 z と積分変数 ζ には，$|\zeta-z|\geqq|\zeta-a|-|z-a|\geqq\frac{r}{2}$ が成立するから，(4)より

$$|f_n^{(\alpha)}(z)-f^{(\alpha)}(z)|\leqq\frac{\alpha!}{2\pi}\frac{\varepsilon}{\left(\frac{r}{2}\right)^{\alpha+1}}\cdot 2\pi r=\frac{2^{\alpha+1)}\alpha!}{r^\alpha}\varepsilon\left(n\geqq n_0, |z-a|\leqq\frac{r}{2}\right) \tag{8}$$

が成立し，関数列 $(f^{(\alpha)}(z))_{n\geqq 1}$ は関数 $f^{(\alpha)}(z)$ に，D の任意の点 a の近傍 $|z-a|\leqq\frac{r}{2}$ で一様収束する．従って，この収束は広義一様である．

ついでに，$f(z)$ が開円板 $|z-a|<R$ で正則，有界 $|f(z)|\leqq M$ とする．R より小さい任意の r に対して，$D=\{|z-a|<r\}$ に対して，コーシーの積分表示(3)が $z=a$ に対して成立し，不等式(4)より

$$|f^{(n)}(a)|\leqq\left|\frac{n!}{2\pi i}\int_{|\zeta-a|=r}\frac{f(\zeta)}{(\zeta-a)^{n+1}}d\zeta\right|\leqq\frac{n!}{2\pi}\cdot\frac{M}{r^{n+1}}2\pi\cdot r=\frac{n!M}{r^n} \tag{9}$$

を得る．$r\to R$ とすると，次を得る：

（コーシーの不等式）
$$|f^{(n)}(a)|\leqq\frac{n!M}{R^2}. \tag{10}$$

開円板 $|z-a|<R$ で正則な関数 $f(z)$ が，絶対値 $|f(z)|$ の最大値を点 a で取ったとしよう．任意の正数 $r<R$ と $z=a$ に対して，(6)を適用し，$|f(a)|\leqq$ 第2式の絶対値の積分，として移項し，$|f(a)|-|f(a+re^{i\theta})|\geqq 0$ に注意すると

$$\int_0^{2\pi}(|f(a)|-|f(a+re^{i\theta}|)d\theta=0 \tag{11}$$

を得る．(11)の被積分関数は $[0,2\pi]$ の非負連続関数なので，$\equiv 0$ であり，$|z-a|<R$ にて $|f(z)|=$定数 $|f(a)|$ を得る．7章の問題6より，$f(z)$ 自身が定数である．一般に領域 D で正則な関数 $f(z)$ が，絶対値の最大値を取れば，今述べた様に a の近傍で $f(z)$ は定数であり，9章の問題2より，f は解析的なので，7章の問題7より f は定数である．これを**最大絶対値の原理**と云う．

問題
$$\int_0^\infty\cos(x^2)dx=\int_0^\infty\sin(x^2)dx=\frac{\sqrt{\pi}}{2\sqrt{2}} \tag{12}$$

が成立することを示せ．　（大阪大学大学院電気工学・通信工学・電子工学専攻入試）

89頁東大地惑入試問題の $n=2$ の場合として $\int_0^\infty\exp(ix^2)dx=\exp\left(\frac{\pi}{4i}\right)\int_0^\infty\exp(-x^2)dx$ を得る．右辺の $\int_0^\infty\exp(-x^2)dx$ は96頁(1)より，fantastic な値 $\sqrt{\pi}$ であるので，Euler の公式 $e^{ix^2}=\cos(x^2)+i\sin(x^2)$，$e^{\frac{\pi}{4}i}=\frac{1}{\sqrt{2}}+i\frac{1}{\sqrt{2}}$ を上式左辺と右辺に代入，実部同士と虚部同士を等しいと置けば，公式(12)を得る．

5 (複素積分)——代数学の基本定理

複素平面全体で正則な関数を**整関数**と言う．整関数の増大度について調べよう．$r>0$ に対して

$$M(r)=\max_{|z|\leqq r}|f(z)|=\max_{|z|=r}|f(z)| \tag{1}$$

と置く．これは，２章の問題１で示したワイエルシュトラスの定理より，連続関数 $|f(z)|$ は閉円板 $|z|\leqq r$ の点 a で最大値を取る．$|a|<r$ であれば，問題４の終りで解説した最大絶対値の原理より，$f(z)$ は定数となるので，$|a|=r$ と仮定してよい，従って，(1)の第二式と第三式は等しく，(1)が成立する．$f(z)$ が p 次の多項式であれば，直ぐに $M(r)=O(r^p)$，即ち，$|M(r)r^{-p}|\leqq M$ である．この逆を追求する．その際，頼りになるのは，コーシーの不等式であって，任意の $n>p,r>0$ に対して

$$|f^{(n)}(0)|\leqq\frac{n!M(r)}{r^n}\leqq\frac{n!M}{r^{n-p}}\to 0 \quad (r\to\infty) \tag{2},$$

即ち，$f^{(n)}(0)=0(n>p)$．正則関数 $f(z)$ は問題４のコーシーの積分表示を用いて，９章の問題２で述べる様に，解析関数である事を示す事が出来る．従って，正則関数と解析関数は同じである．$f(z)$ を $z=0$ の近傍でテイラー展開すると

$$f(z)=\sum_{n=0}^{\infty}\frac{f^{(n)}(0)}{n!}z^n=\sum_{n=0}^{p}\frac{f^{(n)}(0)}{n!}z^n=\text{高々 } p \text{ 次の多項式} \tag{3}$$

である．一致の定理より，平面全体で(3)が成立し，$f(z)$ は高々 p 次の多項式となる．特に $p=0$ として

(リュウビュウの定理) 有界な整関数は定数である．

を得る．さて，

(代数学の基本定理) 代数方程式 $a_0z^n+a_1z^{n-1}+\cdots+a_n=0\ (n\geqq 1, a_0\neq 0)$ は根（解）を持つ．

を背理法で証明しよう．根がなければ，分数式

$$f(z)=\frac{1}{a_0z^n+a_1z^{n-1}+\cdots+a_n} \tag{4}$$

は平面全体で正則，即ち，整関数である．$n\geqq 1, a_0\neq 0$ であるから，$f(z)\to 0\ (|z|\to\infty)$ が成立し，R を大きく取れば，$|z|=R$ において，$|f(z)|<1$．閉円板 $|z|\leqq R$ における連続関数 $|f(z)|$ の最大値と１の大きい方を M とすれば，平面全体で，$|f(z)|\leqq M$．$f(z)$ は有界な整関数であるからリュウビュウの定理より，$f(z)$ は定数，従って，$a_0z^n+a_1z^{n-1}+\cdots+a_n=$定数となり，テイラー展開の z^n の係数 $a_0=0$ となり矛盾である．

考えて見ると，最も簡単な二次方程式

$$z^2+1=0 \tag{5}$$

ですら，実数の範囲では解を持たぬのは精神衛生上よくないので，その解として虚数単位 $i=\sqrt{-1}$ を導入したが，あく迄も imaginary number 想像上の数であった．幸いにして２次方程式 $az^2+bz+c=0$ は $\alpha+i\beta$ なる形に帰着される解

$$z=\frac{-b\pm\sqrt{b^2-4ac}}{2a} \tag{6}$$

を持つ．のみならず，今示した代数学の基本定理によると，全ゆる代数方程式は $\alpha+i\beta$ なる形の解を持つ事が分かり，代数方程式を論じる限り，複素数体で完結する事が分った．

三角級数論の鍵だった

問題 関数 $f(z)=\dfrac{e^{iz}}{z}$ を適当な積分路に沿って積分し，実積分

$$\int_{-\infty}^{+\infty}\frac{\sin x}{x}dx=\pi \tag{7}$$

を証明せよ． （九州大，立教大，大阪大，東京工業大学，東北大，神戸大大学院入試）

を解こう．その又，準備として

問題 $\dfrac{2}{\pi}\theta\leqq\sin\theta\left(0\leqq\theta\leqq\dfrac{\pi}{2}\right)$ (8)， $\displaystyle\int_0^{\frac{\pi}{2}}e^{-R\sin\theta}d\theta<\frac{\pi}{2R}$ (9)

を示せ． （早稲田大大学院入試）

に取り掛ろう．先ず，$h(\theta)=\theta-\tan\theta\left(0<\theta<\dfrac{\pi}{2}\right)$ は，$h'(\theta)=1-\sec^2\theta<0$ なので，単調減少であり，$h(0)=0$ なので，$h(\theta)<0\left(0<\theta<\dfrac{\pi}{2}\right)$．更に，$g(\theta)=\dfrac{\sin\theta}{\theta}\left(0<\theta<\dfrac{\pi}{2}\right)$ は，今，見た様に $g'(\theta)=\dfrac{\cos\theta(\theta-\tan\theta)}{\theta^2}<0$ なので，$g(\theta)\geqq g\left(\dfrac{\pi}{2}\right)$，即ち(8)が成立し

$$\int_0^{\frac{\pi}{2}}e^{-R\sin\theta}d\theta\leqq\int_0^{\frac{\pi}{2}}e^{-\frac{2R\theta}{\pi}}d\theta=\left[\frac{-\pi}{2R}e^{-\frac{2R\theta}{\pi}}\right]_0^{\frac{\pi}{2}}=\frac{\pi}{2R}(1-e^{-R})<\frac{\pi}{2R}$$

より(9)を得る．さて，$f(z)=\dfrac{e^{iz}}{z}$ を下図の積分路 γ に沿って複素積分すると，コーシーの積分定理

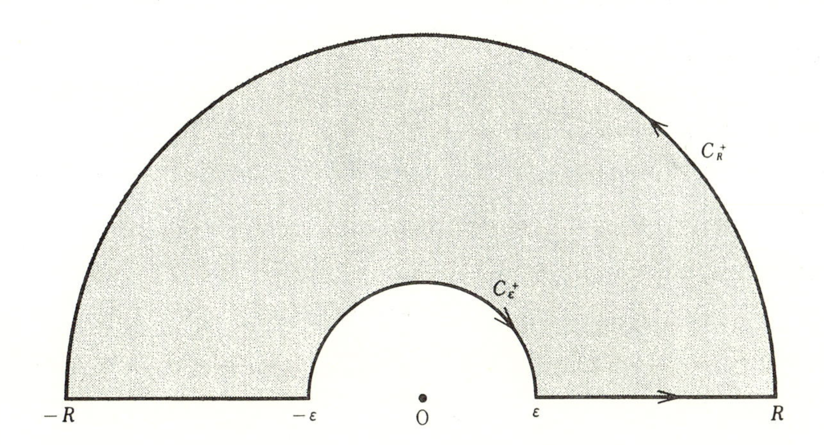

$$\int_\gamma=\int_{-R}^{-\varepsilon}+\int_{C^{\varepsilon+}}+\int_\varepsilon^R+\int_{C_{R^+}}=0 \tag{10}$$

が成立するが，$C_R{}^+$ の助表数表示は $z=Re^{i\theta}(0\leqq\theta\leqq\pi)$ なので，(9)と $|e^{x+iy}|=e^x$ より

$$\left|\int_{C_{R^+}}\right|=\left|\int_0^\pi e^{-R\sin\theta+iR\cos\theta}id\theta\right|\leqq2\int_0^{\frac{\pi}{2}}e^{-R\sin\theta}d\theta<\frac{\pi}{R}\to0\ (R\to\infty).$$

同様にして $\varepsilon\to0, R\to\infty$ として，

$$\int_{C^{\varepsilon+}}=\int_\pi^0 e^{i\varepsilon e^{i\theta}}id\theta\to-i\pi,\int_{-R}^{-\varepsilon}+\int_\varepsilon^R\to\int_0^\infty\frac{e^{ix}-e^{-ix}}{x}dx=2i\int_0^\infty\frac{\sin x}{x}dx$$

が成立し，(10)にて $\varepsilon\to0, R\to\infty$ として，$2i\displaystyle\int_0^\infty\frac{\sin x}{x}dx=i\pi$，即ち，(7)を得る．

EXERCISES

（解答☞ 195ページ）

1 （複素積分） コーシーの積分定理の応用

$f(z)=\dfrac{e^{-z}}{a+zi}(a>0)$ を下の左の積分路に沿って複素積分し，$R\to\infty$ として

$$\int_0^{\infty}\frac{\cos x}{x+a}dx=\int_0^{\infty}\frac{xe^{-x}}{x^2+a^2}dx \quad (1),\qquad \int_0^{\infty}\frac{\sin x}{x+a}dx=\int_0^{\infty}\frac{ae^{-x}}{x^2+a^2}dx \quad (2)$$

を示せ．

（早稲田大大学院入試）

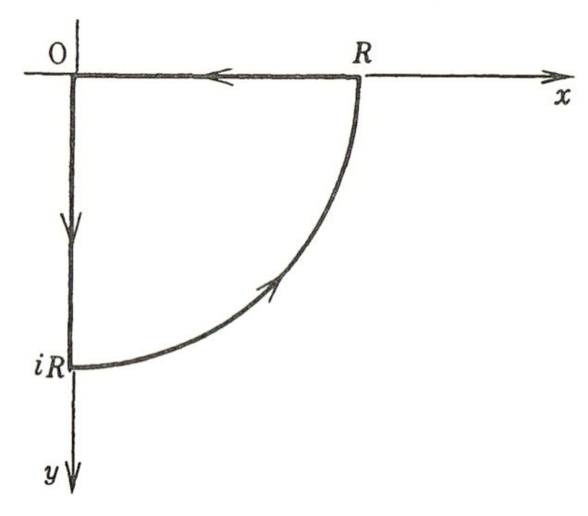

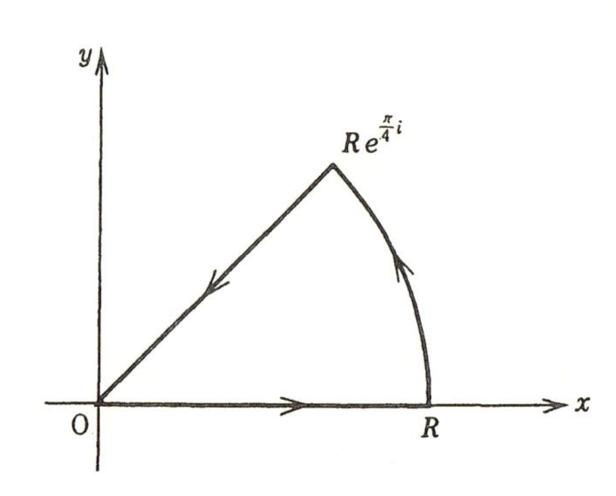

2 （複素積分） コーシーの積分定理の応用

極限 $\displaystyle\lim_{R\to\infty}\int_0^R e^{ix^2}dx$ が存在する事を示せ．

（京都大大学院入試）

3 （複素積分） コーシーの不等式の応用

整関数 $f(z)$ に対して，$M(r)=\max_{|z|\leqq r}|f(z)|$ が，自然数 k に対して $M(r)=0((\log r)^k)$ を満せば，$f(z)$ は定数である事を示せ．

（東京教育大＝筑波大前身の大学院入試）

4 （複素積分） コーシーの積分表示の行列値正則関数への応用

複素数体 $\boldsymbol{C}$ 上の n 次以下の多項式のなす線形空間 X にて，線形写像 $A：X\to X$ を $f\in X$ に対して，$Af=f'=\dfrac{df}{dz}$ で定義する．この時 A の固有値を求め，t が実数の時，$f\in X$ に対して，次の $u(t)$ を求めよ．

$$u(t)=\frac{1}{2\pi i}\int_{|\xi|=1}e^{t\xi}(\xi I-A)^{-1}fd\xi \qquad (1)$$

（東京大大学院入試）

5 （複素積分） コーシーの積分表示の線形作用値正則関数への応用

バナッハ空間 X の有界線形作用素に対して，$\lim_{n\to\infty}\|T^n\|^{\frac{1}{n}}=0$ であれば，任意の複素数 z に対して，有界な $(I-zT)^{-1}$ が存在して，z の整関数であり，更に，正定数 M があって，任意の複素数 Z に対して，$\|(I-zT)^{-1}\|\leqq M(1+|z|)$ が成立するならば，$T^2=0$ である事を示せ．

（京都大大学院入試）

Advice

1, 2 与えられた $f(z)$ や $f(z)=e^{-z^2}$ を上図の左や右の積分路に沿って複素積分せよ．

3 リュウビュウの定理の証明を真似よ．

4 A が複素数ならば，$e^{tA}f=f(z+t)$ に等しいが．

5 前半は，4 章問題 3 の基-4 を適用し，後半は T^2 の積分表示に，リュウビュウの定理の証明を真似よ．

コーシーの積分定理と留数定数による実積分の計算

実積分を，複素積分に帰着させ，留数定理を用いて，殆んどは中学の通分と代入の計算，高々高校の微分の計算によって，写るんですE.Eカメラ式に，求める事が出来る．原始関数が初等関数で表わされない関数の定積分を求めて，関数論の醍醐味を満喫して欲しい．

1 （コーシー） $\int_{-\infty}^{+\infty} e^{-x^2}\cos xt\,dx=\sqrt{\pi}e^{-\frac{t^2}{4}}$ を示せ．

（千葉大学大学院数学・情報数理学専攻，熊本大大学院入試）

2 （留数） 関数 $f(z)=e^{\frac{c}{2}\left(z-\frac{1}{z}\right)}$ の $z=0$ におけるローラン展開 $f(z)=\sum_{l=-\infty}^{+\infty} c_l z^l$ の係数 c_l は

$$c_l=\frac{1}{2\pi}\int_0^{2\pi}\cos(l\theta-c\sin\theta)d\theta \qquad (1)$$

で与えられる事を示せ． （岡山大大学院入試））

3 （留数） 関数 $f(z)$ が a の近傍で正則で，$f'(a)\neq 0$ を満せば，$b=f(a)$ の近傍で定まる f の逆関数 $z=g(w)$ は，十分小さな正数 r，ρ を取れば，$|w-b|<\rho$ なる w に対して

$$g(w)=\frac{1}{2\pi i}\int_{|\zeta-a|=r}\frac{\zeta f'(\zeta)}{f(\zeta)-\omega}d\zeta \qquad (1)$$

で与えられる事を示せ． （東京大大学院入試）

4 （留数） $\int_0^{2\pi}\frac{d\theta}{R^2+r^2-2Rr\cos\theta}\ (0<r<R)$ を求めよ．

（千葉大学大学院数学・情報数理学専攻，慶応大，早稲田大，立教大，九州大大学院入試）

5 （留数） $\int_0^{\infty}\frac{dx}{x^6+a^6}(a>0)$ を求めよ． （九州大大学院入試）

$\int_{-\infty}^{+\infty}\frac{dx}{(x^2+a^2)^2}(a>0)$ を求めよ． （立教大大学院入試）

6 （留数） $\int_0^{\infty}\frac{\cos\alpha x}{(x^2+a^2)^2}dx(a,\ \alpha>0)$ を求めよ．

（東京工業大学大学院基礎物理学専攻，学習院大大学院入試）

7 （留数） $\int_0^{\infty}\frac{\log x}{x^2+a^2}dx$，$\int_0^{\infty}\frac{\log x}{(x^2+a^2)}dx(a>0)$ を求めよ． （津田塾大大学院入試）

8 （留数） 留数定理を用いて，$\int_0^{\infty}\frac{x^p}{(x+a)^2}dx(0<p<1,\ a>0)$ を計算せよ．

（東京大学大学院数理科学研究科入試）

1　(コーシー)——コーシーの積分定理の応用

先ず，次の問題に掛ろう．

問題　$I=\int_{-\infty}^{+\infty}e^{-x^2}dx$ を求めよ．　　(東京都立大，熊本大，慶応大大学院入試)

---

e^{-x^2} の原始関数は初等関数で表わされぬが，無限積分 I は具体的に計算出来る所が面白い．次式の二つの I の積分変数は独立なので，x, y と区別し，2重積分に極座標の公式を用いて

$$I^2=\left(\int_{-\infty}^{+\infty}e^{-x^2}dx\right)\left(\int_{-\infty}^{+\infty}e^{-y^2}dy\right)=\iint e^{-x^2-y^2}dxdy$$

$$=\iint_{\substack{0\leqq r<+\infty\\0\leqq\theta\leqq 2\pi}}e^{-r^2}rdrd\theta=2\pi\int_0^{2\pi}e^{-r^2}rdr=\left[-\pi e^{-r^2}\right]_0^{\infty}=\pi \qquad (1).$$

よって，$I=\sqrt{\pi}$ を得る．次の問題で本問の解答を準備しよう．

問題　a を実数とする時，下の積分路に沿っての正則関数 $f(z)=e^{-z^2}$ の複素積分を考察する事により，実軸に平行な直線 l_a：$z=x+ia\ (-\infty<x<\infty)$ に沿っての正則関数 $f(z)$ の積分は a の取り方に無関係な事を示せ．

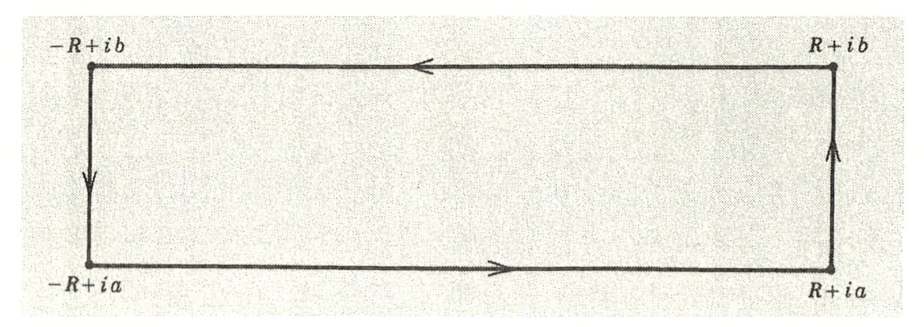

(九州大大学院入試)

$a<b$ と $R>0$ に対して，上の長方形の周に沿い，$f(z)$ を複素積分する．$R+ia$ から $R+ib$ 迄の線分上では，y を助変数として，$z=R+iy\ (a\leqq y\leqq b)$, $\dfrac{dz}{dy}=i$ となり，$|f(z)|$ の上界は

$$|f(z)|=|e^{-z^2}|=|e^{-(R+iy)^2}|=|e^{y^2-R^2-2Ryi}|=e^{y^2-R^2}\leqq e^{a^2+b^2-R^2}$$

なので，前章の問題4の(4)より

$$\left|\int_{R+ia}^{R+ib}\right|\leqq(b-a)e^{a^2+b^2-R^2}\to 0\ (R\to\infty) \qquad (2).$$

左側の $-R+ib$ から $-R+ia$ 迄の積分も同様である．整関数 $f(z)$ と上の積分路にコーシーの積分定理を適用して

$$\left(\int_{-R+ia}^{R+ia}+\int_{R+ia}^{R+ib}+\int_{R+ib}^{-R+ib}+\int_{-R+ib}^{-R+ia}\right)f(z)dz=0$$

にて，$R\to\infty$ とすると，$\int_{l_a}f(z)dz=\int_{l_b}f(z)dz$ に達する．

ここで条件反射として，計算するのが，**正則分布** $N(\mu,\sigma^2)$ の**特性関数**

$$\varphi(t)=\int_{-\infty}^{+\infty}e^{ixt}\frac{1}{\sqrt{2\pi}\sigma}e^{-\frac{(x-\mu)^2}{2\sigma^2}}dx \qquad (3)$$

であって，e の肩を完全平方にし，実変数の間の変数変換 $\xi=\dfrac{x-\mu}{\sqrt{2}\,\sigma}$ を施し

$$\varphi(t)=\frac{e^{i\mu t-\frac{\sigma^2t^2}{2}}}{\sqrt{2\pi}\sigma}\int_{-\infty}^{+\infty}e^{-\frac{(x-\mu-i\sigma^2t)^2}{2\sigma^2}}dx=\frac{e^{i\mu t-\frac{\sigma^2t^2}{2}}}{\sqrt{\pi}}\int_{-\infty}^{+\infty}e^{-\left(\xi-\frac{i\sigma t}{\sqrt{2}}\right)^2}d\xi.$$

$a=-\dfrac{\sigma t}{\sqrt{2}}$ と $b=0$ に対して，前問を用い l_a 上の積分を l_0 上のそれにし，前々問を用い，

$$\varphi(t)=\frac{e^{i\mu t-\frac{\sigma^2t^2}{2}}}{\sqrt{\pi}}\int_{l_a}=\frac{e^{i\mu t-\frac{\sigma^2}{t^2}2}}{\sqrt{\pi}}\int_{l_0}=\frac{e^{i\mu t-\frac{r^2t^2}{2}}}{\sqrt{\pi}}\int_{-\infty}^{+\infty}e^{-x^2}dx=e^{i\mu t-\frac{\sigma^2t^2}{2}} \qquad (4).$$

(4)において $\mu=0, \sigma=\dfrac{1}{\sqrt{2}}$ とおくと，オイラーの公式より

$$\int_{-\infty}^{+\infty}e^{-x^2}\cos xt dx+i\int_{-\infty}^{+\infty}e^{-x^2}\sin xt dx=\int_{-\infty}^{+\infty}e^{-x^2}e^{ixt}dx=\sqrt{\pi}e^{-\frac{t^2}{4}} \qquad (5).$$

(5)の実部を取り，本問の証明終り．これは5章の類題4の計算の正当化ですね．本問に出て来る問題は皆，**統計学**にルーツを持つ事が明白となった．

問題　正の実数 $a>0$，非負の実数 $\lambda\geq 0$ および2以上の整数 $m\geq 2$ が与えられている．$C=\{z=a+it|t\in\mathbf{R}\}$（向き付けは t が増加する向きとする）とするとき，積分 $I=\dfrac{1}{2\pi i}\displaystyle\int_C\frac{e^{\lambda z}}{z^m}dz$ が存在することを示し，その値を求めよ．　（東京大学大学院数理科学研究科入試）

複素積分 $I=\displaystyle\int_{|z|=1}\frac{\sin z}{\sin(z^2)}\mathrm{d}z$. の値を求めよ．　（大阪大学大学院数学専攻入試）

東大解答． 直線 $\mathrm{Re}z=a$ 上では，39頁(18)より $|e^{\lambda z}|=e^{\lambda a}$ であるから，I の右辺を助変数表示 $z=a+\mathrm{i}t, \mathrm{d}z=\mathrm{d}t$ により，助変数 t に付いて積分する時の，絶対値の積分は $\int_{-\infty}^{\infty}|f(z)|dt=\int_{-\infty}^{\infty}e^{\lambda a}(\sqrt{a^2+t^2})^{-m}dt\leq\int_{|t|\leq 1}e^{\lambda a}a^{-m}dt+\int_{|t|\geq 1}e^{\lambda a}(|t|)^{-m}dt=2e^{\lambda a}(1+1/(m-1))<+\infty$ であるから，$m\geq 2$ の時，積分 I は絶対収束している．R を a より大きな任意の正数とし，左半円周 C_R^a : $z=a+Re^{i\theta}$ $(\pi/2\leq\theta\leq 3\pi/2)$ に虚軸に平行な所与の直線 C 上の線分 ℓ_R^a : $z=a+iy(-R\leq y\leq R)$ を連ねて得る，左半月周 $HM_R^{左\,a}$ に沿って，次の所与の関数 $f(z)=e^{\lambda z}z^{-m}$ を複素積分する．積分路，左半月周 $HM_R^{左\,a}$ 上と $HM_R^{左\,a}$ が囲む左半月内の関数 $f(z)$ の特異点は m 位の極 $z=0$ のみであり，100頁(7)の留数の公式より，$\mathrm{Res}(f(z),0)=(1/(m-1)!)(d^{m-1}/dz^{m-1})e^{\lambda z}|_{z=0}=\lambda^{m-1}/(m-1)!$ を得るから，100頁(8)の留数定理より，$\int_{HM_R^{左}a}f(z)dz=2\pi i\lambda^{m-1}/(m-1)!$. 一方，左半円周 $C_R^{左\,a}$ 上では，99頁(15)と(18)より，$|e^{\lambda z}|=e^{\lambda a+\lambda R\cos\theta}=e^{\lambda a}e^{\lambda R\cos\theta}, \cos\theta\leq 0$ であるから，$|e^{\lambda z}|\leq e^{\lambda a}$. 90頁(4)で与えた，複素積分の評価式を適用．条件 $m\geq 2$ の下では，下の(36)分母 R^{m-1} の $m-1>0$ であり，$R\to\infty$ の時，$\left|\int_{C_R^{左}a}f(z)dz\right|\leq(e^{\lambda a}/(R-a)^m)\times\pi R\to 0$ を得るから，I の左辺を $\left(\int_{\ell_R^a}+\int_{C_R^{左}a}\right)f(z)\mathrm{d}z$ と見なしつつ，$R\to\infty$ とすると，答えは $I=1/(2\pi i)\lim_{R\to\infty}\int_{\ell_R^a}f(z)dz=(\lambda^{m-1}/(m-1)!)-1/(2\pi i)\lim_{R\to\infty}\int_{C_R^{左}a}f(z)dz=\lambda^{m-1}/(m-1)!$.

阪大解答． 超越方程式 $\sin(z^2)=0$ の根 $z=\pm\sqrt{k\pi}$ の内 $|z|\leq 1$ なのは，$z=0$ のみ．正弦の Taylor 展開，特に分母は更に $(1-w)^{-1}=1+w+\cdots+$ を用いて後掛算を実行，被積分関数 $f(z)$ を Laurent 展開 $f(z)=z^{-1}-z/6+\cdots$ し z^{-1} の係数を求め，$\mathrm{Res}(f,0)=1$. 100頁留数定理(8)より，$I=2\pi i$.

2　（留数）——ローラン係数の積分表示

$f(z)$ を開円環 $R_1<|z-a|<R_2$ で正則な関数とする．四個の正数 $R_1<r_1<\rho_1<\rho_2<r_2<R_2$ を取り，一応固定し，下図の様に同心円を四個，新たに最初の円環内に作る．二つの円周で囲まれた閉円環 $r_1\leqq|z-a|\leqq r_2$ の近傍で $f(z)$ は正則であるから，更に内側にある閉円環 $\rho_1\leqq|z-a|\leqq\rho_2$ の点 z に対して，コーシーの積分表示より

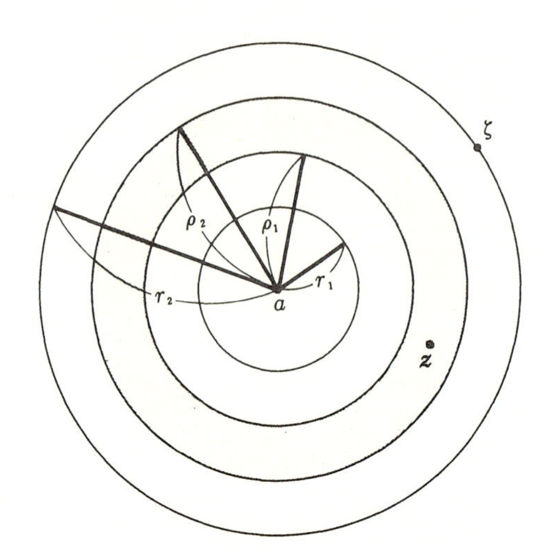

$$f(z)=\frac{1}{2\pi i}=\int_{|\xi-a|=r_2}\frac{f(\xi)}{\xi-z}d\xi-\frac{1}{2\pi i}\int_{|\xi-a|=r_1}\frac{f(\xi)}{\xi-z}d\xi \qquad (2).$$

閉円環 $r_1\leqq|\xi-a|\leqq r_2$ における，連続関数 $|f(\xi)|$ の最大値を M としておく．(2)の外側の円周上の積分を考えると，$|\xi-a|=r_2>\rho_2\geqq|z-a|$ より，公比 $\frac{z-a}{\xi-a}$ の絶対値 <1 なる等比級数の和の公式より

$$\frac{f(\xi)}{\xi-z}=\frac{f(\xi)}{(\xi-a)-(z-a)}=\frac{f(\xi)}{\xi-a}\cdot\frac{1}{1-\dfrac{z-a}{\xi-a}}=\sum_{m=0}^{\infty}\frac{f(\xi)(z-a)^m}{(\xi-a)^{m+1}} \qquad (3).$$

(3)の一般項は $\frac{M}{r^2}\left(\frac{\rho_2}{r_2}\right)^m$ で押えられ，これを一般項とする公比 $\frac{\rho_2}{r_2}<1$ なる等比級数は収束するから，ワイエルシュトラスの M-判定法より，(3)は ξ と z の関数として，絶対かつ一様収束している．従って，**項別積分**が出来て

$$\frac{1}{2\pi i}\int_{|\xi-a|=r_2}\frac{f(\xi)}{\xi-z}d\xi=\sum_{m=0}^{\infty}\left(\frac{1}{2\pi i}\int_{|\xi-a|=r_2}\frac{f(\xi)}{(\xi-a)^{m+1}}d\xi\right)(z-a)^m \qquad (4).$$

(2)の内側の円周上の積分に眼を転じると，$|z-a|\geqq\rho_1>r_1=|\xi-a|$ より，$\left|\frac{\xi-a}{z-a}\right|\leqq\frac{r_1}{\rho_1}<1$ であり，

$$-\frac{f(\xi)}{\xi-z}=\frac{f(\xi)}{z-\xi}=\frac{1}{(z-a)-(\xi-a)}=\frac{f(\xi)}{z-a}\frac{1}{1-\dfrac{\xi-a}{z-a}}=\sum_{n=0}^{\infty}\frac{f(\xi)(\xi-a)^n}{(z-a)^{n+1}} \qquad (5)$$

と，$f(\xi)$ を除いては，z と ξ の役割が入れ換っただけなので，全く同様にして

$$-\frac{1}{2\pi i}\int_{|\xi-a|=r_1}\frac{f(\xi)}{\xi-z}d\xi=\sum_{n=0}^{\infty}\left(\frac{1}{2\pi i}\int_{|\xi-a|=r_1}f(\xi)(\xi-a)^n d\xi\right)\frac{1}{(z-a)^{n+1}} \qquad (6).$$

整数 l に対して，a の廻りを円環 $R_1<|\xi-a|<R_2$ 内で正の向きに一廻りする任意の閉曲線 γ に沿っての複素積分

$$c_l=\frac{1}{2\pi i}\int_\gamma \frac{f(\zeta)}{(\zeta-a)^{l+1}}d\zeta \tag{7}$$

を考えると，コーシーの積分定理よりこの c_l は閉曲線 γ の取り方には関係しない．特に，γ として(4)や(6)に現われる円周にしてもよく，(4)と(6)はまとめて

$$f(z)=\sum_{l=-\infty}^{+\infty} c_l(z-a)^l \tag{8}$$

なる，$z-a$ の正のベキと負のベキの双方を含む級数に展開される．これは閉円環 $\rho_1 \leqq |z-a| \leqq \rho_2$ で絶対かつ一様収束しているが，ρ_1, ρ_2 の取り方は任意なので，開円環 $R_1<|z-a|<R_2$ で絶対かつ広義一様収束する．この級数を**ローラン級数**，(8)を $f(z)$ の**ローラン展開**と言う．もしも，内側の円がなく，$f(z)$ が開円板 $|z-a|<R$ で正則であれば，積分表示(2)は第1の積分しか含まず，従って，正のベキだけの，整級数展開となる．これで正則関数は解析関数である事を示した事になる．それ故，開円環 $R_1<|z-a|<R_2$ で $f(z)$ が正則と言った時は，$|z-a| \leqq R_1$ に $f(z)$ が正則でない，特異点の存在も予期しているが，それはローラン展開(8)の負のベキより，もたらされる筈である．この(8)の負のベキの和をローラン級数(8)の**主要部分**と言うが，その中でとりわけ重要なのは $\dfrac{1}{z-a}$ の係数 c_{-1} であり，a の廻りを円環内一周する任意の閉曲線 γ に対して

$$\int_\gamma f(\zeta)d\zeta=2\pi i c_{-1} \tag{9}$$

が成立する．これは(7)に $l=-1$ を代入すると，$(\zeta+a)^{l+1}=1$ が成立する事によって得られるが，関数 $f(\zeta)$ の積分路 γ に沿っての複素積分を与える重要な公式である．

ここで本問に戻る．$a=0, R_1=0, R_2=\infty$ の場合なので，γ：$z=e^{i\theta}(-\pi \leqq \theta \leqq \pi), \dfrac{dz}{d\theta}=ie^{i\theta}$ とし助変数 θ について積分すると

$$\begin{aligned}c_l&=\frac{1}{2\pi i}\int_{|z|=1}\frac{f(z)}{z^{l+1}}dz=\frac{1}{2\pi}\int_{-\pi}^{\pi} e^{\frac{c}{2}(e^{i\theta}-e^{-i\theta})}e^{-il\theta}d\theta=\frac{1}{2\pi}\int_{-\pi}^{\pi} e^{i(c\sin\theta-l\theta)}d\theta\\&=\frac{1}{2\pi}\int_{-\pi}^{\pi}\cos(c\sin\theta-l\theta)d\theta+\frac{i}{2\pi}\int_{-\pi}^{\pi}\sin(c\sin\theta-l\theta)d\theta=\frac{1}{2\pi}\int_{-\pi}^{\pi}\cos(c\sin\theta-l\theta)d\theta\end{aligned}$$

を得る．ついでに，次の問題の解説をする．

問題　留数の定義を述べよ．　(東京女子大大学院入試)

---

a の近傍で a を除いて正則な，即ち，$0<|z-a|<r$ で正則な関数 $f(z)$ は a を**孤立特異点**に持つと言う．上の議論の $R_1=0, R_2=r$ の場合に当る．この時，f の a におけるローラン展開(8)の $\dfrac{1}{z-a}$ の係数 c_{-1} を f の a における**留数**と言い，$\mathrm{Res}(f,a)$ と書く．標語的には

$$\mathrm{Res}(f,a)=\frac{1}{z-a}\text{ の係数}=\frac{1}{2\pi i}\int_\gamma f(z)dz\ (\gamma\text{ は } a \text{ の廻りを一周する閉曲線}) \tag{10}$$

類題

(解答☞ 198ページ)

1．$f(z)=\dfrac{1}{1-z}$ の $z=2$ におけるテイラー展開を求めよ．　(国家公務員上級職数学専門試験)

2．$f(z)=\dfrac{1}{z^2-iz+2}$ を $|z|<1$ においてテイラー展開，$1<|z|<2$ においてローラン展開せよ．　(慶応大大学院入試)

3．$f(z)=\dfrac{2}{(3-z)(z-1)}$ を $1<|z|<3$ でローラン展開せよ．　(国家公務員上級職物理専門試験)

4．$f(z)=\dfrac{1-e^{2z}}{z^4}$ を $z=0$ を中心とするローラン級数に展開せよ．　(慶応大大学院入試)

3 (留数)——留数定理を応用した逆関数の積分表示

前問の終りで解説した，関数 f の孤立特異点 a における留数 $\mathrm{Res}(f,a)$ を算出する公式を求めよう．f を a でローラン展開し，

$$f(z)=\sum_{l=-\infty}^{+\infty}c_l(z-a)^l=\cdots+\frac{c_{-m}}{(z-a)^m}+\cdots+\frac{c_{-1}}{z-a}+c_0+\cdots+c_n(z-a)^n+\cdots \tag{2}$$

の負のベキの和を主要部分と呼んだ．孤立特異点 a は主要部分に関して，三通りに分類される．

（イ） 主要部分 $\equiv 0$ の時．$f(a)=c_0$ と定義すれば，$f(z)$ は点 a の近傍で正則となり，この時，$\mathrm{Res}(f,a)=0$．a を**除去可能な特異点**と言う．

（ロ） 主要部分＝有限項 $\neq 0$ の時．自然数 m があって，$c_{-m}\neq 0$ であり，f の a におけるローラン展開が

$$f(z)=\frac{c_{-m}}{(z-a)^m}+\cdots+\frac{c_{-1}}{z-a}+\cdots+c_n(z-a)^n+\cdots \tag{3}$$

とチャント $(z-a)^{-m}$ から始まる時，a を f の **m 位の極**と呼ぶ．(3)を通分して

$$f(z)=\frac{g(z)}{(z-a)^m},\ g(z)=\sum_{l=0}^{\infty}c_l(z-a)^{m+l}=c_{-m}+\cdots+c_{-1}(z-a)^{m-1}+\cdots \tag{4}$$

と書くと，g は a の近傍で正則で $g(a)\neq 0$．逆に，(4)の形に書ければ，a は f の m 位の極である．この時，注意すべきは，c_{-1} が g の $(z-a)^{m-1}$ の係数となっている事であり

基-1 a が f の m 位の極である為の必要十分条は a の近傍で正則な関数 g があって

$$f(z)=\frac{g(z)}{(z-a)^m},\ g(a)\neq 0 \tag{5}$$

と書ける事である．この時 a における f の留数は

$$\mathrm{Res}(f,a)=\frac{g^{(m-1)}(a)}{(m-1)!}=\lim_{z\to a}\frac{1}{(m-1)!}\frac{d^{m-1}}{dz^{m-1}}((z-a)^m f(z)) \tag{6}$$

基-2 一位の極における $f=\dfrac{g(z)}{z-a}$ の留数は

$$\mathrm{Res}(f,a)=g(a)=\lim_{z\to a}(z-a)f(z) \tag{7}$$

（ハ） 主要部分＝無限項の時，a を f の**真性特異点**と言う．f を a においてローラン展開し $\dfrac{1}{z-a}$ の係数を求める以外に，一般的な，留数算出の公式はない．

以上調べた様に，(ハ)を除いては，基-2 は中学の，基-1 は高校の学力で留数が算出出来る．この留数を用いて，複素積分を計算する公式が，単純明解な伝家の宝刀

(留数定理) 複素積分 $=2\pi i\times$ 留数和 (8)

である．例によって，D を有限個の閉曲線で囲まれた領域とする．関数 $f(z)$ は ∂D の近傍で正則で，今度は，D では，有限個の孤立特異点 $a_1, a_2, \cdots, a_s$ を除いて正則としよう．孤立特異点がなければ，コーシーの積分定理が適用出来る．十分小さな正数 ε を取って，閉円板 $|z-a_j|\leqq\varepsilon$ が D に含まれる様にし，D からこれら s 個の閉円板を除いた次頁の図の様な領域 D_ε を考える．∂D_ε は ∂D に新たに，内側に s 個の円周 $|z-a_j|=\varepsilon$ を付け加えたものであり，$f(z)$ は D の閉包の近傍では正則なのでコーシーの積分定理である，前章の問題 3 の(18)が成立し，前問の(10)より

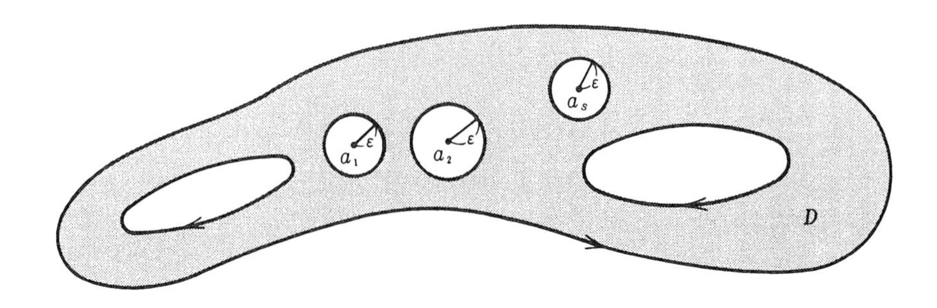

$$\int_{\partial D} f(z)\,dz = \sum_{j=1}^{s} \int_{|z-a_j|=\varepsilon} f(z)\,dz = \sum_{j=1}^{s} 2\pi i \operatorname{Res}(f, a_j) \tag{9}$$

が成立し，この様な意味で(8)を得る．例えば

問題 (イ) $0<|z-a|<r$ で正則な f の a におけるローラン展開を(5)とする時，f の a における留数は次の内どれか．

(a) c_{-1}, (b) c_0 (c) c_1 (d) $\lim_{z\to a}(z-a)f(z)$ (e) $\int_{|z-a|=\rho} f(z)\,dz\ (0<\rho<r)$

(ロ) 関数 f_1, f_2 は点 a で正則で，f_2 は点 a で一位の零点を持つが，$f_1(a)\neq 0$ とすると，関数 $f(z)=\dfrac{f_1(z)}{f_2(z)}$ の点 a における留数は次の内どれか．

(a) $\dfrac{f_1(a)}{f_2(a)}$ (b) $\dfrac{f_2(a)}{f_1(a)}$ (c) $\dfrac{f_2'(a)}{f_1(a)}$ (d) $\dfrac{f_1'(a)}{f_2'(a)}$ (e) $\dfrac{f_1(a)}{f_2'(a)}$

（国家公務員上級職数学専門試験）

の(イ)では(a)の c_{-1} が定義式であり，(d)は一位の極でないとダメ，(e)は $2\pi i$ で割ってないからダメ．(ロ)では，a は f の一位の極なので公式(7)の右辺と微係数 $f_2'(a)$ の定義より

$$\operatorname{Res}\left(\frac{f_1}{f_2}, a\right) = \lim_{z\to a}(z-a)\frac{f_1(z)}{f_2(z)} = \frac{f_1(a)}{\lim_{z\to a}\dfrac{f_2(z)-f_2(a)}{z-a}} = \frac{f_1(a)}{f_2'(a)} \tag{10}$$

を得，(e)が正しい．これは有用な公式で，今後，しばしば用いる．

さて本問の解答に入る．7章のE4で解説した様に，$f'(a)\neq 0$ であれば，写像 $w=f(z)$ によって a の近傍 $|z-a|<2r$ は b の近傍に1対1に写され，その逆関数 $z=g(w)$ も正則である．$|z-a|<r$ の像も b の近傍なので，閉円板 $|w-b|\leq\rho$ を含む．この様に r, ρ を見積ると，$|w-b|<\rho$ なる w に対して，$f(z)=w$ の解は $|z-a|<r$ の中に含まれる．z の関数

$$F(z) = \frac{zf'(z)}{f(z)-w} \tag{11}$$

は積分路 $|z-a|=r$ 内には一位の極 $z=g(w)$ しかないので，(10)より $\operatorname{Res}(F, g(w))=g(w)$．留数定理(8)より(1)を得る．

類 題

（解答☞ 198ページ）

5．$\displaystyle\int_{|z|=1}\frac{dz}{(2z-1)(2z-i)}$ （国家公務員上級職数学専門試験）

6．$\displaystyle\int_{|z-1|=2}\frac{dz}{z^3-4z}$ （東京女子大大学院入試）

7．$\displaystyle\int_{|z|=1}\frac{1-e^{2z}}{z^i}dz$ （慶応大大学院入試）

8．$\displaystyle\int_{|z|=3}\frac{e^z}{(z-1)(z-2)^3}dz$ （津田塾大大学院入試）

4 (留数)――三角関数の一周期の積分

三角関数の一周期の積分

$$I=\int_0^{2\pi}g(\cos\theta,\sin\theta)d\theta \tag{1}$$

は次の様に計算するのが，定跡である．単位円周 $z=e^{i\theta}$ $(0\leqq\theta\leqq2\pi)$ は下図の様な幾何学的意味があり，$\dfrac{dz}{d\theta}=ie^{i\theta}=iz$，及び

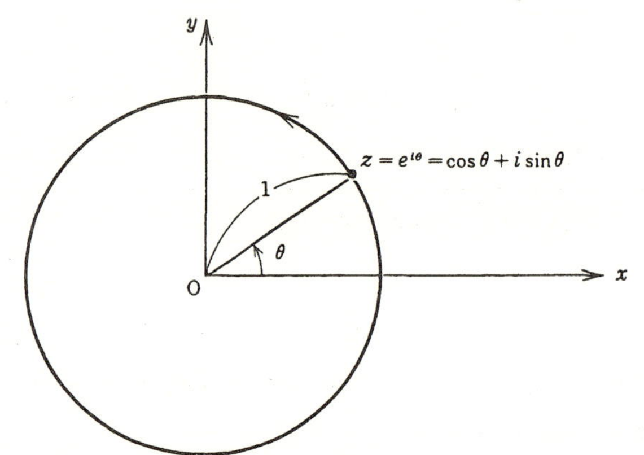

$$\cos\theta=\frac{e^{i\theta}+e^{-i\theta}}{2}=\frac{z^2+1}{2z} \quad (2) \qquad \sin\theta=\frac{e^{i\theta}-e^{-i\theta}}{2i}=\frac{z^2-1}{2iz} \quad (3), \qquad d\theta=\frac{dz}{iz} \quad (4)$$

を得るので，これらを I に代入すると

$$I=\int_{|z|=1}g\left(\frac{z^2+1}{2z},\frac{z^2-1}{2iz}\right)\frac{dz}{iz} \tag{5}$$

と単位円周上の典型的な複素積分の計算に帰着される．本問では

$$R^2+r^2-2Rr\cos\theta=-\frac{(Rrz^2-(R^2+r^2)z+Rr)}{z}=-\frac{(rz-R)(Rz-r)}{z} \tag{6}$$

と(4)を求める積分 I に代入して

$$I=\int_{|z|=1}f(z)dz, f(z)=-\frac{1}{iR(rz-R)\left(z-\dfrac{r}{R}\right)} \tag{7}$$

を得る．積分路 $|z|=1$ 内の f の特異点は，一位の極 $z=\dfrac{r}{R}$ のみであり，前問の基-2 より

$$\mathrm{Res}\left(f,\frac{r}{R}\right)=-\frac{1}{iR\left(\dfrac{r^2}{R}-R\right)}=\frac{1}{i(R^2-r^2)} \tag{8}$$

従って，留数定数より

$$I=2\pi i\cdot\frac{1}{i(R^2-r^2)}=\frac{2\pi}{R^2-r^2} \tag{9}$$

本問の被積分関数を**ポアソン核**と言う．旧制高校生が受験する旧制大学入試問題集において，ポアソン核のフーリエ展開が出題されているのを見た事があるが，これは先ず部分分数分解し，

$$\frac{-z}{(rz-R)(Rz-r)}=\frac{1}{R^2-r^2}\left(\frac{r}{Rz}\frac{1}{1-\dfrac{r}{Rz}}+\frac{1}{1-\dfrac{r}{R}z}\right)$$

$$=\frac{1}{R^2-r^2}\left(\sum_{m=0}^{\infty}\left(\frac{r}{Rz}\right)^m+\sum_{n=1}^{\infty}\left(\frac{r}{R}\right)^n z^n\right) \tag{10}$$

と $\frac{r}{R}<|z|<\frac{R}{r}$ でローラン展開して $z=e^{i\theta}$, $z^n+z^{-n}=e^{in\theta}+e^{-in\theta}=2\cos n\theta$ を代入して

$$\frac{1}{R^2+r^2-2Rr\cos\theta}=\frac{1}{R^2-r^2}\left(1+\sum_{n=1}^{\infty}\left(\frac{r}{R}\right)^n(z^n+z^{-n})\right)=\frac{1}{R^2-r^2}\left(1+2\sum_{n=1}^{\infty}\left(\frac{r}{R}\right)^n\cos n\theta\right) \tag{11}$$

なる解答を得る．このフーリエ係数は5章の問題4の(3)より

$$\frac{1}{\pi}\int_0^{2\pi}\frac{\cos n\theta}{R^2+r^2-2Rr\cos\theta}d\theta=\frac{2}{R^2-r^2}\left(\frac{r}{R}\right)^n \tag{12}$$

で与えられる筈である．(12)の左辺をやはり留数定理を用いて求めてみよう．それには

$$J=\int_0^{2\pi}\frac{e^{in\theta}}{R^2+r^2-2Rr\cos\theta}d\theta \tag{13}$$

の実部を求めるのが賢明である．その際，(6)を活用して，複素積分

$$J=\int_{|z|=1}g(z)\,dz,\ g(z)=-\frac{z^n}{iR(rz-R)\left(z-\frac{r}{R}\right)} \tag{14}$$

を得る．g の積分路 $|z|=1$ 内の特異点は一位の極 $z=\frac{r}{R}$ のみで，前問の基-2より

$$\mathrm{Res}\left(g,\frac{r}{R}\right)=-\frac{1}{iR\left(\frac{r^2}{R}-R\right)}\left(\frac{r}{R}\right)^n \tag{15}.$$

従って，留数定理より

$$J=2\pi i\cdot\frac{1}{i(R^2-r^2)}\left(\frac{r}{R}\right)^n=\frac{2\pi}{R^2-r^2}\left(\frac{r}{R}\right)^n \tag{16}$$

を得，(12)の結果と一致する．

ついでに，I の被積分関数の分母を自乗した

$$K=\int_0^{2\pi}\frac{d\theta}{(R^2+r^2-2Rr\cos\theta)^2} \tag{17}$$

は，やはり(6)を活用して

$$K=\int_{|z|=1}h(z)\,dz,\ h(z)=\frac{z}{iR^2(rz-R)^2\left(z-\frac{r}{R}\right)^2} \tag{18}$$

となる．h の積分路 $|z|=1$ 内の特異点は二位の極 $z=\frac{r}{R}$ で，今度は前問の基-1を用い，微分して

$$\mathrm{Res}\left(h,\frac{r}{R}\right)=\frac{d}{dz}\frac{z(rz-R)^{-2}}{iR^2}\bigg|_{z=\frac{r}{R}}=\frac{(rz-R)^{-2}-2rz(rz-R)^{-3}}{iR^2}\bigg|_{z=\frac{r}{R}}=\frac{R^2+r^2}{i(R^2-r^2)^3} \tag{19},$$

$$K=2\pi i\frac{R^2+r^2}{i(R^2-r^2)^3}=\frac{2\pi(R^2+r^2)}{(R^2-r^2)^3} \tag{20}.$$

最後に，正数 a，自然数 n に対して，原始関数が初等関数で表わされない

$$L=\int_0^{2\pi}e^{c\cos\theta}\cos(c\sin\theta-n\theta)\,d\theta \quad (21),\qquad M=\int_0^{2\pi}e^{c\cos\theta}\sin(c\sin\theta-n\theta) \quad (22)$$

は $L+iM$ を作り，(12)と同じく，$z=e^{i\theta}$ で表わすと，被積分関数 $k(z)$ は $z=0$ を $n+1$ 位の数とし，

$$L+iM=\int_0^{2\pi}e^{c\cos\theta}(\cos(c\sin\theta-n\theta)+i\sin(c\sin\theta-n\theta))=\int_0^{2\pi}e^{c(\cos\theta+i\sin\theta)-in\theta}d\theta$$

$$=\int_{|z|=1}k(z)\,dz,\ k(z)=\frac{e^{cz}}{iz^{n+1}} \tag{23}.$$

前問の基-1より $L+iM$ を求め，実部と虚部に分けると

$$\mathrm{Res}(k,0)=\frac{1}{n!}\frac{d^n}{dz^n}\frac{e^{cz}}{i}\bigg|_{z=0}=\frac{c^n}{in!},\ L+iM=2\pi i\frac{c^n}{in!},\ L=\frac{\pi c^n}{n!},\ M=0.$$

5 (留数)——有理関数の実軸上の積分

実軸全体の有理関数 $f(x)$ の定積分

$$I=\int_{-\infty}^{+\infty} f(x)\,dx \tag{1}$$

は，先ず $f(x)$ を複素変数 z の関数 $f(z)$ にそのまま拡張し，下図の様な半月形の周に沿って積分し，$R\to\infty$ とすると，上半円周 $C_R{}^+$ 上の積分は消え，実軸上の $-R$ から R 迄の積分は求めていた定積分 I に収束する．

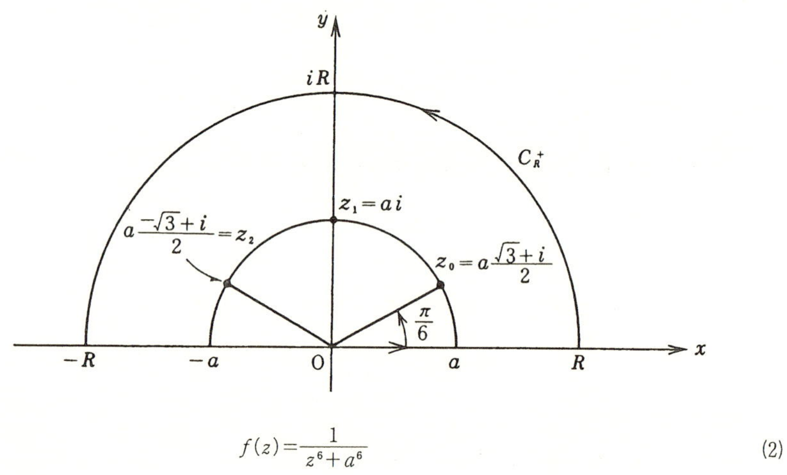

$$f(z)=\frac{1}{z^6+a^6} \tag{2}$$

の特異点は**二項方程式** $z^6=-a^6=a^6e^{(2k+1)\pi i}$ の根 $z_k=ae^{\frac{2k+i}{6}\pi i}$ $(k=0,1,2,3,4,5)$ であり，これらは，原点を中心とする半径 a の円周上を偏角 $\dfrac{\pi}{6}$ の z_0 から出発して，順に z_1, z_2, z_3, z_4, z_5 と円周を六等分して並び z_6 は z_0 に戻るので，当然の事ながら，六個の根である．$R>a$ とすると，積分路内の特異点は，上図が示す様に，一位の極 z_0, z_1, z_2 の三個である．特異点 z_k は一位の極であるが，問題 3 の公式(10)を用い，更に次の高校数学の技巧で，分母を実数化するのが賢明であり，

$$\mathrm{Res}(f, z_k)=\frac{1}{6z_k{}^5}=\frac{z_k}{6z_k{}^6}=-\frac{z^k}{6a^6} \tag{3}$$

を得る．従って，上図より

$$\text{留数和}=-\frac{1}{6a^6}\left(a\frac{\sqrt{3}+i}{2}+ai+a\frac{-\sqrt{3}+i}{2}\right)=-\frac{i}{3a^5} \tag{4}.$$

留数定理より，

$$\int_{-R}^{R}+\int_{C_R+}=2\pi i\left(-\frac{i}{3a^5}\right)=\frac{2\pi}{3a^5} \tag{5}.$$

実軸上の $-R$ と R を結ぶ線分の助変数表示は $z=x\ (-R\leqq x\leqq R)$，$\dfrac{dz}{dx}=1$ で x 自身が助変数であり，

$$\int_{-R}^{R}=\int_{-R}^{R}f(x)\,dx=\int_{-R}^{R}\frac{dx}{x^6+a^6} \tag{6}$$

は $R\to\infty$ とせよと言わぬばかりである．上半円周 $C_R{}^+$ 上では $|z|=R$ なので

$$|f(z)|\leqq\frac{1}{|z|^6-a^6}=\frac{1}{R^6-a^6} \tag{7}.$$

従って，前章の問題 4 の不等式(4)より

$$\left|\int_{C_R+}\right| \leqq \frac{\pi R}{R^6-a^6} \to 0 \quad (R\to\infty) \tag{8}$$

さて，関数 $f(z)$ を半月形の周に沿って積分して留数定理より得た(5)にて，(6),(8)に注意しながら $R\to\infty$ とすると

$$\int_{-\infty}^{+\infty} \frac{dx}{x^6+a^6} = \frac{2\pi}{3a^5} \tag{9}$$

次に，関数

$$g(z) = \frac{1}{(z^2+a^2)^2} = \frac{1}{(z+ai)^2(z-ai)^2} \tag{10}$$

の同じ積分路内の特異点は二位の局ならぬ，二位の極 $z=ai$ であり，問題 3 の基-1 より

$$\mathrm{Res}(g, ai) = \frac{d}{dz}(z+ai)^{-2}\Big|_{z=ai} = -2(z+ai)^{-3}\Big|_{z=ai} = \frac{1}{4a^3 i} \tag{11}$$

留数定理より

$$\int_{-R}^{R} + \int_{C_R+} = 2\pi i \cdot \frac{1}{4a^3 i} = \frac{\pi}{2a^3} \tag{12}$$

を得るので，$R\to\infty$ とすると上の問題と同様にして

$$\int_{-\infty}^{+\infty} \frac{dx}{(x^2+a^2)^2} = \frac{\pi}{2a^3} \tag{13}$$

ついでに，少し一般的にして，正数 a と自然数 n に対して，定積分

$$I = \int_{-\infty}^{+\infty} \frac{dx}{x^{2n}+a^{2n}} \tag{14}$$

に取組もう．関数

$$h(z) = \frac{1}{z^{2n}+a^{2n}} \tag{15}$$

の特異点は二項方程式 $z^{2n}=-a^{2n}=a^{2n}e^{(2k+1)\pi i}$ の解 $z_k=ae^{\frac{2k+1}{2n}\pi i}$ だが，上半平面にあるのはその内の半分の $0\leqq k\leqq n-1$ の n 個である．$\mathrm{Res}(h, z_k)$ は(3)の方法で $-\frac{z_k}{2na^{2n}}$ なので，初項 $e^{\frac{\pi i}{2n}}$，公比 $e^{\frac{\pi i}{n}}$ の等比級数の和の公式に持込み，正弦と指数の関係より

$$\text{留数和} = -\frac{1}{2na^{2n}}\sum_{k=0}^{n-1} ae^{\frac{2k+1}{2n}\pi i} = -\frac{e^{\frac{\pi i}{2n}}}{2na^{2n-1}}\sum_{k=0}^{n-1}\left(e^{\frac{\pi i}{n}}\right)^k$$

$$= -\frac{e^{\frac{\pi i}{2n}}}{2na^{2n-1}} \frac{\left(e^{\frac{\pi i}{n}}\right)^n-1}{e^{\frac{\pi i}{n}}-1} = \frac{1}{i2na^{2n-1}} \frac{2i}{e^{\frac{\pi i}{2n}}-e^{-\frac{\pi i}{2n}}} = \frac{1}{i2na^{2n-1}\sin\frac{\pi}{2n}}$$

を導く技術も身に付けて欲しい．留数定理を用いると，上と同じ方法で

$$\int_{-\infty}^{\infty} \frac{dx}{x^{2n}+a^{2n}} = 2\pi i \cdot \frac{1}{i2na^{2n-1}\sin\frac{\pi}{2n}} = \frac{\pi}{na^{2n-1}\sin\frac{\pi}{2n}} \tag{16}$$

$$k(z) = \frac{1}{(z^2+a^2)^n} = \frac{1}{(z+ai)^n(z-ai)^n} \tag{17}$$

の方は上半平面には n 位の極 $z=ai$ のみであり，問題 3 の基-1 より

$$\mathrm{Res}(k, ai) = \frac{1}{(n-1)!}\frac{d^{n-1}}{dz^{n-1}}(z+ai)^{-n}\Big|_{z=ai} = \frac{-i(2n-2)!}{(2a)^{2n-1}((n-1)!)^2} \tag{18}$$

なので，やはり，留数定理と上記の方法より

$$\int_{-\infty}^{+\infty} \frac{dx}{(x^2+a^2)^n} = 2\pi i\frac{-i(2n-2)!}{(2a)^{2n-1}((n-1)!)^2} = \frac{2\pi(2n-2)!}{(2a)^{2n-1}((n-1)!)^2} \tag{19}$$

6 (留数)——有理関数と三角関数の積の実軸上の積分

有理関数 $g(x)$ と三角関数との積の定積分

$$I=\int_{-\infty}^{+\infty} g(x)\cos\alpha x dx \quad (1), \qquad J=\int_{-\infty}^{+\infty} g(x)\sin\alpha x dx \quad (2)$$

はそのまま複素化しないで，複素数 $I+iJ$ を作り，定積分

$$I=iJ=\int_{-\infty}^{+\infty} g(x)(\cos\alpha x+i\sin\alpha x)dx=\int_{-\infty}^{+\infty} g(x)e^{i\alpha x}dx \tag{3}$$

に前問の方法を適用する．即ち，関数 $g(x)$ を複素数 z の関数 $g(z)$ に拡張し，関数

$$f(z)=g(z)e^{i\alpha z} \tag{4}$$

を前問の半月形の周に沿って積分し，留数定理を用いてこれを計算し，$R\to\infty$ とすればよい．

さて，本問では

$$f(z)=\frac{e^{i\alpha z}}{(z^2+a^2)^2}=\frac{e^{i\alpha z}}{(z-ai)^2(z+ai)^2} \tag{5}$$

の上半平面の特異点は二位の極 $z=ai$ なので，問題 3 の基-1 より

$$\mathrm{Res}(f, ai)=\frac{d}{dz}e^{i\alpha z}(z+ai)^{-2}\Big|_{z=ai}=i\alpha e^{i\alpha z}(z+ai)^{-2}-2e^{i\alpha z}(z+ai)^{-3}\Big|_{z=ai}$$
$$=-\frac{i(1+a\alpha)e^{-a\alpha}}{4a^3} \tag{6}.$$

留数定理より

$$\int_{-R}^{R}+\int_{C_R+}=2\pi i\left(-\frac{i(1+a\alpha)e^{-a\alpha}}{4a^3}\right)=\frac{\pi(1+a\alpha)e^{-a\alpha}}{2a^3} \tag{7}.$$

上半円周 C_{R^+}：$z=Re^{i\theta}(0\leqq\theta\leqq\pi)$ 上では，$z=R\cos\theta+iR\sin\theta, i\alpha z=-\alpha R\sin\theta+i\alpha R\cos\theta$ なので

$$|f(z)|<\frac{|e^{i\alpha z}|}{(|z|^2-a^2)^2}\leqq\frac{e^{-\alpha R\sin\theta}}{(R^2-a^2)^2}\leqq\frac{1}{(R^2-a^2)^2} \tag{8}$$

が成立するので，前章の問題 4 の不等式(4)より

$$\left|\int_{C_R+}\right|\leqq\frac{\pi R}{(R^2-a^2)^2}\to 0 \quad (R\to\infty) \tag{9}.$$

これを考慮に入れて，(7)にて $R\to\infty$ とすると

$$\int_{-\infty}^{+\infty}\frac{e^{i\alpha x}}{(x^2+a^2)^2}dx=\frac{\pi(1+a\alpha)e^{-a\alpha}}{2a^3} \tag{10}$$

を得るが，その実部を求めて

$$\int_{-\infty}^{+\infty}\frac{\cos\alpha x}{(x^2+a^2)^2}dx=\frac{\pi(1+a\alpha)e^{-a\alpha}}{2a^3} \tag{11}.$$

この機会に積分路上に一位の極がある場合を考察しよう．D を有限個の閉曲線で囲まれた領域，$f(z)$ をその閉包の近傍で，D 内の有限個の孤立特異点 $a_1, a_2, \cdots, a_s$ と ∂D 上の有限個の一位の極，$b_1, b_2, \cdots, b_t$ を除いて正則な関数としよう．積分路 ∂D 上に一位の極がなければ，留数定理が適用出来るが，b_k が障害となっている．障害があれば，避けて迂回して，近付くのが常識であって，十分小さな正数 ε，これは後で $\varepsilon\to 0$ とするが，その ε を取り，各 b_k を中心として半径 ε の円を画き，次頁の図の様に，D の内側を通って，極 b_k を避けて迂回した積分路 ∂D_ε を作り，D_ε の中に上図の様に D 内の f の特異点 a_j が全て含まれる様にする．D_ε と f の組には留数定理が適用出来て，

$$\int_{\partial D_\varepsilon} f(z)dz=2\pi i\sum_{j=1}^{s}\mathrm{Res}(f, a_j) \tag{12}.$$

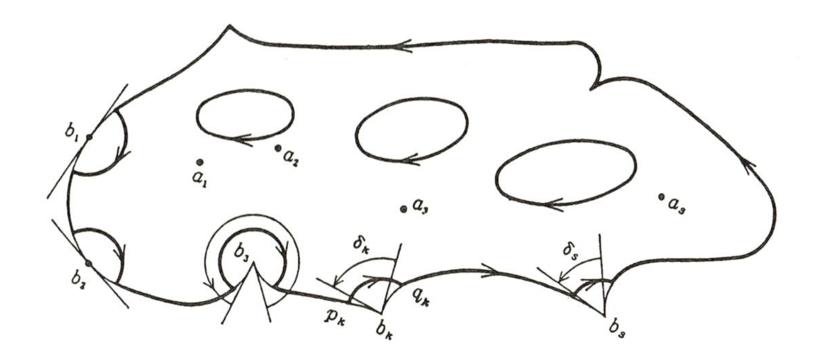

問題は b_k を迂回したその近くの状況である．b_k を中心として半径 ε の円が ∂D と交わる点を $q_k=\varepsilon e^{i\theta k}$，$p_k=\varepsilon e^{i\varphi k}$ とし，上図の様に $\varphi_k>\theta_k$ と約束しよう．p_k から q_k に向う円弧 $\widehat{p_kq_k}$ の助変数表示は

$$\widehat{p_kq_k}:z=b_k+\varepsilon e^{i\theta}\quad(\theta=\varphi_k\text{ から }\theta_k\text{ 迄逆転})\tag{13}$$

f は $z=b_k$ で一位の極を持つので，$c_k=\mathrm{Res}(f,b_k)$ とすると，b_k の近傍で正則な関数 g_k があり，

$$f(z)=\frac{c_k}{z-b_k}+g_k(z)\tag{14}$$

「弦は孤に親しむ」は関流和算の極意！

であって，$\varepsilon\to0$ の時，上図が示す様に，$\varphi_k-\theta_k\to\delta_k=b_k$ における左接線と右接線のなす角．従って，円弧 $\widehat{p_kq_k}$ 上の $f(z)$ の複素積分を助変数 θ で表わし，関流の極意に従って，$\varepsilon\to0$ として

$$\int_{\text{円弧}}=\int_{\varphi_k}^{\theta_k}\left(\frac{c_k}{\varepsilon e^{i\theta}}+g(b_k+\varepsilon e^{i\theta})\right)i\varepsilon e^{i\theta}d\theta\to-i\delta_kc_ki\tag{15}$$

∂D_ε から円弧を除いたものは，∂D が各 b_k の近傍で虫に喰われた状態であるが，(12)にて $\varepsilon\to0$ とすると，(12),(15)はその虫食い上の積分の極限が存在する事を意味する．これを ∂D 上の積分の**主値**と言い，積分記号の前にPを付ける．この様にして

（一般化された留数定理）

$$\mathrm{P}\int_{\partial D}f(z)dz=2\pi i\sum_{j=1}^{s}\mathrm{Res}(f,a_j)+i\sum_{k=1}^{t}\delta_k\mathrm{Res}(f,b_k)\tag{16}$$

（東北大学大学院情報科学研究科，名古屋大学大学院多元数理科学研究科，奈良女子大学大学院人間文化研究科入試としても出題されている）

を得る．上図が示す様に，∂D が滑らかな点 b_1,b_2 等では，一般に，$\delta_k=\pi$ である．前章の問題5の積分(7)は関数 $f(z)=\dfrac{e^{iz}}{z}$ を我々の上半円周上積分すると，路上に一位の極 $z=0$ がある．$\mathrm{Res}(f,0)=1$ なので，(16)の積分の値 $=i\pi$ と，問題5の最後の行に達し，更に高級な定理(16)を用いて，次の積分は一発で終り．

$$\int_{-\infty}^{+\infty}\frac{\sin x}{x}dx=\pi\tag{17}$$

なお，実変数 x の実数値関数 $f(x)=\dfrac{1}{x}$ の $[-1,1]$ における定積分を極限

$$\int_{-1}^{1}\frac{dx}{x}=\lim_{\varepsilon,\delta\to0}\left(\int_{-1}^{-\varepsilon}+\int_{\delta}^{1}\right)\frac{dx}{x}=\lim_{\varepsilon,\delta\to0}\log\frac{\varepsilon}{\delta}\tag{18}$$

で定義しようとしても，この極限は存在しない．しかし，$\delta=\varepsilon$ とすれば，この極限は0であり，0に対称な区間の奇関数の定積分は0であると云う立派な幾何学的意味をもつ．これが主値の起りである．

7 (留数)——偶関数と対数関数の積の正の実軸上の積分

偶関数 $g(x)$ と対数関数との積の定積分

$$I_n=\int_0^\infty g(x)(\log x)^n dx \tag{1}$$

を考察しよう．7章の問題2で解説したが，複素数 z に対して，$e^w=z$ を満す w を z の対数と呼び，$\log z$ と書くが，$z\neq0$ に対して

$$\log z=\log|z|+i\arg z \tag{2}$$

で与えられた．複素数 z に対して，絶対値 $|z|$ は一価であるが，偏角 $arg z$ は多価であり，$\log z$ は $C-\{0\}=\{z\neq0\}$ において，無限多価である．$z=0$ では $\log z$ は定義出来ないので，**対数特異点**と呼ばれる．しかし，例えば下図の様に，$z=0$ を避けた半円周 $C_\varepsilon{}^+$ 等で囲まれる領域では，z の偏角を $0\leqq\arg z\leqq\pi$ である様に定めると一価連続である．$\dfrac{d}{dz}e^z\neq0$ なので，7章E4の一般論より $z\neq0$ に対して局所的に存在する e^z の逆

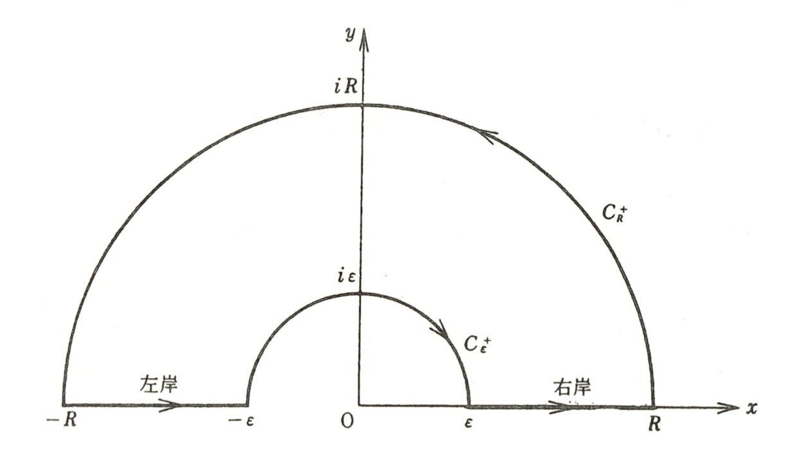

関数 $\log z$ はその一価連続な分枝であり，正則である．

しかし，我々の精神衛生上，直接，上に定めた**主値**と呼ばれる

$$\log z=\log|z|+i\arg z,\quad 0\leqq\arg z\leqq\pi \tag{3}$$

の正則性を示そう．$u=\log|z|$，$v=\arg z$ とおくと，第一象限では，逆正接の主値を頂いて来て

$$u=\frac{1}{2}\log(x^2+y^2),\quad u_x=\frac{x}{x^2+y^2},\ u_y=\frac{y}{x^2+y^2},$$

$$v=\tan^{-1}\frac{y}{x},\quad v_x=\frac{-\dfrac{y}{x^2}}{1+\left(\dfrac{y}{x}\right)^2},\quad v_y=\frac{\dfrac{1}{x}}{1+\left(\dfrac{y}{x}\right)^2}$$

が成立し，コーシー-リーマンの偏微分方程式系，$u_x=v_y$, $u_y=-v_x$ が確かめられる．第二象限でも同様であり，(3)で与えられる主値 $\log z$ は上の閉曲線の近傍，および，その内部で一価正側である．この対数関数に対して，$g(x)$ を複素変数 z の関数に拡張した $g(z)$ を用いて，関数

$$f(z)=g(z)(\log z)^n \tag{4}$$

を上の閉曲線に沿って複素積分する．積分(1)が意味を持つ限り，$\varepsilon\to0$ の時，小半円周 $C_\varepsilon{}^+$ 上の積分は0に収束し，$R\to\infty$ の時，大半円周 $C_R{}^+$ 上の積分も0に収束する．右岸の助変数表示は $z=x$ $(\varepsilon\leqq x\leqq R)$ であって，$\arg z=0$ であるから，これは ε から R 迄の実変数 x に関する $g(x)(\log x)^n$ の定積分であり，$\varepsilon\to0, R$

$\to\infty$ とした極限こそ，求める積分(1)である．重要なのは左岸である．左岸の助変数表示は $z=-x$ ($x=R$ から ε 迄逆進) であり，$\arg z=\pi$ である．従って $\log z=\log x+i\pi$, $dz=-dx$ に注意すると，$\varepsilon\to 0$, $R\to\infty$ の時

$$\int_{左岸}=\int_R^{\varepsilon} g(-x)(\log x+i\pi)^n(-dx)\to\int_0^{\infty} g(x)(\log x+i\pi)^n dx \tag{5}$$

$$\int_{左岸}+\int_{右岸}\to\int_0^{\infty} g(x)(\log x+i\pi)^n dx+\int_0^{\infty} g(x)(\log x)^n dx \tag{6}$$

であり，この左辺は留数定理より求められるから，I_n の漸化式が得られて，帰納的に I_n が求まる．

本問の第一の積分では

$$f(z)=\frac{\log z}{z^2+a^2}=\frac{\log z}{(z+ai)(z-ai)} \tag{7}$$

は，上半円周 $C_R{}^+$ 上では，$z=Re^{i\theta}$, $\log z=\log R=i\theta$ なので，前章の問題 4 の不等式(4)より

$$\left|\int_{C_R+}\right|\leqq\frac{\log R+\pi}{R^2-a^2}\cdot\pi R\to 0 \quad (R\to\infty) \tag{8}$$

上半円周 $C_\varepsilon{}^+$ 上でも

$$\left|\int_{C_\varepsilon+}\right|\leqq\frac{|\log\varepsilon|+\pi}{a^2-\varepsilon^2}\cdot\pi\varepsilon\to 0 \quad (\varepsilon\to 0) \tag{9}$$

が成立し，期待した状態になっている．$R>a$ の時，積分路内の特異点は一位の極 $z=ai=ae^{\frac{\pi}{2}i}$ であり，$\log z=\log a+\frac{\pi}{2}i$ に注意して，問題 3 の基-2 より

$$\mathrm{Res}(f, ai)=\frac{\log a+\frac{\pi}{2}i}{2ai} \tag{10}$$

問題 3 の留数定理より

$$\int_{右岸}+\int_{C_R+}+\int_{左岸}+\int_{C_\varepsilon+}=2\pi i\cdot\frac{\log a+\frac{\pi}{2}i}{2ai}=\frac{\pi\log a}{a}+\frac{\pi^2 i}{2a} \tag{11}$$

$\varepsilon\to 0$, $R\to\infty$ として，(6)に注意すると

$$\int_0^{\infty}\frac{\log x}{x^2+a^2}dx+\int_0^{\infty}\frac{\log x+\pi i}{x^2+a^2}dx=2\int_0^{\infty}\frac{\log x}{x^2+a^2}dx+\pi i\int_0^{\infty}\frac{dx}{x^2+a^2}=\frac{\pi\log a}{a}+\frac{\pi^2 i}{2a} \tag{12}$$

(12)の実数と虚数を比較して

$$\int_0^{\infty}\frac{\log x}{x^2+a^2}dx=\frac{\pi\log a}{2a} \quad (13), \qquad \int_0^{\infty}\frac{dx}{x^2+a^2}=\frac{\pi}{2a} \quad (14).$$

(13)の被積分関数の原始関数は初等関数で表わされぬが，(14)だけは微積分でも求まる．第二の積分は

$$h(z)=\frac{\log z}{(z^2+a^2)^2}=\frac{\log z}{(z+ai)^2(z-ai)^2} \tag{15}$$

の積分路内の特異点は二位の極 $z=ai=ae^{\frac{\pi}{2}i}$ であり，問題 3 の基-1 より

$$\mathrm{Res}(h, ai)=\frac{d}{dz}(z+ai)^{-2}\log z\Big|_{z=ai}=\frac{1}{z(z+ai)^2}-\frac{2\log z}{(z+ai)^3}\Big|_{z=ai}=\frac{\log a-1}{4a^3 i}+\frac{\pi}{8a^3} \tag{16}$$

上と同様にして

$$2\int_0^{\infty}\frac{\log x}{(x^2+a^2)^2}+\pi i\int_0^{\infty}\frac{dx}{(x^2+a^2)^2}=2\pi i\left(\frac{\log a-1}{4a^3 i}+\frac{\pi}{8a^3}\right)=\frac{\log a-1}{2a^3}\pi+\frac{\pi^2}{4a^3}i \tag{17}$$

実部の半分が求める積分であるが，問題 5 でもある(19)が副産物として得られるのが面白い．

$$\int_0^{\infty}\frac{\log x}{(x^2+a^2)^2}dx=\frac{\log a-1}{4a^3}\pi \quad (18), \qquad \int_0^{\infty}\frac{dx}{(x^2+a^2)^2}=\frac{\pi}{4a^3} \quad (19).$$

8 (留数)——有理関数と対数関数の正の実軸上の積分

この問題では

$$f(z)=\frac{e^{p\log z}}{(z+a)^2},\quad \log z=\log|z|+i\arg z,\quad 0\leqq \arg z\leqq 2\pi \tag{1}$$

を下の積分に沿って，積分する．この積分路は，先ず，実軸上を ε から R 迄進み（上岸と呼ぶ），次は

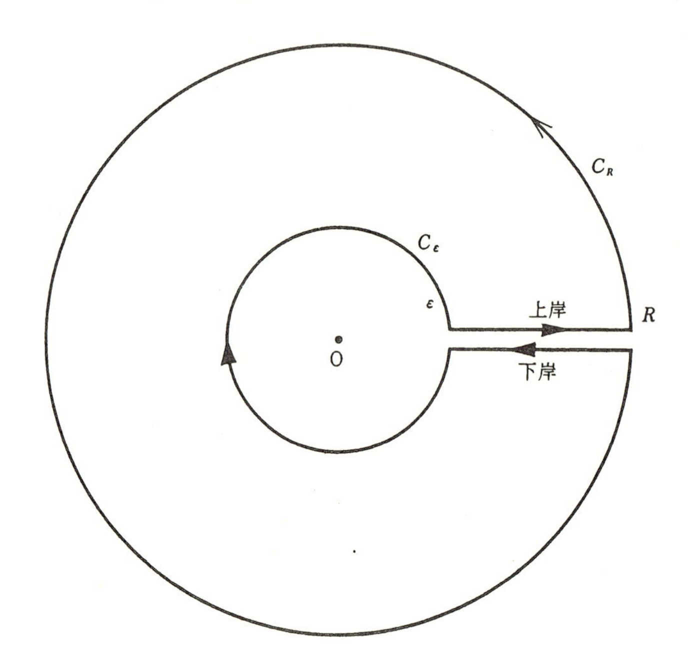

大円周 C_R では $z=Re^{i\theta}(0\leq\theta\leq 2\pi)$，$\log z=\log R+i\theta$ であるから，78頁の公式(5)より，$|e^{p\log z}|=e^{p\log R}=R^p$．90頁の不等式(4) |複素積分|≦|被積分関数| の上界×周長より，条件 $p<1$ が活きて，

$$\left|\int_{大円周\ C_R} f(z)\mathrm{d}z\right|\leq\frac{R^p}{(R-a)^2}2\pi R=\frac{2\pi R^{p-1}}{\left(1+\dfrac{a}{R}\right)^2}\to 0\quad (R\to\infty). \tag{2}$$

同様に，小円周 C_ε に沿っての複素積分に付いては，条件 $p>-1$ の方が活きて，

$$\left|\int_{小円周\ C_\varepsilon} f(z)\mathrm{d}z\right|\leq\frac{2\pi\varepsilon^{p+1}}{(a-\varepsilon)^2}\to 0\quad (\varepsilon\to 0). \tag{3}$$

上岸の助変数表示は $z=x(\varepsilon\leq x\leq R)$ で，上岸では $\arg z=0$ であるから，上岸に沿っての f の複素積分は

$$\int_{上岸} f(z)\mathrm{d}z=\int_\varepsilon^R\frac{x^p}{(x+a)^2}dx. \tag{4}$$

課題の広義積分は(4)にて小円周半径 $\varepsilon\to 0$，大円周半径 $R\to\infty$ とした極限に他ならない．

上岸右端の $z=R$ で偏角 $\theta=0$ であった z が大円周 C_R : $z=Re^{i\theta}$ 上偏角 θ を連続的に変化させつつ一周して，下岸右端に戻ると偏角が $\theta=2\pi$ に増え，$z=Re^{2\pi i}$ であるので，下岸の助変数表示は $z=xe^{2\pi i}$（x は R から ε 迄逆進）で，$\log z=\log x+2\pi i$ と $2\pi i$ が付き纏うのが著しく，

$$\int_{下岸} f(z)\mathrm{d}z=\int_R^\varepsilon\frac{2^{2p\pi i}x^p}{(xe^{2\pi i}+a)^2}\mathrm{d}(xe^{2\pi i})=-e^{2p\pi i}\int_\varepsilon^R\frac{x^p}{(x+a)^2}\mathrm{d}x. \tag{5}$$

関数 $f(z)$ の特異点は2位の極 $z=-a$，極形式 $=e^{i\pi}$，対数 $\log z=\log a+\pi i$，の只一つである．100頁の留数公式(6)の $m=2$ の場合であって，一回微分しての留数の値

$$\mathrm{Res}(f(z),-a)=\frac{\mathrm{d}e^{p\log z}}{\mathrm{d}z}\bigg|_{z=-a}=\frac{p}{z}e^{p\log z}\bigg|_{z=-a}=\frac{p}{-a}e^{p(\log a+\pi \mathrm{i})}=-pa^{p-1}e^{p\pi i} \tag{6}$$

を100頁の留数定理(8)に代入する：

$$\left(\int_{上岸}+\int_{C_R}+\int_{下岸}+\int_{C_\varepsilon}\right)f(z)\mathrm{d}z=2\pi i(-pa^{p-1}e^{p\pi i}). \tag{7}$$

(2),(3)を念頭に置いて，$\varepsilon\to 0, R\to\infty$ とすると，

$$\int_0^\infty\frac{x^p}{(x+a)^2}\mathrm{d}x+\int_\infty^0\frac{e^{p(\log x+\mathrm{i}2\pi)}}{(x+a)^2}\mathrm{d}x=(1-\mathrm{e}^{2p\pi\mathrm{i}})\int_0^\infty\frac{e^{x^p}}{(x+a)^2}dx=-2\pi\mathrm{i}pa^{p-1}e^{p\pi\mathrm{i}}, \tag{8}$$

課題の広義積分に付いて解き，分母分子に $-\mathrm{e}^{-p\pi\mathrm{i}}$ を掛けると，39頁の(15),(17)より指数が正弦化出来て

$$\int_0^\infty\frac{x^p}{(x+a)^2}dx=\frac{-2p\pi\mathrm{i}pa^{p-1}\mathrm{e}^{p\pi\mathrm{i}}}{1-\mathrm{e}^{2\pi\mathrm{i}}}=\frac{p\pi a^{p-1}}{\dfrac{\mathrm{e}^{p\pi\mathrm{i}}-\mathrm{e}^{-p\pi\mathrm{i}}}{2\mathrm{i}}}=\frac{p\pi a^{p-1}}{\sin(p\pi)}. \tag{9}$$

改訂前の問題 8 は

$\displaystyle\int_0^\infty\frac{x^{-\alpha}}{x+1}\mathrm{d}x\ (0<\alpha<1)$ を求めよ.　　(九州大，上智大大学院入試)

で，上と同様にして得る答は $\dfrac{\pi}{\sin\alpha}$ である.

この方法は，必ずしも偶数でない $g(x)$ と対数の積の定積分

$$I_n=\int_0^\infty g(x)(\log x)^n dx \tag{10}$$

の計算にも有効である．その際，対数の次数を一つ高めた

$$f(z)=g(z)(\log z)^{n+1} \tag{11}$$

を考察すると，上岸と下岸の積分の和の極限が

$$\int_0^\infty g(x)(\log x)^{n+1}dx-\int_0^\infty g(x)(\log x+2\pi i)^{n+1}dx$$

となり，これが留数定理で求めた複素積分の値に等しい事から，I_n の漸化式が得られて，帰納的に求められる．一例として

$$I=\int_0^\infty\frac{(\log x)^2}{(x+1)^2}dx \tag{12}$$

に挑もう．関数

$$f(z)=\left(\frac{\log z}{z+1}\right)^3 \tag{13}$$

を上図の積分路に沿って複素積分すると，$z=-1=e^{\pi i}, \log z=\pi i$ が f の三位の極であり，問題 3 の基-1 より

$$\mathrm{Res}(f,-1)=\frac{1}{2}\frac{d^2}{dz^2}(\log z)^3\bigg|_{z=-1}=\frac{1}{2}\left(\frac{6\log z}{z^2}-\frac{3(\log z)^2}{z^2}\right|_{z=-1}=\frac{3\pi^2}{2}+3\pi i \tag{14}$$

を得るので，上に説明した事から，等式

$$\int_0^\infty\left(\frac{\log x}{x+1}\right)^3dx-\int_0^\infty\left(\frac{\log x+2\pi i}{x+1}\right)^3dx=2\pi i\left(\frac{3\pi}{2}+3\pi i\right)=-6\pi^2+3\pi^3 i \tag{15}$$

(15)では$\log x$ の三乗が消え二乗が残り，目的を達する所がミソで，実部と虚部を比較し

$$\int_0^\infty\frac{(\log x)^2}{(x+1)^3}dx=\frac{\pi^2}{6} \quad (16),\qquad \int_0^\infty\frac{\log x}{(x+1)^3}dx=-\frac{1}{2} \quad (17)$$

と副産物が生じるのも面白い.

EXERCISES

(解答☞ 200ページ)

1 (留数) **有理関数の実軸上の積分**

$$\int_{-\infty}^{-\infty}\frac{x^4}{(x^2+a^2)^4}dx \quad (a>0).$$

(立教大大学院入試)

2 (留数) **有関数の実軸上の積分**

$$\int_{-\infty}^{+\infty}\frac{x^2}{(x^4+a^4)^3}dx \quad (a>0).$$

(立教大大学院入試)

3 (留数) **有理関数の実軸上の積分**

$P(z), Q(z)$ を，夫々，互に素な m, n 次の多項式で，$n \geqq m+2$ とする．$Q(z)=0$ が実根を持たず，上半平面では，単根 $a_1, a_2, \cdots, a_s$ のみを持てば

$$\int_{-\infty}^{+\infty}\frac{P(x)}{Q(x)}dx = 2\pi i\sum_{j=1}^{s}\frac{P(a_j)}{Q'(a_j)} \tag{1}$$

が成立する事を示せ．

(九州大大学院入試)

4 (留数) **有理関数と三角関数の実軸上の積分**

$$\int_{-\infty}^{+\infty}\frac{\cos\beta x-\cos\alpha x}{x^2}dx \ (\alpha, \beta \geqq 0) \text{ 及び } \int_{-\infty}^{+\infty}\left(\frac{\sin x}{x}\right)^2 dx.$$

(九州大大学院入試)

5 (留数) **有理関数と三角関数の積の実軸上の積分**

$$\int_{-\infty}^{+\infty}\frac{\cos\alpha x}{x^4+a^4}dx \quad (a, \alpha>0)$$

(津田塾大大学院入試)

6 (留数) **有理関数と三角関数の積の実軸上の積分**

$$\int_{-\infty}^{+\infty}\frac{x\sin\alpha x}{x^4+a^4}dx \quad (a, \alpha>0).$$

(慶応大大学院入試)

7 (留数) **有理関数と指数関数の積の実軸上の積分**

複素数 $a=\alpha+i\beta\,(\beta>0)$, $t>0$ に対して

$$\int_{-\infty}^{+\infty}\frac{e^{itx}}{x-a}dx.$$

(京都大大学院入試)

8 (留数) **偶関数と対数関数の積の正の実軸上の積分**

$g(x)$ を上半平面 $\mathrm{Im}z>0$ において有限個の孤立特異点 $a_1, a_2, \cdots, a_n$ を除いて正則で，実軸上では正則な偶関数とする．$0 \leqq \theta \leqq \pi$ に対して，$R\to\infty$ の時一様に $g(Re^{i\theta})R\log R\to 0\,(R\to\infty)$ である時，次式を示せ：

$$2\int_0^{\infty}g(x)\log x\,dx+i\pi\int_0^{\infty}g(x)\,dx=2\pi i\sum_{j=1}^{n}\mathrm{Res}(g(z)\log z, a_j)$$

(九州大大学院入試)

Advice

1 と **2**　問題 5 の方法を適用するが高位の極なので，何回か微分．

3　やはり問題 5 の方法．

4　問題 6 の方法を積分路上に一位の極がある場合に．

5, 6 と **7**　やはり問題 6 の方法を適用する．

8　問題 7 の方法を抽象化．

3, 7, 8 の方が他の計算問題より易しく感じる読者は可成，数学者の弱点を身に付けつつある．4 の最後の被積分関数を**ヘイエ核**と言い，三角級論で重要．

位　相

点列の収束は解析学の重要な仕事である．これを論じるのに，距離の概念は本質的はない．人間の集合において遠近を論じる際，幾何学的距離を用いるのはポルノ的で，人間性の本質を衝いていない．多くの仲良しグループに含まれるのかどうかと言う，集合論的な近傍の概念を重んじる．

1 （位　相） 位相空間 X が一点に可縮であることの定義をのべよ．（信州大学大学院数学専攻入試）

2 （位　相） 集合 A の内部を A^i とするとき，$(A^i)^i = A^i$ を示せ．

（弘前大学大学院数理システム科学専攻入試）

3 （位　相） 開球の開核と閉包を求めよ．

（弘前大学大学院数理システム科学専攻，津田塾大学大学院理学研究科入試）

4 （位　相） 集合 X の部分集合 A に X の部分集合 $\bar{A}$ を対応させる対応が**閉包作用素の公理**

$$(a1)\ \bar{\phi} = \phi \qquad (a2)\ A \subset \bar{A} \qquad (a3)\ \bar{A} = \bar{\bar{A}} \qquad (a4)\ \overline{A \cup B} = \bar{A} \cup \bar{B}$$

の内の $(a_2), (a_3), (a_4)$ を満す事と，$A \cup \bar{A} \cup \bar{\bar{B}} = \overline{A \cup B}$ が成立する事の同値性を示せ．

（東海大大学院入試）

5 （位　相） 位相空間 $(X, V(x))$ の点列 $(x_n)_{n \geqq 1}$ が X の点 x_0 に収束する為の必要十分条件は $(x_n)_{n \geqq 1}$ の任意の部分列 $(y_n)_{n \geqq 1}$ が x_0 に収束する部分列 $(z_n)_{n \geqq 1}$ を持つ事である事を示せ．

（立教大大学院入試）

6 （位　相） $\boldsymbol{C}$ を複素平面とする．空集合 ϕ と，複素平面 $\boldsymbol{C}$ から高々有限個の点を除いた $\boldsymbol{C}$ の部分集合全体の族を $\mathcal{O}$ で表す．すなわち，$\mathcal{O} = \{\phi\} \cup \{\boldsymbol{C} - A | A$ は高々有限個の点の集合$\}$．このとき次を示せ．

(a) $\mathcal{O}$ は $\boldsymbol{C}$ の位相を定める．（以下では $\boldsymbol{C}$ は $\mathcal{O}$ より定まる位相を持つとする．）

(b) 多項式 $f(z) = a_0 + a_1 z + a_2 z^2 + \cdots a_n z^n$ で表される $\boldsymbol{C}$ から $\boldsymbol{C}$ への写像は連続である．

(c) 指数関数 $g(z) = e^z$ は連続でない．（東京工業大学大学院数理・計算科学専攻入試）

7 （位　相） 実数全体の集合 $\boldsymbol{R}$ に距離 $d(x, y) = |x - y|(x, y \in \boldsymbol{R})$ を導く時，距離空間 $(\boldsymbol{R}, d)$ としての $\boldsymbol{R}$ の開集合族を O とする．$A = \left\{\dfrac{1}{n}\ ;\ n \geqq 1\right\}$ とおき，$O' = \{O - B\ ;\ O \in O, B \subset A\}$ によって，$\boldsymbol{R}$ に新しい開集合族 O' を導く時，位相空間 $(\boldsymbol{R}, O')$ はハウスドルフ空間であるが正則空間でない事を示せ．（東京都立大大学院入試）

8 （位　相） 実数全体の集合 $\boldsymbol{R}$ の各点 x に対し $V(x) = \{V \subset \boldsymbol{R}\ ;\ ^{\exists}y < x,\ s.t.\ [y, x] \subset V\}$ を近傍系とする様な位相を $\boldsymbol{R}$ 上に導く時，$\bar{A} \cap B = A \cap \bar{B} = \phi$ である様な $\boldsymbol{R}$ の部分集合 A, B に対して開 U, V があり，$A \subset U, B \subset V, U \cup V = \phi$ が成立する事を示せ．

（岡山大大学院入試）

1 (位　相)——近傍系の公理

昭和54年6月5日，日仏会館フランス人学長，マルセイユのプロバンス第一大学教授，固体物理学者ロベール・ゲルムール博士が九州大学において，神田慶也学長司会の下で，「フランスの大学教育と研究の体制」について講演された．大変興味深いので，その一部を紹介しよう．

フランスの教育課程全般に渉って，選別の基準となるのは数学である．数学の点が好い児童は，即ち，好い生徒と判定される．その数学とは，現代数学であって，それは全く公理論的に展開される．フランスの児童に対し，小学校一年に入学すると同時に，公理と定義の運用の訓練の繰り返しが始まる．直観は軽んじられ，具体的な表現は理論の陳述の一般性を汚すものとして退けられる．イラストの利用は幼稚なものとして軽侮され（ル・モンドには写真がありませんね），練習問題も定理の受動的な応用としてのみ与えられる．抽象とその応用に秀でた生徒は好い生徒と判定される．生徒を選別する際に用いられるのは，抽象とその応用，この二つの資質であり，好い生徒は国家に対して重要な責任を持つ地位に進む事が出来る．選別の基準としては，語学の才，思考力，想像力は殆んど顧慮されない．これは，小中高の段階であるが，日本の学部と修士の中間的な課程に当る第二期でも，理科系では，理念科学としての数学の能力が重視され，この段階では，物理，化学，生物，地学等の実験科学は論理的に美しい構造を持つものとしての魅力を学生に対して持たない．長年に渉って，公理論的な抽象数学の教育を受けて来た児童に取って，実験は前科学的に思われ，真剣に取組まれない．科学の法則と方法に対する理解は，ずっと後の段階でしか生れない．

以上がゲルムール博士の講演のフランスの小学校，中学校，高校，大学における教育に関する部分であるが，私共が理学部数学科の学生に対して行うのと，同じ数学に対する姿勢で，フランスでは小学校以来一貫して教育がなされているのである．更に，上の講演には，数学者の本心が極めて端的に表現されていて，何となく，こそばゆい．しかも，フランスのごく普通の学生が，我々数学者が他の学問に対して秘かに思っている事を，そのまま感じており，小気味好く思うと同時に，数学者の卵ばかりで国中が溢れ，これで工業の方はどうなるのかと心配になる．

本書も少しずつ抽象化を深め，純粋数学に馴れていきましょう．その為に，先ず，初心に戻って，距離空間に帰ろう．(X, d) を距離空間，x_0 を X の点，ε を正数とする時，

$$B(x_0\,;\,d, \varepsilon)=\{x\in X\,;\,d(x, x_0)<\varepsilon\} \tag{1}$$

は x_0 を中心とする**球**と呼ばれる．X の部分集合 V は，正数 ε があって，$B(x_0\,;\,d, \varepsilon)\subset V$ が成立する時，距離空間 (X, d) における点 x_0 の**近傍**と言い，近傍 V は，x_0 よりの距離 $d(x, x_0)$ がある正数 ε より小さいと言う意味で，x_0 に近い点をゴッソリ含んでいる事が，近傍の要点である．X の点 x の近傍全体の集合を**近傍系**と呼び，$\mathcal{V}(x)$ と書く．$\mathcal{V}(x)$ は集合の，そのまた，集合なので，集合にさえ戸惑う殆んどの読者が，集合の集合と聞いて，ギョッとする様子が眼に浮ぶが，門前の小僧，習わぬ経を読むで，その内，分る様になるから，不思議である．唯，その修業の唯一の敵は，仏法同様，野坂昭如氏的妄想である．くれぐれも，定義や公理から逸脱して，勝手に妄想しないで欲しい．

距離空間 X の点 x の近傍系 $\mathcal{V}(x)$ に対して，**近傍系の公理**

(V1)　$\mathcal{V}(x)\ni U\subset V\subset X$ であれば，$V\in\mathcal{V}(x)$.

(V2)　**有限個**の $V_1, V_2, \cdots, V_n\in\mathcal{V}(x)$ に対して，$\bigcap_{i=1}^{n} V_i\in\mathcal{V}(x)$.

(V3)　$V\in\mathcal{V}(x)$ であれば，$x\in V$.

(V4)　$V\in\mathcal{V}(x)$ であれば，$W\in\mathcal{V}(x)$ があって，$y\in W$ であれば，$V\in\mathcal{V}(y)$.

が成立する事を証明しましょう．今後，近傍系 $\mathcal{V}(x)$ と近傍 V を表す活字の微妙な違いに注意しよう．

(V1)　$U\in V(x)$ とあるからには，U は x の近傍全体の集合の元であり，x の近傍である．定義より，正数 ε があって，$B(x;d,\varepsilon)\subset U$．$U\subset V$ なので，$B(x;d,\varepsilon)\subset V$ が成立し，定義より，V は x の近傍である．即ち，$V\in V(x)$．

(V2)　$V_i\in V(x)$ とあるからには，各 V_i は x の近傍である．定義より，正数 ε_i があって，$B(x;d,\varepsilon_i)\subset V_i$．これらの ε_i は i が変れば変るが，有限個しかない所がミソで，これらの有限個の ε_i の最小なものを ε とすると，勿論 $\varepsilon>0$ であって，$B(x;d,\varepsilon)\subset V_i$．**共通集合**は

$$\bigcap_{i=1}^{n} V_i=\{y\in X;y\in V_i\,(1\leqq i\leqq n)\} \tag{2}$$

で定義されるから，$B(x;d,\varepsilon)\subset\bigcap_{i=1}^{n}V_i$ が成立し，定義より，$\bigcap_{i=1}^{n}V_i$ は x の近傍であり，$\bigcap_{i=1}^{n}V_i\in V(x)$．

(V3)　$V\in V(x)$ とは，V が x の近傍の事．定義より，正数 ε があって，$B(x;d,\varepsilon)\subset V$．距離の公理より $d(x,x)=0<\varepsilon$ であるから，$B(x;d,\varepsilon)$ の定義(1)より，$x\in B(x;d,\varepsilon)$．$B(x;d,\varepsilon)\subset V$ であるから，$x\in V$．

(V4)　一般に，近傍系の公理を示す際，(V4)が一番，骨がある．$V\in V(x)$ は，V が x の近傍である事を意味し，定義より，正数 ε があって，$B(x;d,\varepsilon)\subset V$．$W=B(x;d,\varepsilon)$ 自身も，定義より x の近傍であり，$W\in V(x)$．$y\in W$ であれば，(1)より，$d(y,x)<\varepsilon$．$\delta=\varepsilon-d(y,x)$ は正である．この δ に対して，$B(y;d,\delta)\subset W$ を示すには，任意の $z\in B(y;d,\delta)$ に対して $z\in W$ を示せばよい．$z\in B(y;d,\delta)$ であるから，定義より，$d(z,y)<\delta$．ここで，距離空間の三角不等式が物を言い，$d(z,x)\leqq d(z,y)+d(y,x)<\delta+d(y,x)=\varepsilon$．定義(1)より，$z\in B(x;d,\varepsilon)=W$．$\therefore B(y;d,\delta)\subset V$ なので，(V4)も成立し，距離の公理が成立する事の証明を終る．唯唯，定義と公理に忠実であればよい．全くゲルムール博士の言の通りである．

集合 X の各点 x に X の部分集合の族 $V(x)$ が対応して，上の近傍系の公理が成立する時，X と $V(x)$ を併せて考えた物，即ち，総合概念 $(X,V(x))$ を**位相空間**と言う．例えば，二つの位相空間 $(X_1,V_1(x_1))$，$(X_2,V_2(x_2))$ がある時，積集合 $X_1\times X_2$ の各元 $x=(x_1,x_2)$ に，$V_1(x_1)$ に属する V_1 と $V_2(x_2)$ に属する V_2 を含む集合全体のなす $X_1\times X_2$ の部分集合の族 $V(x)$ は135頁の類題 2 で示す様に近傍系の公理を満たし，この位相を**積位相**，総合概念 $((X_1\times X_2),V(x))$ を**積空間**と言う．

位相空間 $(X,V(x))$ は，一点 $x_0\in X$ に対して閉区間との積空間 $[0,1]\times X$ から X の中への137頁の基-2で特徴付けられる，連続写像 f があって，X の全ての元 x に対して $f(0,x)=x$, $f(1,x)=x_0$ が成立する時，即ち，連続的に一点 x_0 に縮められる時，一点 $x_0\in X$ に**可縮**であると言う．

集合 X は20頁の意味で線形空間で，上述の意味で位相空間で，$(x_1,x_2)\in X\times X\to X$ と $(a,x)\in\mathbf{R}\times X\to X$ で与えられるベクトルの演算，加法とスカラーとの積が，積空間 $X\times X$ と $\mathbf{R}\times X$ から位相空間 X への連続写像である時，**線形位相空間**と言う．この時，任意の $x_0\in X$ に対して，$f(t,x)=(1-t)x+tx_0$ で定義される写像 $f:[0,1]\times X\to X$ は連続であるから，全ての線形位相空間は可縮である．従って，n 次元のユークリッド空間 $\mathbf{R}^n$ は可縮である．

位相空間 $(X,V(x))$ に対して，X の部分集合 A に147頁の(5)で近傍系を導入し，総合概念 $(A,VA(x))$ を**部分空間**と言い，この位相を**相対位相**と言う．

線形空間の部分集合 C は C の任意の二点 x_0,x と $t\in[0,1]$ に対しても $(1-t)x+tx_0\in C$ が成立する時，凸であると言う．この写像 f は積空間 $[0,1]\times C$ から C への連続写像であるから，線形空間の凸集合もその任意の一点に可縮である．従って，n 次元のユークリッド空間 $\mathbf{R}^n$ の凸集合は可縮である．

2 (位　相)――開核，即ち，内部

最新の問題への改訂に際し，113頁では余白がなかったので，ここに忠実に原題を再現する：

問題 2 原題

(X, d) は距離空間とする．

(イ)　X の部分集合 A の内点の定義を述べよ．

(ロ)　A の内点の集合を A^i とするとき，$(A^i)^i = A^i$ を示せ．　(弘前大学大学院数理システム科学専攻入試)

問題 3 原題

距離空間 $(\mathbf{R}^n, d)$ (ただし $d(x, y)$ は x と y とのユークリッド距離) において，次の問に答えよ．

(イ)　$x \in \mathbf{R}^n, A \subset \mathbf{R}^n$ のとき x が A の内点であること，および触点であることの定義を述べよ．

(ロ)　$x \in \mathbf{R}^n$ に対して

$$B = \{y \in \mathbf{R}^n | d(y, x) < 1\} \tag{1}$$

とし，の内点全体の集合を B^i, B の触点全体の集合を B^a と書く．

$$B^i = B, \qquad B^a = \{y \in \mathbf{R}^n | d(y, x) \leq 1\} \tag{2}$$

を示せ．　(弘前大学大学院数理システム科学専攻入試)

ベクトル空間　R を実数全体の集合，n を自然数とし，$\mathbf{R}^n$ を n 個の実数 $x_1, x_2, \cdots, x_n$ の順序ある組 $x = (x_1, x_2, \cdots, x_n)$ 全体の集合とする，即ち，

$$\mathbf{R}^n : = \{x = (x_1, x_2, \cdots, x_n) ; \text{全ての } 1 \leq i \leq n \text{ に対して，成分 } x_i \in \mathbf{R}\}. \tag{3}$$

$\mathbf{R}^n$ の二元 $x, y = (y_1, y_2, \cdots, y_n)$ の二実数 a, b を係数に持つ一次結合を

$$ax + by : = (ax_1 + by_1, ax_2 + by_2, \cdots, ax_n + by_n) \tag{4}$$

で定義，更に内積を

$$\langle x, y \rangle : = \sum_{j=1}^{n} x_j y_j \quad (x, y \in \mathbf{R}^n) \tag{5}$$

で定義すると20頁に述べた，内積を持つ線形空間である．従って，22頁に述べたノルム空間で距離

$$d(x, y) : = \|x - y\| \quad \text{この場合は} \sqrt{\sum_{j=1}^{n} (x_j - y_j)} \quad (x, y \in \mathbf{R}^n) \tag{6}$$

を持つ距離空間である．

前問で解説したが，距離空間 (X, d) の各点 x に対して，X の部分集合 V は正数 ε があって，前問の(1)が定義する球 $B(x_0 ; d, \varepsilon)$ を含む時，点 x の近傍であると言う．各点 x に対して，x の近傍全体の集合 $V(x)$ を対応させると前問の近傍系の公理を満たすから，$\mathbf{R}^n$ は位相空間である．この位相を備えた $\mathbf{R}^n$ を n 次元のユークリッド空間と言う．

位相空間 $(X, V(x))$ にて，X の部分集合 A の点 x は，A が点 x の近傍である時，x を A の**内点**と言う．115頁の近傍系の公理 V(1)より，x は A の内点である為の必要十分条件は，A に含まれる x の近傍 V が存在する事である．特に，距離空間 (X, d) の点 x_0 の近傍 V は，正数 ε があって，115の(1)で定義される球 $B(x_0 ; d, \varepsilon)$ が V に含まれる事で定義される．従って，距離空間 (X, d) に於て，X の部分集合 A の点 x_0 が A の内点である為の必要十分条件は，正数 ε があって，$B(x_0 ; d, \varepsilon)$ が A に含まれる事である．これが(イ)の解答で，(ロ)の解答は下の(i3)の証明を見られよ．

距離空間 (X, d) に於いて問題 3 の(ロ)は津田塾大学大学院理学研究科入試にも出題されている．$B(x_0 ; d,$

$\varepsilon)$ の任意の点 x を取る．$\delta := \varepsilon - d(x, x_0)$ は正である．$B(x; d, \delta)$ の任意の点 y を取る．勿論，$d(y, x) < \delta$ である．

2頁の距離に関する三角不等式(D3)より，$d(y, x_0) \leq d(y, x) + d(x, x_0) < \delta + d(x, x_0) - d(x, x_0) = \delta$ が成立し，上記球 $B(x_0; d, \varepsilon)$ の点 x の近傍 $B(x; d, \delta)$ の任意の点 y は球 $B(x_0; d, \varepsilon)$ に属する．$B(x_0; d, \varepsilon)$ の任意の点 x の近傍 $B(x; d, \delta)$ があって，$B(x_0; d, \varepsilon)$ に含まれるから，任意の点 x は $B(x_0; d, \varepsilon)$ の内点である．従って，$B(x_0; d, \varepsilon)$ は $B(x_0; d, \varepsilon)$ の内部 $B(x_0; d, \varepsilon)^\circ = B(x_0; d, \varepsilon)^i$ に含まれる．逆向きの $B(x_0; d, \varepsilon)^\circ = B(x_0; d, \varepsilon)^i \subset B(x_0; d, \varepsilon)$ も成立しているので，等号が成立し，$B(x_0; d, \varepsilon)^\circ = B(x_0; d, \varepsilon)^i = B(x_0; d, \varepsilon)$ であり，この球は118頁の定義に謂う開集合であるので，**開球**とも呼ばれる．

集合の集合や関数の集合を**族**と言う．集合 X の各点 x に対して，X の部分集合の族 $V(x)$ が与えられて，$V(x) \neq \phi$，即ち，$V(x)$ は構成元を持ち，しかも，前問で解説した近傍系の公理を満たす時，X と $V(x)$ とを併せて考えたもの，即ち，総合概念 $(X, V(x))$ を**位相空間**と言う．集合 X の各点に，この様に近傍系を対応させる事を，X に**位相**を導入すると言う．距離空間は勿論位相空間である．

位相空間 $(X, V(x))$ において，X の部分集合 A と X の点 x が与えられているとする．$A \in V(x)$，即ち，X の部分集合 A が X の点 x の近傍である時，x は A の**内点**であると言う．A の内点全体の集合を A の**内部**，又は，**開核**と言い，$\mathring{A}$ 又は，A^i と記す．X の部分集合 A に対して，その開核 $\mathring{A}$ を対応させる対応，これは X の部分集合全体 2^X から 2^X 自身の中への写像であるが，この対応を**開核作用素**と言う．

位相空間 $(X, V(x))$ において，X の部分集合 A に対して，その開核 $\mathring{A}$ を対応させる開核作用系は次の**開核作用素の公理**を満す事を示そう：

(i1)　$\mathring{X} = X$

(i2)　$\mathring{A} \subset A$

(i3)　$\mathring{A}$ の内部 $= \mathring{\mathring{A}} = \mathring{A}$

(i4)　$\overset{\circ}{\widehat{A \cap B}} = \mathring{A} \cap \mathring{B}$

(i1)　$x \in X$ に対して，$V(x) \neq \phi$ であるから，$V \in V(x)$ が一つはある．$V \subset X$ なので，公理(V1)より $X \in V(x)$．定義より，$x \in \mathring{X}$．$x \in X$ であれば，$x \in \mathring{X}$ なので，$X \subset \mathring{X}$．$\mathring{X}$ は全空間 X の部分集合であり，$\mathring{X} \subset X$ が成立しているので，$\mathring{X} = X$．

(i2)　$x \in \mathring{A}$ であれば，定義より，$A \in V(x)$．公理(V3)より，$x \in A$．$\mathring{A}$ の任意の元 x が A に含まれる事が $\mathring{A} \subset A$ の定義そのものである．

(i3)　(i2) より $\mathring{\mathring{A}} \subset \mathring{A}$ なので，その逆 $\mathring{A} \subset \mathring{\mathring{A}}$ を示せばよい．$\mathring{A}$ の任意の元 x に対して，$x \in \mathring{A}$ である事の定義より，$A \in V(x)$．ここで，公理(V4)を用いる．$W \in V(x)$ があって，$y \in W$ であれば，$A \in V(y)$．これは，$y \in \mathring{A}$ を意味する．任意の $y \in W$ が，$y \in \mathring{A}$ を満すのは，$W \subset \mathring{A}$ の定義そのものである．$W \in V(x)$ に対して，$W \subset \mathring{A}$ であるから，公理(V1)より，$\mathring{A} \in V(x)$．これは，定義より x が $\mathring{A}$ の内点，即ち，$x \in \mathring{\mathring{A}}$ を意味する．$x \in \mathring{A}$ であれば，$x \in \mathring{\mathring{A}}$ だから，$\mathring{A} \subset \mathring{\mathring{A}}$．

(i4)　$A \cap B \subset A, B$ より $\overset{\circ}{\widehat{A \cap B}} \subset \mathring{A}, \mathring{B}$，従って，$\overset{\circ}{\widehat{A \cap B}} \subset \mathring{A} \cap \mathring{B}$．逆に，$x \in \mathring{A} \cap \mathring{B}$ ならば，$x \in \mathring{A}, x \in \mathring{B}$ であり，$A, B \in V(x)$．公理(V2)より $A \cap B \in V(x)$，即ち，$x \in \overset{\circ}{\widehat{A \cap B}}$．故に $\mathring{A} \cap \mathring{B} \subset \overset{\circ}{\widehat{A \cap B}}$．

3 (位　相)——位相の定義

集合 X があって，その任意の部分集合 A に対して，X の部分集合 $\mathring{A}$ を対応させる対応があって，前問で述べた，開核作用素の公理を満すとしよう．この時，$A=\mathring{A}$ を満す X の部分集合は**開**であると言う．X の開部分集合 O 全体の族を $\mathcal{O}$ と記し，X の**開集合族**と云う．今後，開集合 O と開集合族 $\mathcal{O}$ を表す活字の微妙な違いに注意しよう．さて，X の開集合族 $\mathcal{O}$ は，次の**開集合族の公理**を満す事を示そう．

(O0)　空集合 $\phi\in\mathcal{O}$，$X\in\mathcal{O}$．

(O1)　$(O_i)_{i\in I}\subset\mathcal{O}$ であれば，合併 $O=\bigcup_{i\in I}O_i\in\mathcal{O}$．

(O2)　有限個の $O_1, O_2, \cdots, O_n$ に対して，共通集合 $\bigcap_{i=1}^{n}O_i\in\mathcal{O}$．

先ず，個々の公理を示す前に，$A\subset B$ であれば，$\mathring{A}\subset\mathring{B}$ が成立する事を示そう．これは，位相空間 $(X, \mathcal{V}(x))$ に対しては，$x\in\mathring{A}$ であれば，$A\in\mathcal{V}(x)$．$A\subset B$ であるから，公理(V1)より，$B\in\mathcal{V}(x)$．定義より，$x\in\mathring{B}$．$\mathring{A}$ の任意の元 x が $\mathring{B}$ に属する事より，$\mathring{A}\subset\mathring{B}$ が得られる．しかし，只今は，近傍系の公理でなく，開核作用素の公理を出発点としているので，事情が異なる．$A\subset B$ であるから，$A=A\cap B$．開核作用素の方の公理(i4)より，$\mathring{A}=\widehat{A\cap B}^{\circ}=\mathring{A}\cap\mathring{B}$．これは $\mathring{A}\subset\mathring{B}$ を意味し，目的を達する．この準備の下で，個々の公理を示そう．

(O0)　$\mathring{\phi}\subset\phi$ であるが，空集合より小さい集合はないので，$\mathring{\phi}=\phi$．公理(i1)より，$\mathring{X}=X$．定義より ϕ, X は開集合であり $\phi, X\in\mathcal{O}$．

(O1)　先ず，$(O_i)_{i\in I}\subset\mathcal{O}$ と言う表記法に戸惑われたであろう．$\mathcal{O}$ は X の部分集合の族なので，$(O_i)_{i\in I}\subset\mathcal{O}$ とは，$(O_i)_{i\in I}$ が $\mathcal{O}$ の部分集合である事を意味する．となれば，個々の O_i は $\mathcal{O}$ の元である．言い換えれば，個々の O_i は $\mathcal{O}$ に属する X の部分集合である．即ち，個々の O_i は開集合である．定義より，$\mathring{O}_i=O_i$．$O_i\subset O(i\in I)$ なので，上に示した事より，$O_i=\mathring{O}_i\subset\mathring{O}$．$i\in I$ は任意なので，$O=\bigcup_{i=I}O_i\subset\mathring{O}$．公理(i2)より $\mathring{O}\subset O$ が成立しているので，$\mathring{O}=O$．定義より，O は X の開であり，$O\in\mathcal{O}$．

(O2)　(i4)より数学的帰納法により，$\widehat{\bigcap_{i=1}^{n}O_i}^{\circ}=\bigcap_{i=1}^{n}\mathring{O}_i$ が示せるので，各 $i\in I$ に対して，$\mathring{O}_i=O_i$ が成立する事より $\mathring{O}=O$，即ち，$O\in\mathcal{O}$．

ここで，少し，論理学の勉強をしましょう．「性質 P を持つ様な $x\in X$ が存在する」と言う文章は日本語では x の方が後に来るので調子が悪く本書では，「$x\in X$ があって，P」と書いて来ました．これは，講義では「$\exists x\in X$, s.t. P」，又は，「$\exists x\in X$, t.q. P」，「$\exists x\in X$, s.d. P」と板書されます．$\exists$ は exist（存在する）の頭文字を頂きたいが，この文字はよく用いるので，裏返したのです．s.t., t.q., s.d. は such that, tel (les 性数により変化) que＋接続法，so daβ＋直接法 の略です．この様な存在を主張する命題を**特称命題**と言います．これに反し，「全ての $x\in X$ に対して」と言う命題は講義では，「$\forall x\in X$」と板書されます．$\forall$ は any（任意）の頭文字を頂きたいが，この文字もよく用いられるので，やはり転倒させたものです．この様な命題を**全称命題**と言います．よく考えると分ります，次の

基-1　全称肯定命題の否定は特称否定であり，特称肯定命題の否定は全称否定である．

を私は旧制中学入学と同時に，漢文の時間の冒頭にたたき込まれました．これは

基-2　“$\forall x\in X, P$ 成立”の否定は“$\exists x\in X$；P 不成立”であり，“$\exists x\in X$；P 成立”の否定は，“$\forall x\in X, P$ 不成立”である．

と言い換えられ，$\exists$ と $\forall$，肯定と否定を入れ換えればよいと言う，単純明解なものである．

今迄論じた様に，集合 X の部分集合しか考えない時が多い．この時，X の部分集合 A に対して，

$$CA = X - A = \{x \in X\ ;\ x \notin A\} \qquad (1)$$

を X に関する A の**補集合**と言い，(1)の様に，CX と記す．さて，X の部分集合の族 $(A_i)_{i\in I}$ があったとしよう．基-2 の直接的応用として，下の事が言えるので，有名な次のド・モルガンの公式を得る．

$$x \in C(\bigcup_{i\in I} A_i) \leftrightarrow \text{“}\exists i \in I\ ;\ x \in A_i\text{”の否定} \leftrightarrow \forall i \in I\ ;\ x \notin A_i \leftrightarrow x \in \bigcap_{i\in I} CA_i.$$

$$x \in C(\bigcap_{i\in I} A_i) \leftrightarrow \text{“}\forall i \in I\ ;\ x \in A_i\text{”の否定} \leftrightarrow \exists i \in I\ ;\ x \notin A_i \leftrightarrow x \in \bigcup_{i\in I} CA_i.$$

（ド・モルガンの公式） $C(\bigcup_{i\in I} A_i) = \bigcap_{i\in I} CA_i \quad (2), \qquad C(\bigcap_{i\in I} A_i) = \bigcup_{i\in I} CA_i \quad (3).$

さて，近傍概念が与えられた，位相空間 $(X, V(x))$ に戻ろう．X の部分集合 A と X の点 x が与えられた時，任意の $V \in V(x)$ に対して，$V \cap A \neq \phi$ であるならば，x を A の**触点**と言う．A の触点全体の集合を A の**触集合**，又は，**閉包**と言い，A^a，又は，$\bar{A}$ と記す．位相を論じる数学者は，集合 A の補集合の所に，教職試験の様に $\bar{A}$ と記さない．閉包 $\bar{A}$ とまぎれるからである．基-2 の応用として

$$x \in C\bar{A} \leftrightarrow \text{“}\forall V \in V(x), A \cap V \neq \phi\text{”の否定} \leftrightarrow \exists V \in V(x)\ ;\ A \cap V = \phi \leftrightarrow \text{“}\exists V \in V(x)\ ;\ V \subset CA$$
$$\leftrightarrow CA \in V(x) \leftrightarrow x \in \overset{\circ}{\widehat{CA}},\ \text{および，}\ x \in C\overset{\circ}{A} \leftrightarrow \text{“}A \in V(x)\text{”の否定} \leftrightarrow \exists V \in V(x)\ ;\ V \subset A\text{”}$$
$$\text{の否定} \leftrightarrow \forall V \in V(x), V \subset A \text{ 不成立} \leftrightarrow \forall V \in V(x), V \cap CA \neq \phi \leftrightarrow x \in \overline{CA}$$

が成立するから，次の公式を得る．

$$\bar{A} = C\overset{\circ}{\widehat{CA}} \quad (4), \qquad \overset{\circ}{A} = C\,\overline{CA} \quad (5).$$

位相空間 $(X, V(x))$ において，X の部分集合 A は $A = \bar{A}$ である時，**閉**であると言う．(4)より $A = \bar{A}$ と $\overset{\circ}{\widehat{CA}} = CA$ は同値であるから，A が閉である為の必要十分条件は CA が開である事である．同様にして，(5)より A が開である為の必要十分条件は CA が閉である事である．X の部分集合 A に対して，その閉包を対応させる対応を**閉包作用素**と言う．次問で解説を続ける様に

近 傍 系↔開核作用素↔開集合族
　　　　　　　↕　　　　　↕
　　　　閉包作用素↔閉集合族

以上の何れを公理とする立場も，全て，同値である．これらの公理の何れか一つを備えた集合を**位相空間**と言い，集合に，公理が満される様に，近傍系等の何れか一つを導く事を，集合に**位相を導入**すると言う．位相空間を学ぶ学問を**位相数学**と言い，大学の 2 年後期に理学部数学科進学と同時に学ぶ．位相を米，仏，独語で，夫々，topology，topologie，Topologie と言うが皆，同じラテン系である．

本書は距離空間より筆を進めたので，行き掛り上，近傍系の公理より位相空間に入ったが，公理の数から云うと，開集合族の公理が，最も簡単なので，フランス流は，これを位相空間の定義として採用している．

距離空間 (X, d) の半径 r の開球 $B(x_0\ ;\ d, r)$ に対して，その触集合=閉包に比定したい集合，$F := \{x \in X\ ;\ d(x, x_0) \leq r\}$ とおく．$B(x_0, d, r)$ の触集合の任意の点 x を取る．任意の正数 ε を取ると，開球 $B(x\ ;\ d, \varepsilon)$ は，$B(x_0\ ;\ d, r)$ の触点 x の近傍であり，交わり $B(x_0\ ;\ d, r) \cap B(x\ ;\ d, \varepsilon)$ の点 y があり，二つの不等式 $d(y, x_0) < r, d(y, x) < \varepsilon$ が成立．2 頁の(D2),(D3)より，$d(x, x_0) \leq d(x, y) + d(y, x_0) = d(y, x) + d(y, x_0) < r + \varepsilon$ が成立．ε の任意性より，$d(x, x_0) \leq r$ が成立，$x \in F$．逆に $x \notin F$ であれば，$d(x, x_0) > r$ であるから，x の近傍 $B(X, d(x, x_0) - r)$ が，開球 $B(x\ ;\ d, \varepsilon)$ と交わらぬ事を，上と同様に 2 頁の(D2),(D3)より示す事が出来，just F は開球 $B(x\ ;\ d, \varepsilon)$ の閉包で，**閉球**と呼ばれる．

4 (位　相)――閉包作用素の公理

本問の要求ではないが，背景の説明の為に，位相空間 $(X, \mathsf{V}(x))$ の閉包作用素は公理 (a1), (a2), (a3), (a4) を満す事を示そう．位相空間 $(X, \mathsf{V}(x))$ では開核作用素が与えられ，公理(i1), (i2), (i3), (i4)を満し，閉包作用素はこの開核作用素を用いて，前問の(4)で与えられる．従って，ここでは，開核作用素の公理のみを拠り所として，(a1), (a2), (a3), (a4)を示そう．公式(4)を用いて，

(a1)　(i1)より $\overset{\circ}{X}=X$ なので，$\bar{\phi}=C\overset{\circ}{\widehat{C\phi}}=C\overset{\circ}{X}=CX=\phi$.

(a2)　(i2)より $\overset{\circ}{\widehat{CA}}\subset CA$ なので，$\bar{A}=C\overset{\circ}{\widehat{CA}}\supset C\,CA=A$.

(a3)　$C\bar{A}=\overset{\circ}{\widehat{CA}}$ 及び(i3)より $\overset{\circ\circ}{\widehat{CA}}=\overset{\circ}{\widehat{CA}}$ なので，$\bar{\bar{A}}=C\overset{\circ}{\widehat{C\bar{A}}}=C\overset{\circ\circ}{\widehat{CA}}=C\overset{\circ}{\widehat{CA}}=\bar{A}$.

(a4)　(i4)より $\overset{\circ}{\widehat{CA\cap CB}}=\overset{\circ}{\widehat{CA}}\cap\overset{\circ}{\widehat{CB}}$ なので，ド・モルガンより，$\overline{A\cup B}=C\overset{\circ}{\widehat{C(A\cup B)}}=C\overset{\circ}{\widehat{CA\cap CB}}$
$=C(\overset{\circ}{\widehat{CA}}\cap\overset{\circ}{\widehat{CB}})=C\overset{\circ}{\widehat{CA}}\cup C\overset{\circ}{\widehat{CB}}=\bar{A}\cup\bar{B}$.

逆に，前問の(5)を拠り所として，閉包作用素の公理より，開核作用素の公理を導く事が出来る．従って，両者は同値である．

閉包作用素の公理を示した所で，(a2), (a3), (a4)と $A\cup\bar{A}\cup\bar{\bar{B}}=\overline{A\cup B}$ の同値性を示そう．

閉包作用素の公理(a2), (a3), (a4)が成立すれば，先ず，$A\subset B$ であれば，$\bar{A}\subset\bar{B}$ である事を示す．公理(a4)より，$\bar{B}=\overline{A\cup B}=\bar{A}\cup\bar{B}\supset\bar{A}$．さて，(a2), (a4)より $A\subset\bar{A}\subset\overline{A\cup B}=\bar{A}\cup\bar{B}$．$\bar{\bar{B}}=\bar{B}\subset\overline{A\cup B}=\bar{A}\subset\bar{B}$.
故に，$A\cup\bar{A}\cup\bar{\bar{B}}=\bar{A}\cup\bar{B}$ が成立する．

逆に $A\cup\bar{A}\cup\bar{\bar{B}}=\overline{A\cup B}$ を仮定すると，$A=B$ を代入して，$A\cup\bar{A}\cup\bar{\bar{A}}=\bar{A}$．故に $A\subset\bar{A}, \bar{\bar{A}}\subset\bar{A}$．$A\subset\bar{A}$ に $\bar{A}$ を代入して，$\bar{A}\subset\bar{\bar{A}}$．$\bar{\bar{A}}\subset\bar{A}$ と併せて，$\bar{A}=\bar{\bar{A}}$．$A\subset\bar{A}, \bar{B}=\bar{\bar{B}}$ なので $\bar{A}\cup\bar{B}=A\cup\bar{A}\cup\bar{B}=\overline{A\cup B}$.
(a2), (a3), (a4)が示された．

位相空間 X の開集合全体の族 O を X の**開集合族**と言い，X の閉集合 F 全体の族 F を X の**閉集合族**と呼んだが，前問で説いた様に

$$\mathsf{F}=\{F\subset X\,;\,CF\in\mathsf{O}\}\quad(1),\qquad\qquad \mathsf{O}=\{O\subset X\,;\,CO\in\mathsf{F}\}\quad(2)$$

が成立している．開集合の場合と同じく，閉集合 F と閉集合族 F を表す活字の微妙な違いに注意されたい．
(1)を用いて，開集合族の公理より，次の**閉集合族の公理**を導こう．

(F0)　$X\in\mathsf{F}, \phi\in\mathsf{F}$

(F1)　$(F_i)_{i\in I}\subset\mathsf{F}$ であれば，共通集合 $\bigcap_{i\in I}F_i\in\mathsf{F}$.

(F2)　有限個の $F_1, F_2, \cdots, F_n\in\mathsf{F}$ に対して，合併 $\bigcup_{i=1}^{n}F_i\in\mathsf{F}$.

(F0)　(O0)より $\phi\in\mathsf{O}, X\in\mathsf{O}$ なので，$X=C\phi\in\mathsf{F}, \phi=CX\in\mathsf{F}$.

(F1)　(O1)より，$(CF_i)_{i\in I}\subset\mathsf{O}$ に対して，$\bigcup_{i\in I}CF_i\in\mathsf{O}$ なので，ド・モルガンの公式より，$\bigcap_{i\in I}F_i=C(\bigcup_{i\in I}CF_i)\in\mathsf{F}$.

(F2)　(O2)より，$(CF_i)_{1\leqq i\leqq n}\subset\mathsf{O}$ に対して，$\bigcap_{i=1}^{n}CF_i\in\mathsf{O}$ なので，やはり，ド・モルガンの公式のお世話になり，$\bigcup_{i=1}^{n}F_i=C(\bigcap_{i=1}^{n}CF_i)\in\mathsf{F}$.

逆に，(2)を用いて，閉集合族の公理より，開集合族の公理を導く事が出来て，両者は同値である．更に，$\mathsf{F}=\{F\subset X\,;\,F=\bar{F}\}$ なる閉集合族の定義より，閉包作用素の公理を用いて，閉集合族の公理を導く事が出来る．

さて，近傍系の概念を元にして，位相空間 $(X, \mathsf{V}(x))$ が与えられているとしよう．X の部分集合 A に対して，その開核 $\overset{\circ}{A}$ は

$$\overset{\circ}{A}=\{x\in X\ ;\ A\in V(x)\} \tag{3}$$

で与えられた．そして，(3)を元にして，開核作用素を導入し，開集合族 O を

$$O=\{O\subset X\ ;\ \overset{\circ}{O}=O\} \tag{4}$$

で与えたのである．これによって，119頁の終りの表における五つの公理の，何れを位相空間の定義として採用してもよい事が説明出来た．公理(i3)より，$A\subset X$ に対して，$\overset{\circ\circ}{A}=\overset{\circ}{A}$ が成立するから，$\overset{\circ}{A}$ は開であり，(i2)より，$\overset{\circ}{A}\subset A$ が成立するから，X の部分集合 A の開核は A に含まれる開である．

基-1　位相空間 X の部分集合 A の開核 $\overset{\circ}{A}$ は A に含まれる最大開である．

O を A に含まれる開としよう．開核作用素の公理が成立すると，その単調性が導かれたので，$O\subset A$ の両辺の開核を取り，$O=\overset{\circ}{O}\subset\overset{\circ}{A}$．よって，基-1 が示された．類似の

基-2　位相空間 X の部分集合 A の閉包 $\bar{A}$ は A を含む最小閉である．

を示そう．先ず，閉集合族 F は

$$F=\{F\subset X\ ;\ F=\bar{F}\} \tag{5}$$

で定義された事を想起しよう．公理(a2),(a3)より $A\subset\bar{A}, \bar{A}=\bar{\bar{A}}$ が成立するから，$\bar{A}$ は A を含む閉である．逆に，A を含む閉 F に対して，$A\subset F$ より，$\bar{A}\subset\bar{F}=F$ が成立し，基-2 を得る．

今迄得られた結果を調べると，次の原理が成立している事が分る．

双対（そうつい）性原理　開集合に関する命題より閉集合，開核に関する命題より閉包に関する命題に，又，その逆に移行するには，$\cup$ を $\cap$ に，$\cap$ を $\cup$ に，$\subset$ を $\supset$ に，$\supset$ を $\subset$ に入れ換えればよい．

本書の故郷，距離空間 (X,d) に帰り，X の点列 $(x_n)_{n\geqq 1}$ と X の点 x が与えられた時，点列の収束を

基-3　$x_n\to x(n\to\infty)$ である為の必要十分条件は，任意の $V\in V(x)$ に対して，n_0 があって，$n\geqq n_0$ の時，$x_n\in V$．

と距離 d を用いないで，近傍系 $V(x)$ のみで表現しよう．様々な定義より，

$$x_n\to x(n\to\infty)\Longleftrightarrow {}^\forall\varepsilon>0,\ {}^\exists n_0\ ;\ d(x_n,x)<\varepsilon(n\geqq n_0)\Longleftrightarrow {}^\forall\varepsilon>0,\ {}^\exists n_0\ ;$$
$$x_n\in B(x\ ;\ d,\varepsilon)(n\geqq n_0)\Longleftrightarrow {}^\forall V\in V(x),\ {}^\exists n_0\ ;\ x_n\in V(n\geqq n_0)$$

となり，基-3 が示される．少し，説明を追加したい点は，最後の同値性である．

$(\Rightarrow)\ {}^\forall V\in V(x)$ に対して，距離空間における近傍の定義より，${}^\exists\varepsilon>0\ ;\ B(x\ ;\ d,\varepsilon)\subset V$．よって，この ε に対して定まる n_0 について，$x_n\in B(x\ ;\ d,\varepsilon)\subset V(n\geqq n_0)$

$(\Leftarrow)\ {}^\forall\varepsilon>0, B(x\ ;\ d,\varepsilon)\in V(x)$ なので $V=B(x,d,\varepsilon)$ に対して定まる n_0 について，$x_n\in V=B(x\ ;\ d,\varepsilon)$ $(n\geqq n_0)$ と上の様に板書するのが大学の講義である．

一般の位相空間では，距離の概念が無く，近傍系のそれがあるのみなので，これを頼りにして，

$$x_n\to x(n\to\infty)\underset{def}{\Longleftrightarrow} {}^\forall V\in V(x),\ {}^\exists n_0\ ;\ x_n\in V(n\geqq n_0)$$

を点列の収束の定義とする．

5 (位　相)――近傍系と点列の収束

点列 $(x_n)_{n\geqq 1}$ が点 x_0 に収束する事の高校数学的定義は

定義1. n が限り無く大きくなる時，x_n が x_0 に限りなく近付けば，点列 $(x_n)_{n\geqq 1}$ は点 x_0 に**収束**すると言う．

であった．それなのに，教養部に入学して見ると，先生が，上の定義は厳密でないと貶して，

定義2. 距離空間 (X,d) において，X の点列 $(x_n)_{n\geqq 1}$ と X の点 x_0 に対して，

$$\forall\varepsilon>0,\ \exists n_0\ ;\ d(x_n,x_0)<\varepsilon\quad(n\geqq n_0)\tag{1}$$

が成立する時，点列 $(x_n)_{n\geqq 1}$ は点 x_0 に**収束**すると言う．

をあてがう．これはエライ事だと，単位欲しさに，一生懸命，盲従したら，今度は本書で，

定義3. 位相空間 $(X,\mathcal{V}(x))$ において，X の点列 $(x_n)_{n\geqq 1}$ と X の点 x_0 に対して，

$$\forall V\in\mathcal{V}(x_0),\ \exists n_0\ ;\ x_n\in V\quad(n\geqq n_0)\tag{2}$$

が成立する時，点列 $(x_n)_{n\geqq 1}$ は点 x_0 に**収束**すると言う．

が出て来る．本書は，趣味の本で，単位に関係無いとは言え，こうグルグルと先生の言う事が変る様では先生が信用出来ないし，付いて行けない．まるで，某覇権国の様に，最高方針が猫の目の様に変り，盲従したくても，盲従の仕様がない．と感じられるのが，偽りの無い姿であろう．

しかし，定義 2 と定義 3 は，前問の最後に解説した様に，距離空間 (X,d) では同値である．然らば，定義 1 は先生が仰っしゃる様に，厳密でなく，価値の低いものであろうか．

$$\exists n_0\ ;\ n\geqq n_0 \Longleftrightarrow n\text{ が限り無く大きくなる時}\tag{3}$$

と読み換え，

$$\forall V\in\mathcal{V}(x_0)\ ;\ x_n\in V \Longleftrightarrow x_n\text{ は }x_0\text{ に限り無く近づく．}\tag{4}$$

で読み換えると，定義 1 と定義 3 は全く同じである．定義 2 は距離空間においてしか，定義出来ないが，定義 3，従って，これと同値な定義 1 は，距離空間より，ずっと一般の，もっと抽象的かつモダンな，位相空間でも通用する定義である．高校数学式の定義 1 は教養数学式の定義 2 よりもずっと，抽象数学に近い．

心理学において，人間の集合 X を考える時，これを幾何学的な距離で計るのはポルノ的で，人間性を捉えているとは言い難い．x が x_0 に近いかどうかは，吉野信子の少女小説に画かれた様に，x が x_0 の様々な仲良しグループに入るかどうかによって判断されるのではなかろうか．この x_0 の仲良しグループ U は，X の部分集合であって，ある程度以上 x_0 に近い者は皆含まれており，x_0 の近傍である．x_0 と言う大学生が，その相談相手とする如何なるグループの中にも，ママ x が含まれれば，ママ x は大学生 x_0 に限り無く近いと言ってよかろう．一方，妻 x_0 が秘め事を持っていて，それを相談するグループには，夫 x が含まれない時，夫 x は妻 x_0 に限り無く近いとは言い難い．収束性や連続性は解析学の最も重要な概念である．これらを論じるに当って，距離は本質的でなく，集合の包含関係のみに依拠する近傍概念の方がより本質的である．本質を追求するのが学問であり，数学も文字通り学問である．近傍概念を備えた空間，即ち，位相空間の概念を避けては，連続性や収束性の本質が分る筈がない．

以上の予備知識は，本問に対して十分過ぎる位である．

（必要性）$(y_n)_{n\geqq 1}$ を $(x_n)_{n\geqq 1}$ の任意の部分列とする．$x_n\to x_0(n\to\infty)$ なので，定義3より，$^\forall V\in\mathcal{V}(x_0)$，$^\exists n_0$；$x_n\in V(n\geqq n_0)$．$(y_n)_{n\geqq 1}$ が $(x_n)_{n\geqq 1}$ の**部分列**と言う事は，自然数列 $\nu(1)<\nu(2)<\cdots<\nu(n)<\cdots$ があって，$y_n=x_{\nu(n)}(n\geqq 1)$．勿論 $\nu(n)\geqq n$ なので，$y_n\in V(n\geqq n_0)$．従って，$y_n\to x_0(n\to\infty)$．標語的に言えば，点列が x_0 に収束すれば，その部分列も x_0 に収束する．

（十分性）　こちらの方が，本問の眼目である．見当が付かぬ時は，男らしくないが，背理法による．

$x_n\to x_0(n\to\infty)$ の否定$\Longleftrightarrow$"$^\forall V\in\mathcal{V}(x_0),\ ^\exists n_0$；$x_n\in V(^\forall n\geqq n_0)$"の否定

$\Longleftrightarrow{}^\exists V\in\mathcal{V}(x_0),\ ^\forall n,\ ^\exists\nu_n\geqq n$；$x_{\nu_n}\notin V$

と問題3の基-2に拠るのが賢明である．最後の命題を拠り所にして，自然数列が $\nu(1)<\nu(2)<\cdots<\nu(n)$ と n 番目迄取れて，$x_{\nu(i)}\notin V(1\leqq i\leqq n)$ としよう．$N=\nu(n)+1$ に対して，$^\exists\nu_N$；$x_{\nu_N}\notin V,\ \nu_N\geqq N$．これを $\nu(n+1)=\nu_N$ とおけば，$\nu(n)<\nu(n+1)$ で，$x_{\nu(n+1)}\notin V$．この様にして，数列 $(x_n)_{n\geqq 1}$ の部分列 $(y_n)_{n\geqq 1}=(x_{\nu(n)})_{n\geqq 1}$ が取れて，$y_n\notin V(n\geqq 1)$．仮定より，この $(y_n)_{n\geqq 1}$ の，その又，部分列 $(z_n)_{n\geqq 1}$ が取れて，$z_n\to x_0$ $(n\to\infty)$．定義3より，$^\exists n_0$；$z_n\in V(n\geqq n_0)$．z_{n_0} は $(y_n)_{n\geqq 1}$ の部分列の点なので，$^\exists n_1$；$z_{n_0}=y_{n_1}\notin V$．これは矛盾である．故に，$x_n\to x_0(n\to\infty)$．

話を，近傍概念から定義されている位相空間 $(X,\mathcal{V}(x))$ の一般論に戻す．その開集合族を $\mathcal{O}$ とすると

基本事項　X の部分集合 V と X の点 x に対して，

$$V\in\mathcal{V}(x)\Longleftrightarrow{}^\exists O\in\mathcal{O}\,;\ x\in O\subset V$$

が成立する事を示そう．$V\in\mathcal{V}(x)$ とは，V が x の近傍の事．公理(V4)より，$^\exists W\in\mathcal{V}(x)$；$V\in\mathcal{V}(y)(y\in W)$．これは，$W$ の各点 y が V の内点である事を意味するので，$W\subset\mathring{V}$．V の開核 $\mathring{V}$ は開だから，$O=\mathring{V}\in\mathcal{O}$ であって，$W\in\mathcal{V}(x)$ なので，公理(V3)より，$x\in O$．即ち，開 O があり，$x\in O\subset V$．逆に，$^\exists O\in\mathcal{O}$；$x\in O\subset V$ ならば，$x\in O=\mathring{O}$．従って，O は，$\mathring{O}$ の点 x の，近傍である．$\mathcal{V}(x)\ni O\subset V$ なので，公理(V1)より，$V\in V(x)$．

集合 X に開集合の族 $\mathcal{O}$ が与えられていて，開集合族の公理を満す時，$(X,\mathcal{O})$ は位相空間であるが，そこでは，

$$V(x)=\{V\subset X\,;\ ^\exists O\in\mathcal{O},\ \text{s.t. } x\in O\subset V\} \tag{5}$$

で点 x の近傍系を定義する．

今迄学んだ事共を最近の大学院入試問題を通じて復習．更に136/138頁の連続写像の予習をしましょう．

問題　$\mathbf{R}^n$ を n 次元ユークリッド空間とし，$\mathbf{R}^n$ 上の通常の距離を d で表す．点 $a\in\mathbf{R}^n$ と正数 r に対し，$B_r(a)=\{x\in\mathbf{R}^n|d(x,a)<r\}$ とおき，これを a を中心とする半径 r の球と呼ぶ．以下の問に答えよ．

（ア）　部分集合 $U\subset\mathbf{R}^n$ が開集合であることの定義を開球を用いて述べよ．

写像 $f:\mathbf{R}^n\to\mathbf{R}^n$ に対し次の3条件

(a)　任意の $a\in\mathbf{R}^n$ と任意の正数 ε に対して，ある正数 δ が存在して $f(B_\delta(a))\subset B_\varepsilon(f(a))$ が成り立つ．

(b)　任意の開集合 $U\subset\mathbf{R}^n$ に対して，U の f による $f^{-1}(U)$ は $\mathbf{R}^n$ の開集合である．

(c)　任意の $a\in\mathbf{R}^n$ と a に収束する $\mathbf{R}^n$ の任意の点列 $\{a_n\}_{n\geqq 1}$ に対して，点列 $f(\{a_n\})_{n\geqq 1}$ は $f(a)$ に収束する．

（イ）　(a)と(b)が同値であることを示せ．

（ウ）　(a)と(c)が同値であることを示せ．　　　　（名古屋大学大学院多元数理学研究科入試）

6 (位　相)——有限集合の補集合が開である位相

この問題では開集合族の公理を，位相空間を定義する際の拠り所としている．集合 X の部分集合の族 $\mathcal{O}$ が与えられていて，開集合族の公理(O0),(O1),(O2)が成立する時，X と $\mathcal{O}$ とを併せて考えた物，わざと難しく言うと，**総合概念** $(X, \mathcal{O})$ を**位相空間**と言う．近傍系 $\mathcal{V}(x)$ が与えられて，これを出発点とする位相空間 $(X, \mathcal{V}(x))$ では，問題3で述べた方法で，開集合族 $\mathcal{O}$ が定義出来て，開集合族の公理が成立しているが，本問の立場では $\mathcal{O}$ が出発点である．この時は前問の最後で説明した理由により，X の各点 x に対して

$$\mathcal{V}(x)=\{V\subset X\,;\,{}^{\exists}O\in\mathcal{O}\ \text{s.t.}\ x\in O\subset V\} \tag{1}$$

とおく．先ず，$\mathcal{V}(x)$ が近傍系の公理を満す事を証明しよう．

(V1)　$\mathcal{V}(x)\ni U\subset V\subset X$ とする．$U\in\mathcal{V}(x)$ なので，定義(1)より，${}^{\exists}O\in\mathcal{O}\,;\,x\in O\subset U$．$x\in O\subset U\subset V$ なので，$O\in\mathcal{O}$ に対して，$x\in O\subset V$ となり，定義(1)より，$V\in\mathcal{V}(x)$．

(V2)　有限個の $V_1, V_2, \cdots, V_n\in\mathcal{V}(x)$ に対して，共通集合 $V=\bigcap_{i=1}^{n} V_i$ を考察しよう．各 $V_i\in\mathcal{V}(x)$ なので，(1)より，${}^{\exists}O_i\in\mathcal{O}\,;\,x\in O_i\subset V_i$．公理(2)より，$O=\bigcap_{i=1}^{n} O_i\in\mathcal{O}$．$x\in O\subset V$ が成立するので，$V\in\mathcal{V}(x)$．

(V3)　$V\in\mathcal{V}(x)$ であれば，(1)より ${}^{\exists}O\in\mathcal{O}\,;\,x\in O\subset V$ なので，$x\in V$．

(V4)　$V\in\mathcal{V}(x)$ であれば，(1)より ${}^{\exists}O\in\mathcal{O}\,;\,x\in O\subset V$．この O を W とする事により，逆に(V4)のイメージがはっきりして来る．$W=O$ は $x\in O\subset W, O\in\mathcal{O}$ で，従って，$W\in\mathcal{O}$．$y\in W$ であれば，やはり $y\in O\subset V, O\in\mathcal{O}$ なので，$V\in\mathcal{V}(y)$．結局，公理(V4)の W はこの $x\in O\subset V$ なる $O\in\mathcal{O}$ を想定している．

旧版の問題6は次問であった：

問題　空集合，及び，補集合が有限集合である集合を開集合とする位相空間 X の点列 $(x_n)_{n\geq 1}$ が点 x_0 に収束するための必要十分条件は $x_m\neq x_0$ なる全ての自然数 m に対して，集合 $\{n\,;\,x_n=x_m\}$ が有限集合である事を証明せよ．　　　　(東海大大学院入試)

(必要性)　$X-\{x_m\}$ は，補集合が一点 x_m のみより成る集合 $\{x_m\}$ であるから，本問の開集合の定義より，開，従って，$x_0\in X-\{x_m\}$ であり，x_0 の近傍である．前問の定義3より，${}^{\exists}n_0\,;\,x_n\in X-\{x_n\}(n\geq n_0)$．これは $\{n\,;\,x_n=x_m\}\subset\{1, 2, \cdots, n_0-1\}$ を意味する．

(十分性)　${}^{\forall}V\in\mathcal{V}(x_0)$, ${}^{\exists}$開 $O\,;\,x_0\in O\subset V$．開に対する本問の定義より，$X-O$ は x_0 を含まぬ有限集合であり，自然数が有限個の $m_1, m_2, \cdots, m_s$ 個であって，$x_{m_i}\neq x_0$ かつ，$X-O=\{x_{m_1}, x_{m_2}, \cdots, x_{m_s}\}$．仮定より，$\{n\,;\,x_n=x_{m_i}\}$ は各 i について有限であり，その有限個の合併も勿論，有限集合である．従って，${}^{\exists}$自然数 $N\,;\,\{n\,;\,x_n\in X-O\}\subset\{1, 2, \cdots, N-1\}$．$n\geq N$ の時，$x_n\in O\subset V$ が成立し，定義3より，$x_n\to x_0(n\to\infty)$．

新問は開集合族の公理を出発点として，位相空間を定義するが，集合 X の部分集合の族 $\mathcal{F}$ が与えられて，閉集合族の公理が成り立つ時，問題4で解説した理由より

$$\mathcal{O}=\{O\subset X\,;\,CO\in\mathcal{F}\} \tag{2}$$

と補集合が閉である X の部分集合を開と称えれば，ド・モルガンの公式より，開集合族の公理が成立する．この様な状況より，開集合族を与えて位相空間を定義する方法と，閉集合族を与えて，位相空間を定義する方法は，互に，同値である．

(a)　$\mathcal{O}$は $\mathbf{C}$ の位相を定める事を示す為，X が $\mathbf{C}$ の時，118頁の開集合族の公理の成立を点検しよう．

(O0)　空集合 ϕ は定義より$\mathcal{O}$に属する．$A=\phi$ は0個の点の集合であるから，高々有限個の点の集合と見なし，その補集合である $\mathbf{C}=X-A=\mathbf{C}-\phi$ も$\mathcal{O}$に属する．

(O1)　$(O_i)\subset\mathcal{O}$である時の合併 $O=\cup_{i\in I}O_i$ が$\mathcal{O}$に属する事を証明しよう：$(O_i)\in\mathcal{O}$であるとは，有限，又無限それも必ずしも可算でない個数の，添字の集合 I に属する各 i を添字とする $\mathbf{C}$ の部分集合 O_i が与え

られ，その各 O_i の補集合 A_i : $=\mathbf{C}-O_i$ は高々有限個の C の点の集合である事を言う．その合併 O の補集合 CO は119頁のド・モルガンの公式より

$$CO=C(\cup_{i\in I}O_i)=\cap_{i\in I}CO_i=\cap_{i\in I}A_i \tag{3}$$

で与えられ，高々有限個の点の集合の共通集合 $\cap_{i\in I}A_i$ は高々有限個の点の集合であるから，その補集合である O は定義より開集合である，即ち，$O\in\mathcal{O}$.

(O2)　有限個の $O_i(i=1,2,\cdots,n)$ に対して，各 O_i の補集合 A_i は高々有限個の点の集合であり共通集合 $O=\cap_{1\le i\le n}O_iO$ の補集合 CO は119頁のド・モルガンの公式より

$$CO=C(\cap_{1\le i\le n}O_i)=\cup_{1\le i\le n}CO_i=\cup_{1\le i\le n}A_i \tag{4}$$

で与えられ，高々有限個の点の集合の有限個の合併集合 $\cup_{1\le i\le n}A_i$ は高々有限個の点の集合であるから，その補集合である O は定義より開集合である，即ち，$O\in\mathcal{O}$.

この様に開集合族の公理が満たされるから，総合概念 $(\mathbf{C},\mathcal{O})$ は位相空間である．勿論，この位相は 2 次元ユークリッド空間としての通常の複素平面の位相とは異なる．

(b)　この機会に137頁の連続写像の特徴付けを予習しよう．総合概念 $(\mathbf{C},\mathcal{O})$ が位相空間であるとは，集合 C の部分集合の族 $\mathcal{O}$ が与えられ，上述の様に開集合族の公理 $(O0)$, $(O1)$, $(O2)$ が満たされる事を言う．この様に開集合の概念を持つ空間 C から C 自身への写像 $f:\mathbf{C}\to\mathbf{C}$ が連続である事の特徴付けは137頁の基-2 の(ハ)より，任意の開集合 O' の原像

$$f^{-1}(O')=\{z\in\mathbf{C}\ ;\ f(z)\in O'\} \tag{5}$$

が開集合である事である．C の部分集合 O' が開であるから，その補集合 A' は空集合であるか，有限個の m 個の C の点の集合 $\{w_j\ ;\ 1\le j\le m\}$ である．$z\in Cf^{-1}(O')$ である為の必要十分条件は $f(z)\not\in O'=\mathbf{C}-A'$ である．$f(z)\not\in\mathbf{C}-A'$ である事と $f(z)\in A'=\{w_j\ ;\ 1\le j\le m\}$ と同値である．この様にして

$$Cf^{-1}(O')=\cup_{1\le j\le m}\{z\in\mathbf{C}\ ;\ f(z)=w_j\}. \tag{6}$$

ここで各 $j\in\{1,2,\cdots,m\}$ に対して n 次方程式 $f(z)=w_j$ の根は高々 n 個であるから，この様な m 個の集合である．O' の原像 $f^{-1}(O')$ の補集合は高々 mn 個の点からなる集合であり，定義より原像 $f^{-1}(O')$ は開である．任意の開集合 O' の原像 $f^{-1}(O')$ が開である写像 f は連続写像の特徴付け，137頁の基-2 の(ハ)より，連続である．

(c)　スリラー物不在証明同様に，数学上の命題が成り立たない事を証明するには，成り立たぬ例**反例**を一つ挙げれば良い．集合 $O'=\mathbf{C}-\{1\}$ は補集合 $\{1\}$ が一点からなる集合であるから，定義より，位相空間 $(\mathbf{C},\mathcal{O})$ の開集合である．1 の極形式が任意の整数 k に対して，$1=e^{2k\pi i}$ である事を注意して措く．開集合 O' の原像 $f^{-1}(O')$ の補集合は，(b)の式と同様に，

$$Cf^{-1}(O')=\{e^{2k\pi i}\ ;\ k=0,\pm1,\pm2,\cdots\} \tag{7}$$

であるが，これは可算無限集合であるから，一つの開集合 O' の原像 $f^{-1}(O')$ は開でない．この様な反例がある，写像 $f:\mathbf{C}\to\mathbf{C}$ は連続でない．

位相空間 $(X,V(x))$ を T-空間と略称する．位相空間 $(X,V(x))$ に対して，次の様な公理を考える．

(T_0-分離公理)　$\forall x,y\in X\ ;\ x\ne y,\ \exists U\in V(x)\ ;\ y\notin U$ 又は $\exists V\in V(y)\ ;\ x\notin V$.

(T_1-分離公理)　$\forall x,y\in X\ ;\ x\ne y,\ \exists U\in V(x)\ ;\ y\notin U$ 及び $\exists V\in V(y)\ ;\ x\notin V$.

(T_2-分離公理)　$\forall x,y\in X\ ;\ x\ne y,\ \exists U\in V(x),\ \exists V\in V(y)\ ;\ U\cap V=\phi$.

(T_3-分離公理)　X の任意の閉集合 F と X の任意の点 x で $x\notin F$ を満すものに対して，$\exists U\in V(F),\ \exists V\in V(x)\ ;\ U\cap V=\phi$．ただし，$U\in V(F)$，即ち，$U$ が F の近傍とは，開 O があって，$F\subset O\subset U$.

(T_4-分離公理)　X の任意の閉集合 F,G が $F\cap G=\phi$ を満せば $\exists U\in V(F),\ \exists V\in V(G)\ ;\ U\cap V=\phi$.

T_1 分離公理を満す空間を **T_1-空間**と言う．T_2-分離公理と T_2-空間は，通常，**ハウスドルフの分離公理**，及び，**ハウスドルフ空間**と呼ばれる．T_3,T_4-空間は，夫々，**正則空間**，**正規空間**と呼ばれる．

7 (位　相)——T_2-分離公理と T_3-分離公理

前問の解答の終りで，T-空間，T_0-空間，T_1-空間，T_2-空間，T_3-空間，T_4-空間を定義した．T_0-空間は位相空間なので，$T_0 \Rightarrow T$．and と or は and の方が強烈なので，$T_1 \Rightarrow T_0$．$x, y \in X$；$y \neq x$ に対して，$U \in V(x)$, $V \in V(y)$ が $U \cap V = \phi$ を満せば，公理(V3)より，$x \in U, y \in V$．従って，$x \notin V, y \notin U$．故に，$T_2 \Rightarrow T_1$．以上の考察より

$$T_2\text{-空間} \Rightarrow T_1\text{-空間} \Rightarrow T_0\text{-空間} \Rightarrow T\text{-空間} \qquad (1)$$

なる関係があるが，それ以上の関係はないので，注意を要する．

さて，X を集合としよう．任意の集合と言いたい所だが，**基礎論**の人から，喰み付かれそうなので，言わない．X の，空集合を含めた，部分集合全体の集合，これは普通 2^X と記されるが，それを O_d とする．験すまでもなく，O_d は開集合族の公理を満す．O_d を開集合族とする位相空間 (X, O_d) を**離散空間**と言い，その位相を，**離散位相**と言う．X の任意の点 x に対して，$\{x\} \in O_d$ なので，問題 6 の公式(1)より，一点 x のみから成る集合 $\{x\}$ は点 x の近傍である．一方公理(V3)より，x の近傍は必ず x を含まねばならない．地方公理(V1)より $\{x\}$ を含む集合は皆 x の近傍である．従って，一点 x の近傍系を $V_d(x)$ とすると，$V_d(x) = \{V \subset X ; x \in V\}$．また，補集合が開である様な集合が閉集合であるから，(X, O_d) の閉集合族を F_d とすると，$F_d = 2^X$．以上を要約すると，離散空間 X の開集合族 O_d，閉集合族F_d，点 x の近傍系 $V_d(x)$ は，

$$O_d = 2^X = X \text{ の部分集合全体の族}, \ F_d = 2^X, V_d(x) = \{V \subset X ; x \in V\} \qquad (3)$$

で与えられる．離散空間は $i = 0, 1, 2, 3, 4$ に対して，T_i-空間である．

また，X を集合としよう．今度は，対照的に，空集合 ϕ と全空間 X のみを開集合族とし，$O_t = \{\phi, X\}$ とおく．公理(O0)より，X の開集合族は必ず ϕ と X を含まねばならないので，O_t をそれ以上減らす事は出来ない．この O_t を開集合族とする位相空間 (X, O_t) を**トリビヤル空間**，その位相を**トリビヤル位相**と言う．その閉集合族を F_t とする．開の補は閉なので，$C\phi = X, CX = \phi$ より，$F_t = \{X, \phi\}$．X の任意の点 x に対して，x を含む開は X しかないので，x の近傍は全空間 X しかない．以上を要約すると，トリビヤル空間 X の開集合族 O_t，閉集合族 F_t, 点 x の近傍系 $V_t(x)$ は

$$O_t = \{\phi, X\}, F_t = \{X, \phi\}, V_t(x) = \{X\} \qquad (4)$$

で与えられる．勿論，$\{X\}$ は全空間 X のみから成る X の部分集合の族の事である．$F_t = \{X, \phi\}$ なので，X の閉 F と X の点 x で $x \notin F$ を満すものはない．従って，T_3-分離公理は成立すると考えるのが，数学者の常識である．同じく，X の閉 F, G で $F \cap G = \phi$ なるものは $F = G = \phi$ であり，$U = V = \phi \in O_t, U \cap V = \phi$ であるから，やはり，T_4-分離公理は成立する．X が二点以上から成るとしよう．X の相異なる二点 x, y に対して，x, y の近傍は X しかないので，T_0, T_1, T_2 分離公理の何れも成立しない．以上を要約すると

トリビヤル空間 X は常に T_3-空間，T_4-空間であり，X が二点以上から成れば，トリビヤル空間 X は T_0-空間でも，T_1-空間でも，T_2-空間でもない．

上に述べた様にどんな集合 X を与えられても，それに位相を入れる事が出来る．X 上の任意の位相 τ に関する開集合族を O_τ とすると，公理(O0)より

$$O_t \subset O_\tau \subset O_d \qquad (5)$$

が成立し，X が二点以上から成れば，(5)は左でも，右でも不等号が成立する τ がある．離散位相とトリビヤル位相は両極端な位相である．この様に，一つの集合の上に多くの位相を導く事が出来る．集合としては同じでも、位相が違えば，別の空間と考える．「あのお嬢さんは，あの時以来，全く人が変ってしまった．」と言う事と同じである．

トリビヤルtrivialはつまらないと言う意味を持ち，線形代数では同次連立一次方程式に対して，零ベクトルをtrivial solutionと言う．これは数学者の共通語である．昭和54年6月上旬，ヒンランド数学会長のレヒト教授が来福された．蝶の収集家としても高名なので，同じく世界的に名高い立花山に案内したが，紋白や紋黄をtrivial one揚げ羽等をnon trivial oneと言って，意味を通じ合った．

二つの元a,bから成る集合$X=\{a,b\}$の位相を究めよう．これこそ数学講究である．$O_1=\{\phi,X\}$, $O_2=\{\phi,\{a\},X\}$，$O_3=\{\phi,\{b\},X\}$，$O_4=\{\phi,\{a\},\{b\},X\}$は皆開集合族の公理を満し，公理(O0)より，$X$上の開集合族は皆$\phi$と$X$を含まねばならないので，これらの四集合族以外に開集合族はない．O_iを開集合族とするXの開集合族をF_iとすると，開の補は閉より，$F_1=\{\phi,X\}$, $F_2=\{\phi,\{b\},X\}$, $F_3=\{\phi,\{a\},X\}$, $F_4=\{\phi,\{a\},\{b\},X\}$を得る．この際$C\{a\}=\{b\}$, $C\{b\}=\{a\}$に注意しましょう．位相空間(X,O_1)はトリビヤル空間であり，位相空間(X,O_4)は離散空間であり，

$$O_1\subsetneqq O_2\subsetneqq O_4,\quad O_1\subsetneqq O_3\subsetneqq O_3 \tag{6}$$

が成立している．位相空間(X,O_4)は離散空間なので，$0\leqq i\leqq 4$に対しT_i-空間である．位相空間(X,O_1), (X,O_2), (X,O_3)，は，互に素な空でない二つの閉集合を持たぬので，T_4-空間である．Xの閉Fと点xで$x\notin F$があるのは，(X,O_2)に対する$F=\{b\}, x=a$, (X,O_3)に対する$F=\{a\}, x=b$, (x,O_4)に対する$F=\{a\}$, $x=b$，又は，$F=\{b\}, x=a$であるが，Fの近傍Uとaの近傍Vがあって$U\cap V=\phi$なのは，(X,O_4)のみである．従って，(X,O_1)と(X,O_4)はT_3-空間で，(X,O_2)と(X,O_3)はT_3-空間ではない．後者はT_4だがT_3でない例である．相異なる二点a,bが近傍で分けられるのは，(X,O_4)のみである．従って，(X,O_1)，(X,O_2), (X,O_3)はT_4だが，T_2でない例である．位相空間(X,O_2), (X,O_3)はT_0だが，T_1でない例である．位相空間(X,O_1)はT-空間であるが，T_1-空間でない例である．以上の肩慣しをして，本問に挑む．

(T_2-分離公理の成立)．相異なる実数x,yに対して．$\varepsilon=\frac{|x-y|}{2}>0$．$U=B(x;d,\varepsilon)$の任意の点$z$に対して，$\delta=\varepsilon-|x-z|>0$．$B(z;d,\delta)\subset B(x;d,\varepsilon)$が成立するので，$B(x;d,\varepsilon)$は$z$の近傍である．従って，$z$は$B(x;d,\varepsilon)$の内点，$B(x;d,\varepsilon)$は，その任意の点を内点として含むので，その開核に一致し，開である．$V=B(y;d,\varepsilon)$とおくと，$U,V\in O$．O'の定義式にて，数学者の約束では，$B=\phi$としてもよいので，$U,V\in O'$, $U\cap V=\phi$．位相空間$(\boldsymbol{R},O')$はその任意の点x,yが，$U\cap V=\phi$である様なxの近傍U, yの近傍Vを持つので，T_2，即ち，ハウスドルフ空間である．零0，開O，開集合族Oを表す活字の違いに注意されたい．

(T_3-分離公理の不成立)　背理法で行く．$\boldsymbol{R}\in O$なので，O'の定義式にて，$B=A$としてもよいので，$\boldsymbol{R}-A\in O'$．補が開なAは$(\boldsymbol{R},O')$の閉．$0\notin A$に対して，0の近傍UとAの近傍Vがあって，$U\cap V=\phi$としよう．近傍の定義より，$O_1'\in O'$, $O_2'\in O'$があって，$0\in O_1'\subset U$, $A\subset O_2'\subset V$．O'の定義式より，O_1, $O_2\in O$，$B_1,B_2\subset A$があって，$O_1'=O_1-B_1$, $O_2'=O_2-B_2$．$0\in O_1\in O$であるから，距離空間$(\boldsymbol{R},d)$において，O_1は0の近傍である．即ち，$\exists\varepsilon_1>0;B(0;d,\varepsilon_1)\subset O_1$，アルキメデスの公理より，$\exists$自然数$p>\frac{1}{\varepsilon_1}$．$\frac{1}{p}\in B(0;d,\varepsilon_1)$は$A$の点でもあるので，$\frac{1}{p}\in A\subset O_2\in O$．$O_2$は距離空間$(\boldsymbol{R},d)$における$\frac{1}{p}$の近傍なので，$\exists\varepsilon_2>0;B\left(\frac{1}{p};d,\varepsilon_2\right)\subset O_2$．$\varepsilon=\min\left(\varepsilon_1-\frac{1}{p},\varepsilon_2\right)>0$に対して，$B\left(\frac{1}{p};d,\varepsilon\right)$は開区間$\left(\frac{1}{p}-\varepsilon,\frac{1}{p}+\varepsilon\right)$の事で，$\exists$無理数$x_0\in B\left(\frac{1}{p};d,\varepsilon\right)$．$x_0\in B(0;d,\varepsilon_1)\cap B\left(\frac{1}{p};d,\varepsilon_2\right)$で，無理数$x_0\notin A$なので，$x_0\in(O_1-B_1)\cap(O_2-B_2)=O_1'\cap O_2'\subset U\cap V$．これは$U\cap V=\phi$に反し，矛盾である．従って，位相空間$(\boldsymbol{R},O')$は$\mathrm{T}_3$-空間，即ち，正則空間でない．

類題 (解答☞ 202ページ)

1．距離空間(X,d)を位相空間とみなすと，ハウスドルフ空間である事を示せ．

8 (位　相)――近傍系と閉包

肩慣らしをする為，前問で解説した，二点 a, b から成る集合 $X=\{a, b\}$ に対して，夫々，

$$O_1=\{\phi, X\},\ O_2=\{\phi, \{a\}, X\},\ O_3=\{\phi, \{b\}, X\},\ O_4=\{\phi, \{a\}, \{b\}, X\} \tag{1}$$

を X の開集合族とし，

$$F_1=\{\phi, X\},\ F_2=\{\phi, \{b\}, X\},\ F_3=\{\phi, \{a\}, X\},\ F_4=\{\phi, \{a\}, \{b\}, X\} \tag{2}$$

を閉集合族とする位相空間 $(X, O_1), (X, O_2), (X, O_3), (X, O_4)$ を考察しよう．X の点列 $(x_n)_{n\geqq1}$ を

$$x_{2n-1}=a,\ x_{2n}=b \quad (n\geqq1) \tag{3}$$

によって，定義する．O_i を開集合族とする X の位相を τ_i とすると，位相 τ_i による X の閉集合族は(2)の F_i で与えられるが，位相 τ_i による点列 $(x_n)_{n\geqq1}$ の極限は次の表の通りである事を説明しよう．

位　　相	τ_1	τ_2	τ_3	τ_4
点列 $(x_n)_{n\geqq1}$ の極限	a, b	b	a	な　し

先ず，一般論として，両極端な二つの場合を考察する：

基-1　トリビヤル空間 X の任意の点列 $(x_n)_{n\geqq1}$ は X の任意の点 x_0 に収束する．

x_0 の任意の近傍を V とすると，$V=X$ しかないので，$x_n\in V(n\geqq1)$．従って $x_n\to x_0(n\to\infty)$．

基-2　離散空間 X の点列 $(x_n)_{n\geqq1}$ が X の点 x に収束する為の必要十分条件は，自然数 n_0 があって，$n\geqq n_0$ に対して，$x_n=x_0(n\geqq n_0)$ が成立する事である．

(必要性)　$\{x_0\}$ は x_0 の近傍である．$x_n\to x_0(n\to\infty)$ なので，$\exists n_0$；$x\in\{x_0\}(n\geqq n_0)$．

(十分性)　$\forall V\in V(x_0), \{x_0\}\subset V$．従って，$x_n\in V(n\geqq n_0)$．故に $x_n\to x_0(n\to\infty)$．

τ_1 はトリビヤル位相なので，基-1より，a, b は共に極限，τ_4 は離散位相なので，極限なし．位相 τ_2 に関しては，$\{a\}$ は点 a の近傍なのに，ある番号 n_0 から先の n に対して，$x_n\in\{a\}$ と出来ないので，a は極限ではない．一方点 b の近傍 V は，$O_2=\{\phi, \{a\}, X\}$ なので，$V=X$ しかなく，$x_n\in V(n\geqq1)$．故に，$x_n\to b(n\to\infty)$．位相 τ_3 についても，同様である．

次に，$A=\{a\}, B=\{b\}$ の開核と閉包が次の表の通りである事を解説しよう：

位相 / 集合	τ_1 による開核	τ_2 による開核	τ_3 による開核	τ_4 による開核	τ_1 による閉包	τ_2 による閉包	τ_3 による閉包	τ_4 による閉包
ϕ	ϕ	ϕ	ϕ	ϕ	ϕ	ϕ	ϕ	ϕ
A	ϕ	A	ϕ	A	X	X	A	A
B	ϕ	ϕ	B	B	X	B	X	B
X	X	X	X	X	X	X	X	X

上の表を作成するに当っては，X の部分集合 A の開核とは A に含まれる最大の開集合であるから，(1)を見て，A に含まれる最大開を探せばよい．A の閉包は(2)を見て，A を含む最小閉を探せばよい．例えば，

両極端な場合として

> **基-3**　トリビヤル空間 X の部分集合 A が，$\phi \neq A \neq X$ であれば，A の開核は ϕ, A の閉包は X である．

X の開と閉は ϕ, X のみなので，A に含まれる最大開は ϕ, A を含む最小閉は X である．

> **基-4**　離散空間 X の部分集合 A の開核と閉包は共に A である．

A 自身が開かつ閉なので，A に含まれる最大開，A に含む最小開は共に A である．

左頁の二つの表から分る様に，同じ集合に対しても，位相が変れば，点列の極限は変るし，部分集合の開核や閉包も変る．「風が変れば，オイラも変る」と言う弁証法的構造をよく理解して欲しい．

最も簡単な例でトレーニングしたので，本問の解答に入ろう．$(y, x]$ は，その任意の点 z に対して，$\left[\frac{y+z}{2}, z\right] \in V(z)$ を含むので，点 z の近傍である．従って，$(y, x]$ は開集合である．次に

$$\forall x \in A, \exists \varepsilon_x > 0 \,;\, (x-\varepsilon_x, x] \cap B = \phi \tag{4}$$

を背理法によって，示そう．(4)の否定は，問題3の基-2より，$\exists x \in A \,;\, \forall \varepsilon > 0, (x-\varepsilon, x] \cap B \neq \phi$．点 x の任意の近傍 V に対して，定義より，$\exists y \,;\, [y, x] \subset V$．$\varepsilon = x-y$ とおくと，上に述べた事より，$V \cap B \supset (y, x] \cap B = (x-\varepsilon, x] \cap B \neq \phi$，即ち，$V \cap B \neq \phi$ が成立し，$x \in \bar{B}$．従って，$x \in A \cap \bar{B}$ となり矛盾である．この様にして，(4)が示された．この命題は A, B について対称なので，

$$\forall y \in B, \exists \delta_y > 0 \,;\, (y-\delta_y, y] \cap A = \phi \tag{5}$$

も成立する．次に，(4),(5)の ε_x や δ_y が

$$\forall x \in A, \forall y \in B, (x-\varepsilon_x, x] \cap (y-\delta_y, y] = \phi \tag{6}$$

を満す事を，やはり，背理法で示そう．$\exists x \in A, \exists y \in B \,;\, z \in (x-\varepsilon_x, x] \cap (y-\delta_y, y]$ としよう．$A \cap B = \phi$ なので，$x \neq y$ であり，例えば，$x < y$ としよう．$x-\varepsilon_x < z \leqq x, y-\delta_y < z \leqq y, x < y$ が成立しているから，$y-\delta_y < z \leqq x < y$，即ち，$x \in (y-\delta_y, y]$．これは $x \in A$ なので，(5)に反し，矛盾．

上に示した様に，$(x-\varepsilon_x, x]$ と $(y-\delta_y, y]$ は我々の位相空間で開である．

五月雨を，集めて速し，最上川．

と言う訳で，公理(O1)より，それらの合併 $U = \bigcup_{x \in A} (x-\varepsilon_x, x]$, $V = \bigcup_{y \in B} (y-\delta_y, y]$ も開．(6)より $U \cap V = \phi$ が成立する．勿論，$A \subset U$，$B \subset V$ も成立している．

この様に，妄想を決して懐かず，全ゆる事態に対して，あわてず，柔軟な思考力を持ちながら，独断と偏見を持たず，定義と公理に忠実であれ！　これが，期待される人間像なのだ．

本書で初めて，位相の概念を学びつつある読者に，老婆心ながら，更に一言．本章で見た様に，複雑な論理を運用し，とりわけ，その否定を合理的に作るには，∀と∃は欠かす事が出来ない．よろしく，∀，∃と問題3の基-2の否定の作り方に身を付けよう．筆者はゼミで，学生に何時も，∀ての命題を∀，又は，∃で表現する様，叱っている．∀と∃なしに数学の命題を考える事は出来ない．

類　題　（解答☞ 202ページ）

2．有限集合 X に対する（X を基礎集合とする）位相空間 X の任意の点 x は最小近傍を持つ事を示せ．

3．有限集合に対する位相空間 X がハウスドルフ空間である為の必要十分条件は，X が離散空間である事を示せ．

EXERCISES

（解答☞ 202ページ）

1 （位相） 開集合族の公理（O2）

次の命題は一般には成立しない．反例をあげるとともに，適当な条件をつけ加えて，正しい命題とせよ．

実平面 $\boldsymbol{R}^2$ における開集合の族 $(O_i)_{i\in I}$ に対して，共通集合 $\bigcap_{i\in I} O_i$ も $\boldsymbol{R}^2$ の開集合である．

（広島大大学院入試）

2 （位相） 集積点

A を n 次元のユークリッド空間 $\boldsymbol{R}^n$ の部分集合とし，A の集積点全体の集合を A' とする．この時

（イ） A' は $\boldsymbol{R}^n$ の閉集合である事を示せ．

（ロ） A' が高々可算ならば，A も高々可算であるか．

（ハ） 逆に A が高々可算ならば，A' も高々可算か．　　（広島大大学院入試）

3 （位相） 集積点

(X, d) を距離空間とする．次の命題は常に成立するか．成立する場合には証明せよ．

X 内の相異なる点よりなる点列 $(x_n)_{n\geqq 1}$ が収束する為には，点集合 $(x_n)_{n\geqq 1}$ が唯一つの集積点を持つ事が必要十分である．　　（東京教育大＝筑波大の前身の大学院入試）

4 （位相） 集合のベクトル和と開，閉

ユークリッド平面 $\boldsymbol{R}^2$ の部分集合 A, B に対し，ベクトルの和を用いて

$$A+B=\{x+y\ ;\ x\in A, y\in B\} \tag{1}$$

とおく．この時，次の事を証明せよ．

（イ） A が $\boldsymbol{R}^2$ の開集合ならば，$A+B$ も $\boldsymbol{R}^2$ の開集合である．

（ロ） A が $\boldsymbol{R}^2$ の有界閉集合で，B は $\boldsymbol{R}^2$ の閉集合ならば，$A+B$ も $\boldsymbol{R}^2$ の閉集合である．

（ハ） A, B が共に $\boldsymbol{R}^2$ の閉集合でも，$A+B$ は必らずしも，$\boldsymbol{R}^2$ の閉集合ではない．　　（筑波大大学院入試）

Advice

1　似て非なる物，問題 3 の公理(O2)をよく見ましょう．正しい事を主張するには証明，正しくない事を主張するには反例を与える必要があります．ただ，単に修正したのでは，優等生でない．反例をあげて後に，修正しましょう．

2　x が A の**集積点**とは，$x\in\overline{A-\{x\}}$を言います．距離空間では，$(x_n)_{n\geqq 1}\subset A, x_n\neq x(n\geqq 1), x_n\to x(n\to\infty)$ なる点列の存在と同値である事を示しましょう．勿論，答案に書く必要はありませんが，よく理解する事が，本問の骨子です．蛇足ですが，集合 A の集積点全体の集合 A' は**導集合**と呼ばれます．さて，もしも，$x\in A-A'$ であれば，正数 ε があって，$(x-\varepsilon, x+\varepsilon)\cap A=\{x\}$．(ハ)は A＝有理数全体の時を考えましょう．

3　先ず，必要条件である事を示しましょう．十分性については，$x_{2n-1}=\dfrac{1}{n}, x_{2n}=n(n\geqq 1)$ で定義される数列はどうでしょうか．何れにせよ，問題 1 同様，正しい事を主張するには証明をし，誤りである事を主張するには反例を挙げるのが，数学をする者の心得ですね．なお，広島大，筑波大は触点ではなく，集積点に拘る習性がありますので，準備を怠らぬ事．

4　$x+y$ とはベクトル x と y との和．(1)を $A+B=\bigcup_{y\in B}(A+y)$ と見ると公理(O1)より，何を示せばよいでしょうか．距離空間では，F が閉と F の点列の極限$\in F$ と同値な事を，先ず示す．又，ワイエルシュトラス-ボルツァノの公理を用いる．

位相空間としての距離空間とノルム空間

純粋数学では，抽象化の方法が自覚して用いられ，公理から演繹せられ，集合，対応等の概念から出発して，位相代数的に，数学全般が再組織されている．位相数学は純粋数学を語る標準語である．この標準語で，本書の故郷，距離空間を語ると ε-δ 法等の方言との関係は如何に？

1 **(距離)** 距離空間 (X, d) 上に

$$\rho(x, y)=\frac{d(x, y)}{1+d(x, y)}\ (x, y\in X) \tag{1}$$

で ρ を定義すると，ρ は X 上の距離であり，距離空間 (X, d) と (X, ρ) は同相である事を示せ．

(立教大大学院入試)

2 **(ノルム)** $[0,1]$ で連続な関数全体の作る線形空間 $C[0,1]$ において，$x\in C[0,1]$ に対して

$$\|x\|_1=\max_{0\leqq t\leqq 1}|x(t)| \quad (1), \qquad \|x\|_2=\int_0^1|x(t)|dt \quad (2)$$

で定義される二つのノルムは同じ位相を定義するか．

(神戸大大学院入試)

3 **(位相)** 位相空間 X 上の実数値関数 $f(x)$ が連続である為の必要十分条件は，任意の有理数 r にして，$\{x\in X\,;f(x)<r\}$，及び，$\{x\in X\,;f(x)>r\}$ が X の開部分集合である事を示せ．

(九州大大学院入試)

4 **(位相)** f を位相空間 X から位相空間 Y への写像とする．f が X の点 x_0 で連続であれば，x_0 で点列連続である事を示せ．更に，X が第一可算であれば，逆も成立する事を示せ．

(岡山大学大学院数理物理学専攻，九州大大学院入試)

5 **(ノルム)** X, Y をノルム空間とし，T を X から Y の中への線形写像とする時，次の三条件は同値である事を示せ：

（イ） T は X で連続である．　（ロ） T は X の一点 x_0 で連続である．

（ハ） 全ての $x\in X$ に対して $\|Tx\|\leqq M\|x\|$ が成立する様な正数 M がある．

(東京女子大，津田塾大大学院入試)

6 **(距離)** 距離空間 (X, d) が完備である為の必要十分条件は，X の空でない任意の閉集合列 $(F_n)_{n\geqq 1}$ で

$$F_n\subset F_{n+1}\ (n\geqq 1) \quad (1) \qquad \lim_{n\to\infty} 直径\,(F_n)=0 \quad (2)$$

を満す物に対して，X の点 x があって，$\bigcap_{n=1}^{\infty} F_n=\{x\}$ が成立する事である事を証明せよ．

(東北大，大阪大大学院入試)

1 （位　相）——二つの距離の同相性

位相空間 X の点 x の近傍系 $\mathcal{V}(x)$ の部分族 $\mathcal{B}$ は

$$\forall V\in\mathcal{V}(x),\ \exists B\in\mathcal{B}\ ;\ B\subset V \tag{2}$$

が成立する時，点 x の**基本近傍系**と言う．例えば，距離空間 (X,d) の点 x において

$$\mathcal{B}=\{B(x\ ;\ d,\varepsilon)\subset X\ ;\ \varepsilon>0\} \tag{3}$$

が点 x の基本近傍系であるのは，距離空間 (X,d) における点 x の近傍系の定義そのものであった．今後，基本近傍系 $\mathcal{B}$ と近傍 B を表す活字の微妙な違いに注意しよう．

一つの集合 X の上に二つの位相 τ_1,τ_2 が与えられている場合を考察しよう．位相 τ_i に関する X の開集合族を $\mathcal{O}_i$，点 x の近傍系を $\mathcal{V}_i(x)$ とする $(i=1,2)$．$\mathcal{O}_1\subset\mathcal{O}_2$ が成立する時，位相 τ_2 は位相 τ_1 よりも，アメリカ流では**強い**，フランス流では**細かい**と言い $\tau_1<\tau_2$ と書く．$\mathcal{O}_1\subsetneqq$ の時，**真に強い**と言い $\tau_1\lneqq\tau_2$ と書く．$\mathcal{O}_1=\mathcal{O}_2$ の時，二つの**位相は等しい**，又は，**同相**と言い，$\tau_1=\tau_2$ と書く．

> **基-1**　$\tau_1<\tau_2$ である為の必要十分条件は，任意の $x\in X$ に対して $\mathcal{V}_1(x)\subset\mathcal{V}_2(x)$．更に，$\tau_1\lneqq\tau_2$ である為の必要十分条件は，$x_0\subset X$ があって，$\mathcal{V}_1(x_0)\subsetneqq\mathcal{V}_2(x_0)$．

$$\mathcal{V}_i(x)=\{V\subset X\ ;\ \exists O\in\mathcal{O}_i\ ;\ x\in O\subset V\}(x\in X) \tag{4),}$$

$$\mathcal{O}_i=\{O\subset X\ ;\ \forall x\in O,\ O\in\mathcal{V}_i(x)\} \tag{5}$$

が成立していたから，開集合が沢山ある程近傍は沢山あるし，逆に，近傍が沢山ある程開集合は沢山あるので，前半を得る．次に，$\mathcal{O}_1\subset\mathcal{O}_2$ の時

$$\mathcal{O}_1\neq\mathcal{O}_2\Longleftrightarrow\exists O\in\mathcal{O}_2-\mathcal{O}_1\Longleftrightarrow\exists O\subset X\ ;\ \forall x\in O,\ O\in\mathcal{V}_2(x)\ \text{だが，}\ \exists x_0\in O\ \text{s.t.}\ O\notin\mathcal{V}_1(x_0).$$

$$\Longleftrightarrow\exists x_0\in X\ ;\ \mathcal{V}_1(x_0)\neq\mathcal{V}_2(x_0)$$

なので，後半を得る．開集合の量が多ければ強い，即ち，「物質が多いのは強い事だ」と言う信念は正にアメリカ的で面白い．フランス流では，開集合の量が多い程，議論が細かくなると言う発想である．我々は，アメリカさんの敗戦国なので，アメリカ流で行く．位相の強弱を基本近傍系で述べると，大変便利である．

> **基-2**　集合 X 上に二つの位相 τ_1,τ_2 があり，位相 τ_i に関する X の点 x の近傍系を $\mathcal{V}_i(x)$ とする．この時，X の部分集合の族 $\mathcal{B}_i$ が，位相 τ_i に関する点 x の基本近傍系であれば $(i=1,2)$，$\mathcal{V}_1(x)\subset\mathcal{V}_2(x)$ である為の必要十分条件は
>
> $$\forall B_1\in\mathcal{B}_1,\ \exists B_2\in\mathcal{B}_2,\ B_2\subset B_1 \tag{6}$$

（必要性）$\forall B_1\in\mathcal{B}_1$．$B_1$ も点 x の近傍であり，$B_1\in\mathcal{V}_1(x)\subset\mathcal{V}_2(x)$．$\mathcal{B}_2$ は基本近傍系なので，$\exists B_2\in\mathcal{B}_2\ ;\ B_2\subset B_1$ となり(6)が成立．

（十分性）$\forall V\in\mathcal{V}_1(x)$．$\mathcal{B}_1$ は基本近傍系なので，$\exists B_1\in\mathcal{B}_1\ ;\ B_1\subset V$．仮定(6)より，$\exists B_2\in\mathcal{B}_2\ ;\ B_2\subset B_1$．$\mathcal{V}_2(x)\ni B_2\subset V$ が成立するので，公理(V1)より，$V\in\mathcal{V}_2(x)$．$\forall V\in\mathcal{V}_2(x),\ V\in\mathcal{V}_2(x)$ が言えたので，$\mathcal{V}_1(x)\subset\mathcal{V}_2(x)$．基-2 より直ちに

> **基-3**　基-2 の仮定の下で，$\mathcal{V}_1(x)=\mathcal{V}_2(x)$ である為の必要十分条件は
>
> $$\forall B_1\in\mathcal{B}_1,\ \exists B_2\in\mathcal{B}_2\ ;\ B_2\subset B_1,\ \text{及び，}\ \forall B_2\in\mathcal{B}_2,\ \exists B_1\in\mathcal{B}_1\ ;\ B_1\subset B_2 \tag{7}$$

この様に，位相の強弱を基本近傍の比較に帰着する事が出来た．例えば，距離空間では点 x を中心とする球全体の集合を基本近傍系に取る事が出来て，基本近傍系を構成する近傍は，五管端正，体材均称でミメ

ウルワシイのが取れるのが，メリットである．

一つの集合 X の上に二つの距離 d_1, d_2 が定義されている時，距離空間 (X, d_i) の位相を $\tau_i (i=1,2)$ とし，二つの位相を比較しよう．

基-4　正数 M があって，X の任意の二点 x, y に対して

$$d_1(x, y) \leqq M d_2(x, y) \tag{8}$$

が成立すれば，$\tau_1 < \tau_2$．

$$B_i = \{B(x\,;\,d_i, \varepsilon_i) \subset X\,;\,\varepsilon_i > 0\} \tag{9}$$

は位相 τ_i に関する点 x の基本近傍系である．$\forall \varepsilon_1 > 0$, $\varepsilon_2 = \dfrac{\varepsilon_1}{M}$ とすると，

$$B(x\,;\,d_2, \varepsilon_2) \subset B(x\,;\,d_1, \varepsilon_1) \tag{10}$$

が成立する事を示せば，基-2 の(6)の状態となり，基-1 より $\tau_1 < \tau_2$．$\forall z \in B(x\,;\,d_2, \varepsilon_2)$，(8)より $d_1(z, x) \leqq M d_2(z, x) < M\varepsilon_2 = \varepsilon_1$．故に，$B(x\,;\,d_2, \varepsilon_2) \subset B(x\,;\,d_1, \varepsilon_1)$．

予備知識はこれ位にして，本問を解答しよう．距離の公理の内，(D1),(D2)は直ぐ出るので，(D3)について調べよう．関数

$$g(t) = \frac{t}{1+t} = 1 - \frac{1}{1+t} \quad (11), \qquad h(t) = \frac{t}{1-t} = \frac{1}{1-t} - 1 \quad (12)$$

は $t \geqq 0$，及び，$0 \leqq t < 1$ 上で単調増加である．$x, y, z \in X$ に対して，$d(x, z) \leqq d(x, y) + d(y, z)$ が成立する事と関数 g の単調性より

$$\rho(x, z) = \frac{d(x, z)}{1+d(x, z)} \leqq \frac{d(x, y)+d(y, z)}{1+d(x, y)+d(y, z)} \leqq \frac{d(x, y)}{1+d(x, y)} + \frac{d(y, z)}{1+d(y, z)} = \rho(x, y) + \rho(y, z) \tag{13}$$

を得るので，ρ は X 上の距離である．さて，ρ の定義式(1)より，$\rho \leqq d$ が成立するので，基-4 より，距離空間 (X, d) の位相は (X, ρ) の位相より強い．逆を示す為，X の任意の点 x と正数 ε に対して，$\delta = \dfrac{\varepsilon}{1+\varepsilon}$ とおく．任意の $z \in B(x\,;\,\rho, \delta)$ に対して，$\rho(z, x) < \delta$．関数 h の単調性より

$$d(z, x) = \frac{\rho(z, x)}{1-\rho(z, x)} < \frac{\delta}{1-\delta} = \varepsilon \tag{14}$$

が成立し，$z \in B(x\,;\,d, \varepsilon)$．$\forall x \in X$, $\forall \varepsilon > 0$, $\exists \delta > 0\,;\,B(x\,;\,\rho, \delta) \subset B(x\,;\,d, \varepsilon)$ が言えたので，基-1,2 より，距離空間 (X, ρ) の位相は (X, d) の位相よりも強い．従って，両者は等しい．

本問で学ぶべき教訓は，如何なる距離空間も，位相を変える事なしに，距離を有界に出来ると言う事である．従って，距離の有界性は位相的性質ではない．しかし，13章の問題 2 の基本事項で学ぶ様に，ノルムの有界性は位相的性質である．ここに，ノルムから導かれる距離とただの距離の違いがある．

類 題

（解答☞ 204ページ）

1．$x = (x_1, x_2, \cdots, x_n)$, $y = (y_1, y_2, \cdots, y_n) \in \boldsymbol{R}^n$ に対して，

$$d_1(x, y) = \max_{1 \leqq i \leqq n} |x_i - y_i| \quad (1),$$

$$d_2(x, y) = \sqrt{\sum_{i=1}^{n} (x_i - y_i)^2} \quad (2),$$

$$d_3(x, y) = \sum_{i=1}^{n} |x_i - y_i| \quad (3)$$

で距離 d_1, d_2, d_3 を定義すると，これらの距離は $\boldsymbol{R}^n$ 上に同じ位相を導く事を示せ．

（熊本大大学院入試）

2 (ノルム)——$C[0,1]$の位相を異にする二つのノルム

ノルムの定義式(1),(2)より，$\|x\|_2 \leqq \|x\|_1$，従って，$d_2(x,y)=\|x-y\|_2 \leqq \|x-y\|_1 = d_1(x,y)$ $(x,y \in X)$ が成立し，ノルム空間 $(C[0,1], \|\ \|_1)$ を距離空間と見た時の位相は前問の基-4より $(C[0,1], \|\ \|_2)$ のそれよりも強い．さて，$(C[0,1], \|\ \|_1)$ における0の近傍

$$V=\{x \in C[0,1]\ ;\ \|x\|_1 = \max_{0 \leqq t \leqq 1} |x(t)| < 1\} \tag{3}$$

が，$(C[0,1], \|\ \|_2)$ におけるそれでない事を背理法で示そう．もしも，V が $(C[0,1], \|\ \|_2)$ における0の近傍があれば，正数 $\varepsilon < 1$ があって

$$U=\{x \in C[0,1]\ ;\ \|x\|_2 = \int_0^1 |x(t)|dt < \varepsilon\} \subset V \tag{4}.$$

さて，反例を作る時の常用手段，折線関数を，条件反射に考え，その幅と高さを矛盾が出る様に，最後の段階で，下図の様に画き込むのである．下図の折線関数に対して

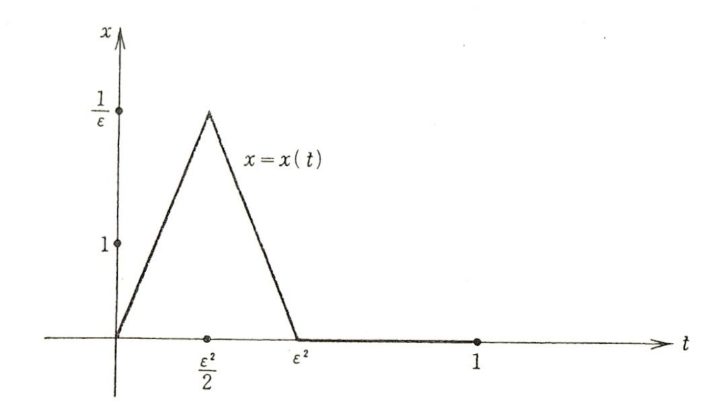

$\|x\|_2 = \frac{1}{2} \times \varepsilon^2 \times \frac{1}{\varepsilon} = \frac{\varepsilon}{2} < \varepsilon < 1 < \frac{1}{\varepsilon} = \|x\|_1$ が成立するので，$x \in U-V$ となり矛盾である．従って，前問の基-1より，ノルム $\|\ \|_1$ が導く $C[0,1]$ 上の位相は $\|\ \|_2$ のそれよりも，真に強い．13章の問題6で示す様に，有限次元の線形空間では，全てのノルムは同じ位相を導き，収束や連続性等の解析学を論じる限り，どのノルムを採用しても，類題1の様に同じである．これに反し，本問が示す様に，この有限次元の類推は無限次元においては成立しない．内積を持つ線形空間やヒルベルト空間では，「解析学は無限次元の幾何である.」と大見えを切り，完全正規直交列では，「有限次元の幾何の直観がそのまま無限次元の空間に映る」と断じたが，この様に必ずしも，有限次元の類推が成立しない例もある．その際は，我々の直観の方を修正し，新たな幾何を樹立しなければならない．一般的に言って，位相を変える度に，新たな幾何学が生れる．その都度，我々は，柔軟な思考で以って，この新たな幾何にお付合いしなければならない．数学に限らず，問題の解は一意ではないし，物事の価値も多様である．本書によって，この多様な価値の存在を学び，そしてなお，不変な何かを悟って欲しい．教条主義や事大主義は学問の敵である．戦後の我国や中国は歴史的な転換を経験し，それに伴って社会構造が変化し，更に，価値観も変化した．大学教育の目的は，この様な新たな歴史をも担える人物を養成する事にある．国立大学が，この国家的使命を全うする為には，学問の自由と，大学の自治が保証されねばならない．

本問で学んだ様に，ノルムを変えると位相が変り，収束や連続性も変る．これが解析学の恐い所であると同時に，面白い所でもある．この機会に基本近傍をもう一歩掘り下げて究めて見よう．

前問では，集合 X の部分集合の族 B が出来合いの位相空間の近傍系の部分族であると仮定して，基本近

傍系を論じたが，今度は，逆に，基本近傍系より，位相を導入しよう．

> **基本事項**　集合 X の任意の元 x に対して，X の部分集合の族 $B(x)$ が対応している．この時，X の任意の元 x に対して，$B(x)$ が x の基本近傍系である様な X 上の位相が存在するための必要十分条件は，次の**基本近傍系の公理**(B1), (B2), (B3)が成立する事である．
>
> (B1)　有限個の $B_1, B_2, \cdots, B_n \in B(x)$ に対して，$B \in B(x)$ があって，$B \subset \bigcap_{i=1}^{n} B_i$.
>
> (B2)　$B \in B(x)$ であれば，$x \in B$
>
> (B3)　$\forall V \in B(x), \exists W \in B(x)$; $W \subset V$, $\forall y \in W$, $\exists B \in B(y)$ s.t. $B \subset V$.

(必要性)　$B(x)$ を点 x の基本近傍系とする X 上の位相があれば，X の点 x の近傍系 $V(x)$ は

$$V(x) = \{ V \subset X \ ; \ \exists B \in B(x),\ s.t.\ B \subset V \} \tag{5}$$

を満さねばならない．$B_1, B_2, \cdots, B_n \in B(x)$ は $\in V(x)$ でもあり，公理(V2)より $\bigcap_{i=1}^{n} B_i \in V(x)$．(5)より，$\exists B \in B(x)$; $B \subset \bigcap_{i=1}^{n} B_i$．また，$B \in B(x)$ は $\in V(x)$ なので，公理(V3)より，$x \in B$．$V \in B(x)$ は $\in V(x)$ なので，公理(V4)より，$\exists U \in V(x)$; $y \in U$, $V \in V(y)$．$U \in V(x)$ に対して，(5)より，$\exists W \in B(x)$; $W \subset U$．$\forall y \in W, y \in U$ なので，$V \in V(y)$，再び(5)より，$\exists B \in B(y)$; $B \subset V$.

(十分性)　条件を満す位相があれば，その近傍系は(5)を満さねばならぬので，(5)によって，X の各点 x の近傍系 $V(x)$ を定義する．この時，$V(x)$ が近傍系の公理を満す事を言えばよい．

(V1)　$V(x) \ni U \subset V \subset X$ であれば，(5)より，$\exists B \in B(x)$; $B \subset U$．$B \subset V$ なので，$V \in V(x)$.

(V2)　有限個の $V_1, V_2, \cdots, V_n \in V(x)$ に対して，(5)より各 i につき，$\exists B_i \in B(x)$; $B_i \subset V_i$．条件(B1)より，$\exists B \in B(x)$; $B \subset \bigcap_{i=1}^{n} B_i$．$B \subset \bigcap_{i=1}^{n} V_i$ が成立するので，(5)より，$\bigcap_{i=1}^{n} V_i \in V(x)$.

(V3)　$V \in V(x)$ であれば，(5)より，$\exists B \in B(x)$; $B \in V$．(B2)より $x \in B$ なので $x \in V$.

(V4)　$V \in V(x)$ であれば，$\exists B \in B(x)$; $B \subset V$．この B を(B3)の V と思えば，$\exists W \in B(x)$; $W \subset B$, $\forall y \in W$, $\exists B' \in B(y)$ $s.t.$ $B' \subset V$．(5)より，$W \in V(x)$ であって，$\forall y \in W$, $V \in V(y)$.

有限個の集合 $X_1, X_2, \cdots, X_n$ が与えられた時，各 X_i より一点 x_i を取って来て並べた順序ある組 $x = (x_1, x_2, \cdots, x_n)$ 全体の集合 X を $X_1, X_2, \cdots, X_n$ の**積集合**と言い，$\prod_{i=1}^{n} X_i$ 又は，幼稚に，$X_1 \times X_2 \times \cdots \times X_n$ と書く．各 X_i を成分，各 x_i を $x = (x_1, x_2, \cdots, x_n)$ の i 座標と言う．$A_i \subset X_i (1 \leqq i \leqq n)$ であれば，$\prod_{i=1}^{n} A_i \bigcap_{i=1}^{n} A_i \subset \prod_{i=1}^{n} X_i$ と約束する．

有限個の位相空間 $X_1, X_2, \cdots, X_n$ が与えられている時，集合としての積集合を X としよう．位相空間 X_i における点 x_i の近傍系を $V_i(x_i)$ とする．X の任意の元 x に対して

$$B(x) = \{ \prod_{i=1}^{n} V_i \ ; \ V_i \in V_i(x_i) \quad (1 \leqq i \leqq n) \} \tag{6}$$

は基本近傍系の公理を満すので，この $B(x)$ を X の点 x の基本近傍系とする様な X 上の位相を，X_i の位相の**積位相**と言い，その様な位相を持つ X を，X_i の**積空間**と言い，$\prod_{i=1}^{n} X_i$，又は，$X_1 \times X_2 \times \cdots \times X_n$ と書く．この時，各 X_i を**成分空間**と云う．

類　題　(解答☞ 204ページ)

2．上の(6)で与えられる $B(x)$ が基本近傍系の公理(B1), (B2), (B3)を満す事を示せ．

3．n 個の数直線 $\boldsymbol{R}$ の積空間 $\boldsymbol{R} \times \boldsymbol{R} \times \cdots \times \boldsymbol{R}$ は丁度，n 次元のユークリッド空間 $\boldsymbol{R}^n$ と同値である事を示せ（それ故 $\boldsymbol{R}^n$ と書く）．

3 (位　相)——連続関数と開区間の原像

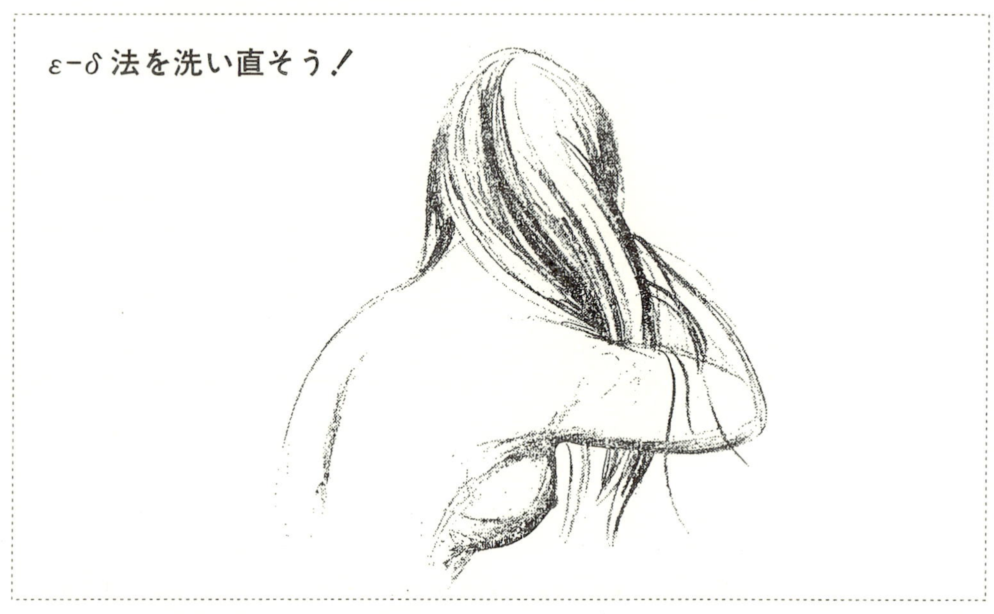

$(X,d)(Y,\rho)$ を距離空間，$f:X\to Y$ を写像とする．f が X の点 x_0 で**連続**である事の定義は，高等学校の数学では

> **定義1.**　x が x_0 に限りなく近づく時，$f(x)$ が $f(x_0)$ に限りなく近づけば，f は点 x_0 で連続であると言う．

で与えられたが，教養部に入学すると，この定義は厳密でないと

> **定義2.**　次の条件が満たされる時，f は x_0 で連続であると言う：
>
> $$\forall\varepsilon>0,\ \exists\delta>0\ ;\ x\in X \text{ が } d(x,x_0)<\delta \text{ を満せば，} \rho(f(x),f(x_0))<\varepsilon \tag{1}$$

をあてがわれる．定義2こそ，名高い，ε-δ 法，そのものである．本書では，定義2よりも，むしろ定義1に近い，次の定義

> **定義3.**　X, Y を位相空間；$f:X\to Y$ を写像，x_0 を X の点，$V(x_0), V'(fx_0))$ を，夫々，位相空間 X，Y における点 $x_0, f(x_0)$ の近傍系とする時，
>
> $$\forall V'\in V'(f(x_0)),\ \exists V\in V(x_0)\ ;\ x\in V \text{ であれば，} f(x)\in V' \tag{2}$$
>
> が成立する時，f は x_0 で**連続**であると言う．

を位相空間の間の写像の連続性の定義とする．“$\forall V'\in V(f(x_0)), f(x)\in V'$” を「$f(x)$ は $f(x_0)$ に限り無く近づく」と読み換え，“$\exists V\in V(x_0)\ ;\ x\in V$” を「$x$ が x_0 に限り無く近づけば」と読み換えれば，定義1は定義3，そのものであるから，定義1は抽象数学的定義3に限り無く近い．

> **基-1**　B を x_0 の基本近傍系，B' を $f(x_0)$ の基本近傍系とすると，f が x_0 で連続である為の必要十分条件は

$\forall B'\in \mathcal{B}', \exists B\in \mathcal{B}\,;\, x\in B$ であれば，$f(x)\in B'$ (3).

(必要性) $\forall B'\in \mathcal{B}'$ も $f(x_0)$ の近傍であるから，定義3より，$\exists V\in \mathcal{V}(x_0)\,;\, x\in V$ であれば，$f(x)\in V'$. $\mathcal{B}$ は x_0 の基本近傍系なので，$\exists B\in \mathcal{B}\,;\, B\subset V$. 従って，(3)を得る.

(十分性) $\mathcal{B}'$ は $f(x_0)$ の基本近傍系なので，$\forall V'\in \mathcal{V}'(f(x_0)), \exists B'\in \mathcal{B}'\,;\, B'\subset V'$. この B' に対して，(3)の様な B も x_0 の近傍であって，$V=B$ とおくと，(2)が成立する.

距離空間 $(X,d),(Y,\rho)$ において，夫々，$\mathcal{B}=\{B(x_0\,;\,d,\delta)\,;\,\delta>0\}$ $\mathcal{B}'=\{B(f(x_0)\,;\,\rho,\varepsilon)\,;\,\varepsilon>0\}$ は点 x_0, $f(x_0)$ の基本近傍系である．これらの基本近傍系 $\mathcal{B},\mathcal{B}'$ に対して，基-1 を適用したものが，ε-δ 法である定義2に他ならない．定義2は厳密と言うよりも，露骨な表現に過ぎない.

さて，写像 $f: X\to Y$ と $A\subset X, A'\subset Y$ に対して，集合

$$f(A)=\{f(x)\in Y : x\in A\} \quad (4), \qquad f^{-1}(A')=\{x\in X\,;\,f(x)\in A'\} \quad (5)$$

を，夫々，写像 f による A の**像**，A' の**原像**と言う.

位相空間 X から Y の中への写像 f は X の各点で連続である時，単に，**連続**であると言う．位相空間 X の開集合族，閉集合族，点 x の近傍系を，夫々，$\mathcal{O},\mathcal{F},\mathcal{V}(x)$ とする．Y の開集合族，閉集合族，点 x' の近傍系を，夫々，$\mathcal{O}',\mathcal{F}',\mathcal{V}'(x')$ とする．この時

基-2 写像 $f: X\to Y$ に対して，次の条件(イ),(ロ),(ハ),(ニ)は同値である.

(イ) f は連続である.

(ロ) $\forall x_0\in X, \forall V'\in \mathcal{V}'(f(x_0)), f^{-1}(V')\in \mathcal{V}(x_0)$.

(ハ) $\forall O'\in \mathcal{O}', O=f^{-1}(O')\in \mathcal{O}$.

(ニ) $\forall F'\in \mathcal{F}', F=f^{-1}(F')\in \mathcal{F}$.

(イ)→(ロ) f は x_0 で連続なので，(2)の $V\subset f^{-1}(V')$. 公理(V1)より，$f^{-1}(V')\in \mathcal{V}(x_0)$.

(ロ)→(ハ) $\forall x_0\in O=f^{-1}(O')$. (5)より，$f(x_0)\in O'$. $O'\in \mathcal{V}'(f(x_0))$ なので，(ロ)より $O\in \mathcal{V}(x_0)$. O もその任意の点 x_0 の近傍なので，$O\in \mathcal{O}$.

(ハ)↔(ニ) 次の集合論の公式が成立し，開と閉は互に補なので，(ハ)と(ニ)は同値である：

$$Cf^{-1}(O')=f^{-1}(CO') \quad (6), \qquad Cf^{-1}(F')=f^{-1}(CF') \quad (7).$$

(ハ)→(ロ) $\forall x_0\in X, \forall V'\in \mathcal{V}'(f(x_0)), \exists O'\in \mathcal{O}'\,;\, f(x_0)\in O'\subset V'$. 従って，$x_0\in f^{-1}(O')\subset f^{-1}(V')$. $f^{-1}(O')\in \mathcal{O}$ なので，$f^{-1}(V')\in \mathcal{V}(x_0)$.

(ロ)→(イ) $\forall x_0\in X, \forall V'\in \mathcal{V}'(f(x_0)), V=f^{-1}(V')\in \mathcal{V}(x_0)$ に対して，$f(V)\subset V'$, 即ち，$x\in V$ であれば，$f(x)\in V'$.

本問の様に，値が実数，又は，複素数の時，写像を**関数**と言う．$(-\infty,r)$ や (r,∞) はその任意の点の近傍なので，開である．従って，f が連続であれば，基-2 より，開の原像 $f^{-1}((-\infty,r))=\{x\in X\,;\,f(x)<r\}$ や $f^{-1}((r,\infty))=\{x\in X, f(x)>r\}$ は開である．次に，本問の十分性を示そう．基-2 の(ロ)で行こう．$\forall x_0\in X, \forall V'\in \mathcal{V}'(f(x_0))$, 距離空間 $\boldsymbol{R}$ に対して，$\exists\varepsilon>0\,;\,(f(x_0)-\varepsilon, f(x_0)+\varepsilon)\subset V'$. 1章の問題2で解説した様に，有理数 r,s があって，$f(x_0)-\varepsilon<r<f(x_0)<s<f(x_0)+\varepsilon$. 条件より，$f^{-1}((-\infty,s))$ と $f^{-1}((r,\infty))$ は X の開なので，公理(O2)より，その共通集合

$$O=f^{-1}((-\infty,S))\cap f^{-1}((r,\infty))=\{x\in X\,;\,r<f(x)<s\} \quad (8)$$

も X の開である．$x_0\in O\subset f^{-1}(V')$ なので，$f^{-1}(V')$ は X における点 x_0 の近傍である．基-2 の(ロ)が成立したので，写像 $f: X\to \boldsymbol{R}$ は連続である.

4 (位　相)——点列連続性と連続性

位相空間 X はその任意の点 x が，高々，可算個の近傍から成る基本近傍系を持つ時，**第一可算**であると言う．可算集合は番号を付ける事が出来るので，任意の点 x の近傍の列 $(V_n)_{n\geqq 1}$ があって，点 x の基本進傍系を成すと言う事と同値である．そこで，次の様に近傍系を修正しておく．

基-1　位相空間 $(X, \mathcal{V}(x))$ において，$(U_n)_{n\geqq 1}$ が点 x_0 の基本近傍系であれば，共通集合 $V_n = U_1 \cap U_2 \cap \cdots \cap U_n (n \geqq 1)$ で作られる $(V_n)_{n\geqq 1}$ も点 x_0 の基本近傍系であって，$V_n \supset V_{n+1} (n \geqq 1)$．しかも，$x_n \in V_n (n \geqq 1)$ であれば，点列 $(x_n)_{n\geqq 1}$ は x_0 に収束する．

$^\forall V \in \mathcal{V}(x_0), (U_n)_{n\geqq 1}$ は基本近傍系なので，$^\exists n_0 ; U_{n_0} \subset V$．$V_n$ の作り方から，$n \geqq n_0$ であれば，$x_n \in V_n \subset U_n \subset V$，即ち，$x_n \in V (n \geqq n_0)$ が成立し，10章の問題 5 の定義 3 より，$x_n \to x_0 (n \to \infty)$．

前問の定義 3 で，位相空間における写像の連続性を定義したが，露骨な ε-δ 式よりも，更に身近な連続性の定義を次に与える．

定義 1　X, Y を位相空間，$f : X \to Y$ を写像とする．X の点 x_0 に収束する，任意の点列 $(x_n)_{n\geqq 1}$ に対して，Y の点列 $f(x_n)_{n\geqq 1}$ が $f(x_0)$ に収束する時，言いかえれば，

$$\lim_{n\to\infty} x_n = x_0 \text{ であれば，} \lim_{n\to\infty} f(x_n) = f(x_0) \tag{1}$$

が成立する時，f は点 x_0 で**点列連続**であると言う．

以上の予備知識の下で，本問を解説しよう．

(前半)　f は点 x_0 で連続だから，$^\forall V' \in \mathcal{V}'(f(x_0))$，前問の定義 3 より，$^\exists V \in \mathcal{V}(x_0) ; f(V) \subset V'$．$x_n \to x_0 (n \to \infty)$ であれば，10章の問題 5 の定義 3 より，$^\exists n_0 ; x_n \in V (n \geqq n_0)$．以上を組み合わせると，$^\forall V' \in \mathcal{V}'(f(x_0)), ^\exists n_0 ; f(x_n) \in V' (n \geqq n_0)$．定義より，$f(x_n) \to f(x_0) (n \to \infty)$．

(後半)　背理法による．10章の問題 3 の基-2 と本章の問題 3 の定義 3 より，

f は x_0 で連続でない $\Longleftrightarrow$ "$^\forall V' \in \mathcal{V}'(f(x_0)), ^\exists V \in \mathcal{V}(x_0) ; ^\forall x \in V, f(x) \in V'$" の否定

$\Longleftrightarrow {}^\exists V' \in \mathcal{V}'(f(x_0))$ s.t. $^\forall V \in \mathcal{V}(x_0), ^\exists x \in V ; f(x) \notin V'$.

ここで，X が第一可算である事を用いる．基-1 の x_0 の近傍の列 $(V_n)_{n\geqq 1}$ を頂いて来て，上の $^\forall V \in \mathcal{V}(x_0)$ の V の所に代入すると，$^\exists x \in V_n ; f(x) \notin V'$ だが，この x は n に関係するので，x_n と書く．すると，

$$^\forall n \geqq 1, {}^\exists x_n \in V_n ; f(x_n) \notin V' \tag{2}$$

と言う状況になった．基-1 より $x_n \to x_0 (n \to \infty)$ であり，更に，f は点列連続なので，定義 1 より，$f(x_n) \to f(x_0) (n \to \infty)$．点列の収束の10章の問題 5 の定義 3 より，上の(2)の $V' \in \mathcal{V}'(f(x_0))$ に対して，$^\exists n_0 ; f(x_n) \in V' (n \geqq n_0)$．これは(2)に反し，矛盾である．故に，$f$ は点 x_0 で連続である．

通常の解析学の書物では，位相について記すと頁数を食うし，読者に対しては，寝た子を起す様な事になる．さりとて，露骨な ε-δ 法は距離空間にしか通用せず，知性の低さを疑われるのもシャクと，言わば，毒食わば皿迄の心境で，より身近な点列連続性を連続性の定義として採用している事が多い．位相数学をかじったからと言って，これにかみつくのは，やはり，教養の無さを暴露するものである．というのは，距離空間等，それらの解析学の書物に現われる位相空間は皆，第一可算であり，本問により，どちらの定義も同値だからである．これらの書物は釈尊の仰せの様に，人を見て法を説いているのである．

位相空間 X の部分集合 A が閉である事は，$A = \bar{A}$，即ち，A の触点が全て A に含まれる事を言った．し

かし，この触点なるものもはっきりしない読者が多いと思うので，更に身近な定義を考えよう．

定義 2　位相空間 X の部分集合 A と X の点 x_0 に対して，$\exists(x_n)_{n\geqq 1}\subset A$；$x_n\to x_0(n\to\infty)$ の時，x_0 を A の**極限点**と言う．

基-2　A の極限点 x_0 は A の触点である．逆に，第一可算空間 X の部分集合 A の触点 x_0 は A の極限点である．

（前半）$\forall V\in V(x_0), x_n\to x_0(n\to\infty)$ であるから，$\exists n_0$；$x_n\in V(n\geqq n_0)$．$x_{n_0}\in A\cap V$ なので，$A\cap V\neq\phi$ が成立し，定義より，x_0 は A の触点である．

（後半）基-1 の近傍の列 $(V_n)_{n\geqq 1}$ を誂らえておく．x_0 は A の触点なので，x_0 の近傍 V_n に対して $A\cap V_n\neq\phi$．よって，$\forall n\geqq 1, \exists x_n\in A\cap V_n$．基-1 より A の点列 $(x_n)_{n\geqq 1}$ は x_0 に収束し，x_0 は A の触点である．

基-2 を用いると，第一可算空間では，次の様な身近な，閉集合の特徴付けを得る．

基-3　第一可算空間 X の部分集合 A が閉である為の必要十分条件は，A の極限点が A に属する事である．

A が閉$\leftrightarrow x\in\bar{A}$ であれば $x\in A$，であるが，基-2 より $x\in\bar{A}$ と x が A の極限点である事と同値なので，A が閉$\leftrightarrow A$ の極限点 $\in A$．

距離空間等，解析学の書物で扱う空間は皆第一可算なので，A が閉である事の定義に，A の極限点 $\in A$ を採用している書物が多いが，基-3 より誤りでないので，ケチを付けてはならない．生兵法は怪我の元である．先程から，宣言ばかりして，証明を与えなかったが，距離空間 (X,d) の任意の点 x に対して，

$$V_n=B\left(x\,;\,d,\frac{1}{n}\right)\quad(n\geqq 1)\tag{3}$$

で与えられる近傍の列 $(V_n)_{n\geqq 1}$ は点 x の基本近傍系である．従って，距離空間は第一可算であり，以上解説した事は全て距離空間に適用され，連続性にせよ閉性にせよ，全て，露骨に処理出来る．

類題

（解答☞ 204ページ）

4．数直線 $\boldsymbol{R}$ の点 a の近傍で定義された関数 $f(x)$ が $x=a$ で連続である事の定義として，次の(イ)，(ロ)は同様である事を証明し，かつ，その証明に選択公理（弱い意味での選択公理も含めて）が解いられているならば，その個所を明示せよ．

（イ）任意の数列 $(x_n)_{n\geqq 1}$ に対して，$x_n\to a$ ならば，$f(x_n)\to f(a)(n\to\infty)$ である．

（ロ）任意の正数 ε に対して，数 $\delta>0$ が存在して，$|x-a|<\delta$ となるが如き全ての数 x に対して，$|f(x)-f(a)|<\varepsilon$ が成り立つ．

（名古屋大大学院入試）

5．ユークリッド平面上で二つの閉集合 $F_1=\{(x,y)|y=0\}$ と $F_2=\{(x,y)|y=e^x\}$ を夫々含むが，互に素な交わらない二つの開集合 G_1, G_2 が存在するか？

（京都大大学院入試）

6．実数体 $\boldsymbol{R}$ の n 次の正方行列全体の集合を，$M_n(\boldsymbol{R})$，その内正則なる行列全体を $GL(n,\boldsymbol{R})$ と記す．$M_n(\boldsymbol{R})$ は自然な方法で $\boldsymbol{R}^{n^2}$ と一対一対応するので，この対応により $\boldsymbol{R}^{n^2}$ から導かれる位相を $M_n(\boldsymbol{R})$ に入れる．この時，$GL(n,\boldsymbol{R})$ は $M_n(\boldsymbol{R})$ の開集合である事を示せ．

（京都大大学院入試）

5 (ノルム)——線形写像の連続性

ノルム空間 X は距離空間であるから，前問で述べた様に，第一可算であり，写像 $T:X\to Y$ の各点における点列連続性と(イ)とは同値である．従って，次の条件(ニ)を追加すると，更に，問題が面白くなる：

(ニ) T は X の点 0 で点列連続である．

さて，線形空間 X から線形空間 Y の中への写像 T は，X の任意のベクトル x,y とスカラー α,β に対して

$$T(\alpha x+\beta y)=\alpha Tx+\beta Ty \tag{1}$$

が成立する時，**線形写像**と言う，又は**線形作用素**，特に Y が数空間の時，**線形汎関数**と言う．$X=Y$ の時は**線形変換**とも云う．尤も，年配の人は，線形の代りに**加法的**と言い，加法的連続を線形と言うから，注意を要する．X が有限次元の時は，「新修線形代数」の 5 章や10章の考察の対象である．

線形写像 $T:X\to Y$ に $\alpha=\beta=0$ を代入すると，$T0=T(0+0)=T0+T0$ より，$T0=0$ が導かれ，X における零ベクトルの像は Y で零であって，

$$T0=0 \tag{2}.$$

又，$y=-x,\alpha=\beta=1$ を(1)に代入すると，$0=T0=T(x-x)=Tx+T(-x)$ なので，

$$T(-x)=-Tx \tag{3}.$$

が得られる．$x,x_0\in X$ に対して

$$T(x-x_0)=Tx-Tx_0 \tag{4}$$

が成立している．そろそろ，本問の解説に入ろう．

(イ)→(ロ) 証明すべきものはない．なお，答案に自明であると書く人があるがよくない．自明は主観的であって，人によっては，本書全体が自明である．答案に自明と記す人の数学的感覚は零と見てよい．

(ロ)→(イ) T が X の一点 x_0 で連続であれば，次に示す様に，T は X の任意の点 x_0' で連続である．これが，線形写像の持つ著しい性質である．正に，一点突破，全面展開である．V' を $y_0'=Tx_0'$ の任意の近傍とする．y_0' を中心とする開球全体の族が，ノルム空間 Y における点 y_0' の基本近傍系をなすから，正数 ε があって，

$$B(y'_0;\varepsilon)=\{y\in Y;\|y-y_0'\|<\varepsilon\}\subset V' \tag{5}.$$

この時，$y_0=Tx_0$ を中心とする同じ半径 ε の開球 $B(y_0;\varepsilon)$ は点 y_0 の近傍である．写像 T は点 x_0 で連続であるから，問題 3 の定義 3 より，ノルム空間 X における点 x_0 の近傍 W があって，$T(W)\subset B(y_0;\varepsilon)$．正数 δ があって，X における点 x_0 を中心とする半径 δ の開球 $B(x_0;\delta)$ は W に含まれる．x_0 を中心とする同じ半径 δ の開球 $V=B(x_0';\delta)$ は x_0' の近傍である．$x'\in V$ に対して，$\|x'-x_0'\|<\delta$．この x' に対して，平行移動を行い X の点 $x=x'-x_0'+x_0$ を考察すると，$x-x_0=x'-x_0'$，なので，$\|x-x_0\|<\delta$，即ち，$x\in B(x_0,\delta)\subset W$ が成立する．近傍 W の取り方から，$Tx\in B(y_0;\varepsilon)$，即ち，$\|Tx-y_0\|<\varepsilon$．故に，$Tx'-y_0'=Tx'-Tx_0'=T(x'-x_0')=T(x-x_0)=Tx-y_0$ より

$$\|Tx'-y_0'\|=\|Tx-y_0\|<\varepsilon \tag{6}$$

が成立し，(5)より $Tx'\in V'$，即ち $TV\subset V'$，問題 3 の定義 3 より，T は X の任意の点 x_0' で連続である．これは，ひとえに，T の線形性のなせる業である．文学的に表現すると，ノルム空間の任意の二点の近傍系は平行移動によって同型である．二つの線形空間の間の線形写像は，この操作を二つの空間に対して同時に行うので，一点における行動によって，全ての点における行動が決定される．

(イ)→(ハ) T が原点 0 において連続である事より，(ハ)を導こう．ノルム空間 Y において単位開球

$B(0;1)$ は，当然，0の近傍であるから，T が0で連続なので，問題3の定義3より，(2)を考察に入れると，ノルム空間 X における原点0の近傍 V があって，その像 $TV \subset B(0;1)$．X において，0を中心とする開球全体の族は0の基本近傍系をなすので，正数 ε があって，X における0を中心とする半径 ε の開球 $B(0;\varepsilon) \subset V$．この状況の下で，任意の $x \in X$ に対して

$$\|Tx\| \leqq \frac{1}{\varepsilon}\|x\| \tag{7}$$

を示す．次のテクニクも，是非，修めたい事項である．$x=0$ であれば，(2)より，(7)は等号として成立しているので，$x \neq 0$ とする．ε より小さな任意の正数 r を取ると，X の点 $\frac{rx}{\|x}$ のノルム $=r<\varepsilon$ なので，この点は $B(0;\varepsilon)$ に属し，その像は，TV，従って，Y の方の，$B(0;1)$ に含まれる．これより

$$\frac{r\|Tx\|}{\|x\|} = \left\| T\left(\frac{rx}{\|x\|}\right) \right\| < 1 \tag{8}$$

が成立するので，左辺は $\|Tx\| \leqq \frac{\|x\|}{r}$ になる様に通分し，$r \to \varepsilon$ とすると(7)を得る．

(ハ)→(イ)　x_0 を X の任意の点，V' を Y における点 $y_0=Tx_0$ の近傍とする．正数 ε があって，$B(y_0;\varepsilon) \subset V'$．$\delta=\frac{\varepsilon}{M}$ に対して，$V=B(x_0;\delta)$ は X における x_0 の近傍であって，$x \in V$ であれば，

$$\|Tx-y_0\| = \|T(x-x_0)\| \leqq M\|x-x_0\| < M\delta = \varepsilon \tag{9}$$

となり，$Tx \in B(y_0;\varepsilon) \subset V'$，即ち，$TV \subset V'$ が成立し，問題3の定義3より，T は x_0 で連続である．任意の $x_0 \in X$ で連続な T は連続である．よく見ると，(9)は ε-δ 法，そのもの，ε-δ 法を馬鹿にする事はありませんね．(イ)と T の0における連続性は同値である．従って，$x_0=0$ に対して，

(ロ)↔(ニ)は前問，そのもの，であり，これで，(イ),(ロ),(ハ),(ニ)は全て同値である．くどくなるが，(ニ)を線形写像の連続性の定義としている書物が多いが，これは，成る可く，予備知識を少なくしようと言う配慮によるもので，これでよいのです．しかし，骨の髄迄，(ニ)に固執する教条主義者の為に，(ニ)→(ハ)の次の直接的な証明法を紹介しよう．これも有名ですから，是正，修めましょう．

(ニ)→(ハ)　背理法による．直ぐに証明が思い付かぬ時は，条件反射の様に，背理法．その際，10章の問題3の基-2で，否定を作る．

(ハ)の否定⇔"$^\exists M>0$；$^\forall x \in X$，$\|Tx\| \leqq M\|x\|$"の否定⇔$^\forall M>0$，$^\exists x \in X$；$\|Tx\| > M\|x\|$．M の所に任意の自然数 n を持って来ると，$^\exists x_n \in X$；$\|Tx_n\| > n\|x_n\|$．(2)より $x_n \neq 0$ なので，

$$x_n' = \frac{x_n}{\sqrt{n}\|x_n\|} \tag{10}$$

とおく．ここが，この証明のサワリですぞ！　(10)より $\|x_n'\| = \frac{1}{\sqrt{n}} \to 0$，即ち，$x_n \to 0$ なのに

$$\|Tx_n'\| = \frac{\|Tx_n\|}{\sqrt{n}\|x_n\|} > \sqrt{n} \to \infty \ (n \to \infty)$$

であるのは，T が点0で点列連続である事に反して，矛盾である．

(ハ)を満す線形写像は**有界**であると言う．要約すると，線形写像の，各点における連続性，一点における連続性，各点における点列連続性，一点における点列連続性，並びに，有界性は全て同値である．線形有界写像 $T: Y \to X$ に対して

$$\|T\| = \inf\{M>0\,;\,\|Tx\| \leqq M\|x\| (^\forall x \in X)\} \tag{11}$$

によって，**ノルム**を定義すると，線形有界写像全体 $B(X,Y)$ はノルム空間になる．$X=Y$ で，完備であれば，4章の問題3で修めたバナッハ代数であり，既に，8章のE4，E5に現われた．

6 （距　離）――ベールの定理の証明に用いる補題

距離空間 (X, d) の部分集合 A に対して

$$d(A)=\sup\{d(x, y)\ ;\ x, y \in A\} \tag{3}$$

を A の**直径**と言い，上の様に，$d(A)$ で表わす．直径に関しては，

> **基-1．** $A_n \supset A_{n+1}(n \geqq 1)$，かつ，$d(A_n) \to 0(n \to \infty)$ が成立する時，$x_n \in A_n(n \geqq 1)$ であれば，$(x_n)_{n \geqq 1}$ はコーシー列をなす．

$m > n$ の時，x_m と x_n は同じ A_n の点であるから，$d(x_m, x_n) \leqq d(A_n) \to 0(m > n \to \infty)$．

> **基-2．** 完備な距離空間 (X, d) にて，閉集合列 $(F_n)_{n \geqq 1}$ が，$\phi \neq F_n \supset F_{n+1}(n \geqq 1), d(F_n) \to 0(n \to \infty)$ を満せば，$x \in X$ があって，$\bigcap_{n=1}^{\infty} F_n=\{x\}$．

各 F_n より x_n を一つづつ取れば，基-1 より $(x_n)_{n \geqq 1}$ はコーシー列であり，(X, d) は完備なので，X の点 x に収束する．固定した m に対して，点列 $(x_n)_{n \geqq m}$ の極限点 x は，F_m の極限点でもあり，F_m は閉なので，$x \in F_m$．m は任意なので，$x \in \bigcap_{n=1}^{\infty} F_m$．$y \neq x$ であれば，$\exists n\ ;\ d(F_n) < d(x, y)$．$y \in F_n$ であれば，$d(F_n) < d(x, y)$ は $d(F_n)$ の定義(3)に反し矛盾なので，$y \notin F_n$．従って，$y \notin \bigcap_{m=1}^{\infty} F_n$．

以上の準備の下で，有名な次の定理を紹介する．

> **（ベールの定理）** 完備な距離空間 (X, d) の閉集合列 $(F_n)_{n \geqq 1}$ の合併 $F=\bigcup_{n=1}^{\infty} F_n$ が内点を持てば，ある n があって，F_n が内点を持つ．

（ベールの定理の証明）　背理法による．$\forall x \in X, \forall n \geqq 1, x \notin \mathring{F}_n$ とする．仮定より，$\exists a_0 \in \mathring{F}$．内点の定義より，$\exists \varepsilon_0 > 0\ ;\ B(a_0\ ;\ d, \varepsilon_0) \subset \mathring{F}$．$a_0 \notin \mathring{F}_1, B\left(a_0\ ;\ d, \frac{\varepsilon_0}{2}\right) \in V(a_0)$ なので，$\exists a_1 \in B\left(a_0\ ;\ d, \frac{\varepsilon_0}{2}\right)-F_1$．$a_1 \in$ 開 $B\left(a_0\ ;\ d, \frac{\varepsilon_0}{2}\right)-F_1=B\left(a_0\ ;\ d, \frac{\varepsilon_0}{2}\right) \cap CF_1$ なので，$\exists \varepsilon_1 < \frac{\varepsilon_0}{2}\ ;\ B(a_1\ ;\ d, \varepsilon_1) \subset B\left(a\ ;\ d, \frac{\varepsilon_0}{2}\right)-F_1$．$\exists a_1, a_2, \cdots, a_n \in X, \exists \varepsilon_1, \varepsilon_2, \cdots, \varepsilon_n > 0\ ;\ \varepsilon_i < \frac{\varepsilon_{i-1}}{2}, B(a_i\ ;\ d, \varepsilon_i) \subset B\left(a_{i-1}, d, \frac{\varepsilon_{i-1}}{2}\right)-F_i(1 \leqq i \leqq n)$ と仮定する．$a_n \notin \mathring{F}_{n+1}, B\left(a_n\ ;\ d, \frac{\varepsilon_n}{2}\right) \in V(a_n)$ なので，$\exists a_{n+1} \in B\left(a_n : d, \frac{a_n}{2}\right)-F_{n+1}=B\left(a_n\ ;\ d, \frac{a_n}{2}\right) \cap CF_{n+1}=$ 開．$\exists \varepsilon_{n+1} > 0\ ;\ \varepsilon_{n+1} < \frac{\varepsilon_n}{2}, B(a_{n+1}\ ;\ d, \varepsilon_{n+1}) \subset B\left(a_n\ ;\ d, \frac{a_n}{2}\right)-F_{n+1}$．この様にして，数学的帰納法によって，上の様な X の点列 $(a_n)_{n \geqq 1}$ と正数列 $(\varepsilon_n)_{n \geqq 1}$ が取れる．我々は，一体何をやっているのか，それは，基-2 を適用するお膳立であって，閉集合列 $\left(\overline{B\left(a_n\ ;\ d, \frac{\varepsilon_n}{2}\right)}\right)_{n \geqq 0}$ は単調で，$d\left(\overline{B\left(a_n\ ;\ d, \frac{\varepsilon_n}{2}\right)}\right) \leqq \varepsilon_n \to 0(n \to \infty)$ で，基-2 が適用出来て，$\exists x \in \bigcap_{n=0}^{\infty} \overline{B\left(a_n\ ;\ d, \frac{\varepsilon_n}{2}\right)}$．$\forall n \geqq 0, x \in \overline{B\left(a_{n+1}\ ;\ d, \frac{\varepsilon_{n+1}}{2}\right)} \subset B(a_{n+1}, d, \varepsilon_{n+1}) \subset B\left(a_n\ ;\ d, \frac{\varepsilon_n}{2}\right)-F_{n+1}$，なので，$x \in \bigcap_{n=1}^{\infty} CF_n = C\bigcup_{n=1}^{\infty} F_n=CF$．一方 $x \in \overline{B\left(a_0\ ;\ d, \frac{\varepsilon_0}{2}\right)} \subset \bar{F}=F$ なので，矛盾．

内点を持たない集合は**疎**であると言う．ベールの定理は対偶としてもよく用いられて

> **（ベールの定理）** 完備な距離空間の疎な閉集合列の合併は疎である．

本問の必要性は基-2 で示したが，ベールの定理の証明の重要な準備，補題であった．次に，十分性を示そう．これ又背理法，収束しないコーシー列 $(x_n)_{n \geqq 1}$ があり，それを $F_m=\{x_{m+1}, x_{m+2}, \cdots\}(m \geqq 1)$ としよう．距離空間 (X, d) において，F_m の触点 x は F_m の極限点である．もしも，$x \in \bar{F}_m-F_m$ であれば x は $(x_n)_{n \geqq 1}$ の部分列の極限となり，コーシー列 $(x_n)_{n \geqq 1}$ は，その部分列が収束するから，1 章の類題 4 より，それ自身

収束して，矛盾である．従って，$F_m=\bar{F}_m$ であり，$(F_m)_{m\geqq 1}$ は，$d(F_m)\to 0(m\to\infty)$ なる，(X,d) の単調減少な閉集合列である．仮定より，$x\in\bigcap_{m=1}^{\infty}F_m$ がある．x は $(x_n)_{n\geqq 1}$ の中に無限回現われるから，$(x_n)_{n\geqq 1}$ の部分列 $x,x,\cdots,x,\cdots$ が x に収束し，収束部分を持つコーシー列 $(x_n)_{n\geqq 1}$ 自身が収束し，矛盾である．

疎な集合の高々可算和で表される空間を**第一類**，そうでない空間を**第二類**と云う．ベールの定理は

> **(ベールの定理)** 完備な距離空間は第二類である．

の様にも表現され，しばしばでないが，解析学の重要な結果を導く時に応用される．ここでは，

問題 $0<x\leqq 1$ を満す実数全体から成る集合は可算集合でない事を証明せよ． (東京工業大大学院入試)

に応用しよう．もしも $(0,1]$ が可算個の点 $x_0(n\geqq 1)$ から成れば，一点 x_n から成る集合 $\{x_n\}$ は疎な閉集合であり，その可算和は $(0,1]$ である．コーシーの公理，「実数のコーシー列は収束する」，を仮定すると，数直線は完備な距離空間であり，ベールの定理が適用出来て，$(0,1]$ は疎となり内点を持たず，矛盾である．従って，数直線の完備性を仮定すれば，区間は非可算無限集合である．

類題

(解答☞ 205ページ)

7．ユークリッド平面の空でない閉集合の減少列 $\{F_n\}$ がある．即ち，$F_n\neq\phi, F_n$：閉集合，$F_n\supset F_{n+1}(n\geqq 1)$．この時，次の問に答えよ．

(i) 必ずしも，$\bigcap_{n=1}^{\infty}F_n\neq\phi$ でない事を示す例を挙げよ．

(ii) 次の条件(a)，(b)の何れか一つを選び，その条件の下では $\bigcap_{n=1}^{\infty}F_n\neq\phi$ である事を証明せよ．

(a) $\lim_{n\to\infty}d(F_n)=0$．

(b) $\exists n_0$；F_{n_0} は有界である． (東京理科大学院入試)

8．ユークリッド平面上に可算無限の点がある．適当に直交座標軸を取れば，これらの点の座標を (a_i,b_i), $i=1,2,3,\cdots$ とする時，数列 $(a_i)_{i\geqq 1}$ と $(b_j)_{j\geqq 1}$ が，夫々，相異なる項よりなる様に出来る．これを証明せよ．

(東京教育大＝筑波大の前身の大学院入試)

9．実数体 $\boldsymbol{R}$ 上の次の正方行列全体 $M(n,\boldsymbol{R})$ にユークリッド空間 $\boldsymbol{R}^{n^2}$ との自然な1対1対応により位相を入れる．この時，正則行列全体 $GL(n,\boldsymbol{R})$ は $M(n,\boldsymbol{R})$ の稠密な部分集合である事を示せ．

(京都大大学院入試)

10．E^n を n 次元のユークリッド空間とする．E^n の中の r 個の点 $P_1,P_2,\cdots,P_r$ を考える．$(r-1)$ 個のベクトル $\overrightarrow{P_1P_2},\overrightarrow{P_1P_3},\cdots,\overrightarrow{P_1P_r}$ が一次独立であると定義する．(i)上の定義は点の順序によらない事を示せ．(ii) $Q_1,Q_2,\cdots,Q_r$ を E^n の r 個の点とする $(0<r\leqq n+1)$．この時，任意の $\varepsilon>0$ に対して，次の様な r 個の点が存在する事を示せ：(a) $R_1,R_2,\cdots,R_r$ は一次独立．(b) $i=1,2,\cdots,r$ について $d(Q_i,P_i)<\varepsilon$

(京都大学院入試)

11．距離空間 X の部分集合 A が，「$f(x)$ が A 上定義された正数値連続関数であれば，A 上で最小値を取る」なる条件を満す時，X は A の有界閉集合（即ち，A は，$d(A)<+\infty$ なる閉集合）である事を示せ．

(京都大大学院入試)

12．正数 r に対し $D_r=\{z\in\boldsymbol{C}；|z|<r\}$, $H(D_r)=\{f_r:\overline{D_r}\to\boldsymbol{C}|f$ は D_r で正則かつ $\overline{D_r}$ で連続$\}$ とおく．任意の $f\in H(D_r)$ に対して $\|f\|_r=\max_{z\in\overline{D}r}|f(z)|$ とする．又 $\rho>r$ の時，$H(D_\rho)$ に属する関数を $\overline{D_r}$ で考えると云う制限写像を $\Phi_{r^\rho}：H(D_\rho)\to H(D_r)$ とする．この時，次の事柄を証明せよ．

(i) $H(D_r)$ は $\|\ \|_r$ をノルムとして Banach 空間である．

(ii) $r>0$ を一つ与える時，$X_r=\bigcup_{\rho>r}\Phi_{r^\rho}(D_\rho)$ は $H(D_r)$ の稠密部分集合である．

(iii) 上の X_r は $H(D_r)$ の中で第一類集合である．

(東京大大学院入試)

EXERCISES

(解答☞ 206ページ)

1 (ノルム) **凸閉集合への最短距離**

M をヒルベルト空間 H の閉凸集合とし，H の点 $h \notin M$ に対して

$$\rho = \inf\{\|h-f\| \,;\, f \in M\} \tag{1}$$

とおけば，$\|h-g\|=\rho$ となる M の点 g が一意に存在する事を証明せよ． (神戸大，富山大大学院入試)

2 (ノルム) **線形汎関数の核の閉性**

X をノルム空間とし，f を X 上の線形汎関数とする．この時，f が X 上で連続である為の必要十分条件は，f の核 $\mathrm{Ker} f = \{x \in X \,;\, f(x)=0\}$ が X の閉集合である事を示せ． (金沢大，新潟大大学院入試)

3 (ノルム) **有界線形作用素のノルム**

$\varphi(x)$ を $\boldsymbol{R}$ 上の正値連続関数とし，$L_\varphi{}^2$ を，$\|f\|_\varphi{}^2 = \int_{-\infty}^{+\infty} |\varphi(x)f(x)|^2 dx < +\infty$ である様な $\boldsymbol{R}$ 上の可測関数全体とし，ノルム $\|f\|_\varphi$ を導く時，

$$M_t = \sup \frac{\varphi(x+t)}{\varphi(x)} < +\infty \tag{1}$$

であれば，$(T_t f)(t) = f(x-t)$ で定義される変換 $T_t \,;\, L_\varphi{}^2 \to L_\varphi{}^2$ は有界線形作用素となり，そのノルムは M_t である事を示せ． (筑波大大学院入試)

4 (ノルム) **有界線形作用素の列の極限**

バナッハ空間 X 全体で定義され X の中に値を持つ有界線形作用素全体を $B(X)$ で表わす．$B(X)$ の点列 $(T_n)_{n \geqq 1}$ が $B(X)$ の点 T_0 に対して，$\|T_n - T_0\| \to 0 (n \to \infty)$ とする．この時，T_0 の逆作用素 $T_0{}^{-1}$ が存在して $T_0{}^{-1} \in B(x)$ ならば，十分大きな n に対して $T_n{}^{-1}$ が存在して $T_n{}^{-1} \in B(X)$ かつ $\|T_n{}^{-1} - T_0{}^{-1}\| \to 0 (n \to \infty)$ である事を証明せよ． (早稲田大大学院入試)

5 (位相) **距離空間への写像の連続性**

X を位相空間，(Y, d) を距離空間とする．f を X から Y への写像とし，X の点 x に対し

$$w(x) = \inf\{d(f(U)) \,;\, U \text{ は } x \text{ の近傍}\} \tag{1}$$

とする時，次の(i)，(ii)を示せ．

(i) f が x で連続 $\Longleftrightarrow w(x)=0$

(ii) $\{x \in X | f \text{ は } x \text{ で連続}\}$ は可算個の開集合の共通部分である． (広島大大学院入試)

Advice

1 下限を目指す点列 $f_n \in M$ に対して，$\left\|h - \frac{f_m+f_n}{2}\right\|^2 + \left\|\frac{f_m-f_n}{2}\right\|^2 = \frac{\|h-f_m\|^2}{2} + \frac{\|h-f_n\|^2}{2}$ と中線定理を旨く活用し，H の完備性に関係付けましょう．

2 f が有界でなければ，問題5の(10)の真似をしましょう．

3 $\|T_t\| \leqq M_t$ を(1)より導き，逆向きの不等式は例によって常用手段，屈折線を用いて，実例を作成しましょう．

4 $T_n = T_0(I + T_0{}^{-1}(T_n - T_0))$ に注意せよ．

5 $\bigcap_{n=1}^{\infty} \left\{x \in X \,;\, w(x) < \frac{1}{n}\right\}$ は何でしょうか．中括弧の中が開になるとよいですね．この様に広島大学はキレイ事で済ませない習性を持ちます．

12 連結性とコンパクト性

連結性とコンパクト性は解析学を支える二つの柱，これを知らなくて，数学をしていると称する者はモグリであろう．区間の連結性や有限な閉区間のコンパクト性は実数の連続性公理，そのもの，である．連結性とコンパクト性の文法を学び，大人が話す数学の会話に，仲間入りをしよう．

1 **(連結とコンパクト)**　連結とコンパクトについて説明しなさい．　(東京女子大大学院入試)

2 **(連結)**　X を連結な位相空間，$\boldsymbol{R}$ を数直線，$f: X \to \boldsymbol{R}$ を連続写像とする．$f(x_1)=a, f(x_2)=b, a<b, x_1, x_2 \in X_1$ とする時，$a<c<b$ なる任意の実数 c に対して，$f(x)=c$ なる点が X 上に存在する事を示せ．　(津田塾大学大学院理学研究科，京都大，東京女子大大学院入試)

3 **(連結)**

$$A=\{(0, y) \in \boldsymbol{R}^2 ; -1 \leqq y \leqq 1\},\ B=\left\{\left(x, \sin\frac{1}{x}\right) \in \boldsymbol{R}^2 ; 0<x \leqq 1\right\}$$

に対して，$X=A \cup B$ は連結であるが，弧状連結でない事を示せ．

(広島大，九州大大学院入試)

4 **(コンパクト)**　位相空間 X に対して，次の三条件(イ)，(ロ)，(ハ)は同値である事を示せ．

(イ)　X の可算開被覆は有限部分被覆を持つ．

(ロ)　X の有限交叉性を持つ可算閉集合列 $(F_n)_{n \geqq 1}$ は交わる．

(ハ)　X の閉集合列 $(F_n)_{n \geqq 1}, \phi \neq F_n \supset F_{n+1} (n \geqq 1)$ は交わる．　(新潟大，岡山大大学院入試)

5 **(コンパクト)**　距離空間 (X, d) の部分集合 K に対して，次の命題(イ)，(ロ)，(ハ)，(ニ)の同値性を示せ．

(イ)　K は X のコンパクト集合である．

(ロ)　K は X の可算コンパクト集合である．

(ハ)　K は X の点列コンパクト集合である．

(ニ)　K は X の全有界集合であって，距離空間 (K, d) は完備である．(東北大大学院入試)

6 **(コンパクト)**　$\boldsymbol{R}^n$ の集合 K がコンパクトである為の必要十分条件は K が $\boldsymbol{R}^n$ の有界閉集合である事を示せ．

(千葉大学大学院数学・情報数理学専攻，津田塾大学大学院理学研究科，立教大大学院入試)

7 **(コンパクト)**　コンパクト距離空間 (X, d) から距離空間 (Y, ρ) の中への連続写像は一様連続である事を示せ．

(東京工業大学大学院数理・計算科学専攻，東北大学大学院情報科学研究科，九州大，岡山大，広島大大学院入試)

1 （連結とコンパクト）——連結性とコンパクト性の定義

位相空間 X 上の関数 f は，X の任意の点 x に対して，x の近傍 V があって，f の V への制限 $f|V$ が定数である時，**局所定数関数**と言う．

> **基-1**　位相空間 X に対して，次の命題(イ)，(ロ)，(ハ)，(ニ)は同値である．
> （イ）　X の開集合 A,B があって，$A\neq\phi, B\neq\phi, X=A\cup B, A\cap B=\phi$．
> （ロ）　X の閉集合 A,B があって，$A\neq\phi, B\neq\phi, X=A\cup B, A\cap B=\phi$．
> （ハ）　X の部分集合 A があって，開，かつ，閉で，$\phi\neq A\neq X$．
> （ニ）　X 上の局所定数関数 f があって，X 上の定数関数ではない．

（イ）が成立すると，A と B は互に補なので，同時に開かつ閉となり，(ロ)，(ハ)が成立してしまう．(ロ)が成立しても同じである．又，(ハ)が成立する時，$B=CA$ とおくと，A,B は開かつ閉で，(イ)，(ロ)が同時に成立している．この様にして，(イ)，(ロ)，(ハ)は同値である．

（イ）→（ニ）　A 上では $f(x)=0$，B 上では $f(x)=1$ とすると，A,B は，共に開なので，その任意の点の近傍である事より，$f(x)$ は X 上局所定数である．しかし，X 上定数ではない．

（ニ）→（イ）　f は定数でないので，$a,b\in X$ があって，$f(a)\neq f(b)$．$A=\{x\in X\,;\,f(x)=f(a)\}$，$B=\{x\in X, f(x)\neq f(a)\}$ とすると，f は局所定数であるから，A,B は，共に，その任意の点の近傍，即ち，開であり，$A\neq\phi, B\neq\phi, X=A\cup B, A\cap B=\phi$．

位相空間 X は上の命題(イ)，(ロ)，(ハ)，(ニ)の何れか一つ，従って，全てが**成立しない時**，**連結**であると言う．早く言うと，位相空間 X は二つの開にぶった切れない時，連結である．この開と言う条件が無いと，二点 a,b 以上から成る集合は，$A=\{a\}, B=CA$ とぶった切られて，ナンセンス．

連結は一応お休みにして，次はコンパクトに行こう．しばらく，X は集合，後で位相空間となる．

X の部分集合 A と，X の部分集合の族 $\mathfrak{U}=(O_i)_{i\in I}$ に対して

$$A\subset\bigcup_{i\in I}O_i \tag{1}$$

が成立する時，$\mathfrak{U}$ は A を覆う．又，$\mathfrak{U}$ は A の被覆であると言う．$A=X$ であれば，(1)は当然等号となる．$\mathfrak{U}$ の部分族 $\mathfrak{B}$ は，$\mathfrak{U}$ の添字の集合 I の部分集合 J があって，$\mathfrak{B}=(O_i)_{i\in J}$ と表わされるが，$\mathfrak{B}$ が A を覆う時，$\mathfrak{U}$ の**部分被覆**と言う．更に，J が有限であれば，**有限部分被覆**，可算であれば，**可算部分被覆**と言う．又，被覆 $\mathfrak{U}=(O_i)_{i\in I}$ は，各 O_i が開の時，**開被覆**と言う．

X 部分集合 A と X の部分集合の族 $\mathfrak{S}=(F_i)_{i\in I}$ に対して

$$\left(\bigcap_{i\in I}F_i\right)\cap A=\phi \tag{2}$$

が成立する時，$\mathfrak{S}$ は A と**交わらぬ**と言う．$A=X$ の時は，単に，$\mathfrak{S}$ は交わらぬと言う．

> **基-2**　$\mathfrak{U}=(O_i)_{i\in I}$ に対して，$F_i=CO_i(i\in I)$，$\mathfrak{S}=(F_i)_{i\in I}$ と置く時，$\mathfrak{U}$ が A を覆う為の必要十分条件は，$\mathfrak{S}$ が A と交わらぬ事である．

ド・モルガンより，(1)↔$CA\supset C(\bigcup_{i\in I}O_i)=\bigcap_{i\in I}F_i$↔$(\bigcap_{i\in I}F_i)\cap A=\phi$．

X の部分集合の族はその任意の有限部分族が交わる時，**有限交叉性**を持つと言う．

> **基-3**　位相空間 X に対して，次の三つの公理は同値である：

(B-L) **(ボレルールベグの公理)** X の任意の開被覆 $\mathfrak{U}=(O_i)_{i\in I}$ は有限部分被覆 $\mathfrak{V}=(O_j)_{j\in j}$ を持つ.

(B-L)′ X の閉集合族 $\mathfrak{S}=(F_i)_{i\in I}$ が交わらなければ，交わらない様な，有限部分族 $\mathfrak{T}=(F_i)_{i\in I}$ を持つ.

(F-I) **(有限交叉性の公理)** 有限交叉性を持つ，X の閉集合は交わる.

$A=X$ の時に，基-2を適用すると，公理(B-L)と(B-L)′ は同値である．公理(B-L)′ は，その対偶(F-I)と同値である．故に，上の三公理は，全て，同値である.

位相空間 X は上の公理(B-L),(B-L)′,(F-I)の内の一つ，従って，全てが成立する時，**コンパクト**と言う．コンパクトと言うラテン系の言語は，もはや，日本語となっている.

次に，位相空間の部分集合の連結性とコンパクト性を論じる為に部分空間について解説しよう.

X を位相空間とし，$\mathcal{O}$ をその開集合族，$\mathcal{F}$ を閉集合族，$\mathcal{V}(x)$ を X の点 x の近傍系としよう．X の部分集合 A に対して,

$$\mathcal{O}\cap A=\{O\cap A\,;\,O\in\mathcal{O}\} \tag{3}$$

を開集合族とする A 上の位相を**相対位相**と言い，位相空間 $(A,\mathcal{O}\cap A)$ を位相空間 $(X,\mathcal{O})$ の**部分空間**と言う．相対位相を**導来位相**と言う人もある．部分空間 $(A,\mathcal{O}\cap A)$ の閉集合族と A の点 x の近傍系は，夫々,

$$\mathcal{F}\cap A=\{F\cap A\,;\,F\in\mathcal{F}\} \quad (4), \qquad \mathcal{V}(x)\cap A=\{V\cap A\,;\,V\in\mathcal{V}(x)\} \quad (5)$$

で与えられる．A に対して，X を ambiant space (**環繞空間**)，X の集合と A との交わりを A の上への**跡** (trace) 等と呼び，これらを「導来位相に関する開，閉，近傍は，ambiant space のそれの A の上への trace である」と連発する秀才がいるが，驚くには当らない.

ここで，又，連結性とコンパクトの定義に戻り，一応本問の解答を締め括る.

位相空間 X の部分集合 A は，X の部分空間 A が連結の時，X の**連結集合**と言い，コンパクトの時，X の**コンパクト集合**と言い，運用上は(3),(4)から直ちに導かれる次の基本事項を用いる.

基-4 位相空間 X の部分集合 A に対して，次の命題(イ),(ロ),(ハ)は同値である：

(イ) A は X の連結集合でない.

(ロ) $^\exists X$ の開 B_1,B_2；$A\cap B_1\neq\phi, A\cap B_2=\phi, A\cap B_1\cap B_2=\phi, A\subset B_1\cup B_2$.

(ハ) $^\exists X$ の閉 B_1,B_2；$A\cap B_1\neq\phi, A\cap B_2\neq\phi, A\cap B_1\cap B_2=\phi, A\subset B_1\cup B_2$.

基-5 位相空間 X の部分集合 K に対して，次の命題(イ),(ロ),(ハ)は同値である.

(イ) K は X のコンパクト集合である.

(ロ) X の開集合族 $\mathfrak{U}$ が K を覆えば，K を覆う様な $\mathfrak{U}$ の有限部分族 $\mathfrak{V}$ がある.

(ハ) K の任意の点 x に対して，X における x の近傍 $V(x)$ が対応していれば，K の有限部分集合 H があって，$(V(x))_{x\in H}$ が K を覆う.

類題 (解答☞ 208ページ)

1．$\mathcal{O}\cap A$ が開集合族の公理を満す事及び位相空間 $(A, \mathcal{O}\cap A)$ の閉集合族と近傍を詳説せよ.

2．基-4，基-5をチャンと証明せよ（答案は先ず上の様に書き，時間が余れば後で証明せよ).

2 (連　結)——中間値の定理

連結性は，連結でない事の定義の方から始まるので，ある定理から直接導かれる場合を除いては，関連事項は皆，背理法によって証明するのが普通である．その様な $x \in X$ がないとしよう．$A=(-\infty, c), B=(c, +\infty)$ は共に数直線 $\boldsymbol{R}$ の開集合なので，前章の問題 3 の基-2 の(ハ)より，連続写像 f によるこれらの原像 $f^{-1}(A), f^{-1}(B)$ は X の開集合である．仮定より，$x_1 \in f^{-1}(A), x_2 \in f^{-1}(B)$ なので，$f^{-1}(A) \neq \phi, f^{-1}(B) \neq \phi$．$c \notin f(x)$ と仮定したので，$X=f^{-1}(A) \cup f^{-1}(B)$．$A \cap B=\phi$ なので，集合論の公式より，$f^{-1}(A) \cap f^{-1}(B)=f^{-1}(A \cap B)=\phi$．前問で述べた不連結性の定義より，位相空間 X は不連結となり，連結である仮定に反し，矛盾である．

本問は次の外国語試験問題にも現れる．微積分学で有名な，中間値の定理の抽象化である．

問題　次の和文を欧文に訳せ：

(中間値の定理)　或る区間において連続な関数 $f(x)$ が，この区間に属する点 x_1, x_2 において相異なる値 $f(x_1)=a, f(x_2)=b$ を有する時，a, b の中間にある任意の値を c とすれば，$f(x)$ は x_1 と x_2 の中間の或る点 ξ において，この c なる値を取る．即ち，$x_1<\xi<x_2, f(\xi)=c$ なるが存在する．　(上智大大学院入試)

本問を数直線の区間に対して適用しようとすれば，区間の連結性を示さねばならぬ．

基-1　デデキントの公理の仮定の下で，数直線 $\boldsymbol{R}$ の区間 X は連結である．

X が連結でなければ，前問の基-4 より，$\exists$開 E_1, E_2；$E_1 \cap X \neq \phi, E_2 \cap X \neq \phi, E_1 \cap E_2 \cap X=\phi, X \subset E_1 \cup E_2$．従って，$a \in E_1 \cap X, b \in E_2 \cap X, a<b$ と仮定してよい．

$$A=\{x \in \boldsymbol{R}\,;\, x \leqq a,\ 又は,\ x>a\ であって\ [a, x] \subset E_1\} \tag{1}$$

とおき，$B=CA$ とすると，(A, B) は**デデキントの切断**でる．即ち，$A \cup B=\boldsymbol{R}$，$A \neq \phi, B \neq \phi, {}^\forall x \in A, {}^\forall y \in B, x<y$．**デデキント**の実数の連結性**公理**は，切断 (A, B) が切断の数 c を持つ事を主張する．即ち，${}^\exists c \in \boldsymbol{R}$；$A=(-\infty, c), B=[c, \infty)$，又は，$A=(-\infty, c], B=(c, \infty)$．$a \leqq c \leqq b$，$a, b \in X$ が成立し，X は区間なので，c は開 E_1, E_2 の何れかに属さねばならぬが，これに対して，E_1 と E_2 は開なので，$A=(-\infty, c)$，$B=[c, \infty)$ や $A=(-\infty, c], B=(c, \infty)$ は起り得ず，矛盾である．故に，区間 X は連結である．

又，本問の証明にて，$f=$恒等写像と思えば，次の基本事項を示す事が出来る．

基-2　数直線の連結集合は区間である．

基-1 と逆に，数直線の連結性よりデデキントの公理を導こう．

基-3　数直線 $\boldsymbol{R}$ が連結であれば，デデキントの公理が成立する．

連結性にまつわる証明は∀て背理法．(A, B) を切断の数を持たないデデキントの切断とする．集合 A が最大元 a を持てば，$A=(-\infty, a], B=(a, +\infty)$ となり，(A, B) は切断の数 a を持つ事になり，仮定に反する．従って，A は最大元を持たない．よって，${}^\forall x \in A, {}^\exists x' \in A$；$x<x'$．$(-\infty, x')$ は A に含まれ，x を含む開なので，A は x の近傍．A はその∀の点の近傍なので開．同様にして，B も開．$A \neq \phi, B \neq \phi, A, B$ 開，$A \cup B \neq \phi, \boldsymbol{R}=A \cup B$ が成立し，$\boldsymbol{R}$ は連結でなく，矛盾．従って，デデキントの公理は成立する．

開で切るか，切断で切るか，何れにせよ，連結性とデデキントは切る事において同値である．

切り取りなすは武士の習い，開で切るは連結の学習！

基-4 X を連結な位相空間，f を X から位相空間 Y の中への連結写像とすると，X の f による像 $f(X)$ は Y の連結集合である．

背理法により，上のスローガンで $f(X)$ を開で二つにたたき切る．$f(X)$ が連結でなければ，前問の基-4より，$^{\exists}Y$ の開 B_1, B_2；$B_1 \cap f(X) \neq \phi, B_2 \cap f(X) \neq \phi, f(X) \cap B_1 \cap B_2 = \phi, f(X) \subset B_1 \cup B_2$．前章の問題 3 の基-2 の(ハ)より，開 B_i の連結な f による原像 $f^{-1}(B_i)$ は X の開．集合論の公式より，開 $f^{-1}(B_1), f^{-1}(B_2)$ に対して，

$$f^{-1}(B_1) \neq \phi, f^{-1}(B_2) \neq \phi, f^{-1}(B_1) \cap f^{-1}(B_2) = f^{-1}(B_1 \cap B_2) = \phi, f^{-1}(B_1) \cup f^{-1}(B_2) = f^{-1}(B_1 \cup B_2) = X$$

が成立し，定義より，X は連結でなく，矛盾である．

区間 X は基-1 より連結，従って，連結写像 $f: X \to \boldsymbol{R}$ によるその像 $f(X)$ は，基-4 より，$\boldsymbol{R}$ の連結集合，従って，基-2 より $f(X)$ は $\boldsymbol{R}$ の区間であり，中間値の定理が成立する．と一瞬の内に見るのが教師の立場である．コンパクトは証明では連結に通じる所が多く

問題 X をコンパクト空間，f を X から位相空間 Y の中への連結写像とすると，X の f による像 $f(X)$ は Y のコンパクトである．　(津田塾大学大学院理学研究科，金沢大，お茶の水女子大大学院入試)

今度は，ピッチャーライナーにかがみこんで手で頭を覆ったりせず，前問の基-5の(ロ)に拠り，正々堂々とプロらしく，立ち向って行く．$\mathfrak{U}' = (O_i')_{i \in I}$ を $f(X)$ を覆う Y の開集合族とする．前章の問題 3 の基-2 の(ハ)より，Y の開 O_i' の連続な f による原像 $f^{-1}(O_i')$ は X の開であり，公式より

$$\bigcup_{i \in I} f^{-1}(O_i') = f^{-1}(\bigcup_{i \in I} O_i') \supset f^{-1}(f(X)) = X$$

が成立し，$(f^{-1}(O_i'))_{i \in I}$ は X の開被覆である．X はコンパクトなので，その有限部分被覆がある．即ち，I の有限部分集合 H があって，$(f^{-1}(O_i'))_{i \in H}$ で既に X を覆っている．再び，公式より

$$\bigcup_{i \in H} O_i' \supset \bigcup_{i \in H} f(f^{-1}(O_i')) = f(\bigcup_{i \in H} f^{-1}(O_i')) = f(X)$$

が成立し，$\mathfrak{U}'$ の有限部分族 $(O_i')_{i \in H}$ は $f(X)$ を覆い，$f(X)$ は Y のコンパクトである．

基-5 位相空間 X の連結集合族 $(A_i)_{i \in I}$ が交われば，その合併 $A = \bigcup_{i \in I} A_i$ も連結である．

A が連結でなければ，$^{\exists}$開 B_1, B_2；$B_1 \cap A \neq \phi, B_2 \cap A \neq \phi, B_1 \cap B_2 \cap A = \phi, A \subset B_1 \cup B_2$．$^{\exists}x \in \bigcap_{i \in I} A_i$．$x \in B_1 \cup B_2$ なので，$x \in B_1$ と仮定してよい．$B_2 \cap A \neq \phi$ なので，$^{\exists}i_0 \in I$；$^{\exists}y \in B_2 \cap A_{i_0}$．$x \in A_i (^{\forall}i \in I)$ なので，勿論 $x \in A_{i_0}$．$B_1 \cap A_{i_0} \neq \phi, B_2 \cap A_{i_0} \neq \phi, B_1 \cap B_2 \cap A_{i_0} \neq \phi, A_{i_0} \supset B_1 \cup B_2$ が，開 B_1, B_2 に対して成立するので，A_{i_0} は不連結となり，矛盾である．

位相空間 X は，その任意の二点 x, y に対して，連続写像 $\gamma: [0,1] \to X$ があって，$\gamma(0) = x, \gamma(1) = y$ となる時，即ち，その任意の二点 x, y が X 内の道で結べる時，**弧状連結**と言う．弧状連結空間 X の一点 a を取り，定点とする．$^{\forall}x \in X$, $^{\exists}a$ と x を結ぶ道 γ_x．$X = \bigcup_{x \in X} \gamma_x([0,1])$, $\bigcap_{x \in X} \gamma_x([0,1] \ni a$ が成立し，連結な $[0,1]$ の連続像 $\gamma_x([0,1])$ は連結である．これらは交わるので，基-5 より，その合併 X も連結である．結論として，弧状連結ならば，連結である．

3 (連　結)——連結であって弧状連結でない例

問題　X は位相空間，B は X の連結部分集合とする時，$B\subset A\subset \bar{B}$ ならば，A は連結である事を証明せよ．

（九州大，東京都立大大学院入試）

背理法による．B が連結でないとすると，問題１の基-4の(ロ)より，$^{\exists}$開 P, Q；$B\cap P\neq\phi, B\cap Q\neq\phi$, $B\cap P\cap Q=\phi, B\subset P\cup Q$（$B_1, B_2$ は B と紛らわしいので用いません）．$B\cap P=\phi$ なので，$^{\exists}x\in B\cap P$．$B\subset\bar{A}$ なので，$x\in\bar{A}\cap P$．P は A の触点 x の開近傍なので，$A\cap P\neq\phi$．同じく，$A\cap Q\neq\phi$．$A\cap P\cap Q\subset B\cap P\cap Q=\phi$. $A\subset B\subset P\cup Q$ なので，開 P, Q に対して，$A\cap P\neq\phi, A\cap Q\neq\phi, A\cap P\cap Q=\phi, A\subset P\cup Q$ と全てを整える事が出来て，A は連結でなくなり，矛盾．

この準備の下で，本問を解答しよう．

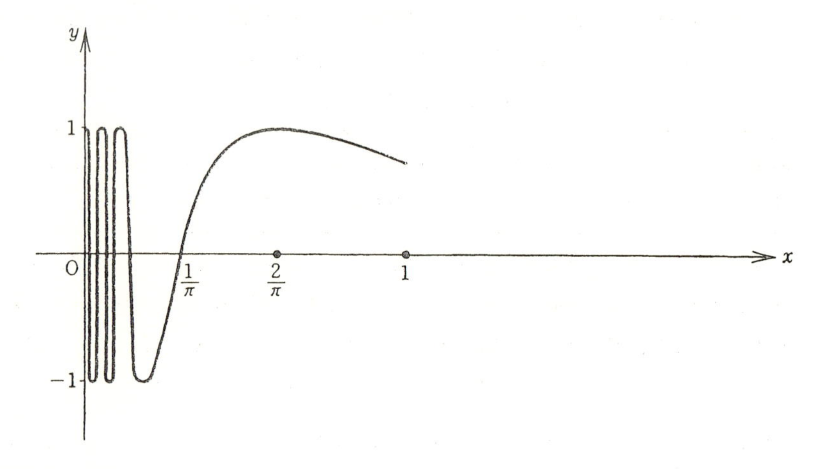

前問の基-1より，区間 $(0,1]$ は連結なので，その連続写像 $f(x)=\left(x, \sin\dfrac{1}{x}\right)(0<x\leqq 1)$, $f:(0,1]\to \boldsymbol{R}^2$ による像 B は前問の基-4より連結である．y 軸上の集合 A の点を任意に取り，$(0,a)$ としよう．$-1\leqq a\leqq 1$ なので，$-\pi\leqq {^{\exists}\theta}\leqq\pi$；$\sin\theta=a$．三角関数の周期値より，$x_n=\dfrac{1}{\theta+2n\pi}(n\geqq 1)$ とおくと，$f(x_n)=(x_n, a)\to(0, a)$ $(n\to\infty)$．従って，$(0,a)$ は集合 B の極限点であり，$(0,a)\in\bar{B}$．この事より，$A\cup B=\bar{B}$ が成立し，連結集合 B の閉包 $\bar{B}=A\cup B$ も，上に示した様に，連結である．さて，連結集合，$A\cup B$ が弧状連結であれば，原点 $(0,0)$ と $(1, \sin 1)$ が $A\cup B$ 内の曲線で結べねばならぬ．これは，上図から見て，ムチャクチャでござりまする．それ故，弧状連結ではありませぬ．と言っても，正しいのであるが，ここは入試，この本音を，如何に建前として，立派に述べ得るか，微積分の腕力も問うている．もしも $A\cup B$ が弧状連結であれば，$^{\exists}$連続 $g:[0,1]\to A\cup B$；$g(0)=(0,0), g(1)=f(1)=(1,\sin 1)$．$^{\forall}t\in[0,1], g(t)\in\boldsymbol{R}^2$ なので，その x 座標を $h(t)$, y 座標を $k(t)$ とすると，$h(t), k(t)$ は $[0,1]$ 上の連続関数であって，$g(t)=(h(t), k(t))$．もしも，$h(t)\neq 0$ であれば，$g(t)$ は f のグラフのBの上にあり，$x=h(t), \sin\dfrac{1}{x}=k(t)$ なので，$k(t)=\sin\dfrac{1}{h(t)}$ と露骨に書けていて，我々の手掛りとなる．距離空間では一点だけから成る集合は閉であり，数直線 $\boldsymbol{R}$ 上の $\{0\}$ は閉である．連続写像 h によるその原像 $h^{-1}(\{0\})$ も閉であり，$t\in h^{-1}(\{0\})$ に対する $g(t)$ が，丁度，y 軸上の A に来ている．即ち，$g^{-1}(A)\supset h^{-1}(\{0\})$=閉．有界集合 $h^{-1}(\{0\})$ の上限を t_0 とすると，上限 t_0 は $h^{-1}(\{0\})$ の極限点で，$h^{-1}(\{0\})$ は閉なので，$t_0\in h^{-1}(\{0\})$，即ち，t_0 は $h^{-1}(\{0\})$ の最大値である．従って，$t_0<t\leqq 1$ では，$g(t)\in B$ で，f のグラフの B の上にある．これは，いよいよ，おかしいが，これは微積分的に示さねばならぬ．アリバイを追求せねばならぬ．t_0 は $h^{-1}(\{0\})$ のさいはてであり，$h(t_0)=0. g(t_0)\varepsilon A$ なの

で，$g(t_0)=(0, y_0)$ としよう．勿論 $y_0=k(t_0)$．t_0 はさいはてなので，これより大きい $t>t_0$ に対して，$h(t)\in f$ のグラフ$=B$ で，三角関数によって，ブンブン，振り回されている．それなのに，g は t_0 で連続であるから，正数 δ があって，$t_0-\delta\leqq t\leqq t_0+\delta$ であれば，$g(t)$ は $g(t_0)=(0, y_0)$ を中心として，半径 $\frac{1}{4}$ の開円板の中に収まる．$t_0<t_1<t_0+\delta$ を満す t_1 を一つ取り，$(x_1, y_1)=g(t_1)$ とおく．$t_1>t_0$ なので，$g(t_1)\in B$．$\exists$自然数 n；$\frac{1}{n\pi}\leqq x_1<\frac{1}{(n-1)\pi}$．$\varepsilon=\min\left(\frac{1}{4}, \frac{1}{(n+2)\pi}\right)$ とおく．g は t_0 で連続であるから，$\exists t_2\in \boldsymbol{R}$；$t_0<t_2<t_1$，$g(t_2)$ は $g(t_0)=(0, y_0)$ を中心とする半径 ε の開円板の中にある．区間 $[t_2, t_1]$ は前問の基-1 より連結，その連続 h, k による像は前問の基-4 より，連結である．数直線 $\boldsymbol{R}$ の連結集合 $h([t_2, t_1]), k([t_2, t_1])$ は前問の基-2 より区間である．$g(t_2)=(x_2, y_2)$ は $(0, y_0)$ を中心として，$\frac{1}{(n+2)\pi}$ 半径の円内にあるから，$x_2<\frac{1}{(n+2)\pi}<\frac{1}{n\pi}\leqq x_1$．$h([t_2, t_1])$ は $[x_1, x_2]$ を含む区間なので，$\left[\frac{1}{(n+2)\pi}, \frac{1}{n\pi}\right]$ を含む．$h(t)$ が $\left[\frac{1}{(n+2)\pi}, \frac{1}{n\pi}\right]$ の中を動けば，$\sin\frac{1}{h(t)}$ は一周期を動く．$k([t_2, t_1])$ は，それを含む区間なので，$k([t_2, t_1])\supset[-1, 1]$．これは，$g([t_2, t_1])$ が $(0, y_0)$ を中心として，半径 $\frac{1}{4}$ の開円板の中にあると言う仮定に反し，矛盾である．故に，$A\cup B$ は弧状連結ではない．

さて，二つの位相空間 X, Y は写像 $f: X\to Y$ があり，単射（一対一），即ち，$f(x)=f(x')$ であれば $x=x'$ であり，更に，全射（上への写像）であり，即ち，$f(X)=Y$ であり，しかも，$f: X\to Y$，及び，逆写像 $f^{-1}: Y\to X$ が連続な時，**同相**であると言う．前章の問題 3 の基-2 より，f は開集合，閉集合，近傍の概念を不変にするので，位相数学を論じる限り，X と Y とは全く同じと見てよい．位相空間は各点がユークリッド空間の開集合と同相な近傍を持つ時，**局所ユークリッド**と言う．局所ユークリッドなハウスドルフ空間を**多様体**と言う．本問の $A\cup B$ はダメだが，$\boldsymbol{R}^n$ の開は多様体である．

問題 (ア) X, Y を位相空間とする．写像 $f: X\to Y$ が連続であることの定義を述べよ．

(イ) 位相空間 X が連結であることの定義を述べよ．

(ウ) X, Y を位相空間，$f: X\to Y$ を上への連続写像とする．X が連結であれば，Y も連結であることを示せ．

(エ) $\boldsymbol{R}$ 内の閉区間$[0, 1]$ と S^1 は同相でないことを示せ．　（名古屋大学大学院多元数理学研究科入試）

(ア) 3 点からなる集合 $A=\{a, b, c\}$ の部分集合族$\mathcal{O}=\{\phi, \{a\}, \{a, b\}, \{a, b, c\}\}$ は開集合族の公理を満たすことを示せ．

(イ) A から 2 点からなる集合 $X=\{x, y\}$ への写像を，$f(a)=x, f(b)=y, f(c)=x$ と定める．位相空間 $(A, \mathcal{O})$ から X の上への写像 f が連続となる X の位相を全て定めよ．　（奈良女子大学大学院人間文化研究科入試）

名大解答． (ア)，(イ)と(ウ)は，夫々，136頁定義 3，149頁問題と基-4 を復習せよ．

(エ) 一対一で上への連続写像 $f: X\to Y$ が存在して f^{-1} も連続な時，二つの位相空間 X, Y は**同相**であると言う．もし同相写像 $f: [0, 1]\to S^1:=\{(\cos\theta, \sin\theta)\in \boldsymbol{R}^2|0\leqq\theta<2\pi\}$ があれば，148頁基-1 より連結な開区間 $(0, 1)$ と同相な $S^1-\{f(1/2)\}$ と同相な，区間でない，$[0, 1/2)\cup(1/2, 1]$ も連結で148頁基-2 に反し，矛盾である．

奈女解答． (ア)は118頁開集合族の公理をチェックせよ．

(イ) f が連続である様な，X の開集合族$\mathcal{O}'$ は118頁の(O 0)より $\{\phi, \{x, y\}\}$ を含む．これ以外に，$\{x\}\in\mathcal{O}'$ または $\{y\}\in\mathcal{O}'$ であれば，137頁基-2(ハ)より，$\{a, c\}=f^{-1}(\{x\})\in\mathcal{O}$ 又は $\{b\}=f^{-1}(\{y\})\in\mathcal{O}$ で，共に$\mathcal{O}$の定義に反し，矛盾．従って just $\mathcal{O}'=$trivial な $\{\phi, \{x, y\}\}$．

類題

（解答☞ 208ページ）

3．ノルム空間の凸集合 A は弧状連結である事を示せ．

4．ユークリッド空間の開集合 U が連結である為の必要十分条件は，U の任意の二点が U 内の屈折線で結べる事である事を示せ．　（九州大大学院入試）

5．連結な位相空間が多様体であれば，弧状連結である事を示せ．　（金沢大大学院入試）

4 (コンパクト)——可算コンパクト性

問題1で解説した基-3において，集合族を可算個の集合列にすると，本問となる．この様な，習作は，絵画等の芸術で重要なエチュードであるが，創造性が求められる数学においても，重要である．

(イ)→(ロ) 背理法による．$^\exists$閉集合列$(F_n)_{n\geqq1}$；$\bigcap_{n=1}^{\infty} F_n=\phi$であれば，ド・モルガンより，$\bigcup_{n=1}^{\infty} CF_n=X$．閉の補は開なので，$(CF_n)_{n\geqq1}$は$X$の可算開被覆である．仮定(イ)より，$^\exists n_0$；$\bigcup_{n=1}^{n_0} CF_n=X$．再び，ド・モルガンより，$\bigcap_{n=1}^{n_0} F_n=\phi$が成立し，有限交叉性の仮定に反し，矛盾である．

(ロ)→(ハ) (ハ)は(ロ)の特別な場合である．「自明である」と答えてはいけない．数学者に取って，本書全体は一目で分り，自明である．従って，自明と言う言葉は試験や講義とは馴染まない．

(ハ)→(イ) 背理法による．可算開被覆$\mathfrak{U}=(O_n)_{n\geqq1}$があり，任意の$n$に対して，$G_n=\bigcup_{k=1}^{n} O_k\neq X$と仮定する．$F_n=CG_n\neq\phi(n\geqq1)$であって，$F_n\supset F_{n+1}(n\geqq1)$．仮定(ハ)より$\bigcap_{n=1}^{\infty} F_n\neq\phi$．ド・モルガンより，$\bigcup_{n=1}^{\infty} G_n=\bigcup_{n=1}^{\infty} O_n\subsetneqq X$．これは矛盾である．

本問の条件(イ)の様に，位相空間Xは任意の可算開被覆が有限部分被覆を持つ時，**可算コンパクト**であると言う．一方，位相空間Xは任意の開被覆が可算部分被覆を持つ時，**リンデレーフの公理**を満す，又は面倒な時，**リンデレーフ**であると言う．定義より，コンパクトは二つの命題

$$\text{コンパクト} \Leftrightarrow \text{リンデレーフ} + \text{可算コンパクト} \tag{1}$$

に分解される．

位相空間Xの開集合の族$\mathcal{B}$は，Xの任意の開集合が$\mathcal{B}$に属する開集合の合併で表わされる時，**開集合族の基底**をなす．又は**開基**をなすと言う．**位相の基底**をなすと言う事もある．類似の概念として，基本近傍系があった．この両者は，次の基本事項によって，密接に関連付けられている．

基-1 位相空間Xの開集合族$\mathcal{O}$の部分族$\mathcal{B}$がXの開基である為の必要十分条件は，Xの任意の点xにおいて

$$\mathcal{B}(x)=\{B\in\mathcal{B}\,;\,x\in B\} \tag{2}$$

が点xの基本近傍系をなす事である．

(必要性) xの近傍系を$\mathcal{V}(x)$とする．$^\forall V\in\mathcal{V}(x)$, $^\exists O\in\mathcal{O}$；$x\in O\subset V$．仮定より，$^\exists(B_i)_{i\in I}\subset\mathcal{B}$；$O=\bigcup_{i\in I} B_i$．$^\exists i_0\in I$；$x\in B_{i_0}$．$B_{i_0}\in\mathcal{B}(x)$に対して，$B_{i_0}\subset V$．従って，$\mathcal{B}(x)$は$x$の基本近傍系である．

(十分性) $^\forall O\in\mathcal{O}$．$^\forall x\in O$, $O\in\mathcal{V}(x)$なので，$^\exists B_x\in\mathcal{B}$；$x\in B_x\subset 0$．$O=\bigcup_{x\in O} B_x$なので，$\mathcal{B}$は開基である．

可算開基を持つ位相空間は**第二可算**であると言う．基-1より，第二可算は第一可算である．

基-2 第二可算空間Xはリンデレーフである．

Xは可算開基$(O_n)_{n\geqq1}$を持つ．Xの任意の開被覆を$\mathfrak{U}=(G_i)_{i\in I}$とする．$^\forall x\in X$, $^\exists i(x)\in I$；$x\in G_{i(x)}$．$G_{i(x)}$はxの開近傍で，$(O_n)_{n\geqq1}$は開基なので，基-1より，$^\exists$自然数$n(x)$；$x\in O_{n(x)}\subset G_{i(x)}$．これが証明のサワリであるが，$\{n(x)\,;\,x\in X\}$は自然数全体の集合の部分集合だから，$X$が如何に可算以上の無限集合であって，$x$がその中を動こうとも，$X$の可算部分集合$J$があって，そこから来る$n(x)$で間に合っています，即ち，$\{n(x)\,;\,x\in X\}=\{n(x)\,;\,x\in J\}$．$^\forall x\in X$, $^\exists y\in J$；$n(x)=n(y)$．従って，$x\in O_{n(x)}=O_{n(y)}\subset G_{n(y)}$が成立し，$\{G_{n(y)}\,;\,y\in J\}$は$X$の可算部分被覆である．$\forall$の開被覆が可算部分被覆を持つ$X$はリンデレーフである．

そこで，第二可算性が重要となる．位相空間 X の部分集合 A は $\bar{A}=X$ の時，**稠密**と言い，可算稠密部分集合を持つ位相空間を**可分**と言う．例えば，n 次元のユークリッド空間 $\boldsymbol{R}^n$ は，アルキメデスの公理より，その有理点全体が稠密である事が示されるので，可分である．私は中学の漢文の時間に，稠密はチョウミツと読み，夫々，下平声，去声であるが，チュウミツと誤って読まれる事が多いと習った．広辞林，大言海を索くとチュウミツである．大字典では慣用音はテゥ，漢音チゥ，呉音ヂュ，難字字典ではチョウ，チュウの順となっているのは例外であった．勿論．漢和辞典では，上述の如く，ウェード式ローマ字で chóu mi であり，詩声類では「周に従ふの字の声は，当に稠を以って正と為す」と記されている．一一弁明するのも潔しとしないので，講義では，同じ外国語を用いるのであれば，紛れのない dense を用いている．

問題　距離空間 (X,d) が可分である為の必要十分条件は X がリンデレーフである事を示せ．

（大阪教育大大学院入試）

（必要性）　$\triangle=(x_m)_{m\geq 1}$ を X の可算稠密部分集合とし，$O_{m,n}=B\left(x_m\,;\,d,\dfrac{1}{n}\right)$ $(m,n\geq 1)$ とおく．$^\forall x\in X$，$^\forall\varepsilon>0$，アルキメデスの公理より，$^\exists n\,;\,\dfrac{2}{n}<\varepsilon, x\in\overline{\triangle}$ なので，$^\exists m\,;\,x_m\in B\left(x\,;\,d,\dfrac{1}{n}\right)$．$x\in O_{m,n}\subset B(x\,;\,d,\varepsilon)$ が成立し，基-1 より $(O_{mn})_{m,n\geq 1}$ は X の可算開基である．第二可算 X は基-2 より，リンデレーフである．

（十分性）　各 $n\geq 1$ に対して，開被覆 $\left\{B\left(x\,;\,d,\dfrac{1}{n}\right)\,;\,x\in X\right\}$ は，X がリンデレーフなので，可算部分被覆を持つ．と言う事は X の可算部分集合 J_n があって，$\left\{B\left(x\,;\,d,\dfrac{1}{n}\right)\,;\,x\in J_n\right\}$ で以って，X を覆っている．$\triangle=\bigcup_{n=1}^{\infty}J_n$ は，可算の可算和なので，可算である．$^\forall x\in X$, $^\forall x$ の近傍 V，$^\exists\varepsilon>0\,;\,B(x\,;\,d,\varepsilon)\subset V$．$^\exists n\,;\,\dfrac{1}{n}<\varepsilon$．この n に対して，$\left\{B\left(y\,;\,d,\dfrac{1}{n}\right)\,;\,y\in J_n\right\}$ は X を覆うので，$^\exists y\in J_n\,;\,d(x,y)<\dfrac{1}{n}$．結局 $y\in\triangle$ に対して，$y\in V$，即ち，$\triangle\cap V\neq\phi$ が言えるので，$x\in\overline{\triangle}$．従って，$\triangle$ は X で稠密であり，可算稠密 $\triangle$ を持つ X は可分である．

距離空間 (X,d) は，任意の $\varepsilon>0$ に対して，X の有限部分集合 H があって，半径が等しい有限個の球 $\{B(x\,;\,d,\varepsilon)\,;\,x\in H\}$ で以って X を覆う時，**全有界**，又は，**プレコンパクト**と言う．X がコンパクトであれば，開被覆 $\{B(x\,;\,d,\varepsilon)\,;\,x\in X\}$ は有限部分覆を持つので，全有界である．従って

$$\text{コンパクト}\Rightarrow\text{全有界}\tag{3}$$

問題　全有界距離空間 (X,d) は可分である事を示せ．　　（九州大大学院入試）

$^\forall n$, $^\exists X$ の有限部分集合 $H_n\,;\,\left(B\left(x\,;\,d,\dfrac{1}{n}\right)\right)_{x\in H_n}$ は X を覆う．上の問題の十分性の証明と全く同じ方法で，$\triangle=\bigcup_{n=1}^{\infty}H_n$ が X で稠密である事を示す事が出来，可算稠密部分集合 $\triangle$ を持つ X は可分である．

コンパクト性の最も身近な定義は，点列コンパクトであろう．位相空間 X は，その任意の点列が収束部分列を持つ時，**点列コンパクト**と言う．位相空間 X の部分集合 K は，部分空間 K が点列コンパクトの時，**点列コンパクト集合**と言う．位相空間 X の集合 A は，X のコンパクト集合 K があって，A を含む時，**相対コンパクト**と言う．X の点列コンパクト集合 K があって，A を含む時，**相対点列コンパクト**と言う．距離空間 X の部分集合 K に対して，K の任意の点列 $(x_n)_{n\geq 1}$ が収束部分列 $(x_{\nu_n})_{n\geq 1}$ を持つ時，K は相対点列コンパクトであり，その部分列の極限が常に K に含まれる時，K は点列コンパクトである．従って，次の実数の連続性公理は有限な区間の相対点列コンパクト性と同値である．

（ワイエルシュトラス-ボルツアノの公理）　有界な実数列は収束部分列を持つ．

5 (コンパクト)——距離空間のコンパクト

可成事前の準備をしているが，未だ足りない．先ず

問題　第一可算，かつ，可算コンパクト空間 X は点列コンパクトである事を示せ．　(新潟大大学院入試)

$(x)_{n\geqq 1}$ を X の任意の点列とする．n 番目から先の点の作る X の部分集合の閉包を F_n とする．即ち，$F_n=\overline{\{x_\nu\ ;\ \nu\geqq n\}}$ とおく．$(F_n)_{n\geqq 1}$ は，丁度，問題 4 の条件(ハ)を満す X の閉集合列である．X は可算コンパクトなので，その命題(イ)が成立し，従って，これと同値な命題(ハ)も成立し，${}^\exists x_0\in X\ ;\ x_0\in \bigcap_{n=1}^{\infty} F_n$．この x_0 を拠点として，x_0 に収束する部分列を作る．X は第一可算であるから，前章の問題 4 の基-1 の様に，x_0 の基本近傍系をなす近傍の列 $(V_n)_{n\geqq 1}$ があって，$V_n\supset V_{n+1}(n\geqq 1)$ と単調である．$x_0\in F_1=\overline{\{x_\nu\ ;\ \nu\geqq 1\}}$，かつ，$V_1$ は x_0 の近傍なので，$\{x_\nu\ ;\ \nu\geqq 1\}\cap V_1\neq\phi$，即ち，$\nu_1\geqq 1$ があって，$x_{\nu_1}\in V_1$．$\nu_1<\nu_2<\cdots<\nu_n$ が取れて，$x_{\nu_i}\in V_i(1\leqq i\leqq n)$ としよう．$x_0\in F_{\nu_n+1}=\overline{\{x_\nu\ ;\ \nu\geqq \nu_n+1\}}$，かつ，$V_{n+1}$ は x_0 の近傍なので，$\{x_\nu\ ;\ \nu\geqq \nu_n+1\}\cap V_{n+1}\neq\phi$，即ち，$\nu_{n+1}\geqq\nu_n+1$ があって，$x_{\nu_{n+1}}\in V_{n+1}$，数学的帰納法により，自然数列 $(\nu_i)_{i\geqq 1}$ があって，$\nu_i<\nu_{i+1}, x_{\nu_i}\in V_i(i\geqq 1)$．$\nu_i<\nu_{i+1}$ なので，$(x_{\nu_i})_{i\geqq 1}$ は点列 $(x_n)_{n\geqq 1}$ を番号順を変えずに，飛び飛びに取った部分列である．又，$x_{\nu_i}\in V_i(i>1)$ なので，前章の問題 4 の基-1 より，$x_{\nu_i}\to x_0(i\to\infty)$．このようにして，芽出たく，点列 $(x_n)_{n\geqq 1}$ の収束部分列 $(x_{\nu_i})_{i\geqq 1}$ が取れて，X は点列コンパクトである．

今迄，様々なコンパクト性を定義したが，それらは，先ず第二可算空間で，次の様に同値となる：

> **基-1**　第二可算空間 X に対して，次の命題(イ)，(ロ)，(ハ)は同値である．
> (イ)　X はコンパクトである．
> (ロ)　X は可算コンパクトである．
> (ハ)　X は点列コンパクトである．

(イ)→(ロ)　X の可算被覆は，X がコンパクトなので，有限部分被覆を持つ．

(ロ)→(ハ)　X は第二可算なので，第一可算であり，上の問題より，X は点列コンパクト．

(ハ)→(ロ)　$\mathfrak{U}=(O_n)_{n\geqq 1}$ を X の任意の開被覆とする．$G_n=O_1\cup O_2\cup\cdots\cup O_n(n\geqq 1)$ は X の開集合で，$G_n\subset G_{n+1}(n\geqq 1)$ と単調である．$\mathfrak{U}$ が有限部分被覆を持つ事と，${}^\exists n\ ;\ G_n=X$ とは同値である．背理法により，$G_n\neq X(n\geqq 1)$ と仮定しよう．各 $n\geqq 1$ に対して，${}^\exists x_n\in CG_n$．点列コンパクトな X の点列 $(x_n)_{n\geqq 1}$ は収束部分列 $(x_{\nu_n})_{n\geqq 1}$ を持つ．その極限 x_0 を含む $O_{n_0}\subset G_{n_0}$ がある．G_{n_0} は点 x_0 の開近傍であって，$x_{\nu_n}\to x_0$ なので，${}^\exists n_1\ ;\ x_{\nu_n}\in G_{n_0}(n\geqq n_1)$．$m=\max(n_0, n_1)$ に対して，$x_{\nu_m}\in G_{n_0}\subset G_m\subset G_{\nu_m}$．一方 $x_{\nu_m}\notin G_{\nu_m}$ である様に，点列 $(x_n)_{n\geqq 1}$ を作ったので，矛盾である．故に，${}^\exists n\ ;\ G_n=X$，即ち，X の任意の可算開被覆 $\mathfrak{U}$ は有限部分被覆を持つ．故に，X は可算コンパクトである．

(ロ)→(イ)　問題 4 の基-2 より，リンデレーフ．かつ可算コンパクトな X はコンパクト．以上の準備の下で，漸く，本問を解答する事が出来る．この問題は長征的である．

距離空間 (X, d) の部分集合 K に対して，部分空間 K は第一可算である．

(イ)→(ロ)　定義より導かれる．

(ロ)→(ハ)　距離空間 (K, d) は第一可算なので，冒頭の問題より，K が可算コンパクトであれば，点列コンパクトである．

(ハ)→(ニ)　点列コンパクト K が全有界でないとすると，

$$\forall\varepsilon>0,\ \forall K \text{ の有限部分集合 } H,\ K-\bigcup_{x\in H}B(x\,;\,d,\varepsilon)\neq\phi \quad (1).$$

$x_0=x$ とおき，$\exists x_1, x_2, \cdots, x_n \in K\,;\,x_j \notin \bigcup_{i=1}^{j-1} B(x_i\,;\,d,\varepsilon)(1\leqq j\leqq n)$ と仮定する．(1)より，$\exists x_{n+1}\in K-\bigcup_{j=1}^{n}B(x_j\,;\,d,\varepsilon)$．数学的帰納法により，$K$ の点列 $(x_j)_{j\geqq 1}$ が取れて，

$$x_n \notin \bigcup_{j=1}^{n-1} B(x_j\,;\,d,\varepsilon) \quad (n\geqq 1) \quad (2).$$

(2)より，$m>n$ に対して，$d(x_m, x_n)\geqq\varepsilon$ が成立し，$(x_n)_{n\geqq 1}$ の如何なる部分列も，コーシー列，従って，収束列ではない．これは，K の点列コンパクト性に反し，矛盾である．従って，点列コンパクト K は全有界である．次に，$(x_n)_{n\geqq 1}$ を K のコーシー列とする．K はコンパクトなので，$(x_n)_{n\geqq 1}$ は収束部分列を持つ．収束部分列を持つコーシー列 $(x_n)_{n\geqq 1}$ は1章の類題4よりそれ自身収束する．従って，点列コンパクト K に対して，距離空間 (K, d) は完備である．

(ニ)→(イ) 全有界 K は問題4で解説した様に可分であり，リンデレーフであり，第二可算である．さて，$(x_n)_{n\geqq 1}$ を K の点列とする．$(B(x\,;\,d,1))_{x\in K}$ は，X が全有界であるから，有限部分被覆を持つので，その一つは，無限個の n に対する x_n を含むので，$(x_n)_{n\geqq 1}$ の部分列 $(x(n,1))_{n\geqq 1}$ を含む．$(x_n)_{n\geqq 1}$ の部分列の，そのまた，列 $(x(n,1))_{n\geqq 1}, (x(n,2))_{n\geqq 1}, \cdots, (x(n,m))_{n\geqq 1}$ が取れて，各 $(x(n,i))_{n\geqq 1}$ は，その前の $(x(n,i-1))_{n\geqq 1}$ の部分列であって，しかも，半径 $\frac{1}{i}$ の開球に含まれたとしよう $(2\leqq i\leqq m)$．$\left(B\left(x\,;\,d,\frac{1}{m+1}\right)\right)_{x\in K}$ は有限部分被覆を持つので，その内の一つは，$(x(n,m))_{n\geqq 1}$ の部分列 $(x(n,m+1))_{n\geqq 1}$ を含む．この様な，帰納法で作った $(x_n)_{n\geqq 1}$ の部分列 $(x(n,m))_{n\geqq 1}$ の列 $(m\geqq 1)$ を下の様に，無限の行列に並べる：

$x(1,1)$ 1	$x(1,2)$,	$x(1,3)$, ………
$x(2,1)$,	$x(2,2)$,	$x(2,3)$, ………
$x(3,1)$,	$x(3,2)$,	$x(3,3)$, ………

その対角線 $y_n=x(n,n)$ を取って作った，点列 $(y_n)_{n\geqq 1}$ は各 $m\geqq 1$ に対して，$(y_n)_{n\geqq m}$ は点列 $(x(n,m))_{n\geqq 1}$ の部分列となっている．この様な $(y_n)_{n\geqq 1}$ の作り方を**カントールの対角論法**と言う．さて，$i\geqq j$ の時，$y_i=x(i,i)$, $y_j=x(i,j)$ は共に j 番目に属しているので，半径 $\frac{1}{j}$ の開球に含まれる．従って $d(y_i, y_j)<\frac{2}{j}\to 0(j\to\infty)$ であって，$(y_i)_{i\geqq 1}$ は K のコーシー列である．K は完備なので，$(y_i)_{i\geqq 1}$ は K の点に収束する．この様にして，任意の点列が収束部分列を持つ K は点列コンパクトである．全有界な K は，問題4より，可分であり，第二可算である．従って，(イ),(ロ),(ハ)は，基-1より全て同値である．

今迄，上品だが使い難い定義と下品で重宝な定義

連続性 $\Longleftrightarrow$ 点列連続性

触　点 $\Longleftrightarrow$ 極限点

連結性 $\Longleftrightarrow$ 弧状連結性

コンパクト性 $\Longleftrightarrow$ 点列コンパクト性

を学んだ．左側が，一般の位相空間で定義される，上品だがひ弱な概念であり，右側は，必ずしも，一般には左側と同値でないが，距離空間等では同値となる，露骨で力強い概念である．従って，建前を論じる時は左側，腕力を要する時は，右側を用い，使い分ける事が肝要である．両者は，数学の標準語とその方言の関係にある．どちらが本質を衝くであろうか．

6 (コンパクト)——R^nのコンパクト

集合 X は，線形空間であって，位相空間であって，ベクトルの和，スカラーとの積の演算が連続である時，即ち，前章の問題 2 の終りで解説した，積空間の考えを用いて，$f(x,y)=x+y(x,y\in X)$, $g(\alpha,x)=\alpha x(\alpha\in \boldsymbol{R}, x\in X)$ で定義される写像 $f: X\times X\to X$, $g: \boldsymbol{R}\times X\to X$ が積空間 $X\times X$ や $\boldsymbol{R}\times X$ から，X の中への連続写像の時，**線形位相空間**と言う．

似た様なものとして，集合 X は群であって，位相空間であって，代数的演算が位相に関して連続な時，即ち，$f(x,y)=xy^{-1}(x,y\in X)$ で定義される写像 $f: X\times X\to X$ が積空間 $X\times X$ から X の中への連続写像の時，**位相群**と言う．

線形位相空間 X の部分集合 K は原点の任意近傍 V に**吸収**される時，即ち，$^\exists\lambda_0>0$; $|\lambda|\leqq\lambda_0$, $\lambda K=\{\lambda x; x\in K\}\subset V$ の時，**有界**であると言う．

基-1　コンパクト集合 K は有界である．

V を 0 の任意の近傍とする．写像 $g(\alpha,x)=\alpha x(\alpha\in\boldsymbol{R}, x\in X)$ は，$^\forall y\in K$, $\alpha=0$, $x=y$ で値 0 を取り，$g: \boldsymbol{R}\times X\to X$ は連続であるから，$(0,y)\in\boldsymbol{R}\times X$ の $\boldsymbol{R}\times X$ における近傍 W があって $g(W)\subset V$．しかし，積空間 $\boldsymbol{R}\times X$ における $(0,y)$ の近傍 W は $\boldsymbol{R}$ における 0 の近傍と X における y の近傍の積を含み，0 の近傍は，$\lambda(y)>0$ に対して，開区間 $(-\lambda(y),\lambda(y))$ を，y の近傍は y を含む開 $O(y)$ を含むから，$(-\lambda(y),\lambda(y))\times O(y)\subset W$ としてよい．なお，これらの積の成分は y が変れば変るので，y を添える．$(O(y))_{y\in K}$ はコンパクトな K の開被覆であるから，K の有限部分集合 H があって，$(O(y))_{y\in H}$ が K を覆っている．H は有限であるから，$\lambda_0=\min_{y\in H}\lambda(y)$ は正である．$|\lambda|\leqq\lambda_0, x\in K$ であれば，$^\exists y\in H$; $x\in O(y)$．$g(\lambda,x)=\lambda x\in g(W)\subset V$ なので，$\lambda K\subset V$ を得る．従って，K は 0 の任意近傍 V に吸収されて有界である．

問題　ハウスドルフ空間 X のコンパクト K は閉である．

(大阪大学大学院数学専攻，九州大，東京都立大，金沢大大学院入試)

$^\forall x\in CK$ を固定する．$^\forall y\in K$，ハウスドルフの相異なる二点 x,y に対して，x の近傍 $U(y)$, y の近傍 $V(y)$ があって，$U(y)\cap V(y)=\phi$．$^\exists$開 $O(y)$; $y\in O(y)\subset V(y)$．$(O(y))_{y\in K}$ はコンパクトな K の開被覆なので，K の有限部分集合 H があって，$(O(y))_{y\in H}$ は K を覆う．H は有限であるから，$U=\bigcap_{y\in H}U(y)$ は x の近傍で，K を含む開 $V=\bigcup_{y\in H}O(y)$ に対して，$U\cap V=\phi$．特に，$U\subset CV\subset CK$ なので，CK は，その任意の点 x の近傍であり，開である．従って，K は閉である．なお，$V(y)$ は y の近傍で，近傍系ではない．

$\boldsymbol{R}^n$ は線形位相空間であるから，そのコンパクト K は，基-1 より，有界である．$\boldsymbol{R}^n$ は距離空間として，ハウスドルフであるから，そのコンパクト K は，上の問題より，閉である．従って $\boldsymbol{R}^n$ のコンパクトは有界閉である．同様にして，ハウスドルフ線形位相空間のコンパクトは有界閉であるが，その逆が成立する様な空間を**モンテル空間**と言う．本問は $\boldsymbol{R}^n$ がモンテル空間である事の証明を求めている．

K を $\boldsymbol{R}^n$ の有界閉としよう．$\boldsymbol{R}^n$ では，下添字を座標に用いるので，点列の番号を表わすのに，上添字を用いる．$(x^{(\nu)})_{\nu\geqq1}$ を K の点列とし，$x^{(\nu)}=(x_1^{(\nu)},x_2^{(\nu)},\cdots,x_n^{(\nu)})(\nu\geqq1)$ とおく．第一座標の数列 $(x_1^{(\nu)})_{\nu\geqq1}$ は有界なので，ワイエルシュトラス-ボルツァノの公理より収束部分列 $(x_1^{(\nu,1)})$ を持つ．同じ番号の飛ばし方をした，第二座標の数列 $(x_2^{(\nu,1)})_{\nu\geqq1}$ も有界であり，収束部分列 $(x_2^{(\nu,2)})_{\nu\geqq1}$ を持つ．帰納的にこの操作を n 回行うと，自然数の増加列 (ν_l) が取れて，各成分の数列 $(x_i^{(\nu l)})_{l\geqq1}$ は，実数 x_i^0 に収束する．この時，

$(x^{(\nu)})_{\nu\geqq 1}$ の部分列，$(x^{(\nu l)})_{l\geqq 1}$ は点 $(x^{(0)}=(x_1^{(0)}, x_2^{(0)}, \cdots, x_n^{(0)})$ に収束する．$x^{(0)}$ は K の極限点で，K は閉なので，$x^{(0)}\in K$．K の任意の点列が，K の点に収束する部分列を持つので，K は点列コンパクトである．前問より，距離空間 $\boldsymbol{R}^n$ の点列コンパクト K はコンパクトである．

本問により $\boldsymbol{R}^n$ では K が有界閉である事とコンパクトは同値であるので，解析学の書物や講義では，本質を明確にする為，**有界閉**を**コンパクト**と呼ぶ．我々は，実数の連続性公理を用いて，有界閉集合に対して，公理(B-L)が成立する事を示した，これを，**ハイネ-ボレルの被覆定理**と言う．

被覆定理は物量作戦である！

第二次大戦が苛酷となり，皇軍首脳が起死回生の策として採用したのが，特攻作戦である．最初は米軍の心胆を寒からしめたが，被覆定理の適用を受けるに及んで，通用しなくなった．

戦艦 L を神風攻撃から守るには，時空四次元の空間において，神風機 k が近づいた時から，一定の量の機関砲を一定の時間連続的に発射させて，L のコンパクト近傍 K を有限個の弾幕で覆い，L の有界閉近傍 K に神風機 k を絶対に入れなければよろしい．かくして，敵が猪突猛進する限り，こちらの物量が豊富であれば，技術は少々劣っていても，必ず勝つ．

この考えは，我国では，既に，織田信長が長篠の戦いに用いて，当時最強を誇った武田の騎馬武者団を逆に最弱と言われた織田の足軽隊の標的と化した．第二次大戦中，ナチス・ドイツがモスクワに迫った時，ヒトラーは，革命記念日にモスクワを空襲し，廃墟にすると宣言した．赤軍は，モスクワのコンパクト近傍に侵入するナチス空軍を，有限個の高射砲の弾幕で覆い，壊滅させた．地上戦でも，ナチスの機甲師団を，砲の集合とも言うべき，カチューシャ砲の砲列の弾幕で覆い，モスクワ侵入を食い止め，戦さの流れを変えさせた．上の基-1 と続く問題は次の最新の入試問題の解答を与えている．

問題　距離空間の compact な部分集合は有界な閉集合であることを示せ．

（津田塾大学大学院理学研究科入試）

類題 （解答☞ 208ページ）

6．連結な位相群 X は単位元の任意近傍 V で生成される事，即ち，$V^1=V$, $V^{n+1}=\{xy\in X\,;\, x\in V^n, y\in V\}$ と帰納的に V^n を定義する時，公式

$$x=\bigcup_{n=1}^{\infty} V^n \qquad (1)$$

が成立する事を証明せよ．

7．位相群 X では T_0 分離公理が成立すれば，T_2 分離公理が成立する事を示せ．（立教大大学院入試）

8．G を位相群，H を群としての G の部分群とする．H が G の位相で開であれば，H は同時に G の位相で閉である事を示せ．又，連結な位相群は，開である様な真部分群を持たない事を示せ．

（金沢大大学院入試）

7 (コンパクト)——一様連続性

f が一様連続である事の定義は

$$\forall\varepsilon>0,\ \exists\delta\ ;\ x,y\in X,\ d(x,y)<\delta \text{ ならば } \rho(f(x),f(y))<\varepsilon. \qquad (1)$$

であった．さて，$\forall x\in X, f$ は点 x で連続であるから，点 x に関係するかも知れないが，$\exists\delta(x)>0\ ;\ y\in X$ が $d(y,x)<\delta(x)$ を満せば，$\rho(f(y),f(x))<\dfrac{\varepsilon}{2}$．$\left(B\left(x\ ;\ d,\dfrac{\delta(x)}{2}\right)\right)_{x\in X}$ はコンパクトな X の開被覆なので，$\exists X$ の有限部分集合 H ；$\left(B\left(x\ ;\ d,\dfrac{\delta(x)}{2}\right)\right)_{x\in H}$ は X を覆う．H は有限であるから，$\delta=\min\limits_{x\in H}\dfrac{\delta(x)}{2}$ は正であって，この δ に対して，次に示す様に，(1)が成立する：$\forall x,y\ ;\ d(x,y)<\delta$．$\left(B\left(z\ ;\ d,\dfrac{\delta(z)}{2}\right)\right)_{z\in H}$ は X を覆うので，$\exists z\in H\ ;\ d(z,x)<\dfrac{\delta(z)}{2}$．三角不等式より，$d(y,z)\leqq d(y,x)+d(x,z)<\delta+\dfrac{\delta(z)}{2}\leqq\dfrac{\delta(z)}{2}+\dfrac{\delta(z)}{2}=\delta(z)$．$x,y$ 共に $\in B(z\ ;\ d,\delta(z))$ なので，$\delta(z)$ の定め方より，

$$\rho(f(x),f(y))\leqq\rho(f(x),f(z))+\rho(f(z),f(y))<\frac{\varepsilon}{2}+\frac{\varepsilon}{2}=\varepsilon$$

が成立し，(1)を得るので，f は一様連続である．

上の証明で，$\rho(f(y),f(x))<\dfrac{\varepsilon}{2}$ や $B\left(x\ ;\ d,\dfrac{\delta(x)}{2}\right)$ を考えるのが，微積分的技巧である．書物を読んでいて，著者は何故，あの様に2等で割るのが旨いのかと感心するかも知れないが，大した事はない．分母を空白にしておいて，最後に，辻つまが合う様な数字を入れればよい．答案とて同じである．私は講義の際 ε を分子とする分母は空白にしておいて，最後の段階で，ε が出来る様空白を埋めている．数学は一種の美学なので，最後はきれいに ε となるのが望ましい．

(ワイエルシュトラスの定理) コンパクト，又は，点列コンパクト空間 X で連続な実数値関数 $f(x)$ は最大値，最小値を X 上で取る．

次の二つの証明法は，共に，コンパクトの特性を生かした，重要な技巧である．

(コンパクトの時) $\forall x\in X,\ O(x)=\{y\in X\ ;\ f(y)<f(x)+1\}$ は，$(-\infty,f(x)+1)$ が数直線の開なので，前章の問題3の基-2の(ハ)より，その原像として，x の開近傍である．コンパクトな X の開被覆 $(O(x))_{x\in X}$ に対して，X の有限部分集合 H があって，$(O(x))_{x\in H}$ は X を覆う．H が有限なので，$L=\max\{f(x)+1\ ;\ x\in H\}$ は有限な実数であり，$f(x)$ の上界である．$f(x)$ は上に有界な数集合であり，ワイエルシュトラスの公理より，上限 M が持つ．上限は最小上界であるので，任意の $n\geqq1$ に対して，$M-\dfrac{1}{n}$ はもはや $f(x)$ の上界ではない．$F_n=\left\{x\in X\ ;\ f(x)\geqq M-\dfrac{1}{n}\right\}\neq\phi$ であり，閉である．$F_n\supset F_{n+1}\,(n\geqq1)$ なので，有限交叉性を持つ．X はコンパクトなので，公理(F-I)が成立し，$\exists x_0\in\bigcap\limits_{n=1}^{\infty}F_n$．$\forall n\geqq1,\ x_0\in F_n$ なので，$f(x_0)\geqq M-\dfrac{1}{n}$．$n\to\infty$ として，$f(x_0)\geqq M$．一方，M は $f(x)$ の上界なので，$f(x_0)\leqq M$．故に，$f(x_0)$ は上限に一致し，最大値である．最小値も同様にして得られる．

(点列コンパクトの時) f が上に有界でないとすると，$\forall n\geqq1$，n は $f(x)$ の上界でない．$\exists x_n\in X\ ;\ f(x_n)>n\ (x_n)_{n\geqq1}$ は点列コンパクトな X の点列なので，収束部分列 $(x_{\nu_n})_{n\geqq1}$ を持つ．その極限 x_0 において，11章の問題4より，f は点列連続なので，$f(x_0)=\lim\limits_{n\to\infty}f(x_{\nu_n})=+\infty$．これは矛盾．従って，$f(x)$ は上に有界であり，ワイエルシュトラスの公理より，上限 M を持つ．M は最小上界なので，任意の $n\geqq1$ に対して，$M-\dfrac{1}{n}$ は上界でない．$\exists x_n\in X\ ;\ f(x_n)\geqq M-\dfrac{1}{n}$．$(x_n)_{n\geqq1}$ は点列コンパクトな X の点列であり，収束部分列 $(x_{\nu_n})_{n\geqq1}$ を持つ．その極限を x_0 とすると，$M\geqq f(x_0)=\lim\limits_{n\to\infty}f(x_{\nu_n})\geqq M$ より，$f(x_0)=M$ が得られ，$f(x_0)$ は f の X における最大値である．最小値も同様にして得られる．

X を位相空間，(Y,ρ) を距離空間，各 $n\geqq 1$ に対し，$f_n:X\to Y$ を写像，$f:X\to Y$ も写像とする．写像の列 $(f_n)_{n\geqq 1}$ が写像 f に X の点 x_0 で**一様収束**するとは，

$$\forall\varepsilon>0,\ \exists n_0,\ \exists x_0 \text{の近傍}\ V\ ;\ \rho(f_n(x),f(x))<\varepsilon\quad(\forall x\in V,\ \forall n\geqq n_0) \tag{2}$$

が成立する事で定義する．これに反し，写像の列 $(f_n)_{n\geqq 1}$ が写像 f に X 上**狭義一様収束**するとは，

$$\forall\varepsilon>0,\ \exists n_0\ ;\ \rho(f_n(x),f(x))<\varepsilon\quad(\forall x\in X,\ n\geqq n_0) \tag{3}$$

が成立する事で定義する．狭義一様であれば，X の各点で一様であるが，逆は必ずしも成立しない．しかし，X がコンパクトな時は，次に示す様に両者は同値である．

基-1　$f(_n)_{n\geqq 1}$ がコンパクトな X の各点で f に一様収束すれば，X 上狭義一様収束する．

$\forall\varepsilon>0$ を取り固定する．$\forall x\in X$, $\exists x$ の開近傍 $O(x)$, $\exists n(x)$; $\rho(f_n(x),f(x))<\varepsilon(\forall x\in O(x),\ \forall n\geqq n(x))$. $(O(x))_{x\in X}$ はコンパクトな X の開被覆なので，$\exists$有限集合 $H\subset X$; $(O(x))_{x\in H}$ は X を覆う．H は有限なので，$n_0=\max_{x\in H} n(x)<+\infty$. $\forall x\in X$, $\forall n\geqq n_0$, (3)を示す：$\exists y\in H$; $x\in O(y)$. $n\geqq n_0\geqq n(y)$ なので，$\rho(f_n(x),f(x))<\varepsilon$.

次に示す様に，連続性は一様収束性に関して，閉じており，一様収束性は重要である．

基-2　各 f_n が x_0 で連続で，$(f_n)_{n\geqq 1}$ が f に点 x_0 で一様収束すれば，f は x_0 で連続である．

$\forall\varepsilon>0$, $(f_n)_{n\geqq 1}$ が f に x_0 で一様収束するから，$\exists n_0$, $\exists x_0$ の近傍 V_1 ; $\rho(f_n(x),f(x))<\frac{\varepsilon}{3}(\forall x\in V_1,\ \forall n\geqq n_0)$. f_{n_0} は x_0 で連続なので，上の $\varepsilon>0$ に対して，$\exists x_0$ の近傍 V_2 ; $\rho(f_{n_0}(x),f_{n_0}(x_0))<\frac{\varepsilon}{3}(\forall x\in V_2)$. $V_0=V_1\cap V_2$ は公理(V2)より，x_0 の近傍であって，$x\in V$ の時，三角不等式より

$$\rho(f(x),f(x_0))\leqq\rho(f(x),f_{n_0}(x))+\rho(f_{n_0}(x),f_{n_0}(x_0))+\rho(f_{n_0}(x_0),f(x_0))<\frac{\varepsilon}{3}+\frac{\varepsilon}{3}+\frac{\varepsilon}{3}=\varepsilon$$

が f_{n_0} を媒介にして成立し，写像 $f:X\to Y$ は点 x_0 で連続である．

なお，(Y,ρ) が完備であれば，一様収束性は，f を用いないで，$(f_n)_{n\geqq 1}$ で次の様に表現出来る．

基-3　(X,ρ) が完備であれば，(2)と次の命題は同値である．

$$\forall\varepsilon>0,\ \exists n_0,\ \exists x_0 \text{の近傍}\ V\ ;\ \rho(f_m(x),f_n(x))<\varepsilon\quad(\forall x\in V,\ \forall m,n\geqq n_0) \tag{4}$$

実数の連続性公理は，次の様な位相的性質と同値である事を学び，微積分学の理解を深めた．

デデキントの公理 $\Longleftrightarrow$ 数直線 $\boldsymbol{R}$ の連結性

ワイエルシュトラス-ボルツァノの公理 $\Longleftrightarrow$ 有限区間の相対点列コンパクト性

コーシーの公理 $\Longleftrightarrow$ 数直線の完備性

逆に，この事は，全く異質的とも思える，連結性，コンパクト性，点列コンパクト性，完備性が，数直線と言う，次元の低い所で，固く結ばれている事を教える．

問題　(X,d) をコンパクト距離空間，$f:X\to X$ を連続写像とする．全ての $x\in X$ に対して $f(x)\neq x$ であれば，正数 ε があって，$d(f(x),x)\geqq\varepsilon$ が成り立つことを示せ．　（東北大学大学院数学専攻入試）

解答． 各 $x\in X$ にて f は点 x で連続，$f(x)\neq x$ であるから，正数 $\varepsilon(x),\delta(x)$ があり，x の近傍 $\{B(x,d,\delta(x))$ の各点 ξ にて $d(f(\xi),\xi)\geqq\varepsilon(x)$. 開球の集合 $\{B(x,d,\delta(x))\ ;\ x\in X\}$ はコンパクトな X の開被覆であり，X の有限部分集合 H があって，$\{B(x,d,\delta(x))\ ;\ x\in H\}$ は X を覆う．$x\in H$ に対する $\varepsilon(x)$ の最小値 ε は正．任意の $\xi\in X$ に対して，点 $x\in H$ があり，$\xi\in B(x,d,\delta(x))$. すると，$d(f(\xi),\xi)\geqq\varepsilon(x)\geqq\varepsilon$.

EXERCISES

（解答☞ 208ページ）

1（連結） **一対一連結な $f: \boldsymbol{R} \to \boldsymbol{R}$**

f を数直線 $\boldsymbol{R}$ から $\boldsymbol{R}$ の中への一対一連続写像とする時，f は $\boldsymbol{R}$ の開集合 O を $\boldsymbol{R}$ の開集合 $f(O)$ に写す事を示せ．

（神戸大大学院入試）

2（連結） **連結性**

$[0,1]$ 上の連続関数 f で，有理数に対して無理数の値を取り，無理数に対して有理数の値を取るものがあるか．

（名古屋大大学院入試）

3（連結とコンパクト） **$\boldsymbol{R}^2$ のコンパクト化と境界の連結性**

コンパクトハウスドルフ空間 X の稠密な開集合 A が実平面 $\boldsymbol{R}^2$ と同相の時，$X-A$ は連結である事を示せ．

（東京工業大大学院入試）

4（コンパクト） **コンパクト距離空間におけるルベグ数**

$(O_i)_{i\in I}$ がコンパクト距離空間 (X,d) の開被覆である時，正数 δ があって，その直径が δ より小さな X の部分集合 A はある O_i に含まれる事を示せ．

（北海道大，広島大，九州大大学院入試）

5（連結とコンパクト） **コンパクト空間の連結性と点列の有限鎖**

コンパクト距離空間 (X,d) が連結である為の必要十分条件は，X の任意の二点 x,y と任意の正数 ε に対して，有限点列 $x=x_0, x_1, \cdots, x_n=y$ で，$d(x_{i-1}, x_i)<\varepsilon\,(1\leqq i\leqq n)$ を満すものが存在する事である．これを証明せよ．

（大阪大大学院入試）

6（コンパクト） **コンパクトの減小列の連続像**

X, Y をハウスドルフ空間とし，f を X から Y の中への連続写像とする．$\{K_n\}$ を X のコンパクト集合からなる減少列とする．この時

$$f\left(\bigcap_{n=1}^{\infty} K_n\right)=\bigcap_{n=1}^{\infty} f(K_n) \tag{1}$$

が成立する事を示せ．

（東京大大学院入試）

Advice

1 O の任意の点 x に対して，正数 ε があって $(x-\varepsilon, x+\varepsilon)\subset O$．この区間の像 $f((x-\varepsilon, x+\varepsilon))$ は区間になる筈ですが．

2 f(有理数)=高々可算，f(無理数)$\subset$有理数=可算．この事から矛盾を導きましょう．

3 もしも，閉 $X-A$ が不連結ならば，問題1の基-4の(ハ)より，X の閉 F_i で $X-A$ を割り，$X-A=F_1\cup F_2$．コンパクトハウスドルフ X の互に素な二つの閉 F_i を互に素な二つの開 O_i で分けましょう．原点を中心として，半径 r の円板やその補集合 $C(r)$ の像 $C'(r)=f(C(r))$ を考察します．$^\exists r>0$；$C'(r)\subset O_1\cup O_2$ となりそうですね．ここから怪しく，矛盾が臭って来ます．

4 $^\forall x\in X, {}^\exists i(x)\in I, {}^\exists\delta(x)>0$；$x\in B(x; d, \delta(x))\subset O_i(x)$ ですが，$\left(B\left(x; d, \dfrac{\delta(x)}{2}\right)\right)_{x\in X}$ はコンパクトな X の開被覆ですね．この様な δ を**ルベグ数**と言います．

5 必要性は (X,d) が全有界である事を用い，十分性は，X が連結でない時，X を二つの開 A, B に分け矛盾を導きます．

6 $\bigcap_{n=1}^{\infty} K_n\subset K_n$ なので，$\subset$ は易しい．逆向きは，$^\forall y\in$ 右，$^\forall n, {}^\exists x_n\in K_n$；$y=f(x_n)$．そこで $F_n=\overline{\{x_n; m\geqq n\}}$ とおき，コンパクト K_1 の有限交叉性を持つ開集合列 $(F_n)_{n\geqq1}$ に注目しましょう．勿論，点列コンパクト性を用いた零点の答案が多く出る事を予期しています．

13 正規族，コンパクト性，不動点定理

シャウダー-チコノフの不動点定理によれば，局所凸空間の凸コンパクト集合からその中への連続写像は不動点を持つ．その受け皿である関数空間の凸コンパクトは，一様収束に関して閉じている凸な正規族である．これを関数方程式に自由に応用出来る読者は解析学のプロに近いアマの高段者と言えよう．

1 （**正規族**） $[0,1]$ で定義された実数値連続関数の列 $(f_n(x))_{n\geqq 1}$ が，その如何なる部分列からも一様収束する部分列を選び出す事が出来る時 次の二条件(i), (ii)が成立する事を示せ：

(i) $\displaystyle\sup_{\substack{0\leqq x\leqq 1\\ n\geqq 1}}|f_n(x)|<+\infty$ （**同等有界性**）

(ii) $\forall\varepsilon>0,\ \exists\delta>0$ ； $\displaystyle\sup_{\substack{|x_1-x_2|\leqq\delta\\ n\geqq 1}}|f_n(x_1)-f_n(x_2)|\leqq\varepsilon$ （**同等連続性**） （学習院大大学院入試）

2 （**正規族**） $[a,b]$ で定義された関数族 $\mathfrak{F}$ が同等有界，同等連続であれば，$\mathfrak{F}$ の任意の関数列 $(f_n(x))_{n\geqq 1}$ から，一様収束部分列を選び出せる事を示せ． （大阪市立大大学院入試）

3 （**コンパクト**） $[0,1]$ からそれ自身への連続写像全体の集合を $\mathfrak{F}$ として，$\mathfrak{F}$ に距離を

$$d(f,g)=\max_{0\leqq x\leqq 1}|f(x)-g(x)| \tag{1}$$

によって導く時，距離空間 $(\mathfrak{F},d)$ は完備であるが，コンパクトでない事を示せ．

（名古屋大学大学院入試）

4 （**正規族**） $\mathfrak{F}$ を複素平面の開集合 Ω 上の正則関数の族とする．$\mathfrak{F}$ が正規族である為の必要十分条件は，Ω の任意のコンパクト集合 K に対して

$$\sup_{z\in K,f\in\mathfrak{F}}|f(z)|<+\infty \tag{1}$$

が成立する事である．この事を証明せよ． （九州大大学院入試）

5 （**不動点定理**） 閉円板 D^2 から D^2 の中への連続写像 f は必ず，不動点を持つ事を示せ．

（津田塾大大学院入試）

6 （**不動点定理**） 有限次元ベクトル空間におけるベクトル列 $(x_{(k)})_{k\geqq 1}$ の収束に関して，任意のノルムは同値である事を次の順序で示せ：(i) ノルムの定義を述べよ．(ii) $\|x\|$ は x の各成分の連続関数である事を示せ．(iii) ベクトル列の収束の同値性を式で示せ．(iv) $S=\{x=(x_1,x_2,\cdots,x_n)$ ； $\displaystyle\max_{1\leqq i\leqq n}|x_i|=1\}$ は有界閉である事を示せ．(v)(iv)を用いて(iii)を示せ．

（津田塾大大学院入試）

1 （正規族）——正規族の同程度有界，同程度連続性

位相空間 X 上の実数又は複素数値関数列 $(f_n(x))_{n\geqq 1}$ と関数 $f(x)$ に対して，X の点 x_0 で

$$\forall\varepsilon>0,\ \forall x_0 \text{の近傍 } V,\ \exists n_0\ ;\ |f_n(x)-f(x)|<\varepsilon\ \ (\forall x\in V,\ \forall n\geqq n_0) \tag{1}$$

が成立する時，関数列 $(f_n(x))_{n\geqq 1}$ は点 x_0 で関数 f に**一様収束**すると言い，点 x_0 で $f_n\rightrightarrows f$ と書く．これに対して，

$$\forall\varepsilon>0,\ \exists n_0\ ;\ |f_n(x)-f(x)|<\varepsilon\ \ (\forall x\in X,\ \forall n\geqq n_0) \tag{2}$$

が成立する時，関数列 $(f_n(x))_{n\geqq 1}$ は X 上で関数 f に**狭義一様収束する**と言う．X がコンパクトであれば，前章の問題7の基-1より両者は一致するが，一般には，狭義一様であれば，各点で一様であるが，逆は必ずしも成立しない．

位相空間 X 上の実数値，又は，複素数値関数の族 $\mathfrak{F}$ は，$\mathfrak{F}$ に属する任意の関数列 $(f_n(x))_{n\geqq 1}$ から，X の各点で一様収束する様な部分列が取れる時，**正規族**と言う．

$\mathfrak{F}$ を第一可算空間 X 上の連続関数の正規族，K を X のコンパクトとする．この時，

$$\sup_{x\in K,\, f\in\mathfrak{F}} |f(x)|<+\infty \tag{3}$$

一般に，連続関数 $|f(x)|$ は，前章の問題7で示したワイエルシュトラスの定理より，コンパクト K 上では，最大値を取り，有界であるが，その上界が，個々の関数 f に依らず，一様に取れるので，(3)が成立する時，$\mathfrak{F}$ は K 上で**同程度有界**，又は**一様有界**と言う．

さて，(3)を例によって，背理法で示そう．その前に(3)の論理構造を明確にすると，

$$\exists M>0\ ;\ \forall x\in K,\ \forall f\in\mathfrak{F},\ |f(x)|\leqq M \tag{4}$$

であるから，10章の問題3の基-2より，否定を作るには，$\forall$ と $\exists$，否定と肯定を入れ換えればよく，

$$(3)=(4)\text{の否定} \Longleftrightarrow \forall M,\ \exists x\in K,\ \exists f\in\mathfrak{F}\ ;\ |f(x)|>M.$$

M の所に，任意の自然数 n をブチこむと，x と f が浮び上るが，これらは n に関係するので，$\forall n\geqq 1,\ \exists x_n\in K,\ \exists f_n\in\mathfrak{F}\ ;\ |f_n(x_n)|>n$．第一可算でコンパクトな K は，前章の問題5で解説した様に，点列コンパクトである．点列コンパクト K の点列 $(x_n)_{n\geqq 1}$ に対しては，

点列コンパクトで点列を得たら，下手な考えで休む前に，収束部分列を取れ！

を条件反射の様に実行して貰いたい．こんな所で，考え込むのは，アホウである．さて，$(x_n)_{n\geqq 1}$ は点列コンパクトな K の点列なので，収束部分列 $(x_{\nu_n})_{n\geqq 1}$ がある．その同じ番号の飛ばし方に対して，$\mathfrak{F}$ の関数列 (f_{ν_n}) は，$\mathfrak{F}$ が正規族なので，X の各点で X 上の関数 f に一様収束する部分列 $(f_{\mu_n})_{n\geqq 1}$ がある．それと同じ番号の飛ばし方に対して，点列 $(x_{\mu_n})_{n\geqq 1}$ は収束しているので，その極限を $x_0\in K$ としよう．ここで，あらま欲しきは

$$x_{\mu_n}\to x_0,\ x_0 \text{ で } f_{\mu_n}\rightrightarrows f \text{ の時，} \lim_{n\to\infty} f_{\mu_n}(x_{\mu_n})=f(x_0) \tag{5}$$

であるが，これには，次の入試問題

問題　$x_n\to x_0\,(n\to\infty)$．x_0 で $f_n\rightrightarrows f$ の時，次式(6)が成立する事を示せ：

$$\lim_{n\to\infty} f_n(x_n)=f(x_0) \tag{6}$$

（金沢大，大阪市立大大学院入試）

に取り掛ろう．x_0 で $f_n \rightrightarrows f$ なので，$\forall\varepsilon>0, \exists n_1, \exists x_0$ の近傍 V_1；$|f_n(x)-f(x)|<\frac{\varepsilon}{2}$ $(\forall x\in V_1, \forall n\geqq n_1)$．前章の問題 7 の基-2 で示した様に，$f$ は x_0 で連続であり，$\exists x_0$ の近傍 V_2；$|f(x)-f(x_0)|<\frac{\varepsilon}{2}$ $(\forall x\in V_2)$．$x_n\to x_0$ なので，x_0 の近傍 $V_0=V_1\cap V_2$ に対して，$\exists n_2$；$x_n\in V_0(n\geqq n_2)$．役者が出揃ったので，収束に向う．$n_0=\max(n_1, n_2)$ に対して，$n\geqq n_0$ の時，$x_n\in V_0\subset V_1, n\geqq n_1$ なので

$$|f_n(x_n)-f(x_0)|\leqq|f_n(x_n)-f(x_n)|+|f(x_n)-f(x_0)|<\frac{\varepsilon}{2}+\frac{\varepsilon}{2}=\varepsilon.$$

と言う訳で，(5)が示されたので，$|f_{\mu_n}(x_{\mu_n})|\geqq\mu_n$ の両辺にて，$n\to\infty$ として，$|f(x_0)|\geqq\infty$ を得るが，矛盾である．故に，(3)が成立する．

次に，X の任意の点 x_0 において

$$\forall\varepsilon>0, \exists x_0 \text{ の近傍 } V_0\text{；}|f(x)-f(x_0)|<\varepsilon \quad (\forall x\in V_0, \forall f\in\mathfrak{F}) \tag{7}$$

を示そう．一般に，x_0 で連続な関数 f に対して，(7)が成立する様な V_0 があるが，関数 f に依らず，一定の近傍 V_0 が取れて，(7)が成立する時，関数族 $\mathfrak{F}$ は点 x_0 で，**同程度連続**であると言う．

(7)を背理法で証明する．10章の問題 3 の基-2 より

$$(7)\text{の否定} \Longleftrightarrow \exists\varepsilon_0>0\text{；}\forall x_0 \text{ の近傍 } V, \exists x\in V, \exists f\in\mathfrak{F} \text{ s.t.} |f(x)-f(x_0)|\geqq\varepsilon_0.$$

X は第一可算であるから，x_0 の基本近傍系をなす近傍列 $(V_n)_{n\geqq1}$ があって，$V_n\supset V_{n+1}(n\geqq1)$．上の V の所に，$\forall V_n$ をブチ込むと，$\forall n\geqq1, \exists x_n\in V_n, \exists f_n\in\mathfrak{F}$；$|f_n(x_n)-f_n(x_0)|\geqq\varepsilon_0$．11章の問題 4 の基-1 より，$x_n\to x_0$ $(n\to\infty)$．$\mathfrak{F}$ は正規族なので，$(f_n)_{n\geqq1}$ の部分列 $(f_{\nu_n})_{n\geqq1}$ と X 上の関数 f があって，X の各点で，$f_{\nu_n}\rightrightarrows f(n\to\infty)$．$|f_{\nu_n}(x_{\nu_n})-f_{\nu_n}(x_0)|\geqq\varepsilon_0$ にて，$n\to\infty$ とすると，(6)より $0=|f(x_0)-f(x_0)|\geqq\varepsilon_0>0$ となり矛盾である．

さて，(X, d) が距離空間であって，K が X のコンパクトの場合を考えよう．$\forall\varepsilon>0$ を取り，固定する．上で示した様に，$\forall x\in K$，$\mathfrak{F}$ は点 x で同程度連続なので，$\exists\delta(x)>0$；$|f(y)-f(x)|<\frac{\varepsilon}{2}$ $(\forall y\in B(x\text{；}d, \delta(x))$, $\forall f\in\mathfrak{F}$．$\left(B\left(x\text{；}d, \frac{\delta(x)}{2}\right)\right)_{x\in K}$ はコンパクトな K を覆うので，K の有限部分集合 H があって，$\left(B\left(x\text{；}d, \frac{\delta(x)}{2}\right)\right)_{x\in H}$ は K を覆う．H は有限なので，$\delta=\min_{x\in H}\frac{\delta(x)}{2}>0$ である．この $\delta>0$ に対して

$$x, y\in K, d(x, y)<\delta \text{ であれば，} |f(x)-f(y)|<\varepsilon \quad (\forall f\in\mathfrak{F}) \tag{8}$$

を示そう．$\exists z\in H$；$x\in B\left(z\text{；}d, \frac{\delta(z)}{2}\right)$．三角不等式より，$d(z, y)\leqq d(z, x)+d(x, y)<\frac{\delta(z)}{2}+\delta\leqq\frac{\delta(z)}{2}+\frac{\delta(z)}{2}=\delta(z)$ が成立し，$y\in B(z\text{；}d, \delta(z))$．$y, x\in B(z\text{；}\delta(z))$ なので，実数の三角不等式より

$$|f(x)-f(y)|\leqq|f(x)-f(z)|+|f(z)-f(y)|<\frac{\varepsilon}{2}+\frac{\varepsilon}{2}=\varepsilon.$$

(8)は，一つの f については，K における一様連続であるが，それを保証する $\delta>0$ が，f に依らず一定に取れるので，**同程度一様連続**とも言う．次問に備えて，少し準備しよう．

問題　位相空間 X 上の同程度連続な関数列 $(f_n)_{n\geqq1}$ が X の稠密部分集合 Δ で収束すれば，X の各点で一様収束する事を示せ．

（九州大大学院入試）

$\forall x_0\in X, \forall\varepsilon>0, \exists x_0$ の近傍 V；$|f_n(x)-f_n(x_0)|<\frac{\varepsilon}{5}(\forall x\in V, \forall n\geqq1)$．$\forall x_1\in\Delta\cap V$．実数列 $(f_n(x_1))_{n\geqq1}$ はコーシー列なので $\exists n_0$；$|f_m(x_1)-f_n(x_1)|<\frac{\varepsilon}{5}$ $(m, n\geqq n_0)$．$\forall x\in V$, $m, n\geqq n_0$, $|f_m(x)-f_n(x)|\leqq|f_m(x)-f_m(x_0)|+|f_m(x_0)-f_m(x_1)|+|f_m(x_1)-f_n(x_1)|+|f_n(x_1)-f_n(x_0)|+|f_n(x_0)-f_n(x)|<\frac{\varepsilon}{5}+\frac{\varepsilon}{5}+\frac{\varepsilon}{5}+\frac{\varepsilon}{5}+\frac{\varepsilon}{5}=\varepsilon$．$X$ の任意の点 x に対して，数列 $(f_n(x))_{n\geqq1}$ はコーシー列であり，実数 $f(x)$ に収束する．$|f_m(x)-f_n(x)|<\varepsilon(\forall x\in V, m, n\geqq n_0)$ にて，$m\to\infty$ として，$|f_n(x)-f(x)|\leqq\varepsilon(\forall x\in V, n\geqq n_0)$．$(f_n(x))_{n\geqq1}$ は x_0 で f に一様収束する．

2 (正規族)——アスコリ-アルツエラの定理

X を可分な第一可算空間，$\mathfrak{F}$ を X 上の連続関数の族とし，

(i) $\mathfrak{F}$ は X の各点で有界，即ち，$M(x)=\sup_{f\in\mathfrak{F}}|f(x)|<+\infty$

(ii) $\mathfrak{F}$ は X の各点 x で同程度連続

が成立する時，$\mathfrak{F}$ は正規族である事を示そう．X が可分であると言う仮定より，X の可算稠密部分集合 $\varDelta=(x_\nu)_{\nu\geqq1}$ がある．$(f_n)_{n\geqq1}$ を $\mathfrak{F}$ に属する関数から成る，任意の関数列とする．$\varDelta$ の第一番目の点 x_1 において，仮定(i)より，数列 $(f_n(x_1))_{n\geqq1}$ は有界なので，ワイエルシュトラス-ボルツァノの公理より，収束部分列 $(f_{(1,n)}(x_1))_{n\geqq1}$ を持つ．関数列 $(f_n)_{n\geqq1}$ の部分列の，そのまた，列 $(f_{(1,n)})_{n\geqq1}, (f_{(2,n)})_{n\geqq1}, \cdots, (f_{(\nu,n)})_{n\geqq1}$ が取れて，各 μ に対して，$(f_{(\mu,n)})_{n\geqq1}$ は $(f_{(\mu-1,n)})_{n\geqq1}$ の部分列であり，$(2\leqq\mu\leqq\nu)$，点 $x_1, x_2, \cdots, x_\mu$ で収束するとしよう．$(f_{(\nu,n)}(x_{(\nu+1)}))_{n\geqq1}$ は，仮定(i)より，有界なので，収束部分列 $(f_{(\nu+1,n)}(x_{\nu+1}))_{n\geqq1}$ を持つ．数学的帰納法により，この様な，$(f_n)_{n\geqq1}$ の部分列 $(f_{(\nu,n)})_{n\geqq1}$ の列 $(\nu\geqq1)$ を作る．これを無限の行列に並べて

$f(1,1)$,	$f(1,2)$,	$f(1,3)$,	……	x_1 で収束
$f(2,1)$,	$f(2,2)$,	$f(2,3)$,	……	x_1, x_2 で収束
$f(3,1)$,	$f(3,2)$,	$f(3,3)$,	……	x_1, x_2, x_3 で収束

の対角要素を取った，$g_n=f_{(n,n)}$ は，各 ν に対して，$(g_n)_{n\geqq\nu}$ は $(f_{(\nu,n)})_{n\geqq1}$ の部分列なので，点 $x_1, x_2, \cdots, x_\nu$ で収束する．ν は任意なので，$(f_n)_{n\geqq1}$ の部分列 $(g_n)_{n\geqq1}$ は $\varDelta$ の各点で収束する．$\varDelta$ は X で稠密で，仮定(ii)より，$\mathfrak{F}$ は同程度連続であるから，前問の最後で解説した事により，$(g_n)_{n\geqq1}$ は X の各点で一様収束する．$\mathfrak{F}$ はその任意の関数列が X の各点で一様収束する部分列を持つから，正規族である．上で用いた様に，数列や関数列の，その又，列より，これらを無限の行列と見た時の対角要素を取る論法を，**カントールの対角論法**と言い，解析学の証明技巧の一つである．

前問と本問によって，正規族である為の必要十分条件を得る事が出来た：

(アスコリ-アルツェラの定理) 可分な第一可算空間 X 上の連続関数の族 $\mathfrak{F}$ に対して，次の命題(イ)，(ロ)，(ハ)は同値である．

(イ) $\mathfrak{F}$ は正規族である．

(ロ) $\mathfrak{F}$ は，X の任意のコンパクト集合で同程度有界であり，同程度連続である．

(ハ) $\mathfrak{F}$ は X の各点で，有界であって，同程度連続である．

賢明な読者は，既に，正規族の，「その任意の関数列が各点で一様収束する部分列を持つ．」と言う定義の中に，点列コンパクト性と通じるものを敏感に感じ取られていると思う．この正規族と言う古典解析学の言葉を，位相数学の言葉に翻訳するのが，今後の我々の目標である．

線形空間 X 上の関数 $p(x)$ は次の**セミノルムの公理**

(SN1) $x\in X$ であれば，$p(x)\geqq0$．

(SN2) $x\in X$ とスカラー α に対して $p(\alpha x)=|\alpha|p(x)$．

(SN3) (三角不等式) $x, y\in X$ であれば，$p(x+y)\leqq p(x)+p(y)$．

が成立する時，X 上の**セミノルム**と言う．$p(x)=0$ より $x=0$ が導かれれば，p はノルムであるが，セミノ

ルムは必ずしもノルムではない．$x\in X, \varepsilon>0$ に対して

$$B(x\,;\,p,\varepsilon)=\{y\in X\,;\,p(y-x)<\varepsilon\} \tag{1}$$

を x を中心とする，セミノルム p に関する，半径 ε の**球**と言う．

さて，線形空間 X 上にセミノルムの族 $(p_\alpha)_{\alpha\in A}$ が与えられているとじよう．X の元 x と A の有限部分集合 H に対して

$$B(x\,;\,(p_\alpha)_{\alpha\in H},\varepsilon)=B(x\,;\,H,\varepsilon)=\{y\in X\,;\,p_\alpha(y-x)<\varepsilon, \forall\alpha\in H\} \tag{2}$$

とおく．X の元 x は固定しておいて，H が A の有限部分集合全体の中を，ε が正数全体の中を動いた時の $B(x\,;\,H,\varepsilon)$ 全体の族を $\mathcal{B}(x)$ とすると，$\mathcal{B}(x)$ は11章の問題 2 で解説した，基本近傍系の公理(B1),(B2),(B3)を満す事を検証する事が出来て，$\mathcal{B}(x)$ が点 x の基本近傍系である様な位相 τ を X 上に導く事が出来る．この位相 τ を，$(p_\alpha)_{\alpha\in A}$ を**定義セミノルム族**とする X 上の**局所凸位相**，位相 τ を備えた X を**局所凸空間**と言う．X の部分集合 V は，

$$\exists A \text{ の有限集合 } H, \exists\varepsilon>0\,;\,B(x\,;\,H,\varepsilon)\subset V \tag{3}$$

を満す時に限り，点 x の位相 τ による近傍である．従って，ノルム空間 $(X,\|\ \|)$ は，一つのノルム $\|\ \|$ より成るセミノルムの族を定義セミノルム族とする局所凸空間である．

局所凸空間 X は線形空間であると共に，位相空間である．$X\times X\ni(x,y)\to x+y\in X$，及び，$\boldsymbol{R}\times X\ni(\alpha,x)\to\alpha x\in X$ なるベクトルの演算が位相に関して連続なので，局所凸空間は線形位相空間である．0 の基本近傍系を構成する $B(0\,;\,H,\varepsilon)$ が全て凸集合である事より，局所凸空間の原点は凸近傍より成る基本近傍系を持つ．逆に，その証明は準備が要るが，原点が凸な近傍より成る基本近傍系を持つ線形位相空間は局所凸空間である事を示す事が出来る．

さて，線形位相空間 X の部分集合 B は，0 の任意近傍 V に B が**吸収**される時，即ち，$\exists\lambda_0>0\,;\,|\lambda|\leqq\lambda_0, \lambda B=\{\lambda x\,;\,x\in B\}\subset V$，の時，**有界**と呼んだ事を想起しよう．

> **基本事項** $(p_\alpha)_{\alpha\in A}$ を定義セミノルム族とする局所凸空間 X の部分集合 B が有界である為の必要十分条件は，$\forall\alpha\in A$ に対して，$p_\alpha(B)$ が有界，即ち，$\exists M_\alpha>0\,;\,p_\alpha(x)\leqq M_x(\forall x\in B)$．

(必要性) $B(0\,;\,p_\alpha,1)$ も 0 の近傍なので，$\exists\lambda_\alpha>0\,;\,\lambda_\alpha B\subset B(0\,;\,p_\alpha,1)$ $(\forall|\lambda|\leqq\lambda_\alpha)$．$M_\alpha=\dfrac{1}{\lambda_\alpha}$ に対して，$\forall x\in B, \lambda_\alpha x\in B(0\,;\,p_\alpha,1)$．$p_\alpha(\lambda_\alpha x)<1, p_\alpha(x)<M_\alpha(\forall x\in B)$．

(十分性) 0 の $\forall$近傍 $V, \exists A$ の有限部分集合 $H, \exists\varepsilon>0\,;\,B(0\,;\,H,\varepsilon)\subset V$．$\forall\alpha\in A, \exists M_\alpha>0\,;\,p_\alpha(x)\leqq M_\alpha(\forall x\in B)$．$H$ は有限なので，$\lambda_0=\min\limits_{\alpha\in H}\dfrac{\varepsilon}{M_\alpha+1}>0$．$|\lambda|\leqq\lambda_0, x\in B$ の時，$p_\alpha(\lambda x)=|\lambda|p_\alpha(x)\leqq\lambda_0 M_\alpha<\varepsilon$．故に，$\lambda x\in V, \lambda B\subset V(|\lambda|\leqq\lambda_0)$ が成立し，B は有界である．

問題 $(H,\langle\cdot|\cdot\rangle)$ を可算無限次元ヒルベルト空間とした時，次に答えよ．

(ア) $\|e_n\|=1$ で各 $\xi\in H$ に対して，$\langle e_n|\xi\rangle\to 0(n\to\infty)$ を満たすような $e_n\in H(n\geqq 1)$ が存在することを示せ．

(イ) $\{\xi\in H\,|\,\|\xi\|=1\}$ はコンパクトでないことを示せ．

(東京都立大学大学院理学研究科入試)

解答． (ア) H は可算無限次元であるから，可算基底を持ち，グラムシュミットの方法で正規直交化すると，60頁に言う，完全正規直交基底 $e_n\in H(n\geqq 1)$ を与える．(167頁に続く．)

類 題

(解答☞ 211ページ)

1．前問において，(ii)の否定を作る事により，背理法により，直接(ii)を証明せよ．

2．$\{B(x\,;\,H,\varepsilon)\}$ が基本近傍系を成す事と局所凸空間において，ベクトルの演算が連続である事を示せ．

3 (コンパクト)――有界だがコンパクトでない例

問題 関数 $x(t)$ を $\int_0^1 x(t)\,dt=0$ を満す周期1の連続関数とし，$x_n(t)=x(nt)(-\infty<t<\infty)$ で関数列 $(x_n)_{n\geqq 1}$ を定義する時，次の(イ)，(ロ)，(ハ)を証明せよ：

(イ) $\int_0^1 |x_n(t)|\,dt$ は n に無関係である．

(ロ) 任意の実数 s に対して，$\lim_{n\to\infty}\int_0^s x_n(t)\,dt=0$.

(ハ) $x(t)$ が定数関数でなければ，$(x_n)_{n\geqq 1}$ の如何なる部分列も一様収束しない． (九州大大学院入試)

(イ) 変数変換 $s=nt, ds=ndt$ と $x(t)$ の周期性より

$$\int_0^1 |x_n(t)|\,dt=\int_0^1 |x(nt)|\,dt=\int_0^n |x(s)|\frac{ds}{n}=\int_0^1 |s(x)|\,ds$$

(ロ) $s>0$ とし，ns の整数部分を N とすると，$N\leqq ns<N+1$ であって

$$\left|\int_0^s x_n(t)\,dt\right|=\left|\int_0^s x(nt)\,dt\right|=\left|\int_0^{ns} x(\tau)\frac{d\tau}{n}\right|=\left|\frac{1}{n}\int_0^N x(\tau)\,d\tau+\frac{1}{n}\int_N^{ns} x(\tau)\,d\tau\right|$$

$$=\frac{1}{n}\left|\int_N^{ns} x(\tau)\,d\tau\right|\leqq\frac{1}{n}\int_0^1 \left|x(\tau)\right|d\tau\to 0 \quad (n\to\infty).$$

(ハ) $x\neq 0$ に対して，部分列 $(x_{\nu_n}(t))_{n\geqq 1}$ が関数 $y(t)$ に一様収束すれば，コンパクト $[0,s]$ 上で狭義一様収束し，4章の問題3の基-1より，$[0,s]$ 上の関数 $x_{\nu_n}(t)$ の定積分と，$[0,1]$ 上の関数 $|x_{\nu_n}(t)|$ の定積分にて，積分記号の中で $n\to\infty$ と出来て，

$$\int_0^s y(t)\,dt=0 \quad (2), \qquad \int_0^1 |y(t)|\,dt=\int_0^1 |x(t)|\,dt>0 \quad (3)$$

を得る．(2)より $y(t)\equiv 0$，これは(3)に矛盾する．

準備が完了したので，本問を解説しよう．$[0,1]$ で連続な関数全体 $C[0,1]$ に，

$$\|x\|=\max_{0\leqq t\leqq 1}|x(t)| \quad (x\in C[0,1]) \tag{4}$$

でノルムを定義すると，2章の問題1より，$C[0,1]$ は完備であり，完備なノルム空間，即ち，バナッハ空間である．我々の $\mathfrak{F}$ は

$$\mathfrak{F}=\{x\in C[0,1]\,;\,\|x\|\leqq 1\} \tag{5}$$

で与えられる．距離空間 $C[0,1]$ の部分集合 $\mathfrak{F}$ の触点 x は，11章の問題4の基-2より，$\mathfrak{F}$ の極限点であって，$\exists(x_n)_{n\geqq 1}\subset\mathfrak{F}\,;\,\|x_n-x\|\to 0(n\to\infty)$ と露骨に表わされる．この空間において点列 $(x_n)_{n\geqq 1}$ が点 x に収束するとは，関数列 $(x_n)_{n\geqq 1}$ が関数 x に $[0,1]$ 上一様収束する事に他ならないので，勿論 $x\in\mathfrak{F}$．つまり，$\mathfrak{F}$ は閉なのである．さて，ノルム空間 $C[0,1]$ は一つのノルムで位相が定義される局所凸空間である．従って，前問の基本事項より，ノルムが有界な $\mathfrak{F}$ は，線形空間の部分集合と言う立派な肩書の下で有界である．つまり，$\mathfrak{F}$ はバナッハ空間 $C[0,1]$ の有界閉集合である．$x(t)=\sin 2\pi t, x_n(t)=x(nt)(0\leqq t\leqq 1, n\geqq 1)$ とおくと，$\mathfrak{F}$ の点列 $(x_n)_{n\geqq 1}$ が収束部分列 $(x_{\nu_n})_{n\geqq 1}$ を持てば，関数列 $(x_{\nu_n}(t))_{n\geqq 1}$ は $[0,1]$ で一様収束するので，上の問題に反して，矛盾である．従って，$\mathfrak{F}$ は点列コンパクトでない．$C[0,1]$ は距離空間なので，前章の問題5より，コンパクトでもない．バナッハ空間 $C[0,1]$ はその有界閉集合 $\mathfrak{F}$ がコンパクトでないので，モンテル空間ではない．無限次元空間では，前章の問題6で成立する様な有限次元の類推は必ずしも，成立しない．ここで，我々は空間 $C[0,1]$ に対して，誤った直観を持っていたら，その方を修正する．これが弁証法的学習法である．上の問題は，更に，正規族に対しても，教訓を垂れる．我々の $(\sin 2\pi nt)_{n\geqq 1}$ は $[0,1]$ で同程

度有界であるが，今見た様に正規族ではない．アスコリ-アルツェラの定理において，同程度連続性なしには，正規族たり得ないのである．完備な $C[0,1]$ の閉部分集合 $\mathfrak{F}$ は完備である．

なお，今の議論から，相対点列コンパクトと正規族との関係がどうも臭い．更に，追求しよう．

基-1 $(p_\alpha)_{\alpha\in A}$ を定義セミノルム族とする局所凸空間 X がハウスドルフ空間である為の必要十分条件は，$p_\alpha(x)=0(^\forall\alpha\in A)$ であれば，$x=0$ が成立する事である．

(必要性) $x\neq 0$ であれば，$^\exists 0$ の近傍 V；$x\notin V$．$^\exists A$ の有限部分集合 H, $^\exists\varepsilon>0$；$B(0;H,\varepsilon)\subset V$．$x\notin V$ なので，$^\exists\alpha\in H$；$p_\alpha(x)\geqq\varepsilon>0$．対偶が示された．

(十分性) $x\neq y$ であれば，$x-y\neq 0$．$^\exists\alpha\in A$；$\varepsilon=\dfrac{p_\alpha(x-y)}{2}>0$．$x,y$ の近傍 $B(x;p_\alpha,\varepsilon)$ と $B(y;p_\alpha,\varepsilon)$ は交わらないので，X は T_2 である．

基-2 $(p_\alpha)_{\alpha\in A}$ を定義セミノルム族とする局所凸空間 X において，$x_n\to x(n\to\infty)$ である為の必要十分条件は，$^\forall\alpha\in A, p_\alpha(x_n-x)\to 0(n\to\infty)$．

(必要性) $^\forall\alpha\in A, {}^\forall\varepsilon>0, B(x;p_\alpha,\varepsilon)$ は 0 の近傍なので，$x_n\to x(n\to\infty)$ であれば，$^\exists n_0$；$x_n\in B(x;p_\alpha,\varepsilon)$ $(n\geqq n_0)$，即ち，$p_\alpha(x_n-x)<\varepsilon(n\geqq n_0)$．従って，$p_\alpha(x_n-x)\to 0(n\to\infty)$．

(十分性) $^\forall x$ の近傍 V, $^\exists A$ の有限部分集合 H, $^\exists\varepsilon>0$；$B(x;H,\varepsilon)\subset V$．$^\forall\alpha\in H, {}^\exists n_\alpha$；$p_\alpha(x_n-x)<\varepsilon$ $(n\geqq n_\alpha)$．H は有限なので，$n_0=\max_{\alpha\in H} n_\alpha<+\infty, p_\alpha(x_n-x_0)<\varepsilon(^\forall n\geqq n_0, {}^\forall\alpha\in H)$，即ち，$x_n\in B(x;H,\varepsilon)\subset V(n\geqq n_0)$．故に，$x_n\to x(n\to\infty)$．

基-3 X を可算定義セミノルム列 $(p_n)_{n\geqq 1}$ を持つ局所凸ハウスドルフ空間とし，

$$d(x,y)=\sum_{n=1}^{\infty}\frac{1}{2^n}\cdot\frac{p_n(x-y)}{1+p_n(x-y)}\quad(x,y\in X)\tag{6}$$

を定義すると，d は X 上の距離であって，X 上の距離 d が導く位相と局所凸位相は一致する．

(D1)は $d(x,y)=0\leftrightarrow p_n(x-y)=0$ $(^\forall n\geqq 1)\leftrightarrow x-y=0$ (X はハウスドルフなので)．

(D2)は $p_n(x-y)=p_n(y-x)$ より，(D3)は11章の問題 1 を $\sum\dfrac{1}{2^n}$ する．同相性も，同じ問題を複雑にしたと思えばよい．この時，次の基本事項も同時に得られる．

基-4 基-3の (X,d) が完備である為の必要十分条件は，X の点列 $(x_\nu)_{\nu\geqq 1}$ が，$^\forall n, p_n(x_\nu-x_\mu)\to 0(\nu,\mu\to\infty)$ ならば，$^\exists x\in X$；$^\forall n, p_n(x_\nu-x)\to 0(\nu\to\infty)$．

可算定義セミノルム族を持つ，局所凸ハウスドルフ空間は距離空間として完備な時に，**フレシェ空間**と呼ばれる．ヒルベルト空間はバナッハ空間であり，バナッハ空間はフレシェ空間であるが，逆は真でない．

165頁都立大解答続き． 各 $\xi\in H$ に対し，59頁の(7)より $\sum_{m=1}^{\infty}|\langle\xi|e_n\rangle|^2=\|\xi\|^2<\infty$ であるから，収束級数の一般項 $\langle\xi|e_n\rangle\to 0$．

(イ) 距離空間 H は第一可算であり，$\{\xi\in H\,\|\xi\|=1\}$ がコンパクトであれば，154頁より点列コンパクトであり，$\{e_n\}$ は収束部分列 $\{e_{p,n}\}$ を持つ．極限を ξ とする．任意の m に対して，正規直交性 $\langle e_{p,n}|e_m\rangle=0$ にて $n\to\infty$ として，$\langle\xi|e_m\rangle=0$．すると，$1=\|\xi\|^2=\sum_{m=1}^{\infty}|\langle\xi|e_m\rangle|^2=0$ を得，矛盾．

類題

(解答☞ 211ページ)

3．(6)で定義される d が公理(D3)を満す事を示し，更に，d が定義する X の位相と局所凸位相が等しい事を示せ．

4．上の基本事項 4 を証明せよ．

4 （正規族）——モンテルの定理

先ず，次の準備をする．

> **基-1** R^n の開集合Ωで C^1 級の関数の族$\mathfrak{F}$は，Ωの任意のコンパクト集合Kに対して，正数 $M(K)$ があって，
>
> $$\left|\frac{\partial f}{\partial x_i}(x)\right| \leqq M(K) \quad (\forall x \in K, 1 \leqq \forall i \leqq n, \forall f \in \mathfrak{F}) \tag{2}$$
>
> が成立すれば，Ωの各点 x_0 で同程度連続である．

$\forall x^0 \in \Omega, \exists r>0$；閉球 $\overline{B(x^0; d, r)} \subset \Omega$．この閉球はコンパクトなので，(2)が成立する様な $M>0$ がある．平均値の定理より，$\forall x \in B(x^0; d, r), 0<\exists\theta<1$；

$$f(x)-f(x^0)=\sum_{i=1}^{n}\frac{\partial f}{\partial x_i}(x^0+\theta(x-x^0))(x_i-x_i{}^0),\ x^0=(x_1{}^0, x_2{}^0, \cdots, x_n{}^0) \tag{3}$$

(3)より

$$|f(x)-f(x^0)| \leqq M\sum_{i=1}^{n}|x_i-x_i{}^0| \quad (\forall x \in B(x^0; d, r), \forall f \in \mathfrak{F}) \tag{4}$$

が成立し，$\mathfrak{F}$は同程度連続である．

問題 距離空間 (X, d) のコンパクト集合 A，閉集合 B に対して，$A \cap B=\phi$ の時，$d(A, B)=\inf_{x \in A, y \in B} d(x, y)>0$ を示せ．

（大阪大，東北大，北海道大，広島大，岡山大大学院入試）

$\forall x \in CB, d(x, B)=\inf_{y \in B} d(x, y)$ とおく．$d(x, B)=0$ であれば，$x \in \bar{B}=B$ となり矛盾．$\forall x, y \in B, \forall \varepsilon>0, \exists z \in B, d(x, z)<d(x, B)+\varepsilon$．$d(y, B) \leqq d(y, z)$ なので，$d(y, B)-d(x, B) \leqq d(y, z)-(d(x, z)-\varepsilon) \leqq d(x, y)+\varepsilon$．故に，$|d(x, B)-d(y, B)| \leqq d(x, y) (\forall x, y \in B)$ が成立し，$d(x, B)$ は一様連続である．コンパクト A 上で，連続関数 $d(x, B)$ は最小値 $d(A, B)>0$ を取る．

ここで，本問を解説しよう．

（必要性） (1)を否定すると，$\exists$コンパクト $K, \forall n \geqq 1$，$\exists z_n \in K, \exists f_n \in \mathfrak{F}$；$|f_n(z_n)|>0$．点列コンパクトな K の点列 $(z_n)_{\geqq}$ の部分列 $(z_{\nu_n})_{\geqq 1}$ があって，K の点 z_0 に収束．この番号の飛ばし方について，正規族$\mathfrak{F}$の関数列 $(f_{\nu_n})_{\geqq 1}$ の部分列 $(f_{\mu_n})_{n \geqq 1}$ があって，Ω上の関数 f にΩの各点で一様収束する．正規族の議論の馬鹿の一つ覚え，問題 1 の(6)を用いて，$|f_{\mu n}(z_{\mu n})|>\mu_n$ にて $n \to \infty$ として，$|f(z_0)|=+\infty$ となり矛盾である．

（十分性） K をΩの任意のコンパクトとする．上の問題より K と $C\Omega$の距離は正である．その半分より小さな r を用いて

$$L=\{z \in \Omega, d(z, C\Omega) \geqq r, |z| \leqq \max_{w \in K}|w|\} \tag{5}$$

を考えると，$d(z, C\Omega)$ や $|z|$ は連続なので，11章の問題 3 の基-2 の(ニ)を用いて，L は C の有限閉集合，即ち，コンパクトである事を示す事が出来る．仮定より，このコンパクト L に対して，正数 M があって，

$$|f(z)| \leqq M(\forall z \in L, \forall f \in \mathfrak{F}) \tag{6}$$

$\forall z \in K, \forall f \in \mathfrak{F}, z$ を中心とし，半径 r の円板は L に含まれるから，そこで(6)が成立する．従って，8 章の問題 4 の(10)で与えた，コーシーの不等式より

$$|f^{(n)}(z)| \leqq \frac{n!M}{r^n} \quad (\forall z \in K, \forall f \in \mathfrak{F}, \forall n \geqq 1) \tag{7}$$

さて，$\forall z^0 \in \Omega, \exists r>0$；$\{|z-z^0| \leqq 3r\} \subset \Omega$．$K=\{z \in C；|z-z^0| \leqq r\}$ に対する，コンパクト $L=\{z \in C；|z-$

$z^0|\leqq 2r\}$ に対して，存在する $M>0$；$|f(z)|\leqq M(^\forall z\in L, {}^\forall f\in\mathfrak{F})$ に対して，(7)が成立している．特に $n=1$ として

$$|f'(z)|\leqq\frac{M}{r}\quad(^\forall z\in K, {}^\forall f\in\mathfrak{F})\tag{8}$$

$z=x+iy$ とする時，f の実変数 x, y に関する偏導関数 f_x, f_y は7章の問題6の(2)より，$f_x=f'(z), f_y=if'(z)$ で与えられるので，(8)と基-1より，$\mathfrak{F}$ は Ω の各点 z^0 で同程度連続である．条件(1)より，$\mathfrak{F}$ は Ω のコンパクト K 上で同程度有界なので，アスコリ-アルツェラの定理より，$\mathfrak{F}$ は正規族をなす．これを**モンテルの定理**と言う．正則関数が，絶対値が評価されれば，コーシーの不等式より，微係数のそれを評価されてしまう所が，この問題の鍵である．

さて，Ω を $\boldsymbol{R}^n$ の開集合とすると

$$K_\nu=\{x\in\Omega；d(x, C\Omega)\geqq\frac{1}{\nu}, \|x\|\leqq\nu\}\tag{9}$$

は上と同様にして，Ω に含まれるコンパクトで

$$K_\nu\subset\mathring{K}_{\nu+1}(\nu\geqq 1),\quad \Omega=\bigcup_{\nu=1}^{\infty}K_\nu\tag{10}$$

が成立する．一般にコンパクト列 $(K_\nu)_{\nu\geqq 1}$ があって(10)を満す様な位相空間 Ω を考え，Ω 上の複素数値，でも実数値でもどちらでもよいが，連続関数全体の線形空間 $C(\Omega)$ の上に，$\nu\geqq 1$ に対して

$$p_\nu(x)=\max_{t\in K_\nu}|x(t)|\quad(x\in C(\Omega))\tag{11}$$

でセミノルム p_ν を定義し，セミノルムの族 $(p_\nu)_{\nu\geqq 1}$ を定義セミノルム族とする様な局所凸位相を $C(\Omega)$ 上に導く．$p_\nu(x)=0(^\forall\nu\geqq 1)$ であれば，$\Omega=\bigcup_{\nu+1}^{\infty}K_\nu$ なので，$x\equiv 0$．前問の基-1より，$C(\Omega)$ は T_2 である．同じく基-2より，$C(\Omega)$ の点列 $(x_n)_{n\geqq 1}$ が点 x に収束すると言う事は，$^\forall\nu\geqq 1, p_\nu(x_n-x)\to 0(n\to\infty)$，即ち，関数列 $(x_n(t))_{n\geqq 1}$ が関数 $x(t)$ に任意の K_ν 上で狭義一様とする事と同値である．任意のコンパクト K は，$K\subset\Omega=\bigcup_{\nu=1}^{\infty}\mathring{K}_\nu$ なので，公理(B-L)より，ある $\mathring{K}_\nu$ に含まれる．従って，$C(\Omega)$ にて $x_n\to x(n\to\infty)$ と，Ω の任意のコンパクト K 上で関数列 $(x_n(t))_{n\geqq 1}$ が関数 $x(t)$ に狭義一様収束する事と同値であり，これは又，前章の問題7の基-1より，Ω の各点で一様収束する事とも同値である．この時，関数列 $(x_n(t))_{n\geqq 1}$ は関数 $x(t)$ に**広義一様収束**すると言う．この様に考えると，$C(\Omega)$ の部分集合 $\mathfrak{F}$ が，相対点列コンパクトである事と $\mathfrak{F}$ が関数の族として正規族である事と同値である．前問の基-3より $C(\Omega)$ は距離空間であり，前問の基-4と前章の問題7の基-2より，完備である．従って，$C(\Omega)$ はフレシェ空間である．距離空間では，前章の問題5より，コンパクト性と点列コンパクト性は同値なので，次の結論に達する．

(正規族の理論)　フレシェ空間 $C(\Omega)$ の部分集合 $\mathfrak{F}$ に対して，次の命題は同値である：

(イ)　$\mathfrak{F}$ は $C(\Omega)$ の相対コンパクト集合である．

(ロ)　$\mathfrak{F}$ は正規族である．

(ハ)　$\mathfrak{F}$ は Ω の各点で，有界であり，同程度連続である．

さて，Ω を複素平面の開集合，$C(\Omega)$ を Ω 上の複素数値連続関数全体のフレシェ空間，$H(\Omega)$ を Ω 上の正則関数全体の作る $C(\Omega)$ の線形部分空間とし，$H(\Omega)$ に相対位相を導く．8章の問題4より，$H(\Omega)$ は $C(\Omega)$ の閉部分空間であり，それ自身，フレシェ空間である．本問は $H(\Omega)$ の有界閉集合がコンパクトである事，即ち，$H(\Omega)$ がモンテル空間である事を示している．

5 (不動点定理)――ブラウワーの不動点定理

この問題は次の定理の $n=2$ の場合であるので，このブラウワーの定理の方を示そう．

(ブラウワーの不動点定理) $S=\{t=(t_1, t_2, \cdots, t_n)\in \boldsymbol{R}^n\ ;\ |t|^2=t_1^2+t_2^2+\cdots+t_n^2\leqq 1\}$, $\varphi : S\to S$ を連続写像とする時，φ の**不動点** s がある時，即ち，$s\in S$ があり，$\varphi(s)=s$.

(イ) φ が C^2 級の時，背理法により $\varphi(t)-t\neq 0(\forall t\in S)$ としよう．

$$a(t)=\frac{\langle t, \varphi(t)-t\rangle+\sqrt{\langle t, t-\varphi(t)\rangle^2+(1-|t|^2)(t-\varphi(t))^2}}{|t-\varphi(t)|^2} \tag{1}$$

は，二次方程式 $|t+a(t-\varphi(t))|^2=1$ の大きい方の根である．根号内>0 が，シュワルツの不等式より，示されて，$a(t)$ は C^2 級である．$0\leqq t_0\leqq 1, t\in S$ に対して

$$f(t_0, t)=t+t_0 a(t)(t-\varphi(t))\in \boldsymbol{R}^n \tag{2}$$

を考察する．$f=(f_1, f_2, \cdots, f_n)$ の $t=(t_1, t_2, \cdots, t_n)$ に関するヤコビアンを $D_0(t_0, t)$ と書く．$t\in S$ では $|f(1, t)|=1$ が成立しているので，$D_0(1, t)=0(\forall t\in S)$．怪し気な

$$I(t_0)=\iint_S\cdots\int D_0(t_0, t)\,dt_1 dt_2\cdots dt_n \tag{3}$$

は，$t_0=0$ では $f(0, t)=t$ なので，$D(0, t)=1$，即ち，$I(0)=S$ の測度>0 なのに，$t_0=1$ では，$I(1)=0$ と豹変する．また，5章の問題2の考えで，微分の計算を積分記号の中で実行すると

$$\frac{d}{dt_0}I(t_0)=\iint_S\cdots\int\frac{\partial D(t_0, t)}{\partial t_0}dt_1 dt_2\cdots dt_n=\sum_{i=1}^{n}(-1)^{i-1}\iint_S\cdots\int\frac{\partial D_i}{\partial t_i}dt_1\cdots dt_i\cdots dt_n \tag{4}$$

ここに D_i は $f^1, f^2, \cdots, f^n$ の $t_0, \cdots, t_{i-1}, t_{i+1}, \cdots, t_n$ に関するヤコビアンである．(4)を異次積分して，先ず，t_i について $t_i=-\sqrt{1-t_1^2-\cdots-t_{i-1}^2-t_{i+1}^2-\cdots t_n^2}$ から，$t_i^+=\sqrt{\quad}$ 迄積分し，次に $dt_1\cdots dt_{i-1}dt_{i+1}\cdots dt_n$ で積分する．端点 $t_i^{\pm}$ では，$|t_i^{\pm}|=1$ であり，シュワルツの不等式より，$\langle t, t-\varphi(t)\rangle>0$ なので，$a(t)$ の分子$=0$．従って，$f(t_0, t)=t$ なので，$\dfrac{\partial f^i}{\partial t_0}\equiv 0$，より，$\dfrac{dI}{dt_0}\equiv 0$，即ち，$I(t_0)=$定数を得，$I(0)>0, I(1)=0$ に反し，矛盾である．

(ロ) φ が連続の時，6章の問題5で解説したワイエルシュトラスの多項式近似定理は，閉区間の直積である閉超立方体 $K=\{t\in \boldsymbol{R}^n\ ;\ -1\leqq t_i\leqq 1(1\leqq i\leqq n)\}$ においても，その証明を n 変数の積でおきかえるか，又は，ベクトルと見なす事によって，成立する事が示される．S は閉球なので，少し細工を要する．$S\subset K$ なので，$t\in K-S$ に対しては，線分 $0t$ と S の表面との交点を $\tau(t)$ とし，$t\in S$ に対しては，$\tau(t)=t$ とおくと，写像 $\tau : K\to S$ は連続であって，S の上への制限 $\tau|S$ は恒等写像である．この様なものを，**位相幾何**では**レトラクト**と呼ぶ．$\psi(t)=\phi(\tau(t))(t\in K)$ は連続写像 $\psi : K\to S$ であって，値は $\boldsymbol{R}^n$ に属するので，その各成分は K 上の n 変数の連続関数であり，ワイエルシュトラスのお世話になって，多項式で一様に近似される．つまり，多項式を成分とする写像 $\psi_\nu : K\to \boldsymbol{R}^n$ の列 $(\psi_\nu)_{\nu\geqq 1}$ があって，$|\psi_\nu(t)-\psi(t)|<\dfrac{1}{\nu}$ $(\forall\nu\geqq 1, \forall t\in K)$．$\dfrac{\nu}{\nu+1}\psi_\nu$ の S への制限は $S\to S$ なる C^∞ 線写像であって，(イ)が適用出来る．各 ν 毎に，それは不動点 $t^{(\nu)}$ を持つ．点列コンパクトな K の点列 $(t^{(\nu)})_{\nu\geqq 1}$ は収束部分列を持つから，$t^{(\nu)}\to s(\nu\to\infty)$ と仮定してよい．$\psi_\nu \rightrightarrows \varphi$ なので，$\dfrac{\nu}{\nu+1}\psi_\nu(t^{(\nu)})=t^{(\nu)}$ にて，馬鹿の一つ覚え，問題1の(6)を用いて，$\nu\to\infty$ とすると，$\varphi(s)=s$，即ち，芽出たく s は S の不動点となる．

この不動点定理は，写像度の概念等を用いて，位相幾何学的にも証明される．しかし，元来(2)が，$t_0=0$ の時の $f(0, t)=t$ を，連続的に，$f(1, t)$ 迄変形させると言う，位相幾何学で言う所の，**ホモトピー**の概念を用いており，更に(4)の$\pm$の和が零となる件は，**ホモロジー代数**を借用しているので，本質的には同じである．

8章の問題5の代数学の基本定理の証明も同じある．

系　K を $\boldsymbol{R}^n$ の凸コンパクト集合とすると，連続写像 $\varphi: K\to K$ は不動点を持つ．

[証明]　コンパクト K は有界閉なので，K の点 a を中心とする閉球 S に収まる．今度は $K\subset S$ のレトラクトを次の様にして作る．$t\in S-K$ に対しては，t から a に向う線分が最初に K と交わる点を $\tau(t)$, $t\in K$ に対しては，$\tau(t)=t$ とおくと，$\tau: S\to K$ は連続で，K 上への制限は恒等写像，即ち，レトラクトである．合成写像 $\psi=\varphi\circ\tau: S\to S$ は連続であり，ブラウワーの不動点定理より，$s\in S$ があって，$\psi(s)=s$．$s\in S-K$ であれば，$S-K\in s=\psi(s)\in K$ となり矛盾である．従って，$s\in K$ であって，この s は φ の不動点でもある．この様に，定理から，軽く導かれる命題を系と言う．

この不動点定理をノルム空間に拡張したのが，次の不動点定理である．

(シャウダーの不動点定理)　ノルム空間 X の凸コンパクト集合 K から K の中への連続写像 T は不動点を持つ．

[証明]　連続写像 T によるコンパクト K の像 $T(K)$ は前章の問題2よりコンパクトであり，X は距離空間なので，前章の問題5より，全有界である．各 n に対して，K の有限部分集合 H_n があり，任意の $x\in K$ に対して，$\min_{y\in H_n}\|Tx-Ty\|\leqq\frac{1}{n}$．$T(H_n)$ の張る X の線形部分空間を E_n とする．E_n は，X のノルムを E_n に制限すると，有限次元のノルム空間である．ここで重要な事は，次の問題で取り組む様に，X のノルムが何であっても，位相的にはユークリッド空間であり，ブラウワーの不動点定理の受け皿である．$K_n=K\cap E_n$ は E_n のコンパクトであるが，X の位相を変えないで，X のノルムを変えて，狭義凸ノルムと呼ばれるものに修正出来て，そのノルムに関しては，射影 $P_n: X\to K_n$ を作る事が出来るが，その心は，11章の E―1と同じである．内積から定義出来るノルムは狭義凸である．この手続を経ると，合成写像 $P_n\circ T$ の K_n の上への制限 φ_n は，$\varphi_n: K_n\to K_n$ なる連続写像であって，正しく，ブラウワーの不動点定理の系の適用を受け，不動点 $k_n\in K_n$ を持つ．ここから先は馬鹿の一つ覚え，犬の卒倒，ワン・パターン．$(k_n)_{n\geqq1}$ は点列コンパクトな K の点列なので，収束部分列を持つので，$k_n\to k(n\to\infty)$ と仮定しよう．$\varphi_n\rightrightarrows T$ なので，$\varphi_n(k_n)=k_n$ にて，$n\to\infty$ とすると，問題1の(6)より $T(k)=k$，即ち，k は T の不動点である．

(シャウダー-チコノフの不動点定理)　局所凸ハウスドルフ空間 X の凸コンパクト集合 K から K の中への連続写像 T は不動点を持つ．即ち，$k\in K$ があって，$T(k)=k$ が成立する．

[証明の筋書]　背理法により，$Tx-x\neq0(\forall x\in K)$ と仮定する．問題3の基-1より，$\forall x\in K$，定義セミノルム p_x があって，$p_x(Tx-x)>0$．p_x は点 x で連続であり，$\exists x$ の開近傍 V_x；$p_x(Ty-y)>0(\forall y\in V_x)$．$K$ はコンパクトなので，$\exists K$ の有限部分集合 H；$(V_x)_{x\in H}$ は K を覆う．H が有限なればこそ，$p=\sum_{x\in H}p_x$ は X 上のセミノルム．ノルムでないので，$x, x'\in X$ を $p(x-x')=0$ の時，同一視して，得られた線形空間 $\tilde{X}$ 上に，p から導かれるノルム $\tilde{p}$ を入れて，ノルム空間 $(\tilde{X}, \tilde{p})$ を作ると，シャウダーの不動点定理が適用出来て，矛盾に達する．

以上の手順で，二次元の閉球から出発して，無限次元の局所凸空間の凸コンパクト集合に対する不動点定理に達する事が出来た．理解を深める為，二次元の場合の証明を清書しましょう．

6 (不動点定理)——有限次元の線形空間のノルムの同相性と不動点定理への応用

11章の類題 1 は，$\boldsymbol{R}^n$ でよく用いられるノルム $\|x\|=\sqrt{\sum_{i=1}^{n}x_i^2}$, $\|x\|=\max_{1\leqq i\leqq n}|x_i|$, $\|x\|=\sum_{i=1}^{n}|x_i|$ がノルムとしては異なるが，同じ位相を $\boldsymbol{R}^n$ に与え，従って，点列の収束性等の位相的性質を論じる限り，どのノルムを採用しようと同じである事を示している．解析学の書物は，上の三つのノルムを好みに応じて採用しているが，どれを取ろうと，議論の本質に影響はない．本問では，更に一歩進んで，$\boldsymbol{R}^n$ のノルムは，皆同じ位相を与える事を主張しており，この命題は，不動点定理を無限次元へ拡張する時，有限次元と結ぶ，重要な慰け橋となった．他方，11章の問題 2 が示す様に，無限次元では，この定理の類推は成立せず，ノルムが変れば，位相も変って終う事があるから，注意を要する．

本問の解答をしよう．X を有限次元のノルム空間，$e_1, e_2, \cdots, e_n$ をその線形代数的基底，$\|\cdot\|$ をそのノルムとする．$M=\max_{1\leqq i\leqq n}\|e_i\|$と置く．任意の $(x_1, x_2, \cdots, x_n)\in\boldsymbol{R}^n$ に対して，三角不等式より，先ず，

$$\left\|\sum_{i=1}^{n}x_ie_i\right\|\leqq\sum_{i=1}^{n}|x_i|\|e_i\|\leqq M\sum_{i=1}^{n}|x_i| \tag{1}$$

を得る．$(x_1, x_2, \cdots, x_n), (y_1, y_2, \cdots, y_n)\in\boldsymbol{R}^n$ に三角不等式を適用して

$$\left|\left\|\sum_{i=1}^{n}x_ie_i\right\|-\left\|\sum_{i=1}^{n}y_ie_i\right\|\right|\leqq\left\|\sum_{i=1}^{n}(x_i-y_i)e_i\right\|\leqq M\sum_{i=1}^{n}|x_i-y_i| \tag{2}$$

が成立するので，$\left\|\sum_{i=1}^{n}x_ie_i\right\|$ は $(x_1, x_2, \cdots, x_n)\in\boldsymbol{R}^n$ の連続関数である．有界集合

$$K=\left\{(x_1, x_2, \cdots, x_n)\in\boldsymbol{R}^n\,;\ \sum_{i=1}^{n}|x_i|=1\right\} \tag{3}$$

は，11章の問題 3 の基-2 の(ニ)より，$\boldsymbol{R}^n$ の閉である．連続関数 $\left\|\sum_{i=1}^{n}x_ie_i\right\|$ は，ワイエルシュトラスの定理より，$\boldsymbol{R}^n$ の有界閉集合K上で，最小値 m を取る．不等式

$$m\sum_{i=1}^{n}|x_i|\leqq\left\|\sum_{i=1}^{n}x_ie_i\right\| \tag{4}$$

は，$\sum_{i=1}^{n}|x_i|=0$ の時は，その両辺は 0 に等しく，(4)は等号として成立している．$\sum_{i=1}^{n}|x_i|>0$ の時は，$\dfrac{\sum_{i=1}^{n}x_ie_i}{\sum_{i=1}^{n}|x_i|}\in K$ なので，$\left\|\dfrac{\sum_{i=1}^{n}x_ie_i}{\sum_{i=1}^{n}|x_i|}\right\|\geqq m$ がm の最小性から導かれ，分母を払うと(4)に達する．従って，何れにせよ，(4)は任意の $(x_1, x_2, \cdots, x_n)\in\boldsymbol{R}^n$ に対して成立する．(1), (4)より，不等式

$$m\sum_{i=1}^{n}|x_i|\leqq\left\|\sum_{i=1}^{n}e_ix_i\right\|\leqq M\sum_{i=1}^{n}|x_i| \tag{5}$$

が，任意の $(x_1, x_2, \cdots, x_n)\in\boldsymbol{R}^n$ に対して成立し，11章の問題 1 の基-4 より，ノルム $\|\cdot\|$ と $\sum_{i=1}^{n}|x_i|$ で与えられる位相は等しい．$\sum_{i=1}^{n}|x_i|$ は一定のノルムであるから，結局，有限次元のノルム空間の位相はそのノルムの取り方には依存しない．

これで不動点定理の証明の道筋の解説が終ったので，それを応用する際の心得を説こう．微分方程式，積分方程式，差分方程式は**関数方程式**と呼ばれる．計算面では積分よりも微分の方が易しいので，初等的に解く場合は，積分方程式は微分方程式に帰着させて，露骨に計算される．しかし，理論的には，微分の方が積分よりも困難である．求積法で初等的に解けない．少し高級な微分方程式は積分方程式に帰着させて解くのが，常識である．積分方程式や差分方程式は，$Tx=x$ なる形に変形される場合，これらの関数方程式の解 x とは，写像 T の不動点に他ならない．写像 T の定義域は，勿論，関数の作る無限次元の空間である．この**関数空間**が距離空間で，写像 T が縮小写像であれば，1 章の問題 4 の逐次近似法が用いられる．その関数空間が局所凸空間で，T の定義域がコンパクトであれば伝家の宝刀，シャウダー-チコノフの不動点定理が，

その冴えを見せる．何故，ノルム空間でなく，局所凸空間を考えるのか？ 関数方程式の関数の定義域がコンパクトKであれば，K上の連続関数全体の作る線形空間$C(K)$は，$C(K)$の任意の点xは，ワイエルシュトラスの定理より，その絶対値$|x(t)|$がK上で最大値を取るので，

$$\|x\|=\max_{t\in K}|x(t)| \quad (x\in C(K)) \tag{6}$$

を用いて，ノルム空間となる．しかし，関数方程式の定義域Ωがコンパクトでなければ，Ω上の連続関数全体の作る線形空間$C(\Omega)$は一つのノルムによって位相を定める事が出来ない．この際，Ωをコンパクト列$(K_\nu)_{\nu\geqq 1}$で近似して，コンパクトK_ν上の$x\in C(\Omega)$の絶対値の最大値を用いて，

$$p_\nu(x)=\max_{t\in K_\nu}|x(t)| \quad (x\in C(\Omega)) \tag{7}$$

によって，$C(\Omega)$上のセミノルムp_νを定義し，$(p_\nu)_{\nu\geqq 1}$をセミノルム族とする局所凸位相を$C(\Omega)$上に導く．局所凸空間$C(\Omega)$にて，点列$(x_n)_{n\geqq 1}$が点xに収束するとは，何を意味するのか？ それは，関数列$(x_n(t))_{n\geqq 1}$が関数$x(t)$にΩの各点で一様収束する事，言いかえれば，Ωの任意のコンパクト上で狭義一様収束する事，即ち，関数列$(x_n(t))_{n\geqq 1}$が関数$x(t)$にΩ上広義一様収束する事を意味する．Tの定義域である$C(\Omega)$の部分族$\mathfrak{F}$が，シャウダー--チコノフの不動点定理の受け皿である．凸コンパクトであるのは如何なる場合であろうか．凸は凸凹遊びのそれであるが，$C(\Omega)$はハウスドルフ線形位相空間なので，12章の問題6よりそのコンパクト$\mathfrak{F}$は有界閉でなければならぬ．局所凸空間$C(\Omega)$にて，$\mathfrak{F}$が有界であるとは，各セミノルムp_νが$\mathfrak{F}$上で有界である事，即ち，$\mathfrak{F}$がΩの任意のコンパクトK上で同程度有界である事に他ならない．距離空間$C(\Omega)$にて，$\mathfrak{F}$が閉であるとは，$\mathfrak{F}$の極限点が$\mathfrak{F}$に属する事，即ち，$\mathfrak{F}$が広義一様収束について閉じている事に他ならない．局所凸空間$C(\Omega)$の部分集合$\mathfrak{F}$は，有界閉である事，只それだけでは，コンパクトでない，たとえ，$\mathfrak{F}$が凸であったとしても，距離空間$C(\Omega)$の部分集合$\mathfrak{F}$のコンパクト性と点列コンパクト性とは同値である．$\mathfrak{F}$が正規族である事は，$\mathfrak{F}$が相対点列コンパクトである事を意味し，$\mathfrak{F}$がコンパクトであると言う純粋数学の標準語は，$\mathfrak{F}$が広義一様収束に関して閉じている正規族である．と言う古典解析学の言葉に翻訳される．この様にして，不動点定理の受け皿，凸コンパクトを用意する事が出来た．

(不動点定理の受け皿) 連続関数のなすフレシェ空間$C(\Omega)$の部分族$\mathfrak{F}$が凸コンパクトであると言う事は，次の命題(i),(ii),(iii),(iv)が同時に成立する事と同値である．

(i) 任意の関数$x(t), y(t)\in\mathfrak{F}$と任意のスカラー$\lambda$；$0\leqq\lambda\leqq 1$に対して，$\lambda x+(1-\lambda)y\in\mathfrak{F}$.

(ii) $\mathfrak{F}$に属する関数の列$(x_n(t))_{n\geqq 1}$がΩ上で関数$x(t)$に広義一様収束すれば，$x\in\mathfrak{F}$

(iii) $\mathfrak{F}$はΩの任意の点tで有界である．即ち，$M(t)=\sup_{x\in\mathfrak{F}}|x(t)|<+\infty$.

(iv) $\mathfrak{F}$はΩの任意の点tで同程度連続である，即ち，$\forall\varepsilon>0, \exists t$の近傍$V$；$|x(s)-x(t)|<\varepsilon(\forall s\in V, \forall x\in\mathfrak{F})$.

Ωが複素平面の開集合で，$H(\Omega)$がΩ上の正則関数全体のなす線形空間とすると，$H(\Omega)$はフレシェ空間$C(\Omega)$の閉部分空間として，フレシェ空間である．フレシェ空間$H(\Omega)$では，$\boldsymbol{R}^n$同様有界閉集合である事とコンパクト性と同値であり，$H(\Omega)$は**モンテル空間**である．特に，問題4より

(モンテルの定理) 複素平面の開集合Ω上の正則関数の族$\mathfrak{F}$が，Ωの任意の有界閉集合上で同程度有界であれば，$\mathfrak{F}$は正規族である．

EXERCISES

(解答☞ 212ページ)

1 **(正規族)　モンテルの定理の応用**

$f_n(z)=\left(1+\dfrac{z}{n}\right)^n (n\geqq 1)$ とおく時，任意の正数 R に対して，関数列 $(f_n(z))_{n\geqq 1}$ は閉円板 $|z|\leqq R$ で正規族をなす事を示せ．次に，$|z|\leqq R$ 上で一様に

$$\lim_{n\to\infty}\left(1+\frac{z}{n}\right)^n=e^z \tag{1}$$

が成立する事を示せ．　　(東京工業大大学院入試)

2 **(コンパクト)　C^∞ における有界閉集合のコンパクト性**

$[0,1]$ 上の C^∞ 級関数全体の作る線形空間 $C^\infty[0,1]$ にて，ノルム $\|x\|=\max\limits_{0\leqq t\leqq 1}|x(t)|$ を用いて，$C^\infty[0,1]$ の二点 x, y の距離 ρ を

$$\rho(x,y)=\sum_{k=0}^{\infty}\frac{1}{2^k}\frac{\|x^{(k)}-y^{(k)}\|}{1+\|x^{(k)}-y^{(k)}\|} \tag{1}$$

で定義する．この時，$\mathfrak{S}=\{x\in C^\infty[0,1]\,;\,\|x^{(k)}\|\leqq 1(\forall k\geqq 0\}$ は距離空間 $(C^\infty[0,1],\rho)$ のコンパクト集合である事を証明せよ．　　(東京工業大大学院入試)

3 **(正規族)リーマンの写像定理の証明のサワリ部分**

D を複素数平面 $\boldsymbol{C}$ 内の領域で，$\boldsymbol{C}-D$ のある連結成分は少なくとも二点を含んでいる．一点 $z_0\in D$ を固定し，領域 D から単位円板 $\{z\in\boldsymbol{C}\,;\,|z|<1\}$ の中への一対一の正則写像 f で，$f(z_0)=0$ となるもの全体を $\mathfrak{F}$ とおく．この時次の事を示せ．(i) $\mathfrak{F}\neq\phi$，(ii) $\{f(z_0)\,;\,f\in\mathfrak{F}\}$ は有界集合である．(iii) $\exists f_0\in\mathfrak{F}\,;\,|f'(z_0)|\leqq|f_0'(z_0)|(\forall f\in\mathfrak{F})$

(東京大大学院入試)

4 **(不動点定理)　シャウダー-チコノフの不動点定理の応用**

$D=\{(t,x)\in\boldsymbol{R}^{n+1}\,;\,t\geqq 0, x\in\boldsymbol{R}^n\}$ において，$f:D\to\boldsymbol{R}^n$ は連続で，正数 A があり，$\boldsymbol{R}^n$ のノルム $|x|=\sqrt{x_1^2+x_2^2+\cdots+x_m^2}$ に関して，$|f(t,x)|\leqq A(1+|x|^2)((t,x)\in D)$ が成立しているものとする．この時，初期値問題

$$\frac{dx(t)}{dt}=f(t,x(t)),\ x(0)=(0,0,\cdots,0) \tag{1}$$

の解が，$0\leqq t<\dfrac{\pi}{2A}$ で存在する事を示せ．　　(東京工業大大学院入試)

Advice

1　$f_n(z)$ を二項定理で展開して，$|f_n(z)|\leqq e^{|z|}$ を得ましょう．e^z の展開式と比較して，$n\to\infty$ としましょう．

2　$C^\infty[0,1]$ は $(\|x^{(k)}\|)_{k\geqq 0}$ を定義セミノルム族とする局所凸空間ですね．その位相は $\forall$ の微係数の一様収束の位相です．$\mathfrak{S}$ の様な有界閉集合がコンパクトになり，$C^\infty[0,1]$ はモンテル空間です．これを示すには，正規族の理論を，特に高次導関数 $x^{(k)}$ のそのまた微係数の評価に注意しつつ，適用する．その際カントールの対角論法のお世話になります．

3　$\mathfrak{F}$ は同程度有界なので，問題 4 のモンテルの定理より，正規族，従って，その閉包 $\overline{\mathfrak{F}}$ はコンパクト．コンパクト $\overline{\mathfrak{F}}$ 上の連続関数 $|f(z_0)|$ は最大値を取る．一対一正則写像 f は**単葉関数**と呼ばれる．単葉関数列の広義一様収束極限は定数でなければ，単葉であると云う，フルビツの定理より，$\overline{\mathfrak{F}}\subset\mathfrak{F}\cup\{c\in\boldsymbol{C}\,;\,|c|\leqq 1\}$.

4　$\mathfrak{F}=\{x\in C\left(\left(0,\dfrac{\pi}{2A}\right)\right)\,;\,|x(s)-x(t)|\leqq A\displaystyle\int_t^s \sec^2 A\tau d\tau(\forall t<\forall s)\}$，$(Tx)(t)=\displaystyle\int_0^t f(s,x(s))ds$ とおき，凸コンパクト $\mathfrak{F}$ 上の T に不動点定理を適用しよう．

類題・Exercises
解　答

1　章

類題 1．(D1)　$d(x,y)=|x-y|=0$ より，$x=y$．(D2)　$d(x,y)=|x-y|=|y-x|=d(y,x)$　(D3)　は実数に対する三角不等式で，$d(x,z)=|x-z|=|(x-y)+(y-z)|\leqq|x-y|+|y-z|=d(x,y)+d(y,z)$．

類題 2．上の証明において，x,y,z を有理数と思えばよい．

類題 3．相加平均≧相乗平均，より，$x_{n+1}\geqq\sqrt{2}(n\geqq1)$．$x_{n+1}-x_n=\dfrac{2-x_n^2}{2x_n}\leqq0(n\geqq1)$ なので，$x_{n+1}\leqq x_n(n\geqq1)$．$x_{n+1}\geqq\sqrt{2}$ なので，$(x_n)_{n\geqq2}$ は下に有界な実数の減少列であり，4頁の最後の行の実数の連続性公理より，ある実数 x_0 に収束する．(1)の両辺にて，$n\to\infty$ として，$x_0=\dfrac{1}{2}\left(x_0+\dfrac{2}{x_0}\right)$，即ち，$x_0^2=2$．$x_0\geqq0$ なので，$x_0=\sqrt{2}$．$(x_n)_{n\geqq1}$ は実数の収束列なので，コーシー列である．その極限は無理数 $\sqrt{2}$ なので，$(\boldsymbol{Q},d)$ の点ではなく，コーシー列 $(x_n)_{n\geqq1}$ は $(\boldsymbol{Q},d)$ では収束しない．

類題 4．(X,d) にて，$x_{\nu_n}\to x_0(n\to\infty)$ であれば，$\forall\varepsilon>0,\exists n_1;d(x_{\nu_n},x_0)<\dfrac{\varepsilon}{2}\ (n\geqq n_1)$．$(x_n)_{n\geqq1}$ がコーシー列である事より，この ε に対して，$\exists n_2;d(x_m,x_n)<\dfrac{\varepsilon}{2}(m,n>n_2)$．$n_0=\max(n_1,n_2)$ とおくと，$n>n_0$ の時，$d(x_n,x_0)\leqq d(x_n,x_{\nu_n})+d(x_{\nu_n},x_0)<\dfrac{\varepsilon}{2}+\dfrac{\varepsilon}{2}=\varepsilon$．故に $x_n\to x_0(n\to\infty)$．所で，神の御心か，御仏の意志か，思わず，講義の調子で $\forall,\exists$ を用いて終った．$\forall\varepsilon$ は「全ての ε に対して」，$\exists n_1$；は「；以下の条件を満たす n_1 が存在する」と読んで下さい．つまり，“for any $\varepsilon>0$, there exists n_1 such that $d(x_{\nu_n},x_0)<\dfrac{\varepsilon}{2}(n\geqq n_1)$”，即ち，「任意の $\varepsilon>0$ に対して，n_1 があって，$d(x_{\nu_n},x_0)<\dfrac{\varepsilon}{2}(n\geqq n_1)$」の略号で，慣れると，この文章より，上の論理記号の方が便利です．なお $\forall$ は any の A を上下に，$\exists$ は exists の E を左右にひっくり返した物で，誤植ではない．これは万国共通の記号であり，読者の大学でも用いられていましょう．この解答欄で訓練し，慣れるに従って，本文でも用いましょう．答案に用いてもよいし，入試でもよい．

類題 5．任意の実数を x とする．以下は本文の $\sqrt{2}$ を x でおきかえればよいが，必ず実行して下さい．習作は創造への踏み台です．

類題 6．$r>1,0<r<1$ であれば，公式(7)より，夫々，$\lim\limits_{n\to\infty}r^n=+\infty,\lim\limits_{n\to\infty}r^n=0$．$r=1$ の時は1．

類題 7．$a_n=\dfrac{2a_{n-1}+a_{n-2}}{3}$ なる方程式は，**差分方程式**と呼ばれます．$a_n=\lambda^n$ が解である為の必要十分条件は，λ が**特程性方式**と呼ばれる2次方程式 $\lambda^2-\dfrac{2}{3}\lambda-\dfrac{1}{3}=(\lambda-1)\left(\lambda+\dfrac{1}{3}\right)=0$ の根，$\lambda=1,-\dfrac{1}{3}$ である事です．同次方程式なので，これらに対応する解の一次結合，$a_n=A+B\left(-\dfrac{1}{3}\right)^n$ がこの差分方程式の，**一般解**，即ち，任意定数をフルに二つ含む解です．定数 A,B は**初期条件** $a_1=1,a_2=2$ より得る連立方程式 $A-\dfrac{B}{3}=1,A+\dfrac{B}{9}=2$ を解いて，$A=\dfrac{7}{4},B=\dfrac{9}{4}$．従って，$a_n=\dfrac{7+9\left(-\frac{1}{3}\right)^n}{4}(n\geqq1)$．公式(7)より，$a_n\to\dfrac{7}{4}(n\to\infty)$．この県には優れた出題委員がおられます．数学的素養を答案に滲ませて，人との違いを見て貰いましょう．

類題 8．$y_n=\dfrac{1}{x_n}$ とすると，$y_{n+1}=1+y_n$．初項 $y_1=a$，公差1の等差数列の第 n 項 $y_n=a-1+n(n\geqq1)$．公式(5)より，$\lim\limits_{n\to\infty}x_n=0$．

類題 9．$S_{2n}=0,S_{2n-1}=-1(n\geqq1)$ なので，極限は存在しない．「極限が存在しない」と言う事と「出来ません」と言う事とは違う．

類題10．$x_n=0(n\geqq1)$ とおくと，有理数列 $(x_n)_{n\geqq1}$ の極限は有理数0．類題3の有理数列 $(x_n)_{n\geqq1}$ の極限は無理数 $\sqrt{2}$．類題9の有理数列 $(S_n)_{n\geqq1}$ の極限は存在しない．$m\geqq\alpha+2$ なる自然数 m を取る．$a_{n+1}-a_n=\displaystyle\int_n^{n+1}x^\alpha e^{-x}dx>0$ $(n\geqq1)$．$e^x>\dfrac{x^m}{m!}$ より，$e^{-x}<m!x^{-m}$，$a_n<\displaystyle\int_1^n x^\alpha m!x^{-m}dx=m!\left[\frac{x^{\alpha-m+1}}{\alpha-m+1}\right]_1^n=\frac{m!(1-n^{\alpha+1-m})}{m-\alpha-1}<\frac{m!}{m-\alpha-1}$．$(a_n)_{n\geqq1}$ は上に有界な実数の増加列であるから，4頁の実数の連続性公理より，収束する．

Exercise 1 （イ） 連続関数 $f(x)$ は閉区間 $[a_0, b_0]$ の端点 a_0, b_0 にて，夫々，$f(a_0)>0>f(b_0)$ なる値を取るから，中間値の定理（12章の問題2参照）より，$[a_0, b_0]$ の中間の点 ξ において，$f(a_0)$ と $f(b_0)$ の中間の値0を取る，即ち，$a_0<{}^{\exists}\xi<b_0$；$f(\xi)=0$．二つの $\xi_1<\xi_2$ に対して，$f(\xi_1)=f(\xi_2)=0$ であれば，区間 $[\xi_1, \xi_2]$ と区間 $[\xi_2, b_0]$ に平均値の定理を用い，点 η_1, η_2 が取れて $\xi_1<\eta_1<\xi_2, \xi_2<\eta_2<b_0$ で η_i における f' の値は平均値に等しく $f(\xi_2)-f(\xi_1)=f'(\eta_1)(\xi_2-\xi_1), f(b_0)-f(\xi_2)=f'(\eta_2)(b_0-\xi_2)$．$b_0>\xi_2>\xi_1, f(b_0)<f(\xi_2)=f(\xi_1)$ なので，$f'(\eta_1)=0>f'(\eta_2)$．区間 $[\eta_1, \eta_2]$ において，関数 f' の平均値に等しい点 ζ がある，即ち，$\eta_1<{}^{\exists}\zeta<\eta_2$；$f'(\eta_2)-f'(\eta_1)=f''(\zeta)(\eta_2-\eta_1)$．$\eta_2-\eta_1>0$, $f'(\eta_2)-f'(\eta_1)<0$ なので，$f''(\zeta)<0$ となり，仮定に反し，矛盾である．故に，$f(\xi)=0$ の解の存在は一意的である．

（ロ） 平均値の定理より，$[a_0, b_0]$ における f の平均値に，f' の値が等しい点 η があって，$a_0<\eta<b_0, f(b_0)-f(a_0)=f'(\eta)(b_0-a_0)$．$b_0-a_0>0, f(b_0)-f(a_0)<0$ なので，$f'(\eta)<0$．平均値の定理より，$[a_0, \eta]$ における f' の平均値に，f'' の値が等しい点 ζ があって，$a_0<\zeta<\eta, f'(\eta)-f'(a_0)=f''(\zeta)(\eta-a_0)$．$f'(\eta)<0, f''(\zeta)>0, \eta-a_0>0$ なので，$f'(a_0)<0$．

（ハ） 数学的帰納法により，$f'(a_{n-1})<0, a_n>a_{n-1}$ が示され，上に有界な実数の増加列 $(a_n)_{n\geqq1}$ は，4頁の実数の連続性公理より，実数 a に収束する．f は a で連続なので，(3)にて，$n\to\infty$ として，$f(a)=0$ を得る（11章の問題4参照）．

Exercise 2 α を1より小さな任意の正数とする．$f_x(t, x)$ は点 $(0, 0)$ で連続であるから，正数 ε があって，$|t|<\varepsilon, |x|<\varepsilon$ であれば

$$\left|1-\frac{f_x(t, x)}{f_x(0, 0)}\right|<\alpha \tag{6}$$

かつ，$\{t\in\boldsymbol{R}\,;\,|t|<\varepsilon\}\subset U$．$x\in F(U)$ は連続であるので，上の $\varepsilon>0$ に対して，$\delta>0$ があって，$\delta<\varepsilon$ であってしかも，$|t|<\delta$ であれば，$|x(t)|<\varepsilon$．この δ は，一般には個々の関数 $x(t)$ に依存する筈であるが，与えられた条件である所の $F(U)$ の**同程度連続性**は，ε によって定まる．この正数 δ が関数には依らない様に取れる事を保証している．ここが，この問題のポイントであり，慣れた人には，ハハンとヒントになる．さて，(3)で定義される写像のリプシッツ定数を評価する事は，微分学の腕力の問題である．平均値の定理より ${}^{\forall}t, {}^{\forall}x(t), {}^{\forall}y(t)\in F(U), t$ によって変るが，$x(t)$ と $y(t)$ の間の値 $z(t)$ を旨く取ると，$f(t, x(t))-f(t, y(t))=f_x(t, z(t))(x(t)-y(t))$ が成立するので，(3)より

$$(Tx)(t)-(Ty)(t)=\left(1-\frac{f_x(t, z(t))}{f_x(0, 0)}\right)(x(t)-y(t)) \tag{7}$$

$|t|<\delta<\varepsilon$ であれば，$|z(t)|<\varepsilon$ なので，$x=z(t)$ に対し(6)が成立し，(7)より，$|(Tx)(t)-(Ty)(t)|<\alpha|x(t)-y(t)|$．$V=|\{t\in\boldsymbol{R}\,;\,|t|<\delta\}$ とおけば，(5)で定義される距離 d に対して，$d(Tx, Ty)<\alpha d(x, y)$ が成立し，問題4が適用される．$0<\alpha<1$ であるから，(これは蛇足であるが任意に選べる)．T は距離空間 $(F(V), d)$ の縮小写像である．

(ロ)の方法で作った，$(C(V), d)$ の点列 $(x_n)_{n\geqq1}$ はコーシー列である．即ち，$|x_m(t)-x_n(t)|\leqq d(x_m, x_n)\to0(m, n\to\infty, {}^{\forall}t\in V)$．$t\in V$ を固定すると，各 $(x_n(t))_{n\geqq1}$ は実数のコーシー列であり，5頁の公理より，実数 $x(t)$ に収束する．さっきの式をもう少し，精しく見ると，任意の $\varepsilon>0$（これは上の ε とは違いますが，習慣に従って，ε を使用）に対して，$d(x_m, x_n)\to0(m, n\to\infty)$ なので，自然数 n_0 があって，$d(x_m, x_n)<\varepsilon(m, n\geqq n_0)$．これより，$|x_m(t)-x_n(t)|<\varepsilon(m, n\geqq n_0, {}^{\forall}t\in V)$．$m$ は任意なので，$m\to\infty$ としてやると，$|x_n(t)-x(t)|\leqq\varepsilon(n\geqq n_0, {}^{\forall}t\in V)$．勿論，この式は，各 $t\in V$ に対して $x_n(t)\to x(t)(n\to\infty)$ を導くが，この収束を保証する，$\varepsilon>0$ に対する n_0 が，V の点 t について一様に取れるので，この収束を**一様収束**と言う．距離空間 $(C(V), d)$ にて点列 $(x_n)_{n\geqq1}$ が点 x に収束する事は，古典解析学の言葉に翻訳すると，関数列 $(x_n(t))_{n\geqq1}$ が関数 $x(t)$ に V 上一様収束する事を意味する．

2 章

類題 1．R を任意の正数とし，任意の $x \in C[-R, R]$ に対して

$$(Tx)(t) = 1 + \int_0^t \left(\int_0^s x(\sigma)\, d\sigma \right) ds \tag{2}$$

によって，写像 $T : C[-R, R] \to C[-R, R]$ を定義し，$x_0(t) \equiv 0, x_{n+1} = Tx_n (n \geqq 0)$ によって，逐次近似法を行う．(2)は x を二回積分する事であるので，$x_0(t) \equiv 0, x_1(t) \equiv 1, x_2(t) = 1 + \frac{t^2}{2!}, x_3(t) = 1 + \frac{t^2}{2!} + \frac{t^4}{4!}$． $x_n(t) = 1 + \frac{t^2}{2!} + \cdots + \frac{t^{2n}}{(2n)!}$ を仮定すると，$x_{n+1}(t) = (Tx_n)(t) = 1 + \frac{t^2}{2!} + \cdots + \frac{t^{2n+2}}{(2n+2)!}$ を得るので，$n \to \infty$ とすると，

$$x(t) = \lim_{n \to \infty} x_n(t) = 1 + \frac{t^2}{2!} + \frac{t^4}{4!} + \cdots + \frac{t^{2n}}{(2n)!} + \cdots = \frac{e^t + e^{-t}}{2} = \cosh t \tag{3}$$

を得る．この収束は，$[-R, R]$ で一様なので（4 章の問題 3 の基-3 参照)．積分記号と極限記号と入れ換えられて（4 章問題 3 の基-1 参照)，$x(t)$ は積分方程式(1)の解である．

もっと，端的な別解は，(1)を二回微分して，微分方程式 $\frac{d^2x}{dt^2} = x$ の初期値問題 $x(0) = 1, x'(0) = 0$ に持込む法である．$x(t) = e^{\lambda t}$ がこの微分方程式の解である為の必要十分条件は λ が**特性方程式**と呼ばれる二次方程式 $\lambda^2 = 1$ の解 $\lambda = \pm 1$ である事である．対応する解の一次結合 $x(t) = Ae^t + Be^{-t}$ は，微分方程式の**一般解**，即ち，任意定数を二つ含む解である．$x(0) = A + B = 1, x'(0) = A - B = 0$ より $A = B = \frac{1}{2}$ であり，解(3)を得る．この関数は，**双曲余弦**と呼ばれ，電線の懸垂線の関数形である．

両者より高級な解は，$x, y \in C[-R, R]$ に対して

$$(Tx - Ty)(t) = \int_0^t \int_0^s (x(\sigma) - y(\sigma))\, d\sigma ds \tag{4}$$

を参考にして，$d(x, y) = \max_{t \leqq R} |x(t) - y(t)|$ に対して

$$|(T^k x - T^k y)(t)| \leqq d(x, y) \frac{|t|^{2k}}{(2k)!} \tag{5}$$

が数学的帰納法によって示されて，k を $\frac{R^{2k}}{(2k)!} < 1$（4 章の問題 1 の(1)参照）が成立する様に大きく取ると写像 T^k のリプシッツ定数 $\frac{R^{2k}}{(2k)!} < 1$ であり，T^k は縮小写像である．問題 2 の終りで解説した事により，$(T^{nk} x_0)_{n \geqq 1}$ は T の不動点 $x(t)$ に距離空間 $(C[-R, R], d)$ で収束する．

類題 2．積分の順序変更をすると，

$$\int_0^t \left(\int_0^s x(\sigma)\, d\sigma \right) ds = \int_0^t \left(\int_\sigma^t x(\sigma)\, ds \right) d\sigma = \int_0^t (t - \sigma) x(\sigma)\, d\sigma$$

なので，微分方程式(1)は

$$x(t) = t + \int_0^t \left(\int_0^s x(\sigma)\, ds \right) ds$$

とも書き表わされ，前問と殆んど同じである．微分方程式 $\frac{d^2x}{dt^2} = x$ の初期値問題 $x(0) = 0, x'(0) = 1$ の解で $A + B = 0$, $A - B = 1$ より $A = \frac{1}{2}, b = -\frac{1}{2}$ なので

$$x(t) = \frac{e^t - e^{-t}}{2} = \sinh t \tag{2}$$

が解であり，**双曲正弦**と呼ばれる．前題同様に，他の二つの解法を試みよう．

類題 3．(1)が等式であれば，その積分方程式と微分方程式 $\frac{dx(t)}{dt} = \alpha x(t) + \beta$ の初期値問題 $x(0) = 0$ の解は同じであり，変数分離形なので，もしも $\alpha x + \beta \neq 0$ なる解があれば，$\alpha x(t) + \beta \neq 0$ なる範囲で

$$\int \frac{dx}{\alpha x+\beta}=\int dt \qquad \therefore \quad \frac{1}{\alpha}\log|\alpha x+\beta|=t+C' \qquad \therefore \quad \alpha x+\beta=\pm e^{\alpha t+c'}=Ce^{\alpha t}$$

なので，(2)を等号にしたのが解であり，(2)の成立が予想される．積分方程式の代りに**積分不等式**(1)になったからと言って恐れてはいけない．等号の代りに不等号で置き換え，逐次近似法の真似をする．任意の正数 R を取る．閉区間 $[-R,R]$ における連続関数 $x(t)$ の最大値を M とする．$x(s)\leqq M$ を(1)に代入して，$x(t)\leqq \alpha Mt+\beta t$．これを(1)に代入して，$x(t)\leqq M\frac{\alpha^2t^2}{2!}+\frac{\alpha\beta t^2}{2!}+\beta t$．

$$x(t)\leqq M\frac{\alpha^n t^n}{n!}+\beta\left(\frac{\alpha^{n-1}t^n}{n!}+\cdots+\frac{\alpha t^2}{2}+\frac{t}{1!}\right) \tag{3}$$

を仮定し，(1)に代入すると，$n+1$ に対する(3)が得られて，数学的帰納法により，一般の n に対して(3)は成立するので，(3)にて $n\to\infty$ とすると(2)を得る．キチント分っている事は等式であるが，微かに分っている事は不等式である．不等式こそ，解析学の生命であり，未知なる物に挑む力の源泉である．

類題 4．前題にて，$\beta=0$ とした場合であるが，真面目に取り組もう．

類題 5．$[-R,R]$ における連続関数 $x(t)$ の最大値を L とすると数学的帰納法により次式が示される：

$$x(t)\leqq L\frac{(Mt)^{n+1}}{(n+1)!}+\eta\sum_{k=0}^{n}\frac{(Mt)^k}{k!} \tag{2}.$$

Exercise 1　微分方程式(2)の初期値問題 $x(a)=b$ は積分方程式

$$x(t)=(Tx)(t),\quad T(x)(t)=b+\int_a^t f(s,x(s))ds \tag{3}$$

と同値である．$x_0(t)\equiv b, x_{n+1}=Tx_n(n\geqq 0)$ により逐次近似法を実行しよう．$x_0,x_1,\cdots,x_n$ が求まり，

$$|x_k(t)-x_{k-1}(t)|\leqq M_0L^{k-1}\frac{|t-a|^k}{k!},\ |x_k(t)-b|\leqq\rho\,(1\leqq k\leqq n,\ |t-a|\leqq r') \tag{4}$$

が成立したとすると，$x_{n+1}=Tx_n$ は条件(1)より

$$|x_{n+1}(t)-x_n(t)|\leqq\left|\int_a^t L|x_n(s)-x_{n-1}(s)|ds\right|\leqq M_0L^n\left|\int_a^t\frac{|s-a|^n}{n!}dt\right|=M_0L^n\frac{|t-a|^{n+1}}{(n+1)!},$$

$$|x_{n+1}(t)-b|=|\sum_{k=0}^{n+1}(x_{k+1}(t)-x_k(t))|\leqq\sum_{k=0}^{n+1}M_0L^k\frac{|t-a|^{k+1}}{(k+1)!}\leqq\sum_{k=1}^{\infty}M_0\frac{L^k|t-a|^{k+1}}{(k+1)!}$$

$$=\frac{M_0}{L}(e^{L|t-a|}-1)\leqq\frac{M_0}{L}(e^{Lr'}-1)\leqq\rho$$

と旨く f の定義域に入る様に順々に作れる．（4 章の問題 3 の基-3 より）$x_n(t)=\sum_{k=0}^{n-1}(x_{k+1}(t)-x_k(t))$ は $|x-a|\leqq r'$ で一様収束し，その極限関数 $x(t)$ は積分方程式(3)の解である．なお，T^k のリプシッツ定数は，$\frac{L^k r'^{k+1}}{(k+1)!}$ であり，k が大であれば，やはり，縮小写像である．

Exercise 2　積分不等式が済んだら，今度は，微分不等式が出ましたが，読者はもう驚かないでしょう．

$$z(t)-y(t)=\int_a^t\left(\frac{dz}{dt}(s)-\frac{dy}{dt}(s)\right)ds\leqq\int_a^t(f(s,z(s))+\varepsilon-f(s,y(s)))ds\leqq\int_a^t(\varepsilon+L|z(s)-y(s)|)ds\quad(a\leqq t\leqq a+r),$$

即ち，$|z(t)-y(t)|\leqq\int_a^t(\varepsilon+L|z(s)-y(s)|)ds\ (a\leqq t\leqq a+r)$．同じ工大の類題 3 が適用出来て，$|z(t)-y(t)|\leqq\frac{\varepsilon}{L}(e^{L(t-a)}-1)$．$a-r\leqq t\leqq a$ でも同様です．

Exercise 3　$x(t),x(t-1)$ を含む方程式を差分方程式と言い，$\frac{dx(t)}{dt}$ を含む方程式を微分方程式と言うから，(1)は**差分微分方程式**である．$\lim_{t\to-\infty}x(t)=0$ なので，任意の正数 R に対して，連続関数 $x(t)$ は $(-\infty,R)$ で有界である．$|x(t)|$ の上限の二倍を M としよう．$x(t)-x(t-1)$ を t^2+1 で割ると $\frac{M}{t^2+1}$ で押えられ，これは $-\infty$ から t 迄可積分であって，しかも，$x(-\infty)=0$ なので，$x(-\infty)=0$ と言う条件の下での差分微分方程式(1)は**差分積分方程式**

$$x(t)=\int_{-\infty}^t\frac{x(s)-x(s-1)}{s^2+1}ds \tag{2}$$

と同値である．(2)の t の代りに $t-1$ を代入すると，$y(t)=x(t)-x(t-1)$ は積分方程式

$$y(t)=\int_{t-1}^{t}\frac{y(s)}{s^2+1}ds \tag{3}$$

の解である．$|y(t)|\leqq M$ を(3)に代入して

$$|y(t)|\leqq\int_{t-1}^{t}\frac{M}{s^2+1}ds=[M\tan^{-1}s]_{t-1}^{t}=M(\tan^{-1}t-\tan^{-1}(t-1))=M\tan^{-1}\frac{1}{t^2-t+1}$$

$$=M\tan^{-1}\frac{1}{\left(t-\frac{1}{2}\right)^2+\frac{3}{4}}\leqq M\tan^{-1}\frac{4}{3}.$$

$|y(t)|\leqq M$ を(3)に代入すると，$y(t)\leqq M\tan^{-1}\frac{4}{3}$ を得るので，数学的帰納法により，任意の自然数 n に対して

$$|y(t)|\leqq M\left(\tan^{-1}\frac{4}{3}\right)^n \quad (n\geqq 1) \tag{4}$$

を得る．$\frac{4}{3}=1.333\cdots$，林桂一著，「高等函数表（岩波）」の“円及び双曲線関数”の56頁によると $\tan^{-1}\frac{4}{3}<\tan^{-1}1.334=0.9275351<1$ なので，僅かにと言うべきか，遙かにと言うべきか，$\tan^{-1}\frac{4}{3}$ は1より小さく，(4)にて $n\to\infty$ として，$y(t)\equiv 0(-\infty\leqq t\leqq R)$．$R$ は任意なので，$x(t)\equiv x(t-1)\ (-\infty<t<\infty)$．これを(2)に代入して，$x(t)\equiv 0$．ここで読者に心配あり！　数表のない試験場にて $\tan^{-1}\frac{4}{3}<1$ を数表で得ましたと言えるか？　答案にさり気なく書く．間違っていたら，口頭試問の時，感違いしましたと訂正し，合っていたら，私は数表をしばしば見ますので，$\tan^{-1}\frac{4}{3}<1$ は自信を持っていましたと答えなさい．生活の智恵は算術より重要である．

3　章

類題1．$l_1l_2+m_1m_2+n_1n_2$

類題2．$\left(\sum_{i=1}^{n}x_iy_i\right)^2\leqq\left(\sum_{i=1}^{n}x_i^2\right)\left(\sum_{i=1}^{n}y_i^2\right)$ がシュワルツの不等式，他は「新修線形代数」の9章で確かめましょう．

類題3．$\boldsymbol{R}^n$ は前題を真面目に証明すると，内積を持つ線形空間．R^n のコーシー列 $(x^{(\nu)})_{\nu\geqq 1}$ を考え，$x^{(\nu)}=(x_1^{(\nu)}, x_2^{(\nu)},\cdots,x_n^{(\nu)})$ と点を表わす番号 ν を上添字，座標を表わす数字 i を下添字とする．$\nu,\mu\geqq 1$ に対して，$d(x^{(\nu)},x^{(\mu)})=\sqrt{\sum_{i=1}^{n}(x_i^{(\nu)}-x_i^{(\mu)})^2}$ なので，各 i につき，$|x_i^{(\nu)}-x_i^{(\mu)}|\leqq d(x^{(\nu)},x^{(\nu)})\to 0(\nu,\mu\to\infty)$．従って，各数列 $(x_i^{(\nu)})_{\nu\geqq 1}$ は実数のコーシー列であり，5頁の公理より，実数 x_i に収束する．$x=(x_1,x_2,\cdots,x_n)$ とおくと，$d(x^{(\nu)},x)=\sqrt{\sum_{i=1}^{n}(x_i^{(\nu)}-x_i)^2}\to 0(\nu\to\infty)$ なので，点列 $(x^{(\nu)})_{\nu\geqq 1}$ は点 x に収束する．内積を持つ線形空間 $\boldsymbol{R}^n$ は距離空間として完備なので，ヒルベルト空間である．

類題4．$|x_1|,|x_2|,\cdots,|x_n|$ と $|y_1|,|y_2|,\cdots,|y_n|$ の二組に類題2を適用すると，任意の $n\geqq 1$ に対して
$\left(\sum_{i=1}^{n}|x_2y_i|\right)^2\leqq\left(\sum_{i=1}^{n}x_i^2\right)\left(\sum_{i=1}^{n}y_i^2\right)\leqq\left(\sum_{i=1}^{\infty}x_i^2\right)\left(\sum_{i=1}^{\infty}y_i^2\right)$ を得るので，$n\to\infty$ とすると(1)を得る．

類題5．$x=(x_i)\in l^2$ であれば，スカラー α に対して，$\sum_{i=1}^{\infty}(\alpha x_i)^2=\alpha^2\sum_{i=1}^{\infty}x_i^2<\infty$ なので，$\alpha x=(\alpha x_i)\in l^2$．$x=(x_i), y=(y_i)\in l^2$ とすると，前問より $\sum_{i=1}^{\infty}x_iy_i$ は絶対収束しているので，$\sum_{i=1}^{\infty}(x_2+y_i)^2=\sum_{i=1}^{\infty}(x_i^2+2x_iy_i+y_i^2)$ も収束し，$x+y\in l^2$．更に $\langle x,y\rangle=\sum_{i=1}^{\infty}x_iy_i$ も定義出来て，内積の公理を満す．完備性が問題である．$x^{(\nu)}=(x_i^{(\nu)})_{i\geqq 1}$ をコーシー列とすると，各 i につき，$|x_i^{(\nu)}-x_i^{(\mu)}|\leqq d(x^{(\nu)},x^{(\mu)})\to 0(\nu,\mu\to\infty)$ なので，各成分のなす $(x_i^{(\nu)})_{\nu>1}$ は実数のコーシー列であり，実数の連続性公理より，実数 x_i に収束する．$x=(x_i)$ とおく．$d(x^{(\nu)},x^{(\mu)})\to(\nu,\mu\to\infty)$ と言う事は，どんなに小さな正数 ε を取って来ても，それに見合って，番号 ν_0 を大きくすれば，ν_0 番から先は小さく，$d(x^{(\nu)},x^{(\mu)})<\varepsilon(\nu,\mu\geqq\nu_0)$ が成立する．任意の $n\geqq 1$ に対して，$\sqrt{\sum_{i=1}^{n}(x_i^{(\nu)}-x_i^{(\mu)})^2}\leqq d(x^{(\nu)}-x^{(\mu)})<\varepsilon(\nu,\mu\geqq\nu_0)$ をもう一度，シツコク書くと，$\sqrt{\sum_{i=1}^{n}(x_i^{(\nu)}-x_i^{(\mu)})^2}<\varepsilon(\nu,\mu\geqq\nu_0)$．$\mu$ は任意なので，∞ に飛ばして，$\sqrt{\sum_{i=1}^{n}(x_i^{(\nu)}-x_i)^2}\leqq\varepsilon(\nu\geqq\nu_0)$．ここで $n\to\infty$ として，

$\sqrt{\sum_{i=1}^{\infty}(x_i^{(\nu)}-x_i)^2} \leqq \varepsilon(\nu \geqq \nu_0)$. これは，$x \in l^2$ ならば，$d(x^{(\nu)}, x) \to 0(\nu \to \infty)$，即ち，$x^{(\nu)} \to x(\nu \to \infty)$ を意味するが，未だ，$x \in l^2$ を示していない．$\nu > \nu_0$ を一つ定め，任意の n に対して $\sqrt{\sum_{i=1}^{n} x_i^2} \leqq \sqrt{\sum_{i=1}^{n}(x_i - x_i^{(\nu)})^2} + \sqrt{\sum_{i=1}^{n}(x_i^{(\nu)})^2} \leqq \varepsilon + \sqrt{\sum_{i=1}^{\infty}(x_i^{(\nu)})^2}$. n は任意なので ∞ に飛ばして，$\sqrt{\sum_{i=1}^{\infty} x_i^2} \leqq \varepsilon + \sqrt{\sum_{i=1}^{\infty}(x_i^{(\nu)})^2} < +\infty$. 従って，$x \in l^2$. この様にして，$l^2$ は完備な内積を持つ線形空間，即ち，ヒルベルト空間である事を示した．i 番目が 1 で，残りは 0 である数列を e_i としよう．$\sum_{i=1}^{n}\alpha_i e_i = (\alpha_1, \alpha_2, \cdots, \alpha_n, 0, 0, \cdots, 0, \cdots) = 0$ であれば，$\alpha_i = 0$ が得られ，$e_1, e_2, \cdots, e_n, \cdots$ は 1 次独立である．従って l^2 は無限次元のヒルベルト空間である．6 章によると，ヒルベルト空間 H が可算基底を持てば，完全正規直交列 $(e_i)_{i \geqq 1}$ を取り，H の任意の元 x に対して，$\alpha_i = \langle x, e_i \rangle$ とおくと，$\alpha = (\alpha_i) \in l^2$ であって，$x, y \in H$ に対して，$\alpha_i = \langle x, e_i \rangle, \beta_i = \langle y, e_i \rangle, \alpha = (\alpha_i), \beta = (\beta_i)$ は $\langle x, y \rangle = \sum_{i=1}^{\infty}\alpha_i \beta_i$ を満たし，対応 $H \ni x \to \alpha \in l^2$ はヒルベルト空間 H とヒルベルト空間 l^2 の内積を持つ線形空間としての同形対応を与える．それ故，l^2 は無限次元のヒルベルト空間のモデルとして重要である．

類題 6．スカラー $\alpha_0, \alpha_1, \alpha_2, \cdots, a_n$ があって，$\sum_{i=0}^{n}\alpha_i t^i e^{-|t|} \equiv 0$ であれば，$\sum_{i=0}^{n}\alpha_i t^i = 0$. $n+1$ 個の相異なる点 $t_1, t_2, \cdots, t_{n+1}$ を代入すると，$\alpha_0, \alpha_1, \alpha_2, \cdots, \alpha_n$ を未知数とする連立一次方程式を得る．その係数の行列式は，下に示す，有名な**バンデルモンドの行列式**で，$\neq 0$. 従って，$\alpha_0 = \alpha_1 = \cdots = a_n = 0$ となり，一次独立である．「新修線形代数」の 6 章の類題11のバンデルモンドの行列式は，この議論の為にある．

$$\begin{vmatrix} 1 & t_1 & t_1{}^2 & \cdots & t_1{}^n \\ 1 & t_2 & t_2{}^2 & \cdots & t_2{}^n \\ & & \cdots\cdots & & \\ 1 & t_{n+1} & t_{n+1}{}^2 & \cdots & t_{n+1}{}^n \end{vmatrix} = (-1)^{\frac{n(n-1)}{2}} \prod_{i<j}(t_i - t_j) \neq 0$$

類題 7．$|f(\tau)| = \left|\int_a^\tau f'(t)dt\right| \leqq \int_a^\tau |f'(t)|dt \leqq \int_a^b |f'(t)|dt$. シュワルツの不等式より，$|f(\tau)|^2 \leqq \int_a^b dt \int_a^b |f'(t)|^2 dt = (b-a)\int_a^b |f'(t)|^2 dt$.

類題 8．$f_n(t) = \sum_{k=0}^{n}\frac{t^k}{k!}$ に対して，$m > n$ の時 $\|f_m - f_n\| = \sum_{k=n+1}^{m}\frac{1}{k!} \to 0(m > n \to \infty)$ なので（4 章問題 2 の比判定法参照）．$(f_n)_{n \geqq 1}$ はコーシー列である．極限 $f(t) = \sum_{k=0}^{p} a_k t^k$ を持てば，$n \geqq p$ の時，$\|f_n - f\| = \sum_{k=0}^{p}\left|\frac{1}{k!} - a_k\right| + \sum_{k=p+1}^{n}\frac{1}{k!} \to 0(n \to \infty)$ なのに，$\|f_n - f\| \geqq \sum_{k=p+1}^{n}\frac{1}{k!} \geqq \frac{1}{(p+1)!} > 0$ は矛盾である．従って，コーシー列は収束列でなく，多項式全体はバナッハ空間でない．

類題 9．$s = t = 0$ を代入すると，$f(0) = 2f(0)$ より，$f(0) = 0$. 後は，岡山大の問題と同じである．

類題10．s を固定すると，前題より $f(s, t) = tf(s, 1) = t\sin s$.

類題11．$f(t)$ が一点の近傍で可測又は有界なら成立し，非可測な無限個の解があると言う話を福原先生よりお聞きした事があるが，この条件が最弱とは聞かなんだ．

類題12．(i)が成立すれば，$|f(2^{n+1}s) - 2^{n+1}f(s)| \leqq |f(2^n s + 2^n s) - 2f(2^n s)| + 2|f(2^n s) - 2^n f(s)| \leqq C + 2(2^n - 1)C = (2^{n+1} - 1)C$ が成立し，帰納法より，(i)は正しい．$m \geqq n$ であれば $\left|\frac{f(2^m s)}{2^m} - \frac{f(2^{m-1}s)}{2^{m-1}}\right| = \frac{|f(2^{m-1}s + 2^{m-1}s) - 2f(2^{m-1}s)|}{2^m} \leqq \frac{C}{2^m}$ より $\left|\frac{f(2^m s)}{2^m} - \frac{f(2^n s)}{2^n}\right| \leqq \sum_{k=n+1}^{m}\frac{C}{2^k} < \frac{C}{2^n} \to 0(m \geqq n \to \infty)$ なので $\left(\frac{f(2^n s)}{2^n}\right)_{n \geqq 1}$ はコーシー列であり，収束し，$\left|\frac{f(2^n(s+t)) - f(2^n s) - f(2^n t)}{2^n}\right| \leqq \frac{C}{2^n} \to 0(n \to \infty)$ なので，$g(s+t) = g(s) + g(t)$. (i)より $|g(s) - f(s)| \leqq C$.

類題13．類題 9 にて f の連続性がない代りに，(ii),(iii)がある．(i)より，任意の整数 n と有理数 t に対して，$f(nt) = nf(t)$. m を正整数とすると，(ii)より $f(n) = f\left(m \cdot \frac{n}{m}\right) = mf\left(\frac{n}{m}\right)$. (iii)を用いて $f\left(\frac{n}{m}\right) = \frac{f(n)}{m} = \frac{nf(1)}{m} = \frac{n}{m}$.

類題14．$[a, b]$ を p 等分して，$a = t_0 < t_1 < \cdots < t_p = b, \delta = \frac{b-a}{p}$ とおく．$x_i(t)$ の定積分はリーマン和の極限 $\int_a^b x_i(t)dt = \lim_{p \to \infty}\sum_{k=1}^{p} x_i(t_k)\delta$ で与えられるので，不等式 $\left\|\left(\sum_{k=1}^{p} x_1(t_k)\delta, \sum_{k=1}^{p} x_2(t_k)\delta, \cdots, \sum_{k=1}^{p} x_n(t_k)\delta\right)\right\| = \|\sum_{k=1}^{p}(x_1(t_k), x_2(t_k), \cdots, x_n(t_k))\delta\| \leqq \sum_{k=1}^{p}\|(x_1(t_k), x_2(t_k), \cdots, x_n(t_k))\|\delta = \sum_{k=1}^{p}\|x(t_k)\|\delta$ の両辺に $n \to \infty$ とすると，$\left\|\int_a^b x(t)dt\right\| \leqq \int_a^b \|x(t)\|dt$. よく考えると，ノルム空間が完備であれば，この不等式は，任意のノルムについて，成立している．上の証明では，ノルム

の公理と一様連続性（12章問題7参照）しか用いていないからである．

Exercise 1　シュワルツの不等式を用い，次に第二の積分には変数変換 $\tau=t-s$ を施して

$$|x*y(t_0)|^2 \leqq \left(\int_{-\infty}^{+\infty} x^2(s)\,ds\right)\left(\int_{-\infty}^{+\infty} y^2(t-s)\,ds\right)=\left(\int_{-\infty}^{+\infty} x^2(s)\,ds\right)\left(\int_{-\infty}^{+\infty} y^2(\tau)\,d\tau\right)<+\infty.$$

$t=t_0$ にて，$x*y(t)$ が連続である事を示すには，各件反射的に，差

$$x*y(t)-x*y(t_0)=\int_{-\infty}^{+\infty} x(s)(y(t-s)-y(t_0-s))\,ds$$

を作り，シュワルツの不等式を適用し，第二の積分には変数変換 $\tau=t_0-s,\ t-s=t-t_0+\tau$ を施して

$$|x*y(t)-x*y(t_0)| \leqq \left(\int_{-\infty}^{+\infty} x^2(s)\,ds\right)\left(\int_{-\infty}^{+\infty} (y(\tau+t-t_0)-y(\tau))^2\,d\tau\right) \tag{3}$$

を得る．ここからは，テクニクを要する．$\int_{-\infty}^{+\infty} y^2(\tau)\,d\tau=\lim_{T\to\infty}\int_{-T}^{T} y^2(\tau)\,d\tau$ なので，任意の正数 ε に対して，正数 T があり，その差は小さく，$A=\int_{-\infty}^{+\infty} x^2(s)\,ds+1$ に対して

$$\int_{|t|\geqq T} y^2(\tau)\,d\tau<\frac{\varepsilon}{8A} \tag{4}.$$

有限な閉区間 $[-3T,3T]$ では，連続関数 $y(\tau)$ は一様連続であって（6章の問題4参照），上の $\varepsilon>0$ に対して，T より小さな δ があって，

$$|y(s)-y(t)|<\sqrt{\frac{\varepsilon}{8AT}}\quad (s,t\in[-3T,3T],\ |s-t|<\delta) \tag{5}.$$

$|t|>2T$ 上の積分はノルムの性質を持ち，$\tau\in[-2T,2T],\ |t-t_0|<\delta$ ならば $\tau+t-t_0\in[-3T,3T]$ なので，(5)より $|y(\tau+t-t_0)-y(\tau)|<\sqrt{\frac{\varepsilon}{8AT}}$ が成立する．従って，$|t-t_0|<\delta$ であれば

$$\int_{-\infty}^{+\infty}(y(\tau+t-t_0)-y(\tau))^2\,d\tau=\int_{|t|\geqq 2T}(y(\tau+t-t_0)-y(\tau))^2\,d\tau+\int_{|t|\leqq 2T}(y(\tau+t-t_0)-y(\tau))^2\,d\tau,$$

$$\sqrt{\int_{|t|\geqq 2T}(y(\tau+t-t_0)-y(\tau))^2\,d\tau}\leqq\sqrt{\int_{|t|\geqq 2T}y^2(\tau+t-t_0)\,d\tau}+\sqrt{\int_{|t|\geqq 2T}y^2(\tau)\,d\tau}\leqq 2\sqrt{\int_{|t|\geqq T}y^2(\tau)\,d\tau}<\sqrt{\frac{\varepsilon}{2A}},$$

$$\int_{|t|\leqq 2T}(y(\tau+t-t_0)-y(\tau))^2\,d\tau<\frac{\varepsilon}{8AT}\cdot 4T<\frac{\varepsilon}{2A}$$

を得るので，これを(3)に代入して，$|x*y(t)-x*y(t_0)|<\varepsilon\ (|t-t_0|<\delta)$ となり，$x*y$ は連続である．$x*y$ を x と y との**畳み込み**と言う．この様に，無限積分を小にするには，積分範囲を有限な $[-2T,2T]$ とその外に分け，後者は T を大にして小，前者は $t-t_0$ を小にして小にすると言う上のテクニクを身に着ければ，積分論は恐くない．

Exercise 2　定義(1)と部分積分を二回用いると，$x,y\in\Gamma$ に対して

$$\langle Lx,y\rangle=\int_a^b p(t)\frac{d^2x(t)}{dt^2}y(t)\,dt+\int_a^b\frac{dp(t)}{dt}\frac{dx(t)}{dt}y(t)\,dt$$

$$=\left[p(t)y(t)\frac{dx(t)}{dt}\right]_a^b-\int_a^b\frac{dx(t)}{dt}\frac{d}{dt}(p(t)y(t))\,dt+\left[\frac{dp(t)}{dt}y(t)x(t)\right]_a^b-\int_a^b x(t)\frac{d}{dt}\left(\frac{dp(t)}{dt}y(t)\right)dt$$

$$=-\int_a^b\frac{dx(t)}{dt}\left(p(t)\frac{dy(t)}{dt}+\frac{dp(t)}{dt}y(t)\right)dt-\int_a^b x(t)\left(\frac{dp(t)}{dt}\frac{dy(t)}{dt}+\frac{d^2p(t)}{dt^2}y(t)\right)dt$$

$$=-\left[x(t)\left(p(t)\frac{dy(t)}{dt}+\frac{dp(t)}{dt}y(t)\right)\right]_a^b+\int_a^b x(t)\left(\frac{d}{dt}\left(p(t)\frac{dy(t)}{dt}+\frac{dp(t)}{dt}y(t)\right)-\left(\frac{dp(t)}{dt}\frac{dy(t)}{dt}+\frac{dp^2(t)}{dt^2}y(t)\right)\right)dt$$

$$=\int_a^b x(t)\left(p(t)\frac{d^2y(t)}{dt^2}+\frac{dp(t)}{dt}\frac{dy(t)}{dt}\right)dt=\langle x,Ly\rangle. \tag{6}$$

λ_i が固有値で，x_i が固有関数である事の定義は，線形代数同様，$x_i\neq 0$ で，$Lx_i=\lambda_i x_i$．すると，「新修線形代数」の12章を全く真似て

$$(\lambda_1-\lambda_2)\langle x_1,x_2\rangle=\langle\lambda_1x_1,x_2\rangle-\langle x_1,\lambda_2x_2\rangle=\langle Lx_1,x_2\rangle-\langle x_1,Lx_2\rangle=0$$

となり，$\lambda_1-\lambda_2\neq 0$ なので，$\langle x_1, x_2\rangle=0$．$\lambda$ が L の固有値であると言う事は，$x(t)\neq 0$ があって，$Lx=\lambda x$．(6)の計算を途中迄，$y=x$ の時，蒸し返し，その第一の積分のみ，一回部分積分すると

$$\lambda\langle x, x\rangle=\langle\lambda x, x\rangle=\langle Lx, x\rangle=-\int_a^b p(t)\left(\frac{dx(t)}{dt}\right)^2 dt\leqq 0$$

$\langle x, x\rangle>0$ なので，$\lambda\geqq 0$．(イ)は部分積分の腕力，(ロ)と(ハ)は線形代数を学びて，時に之を習う，又楽しからずや．

4　章

類題 1．$SO(2)$ の元 $X=\begin{pmatrix}\cos t & -\sin t\\ \sin t & \cos t\end{pmatrix}$ に対して，問題 5 の(11)より，$A=\begin{pmatrix}0 & -1\\ 1 & 0\end{pmatrix}$ に対し，$\exp(tA)=X$．

類題 2．$f(t)=e^t$ とすると，$f^{(k)}(t)=e^t$ なので，任意の正数 a に対して $-a\leqq t\leqq a$ にて，$|f^{(k)}(t)|\leqq e^a$．問題 3 の基-5 より(1)の右辺は $[-a, a]$ で絶対かつ一様収束する．a は任意なので，すべての t に対して，(1)が成立する．(1)に $t=1$ を代入して

$$\sum_{k=0}^{n}\frac{1}{k!}<e=\sum_{k=0}^{\infty}\frac{1}{k!}=\sum_{k=0}^{n}\frac{1}{k!}+\sum_{k=n+1}^{\infty}\frac{1}{k!}<\sum_{k=0}^{n}\frac{1}{k!}+\frac{1}{n!}\sum_{j=1}^{\infty}\frac{1}{(n+1)j}=\sum_{k=0}^{n}\frac{1}{k!}+\frac{1}{n!n}.$$

e が有理数 $\dfrac{m}{n}$ に等しければ，(2)の両辺に $n!$ を掛けると，自然数 $(n-1)!m-\sum_{k=0}^{n}\dfrac{n!}{k!}$ が 0 と $\dfrac{1}{n}$ に狭まれ，矛盾である．

類題 3．$\cos t, \sin t$ を次々と微分して行くと，夫々，$-\sin t, \cos t$；$-\cos t, -\sin t$；$\sin t$，$-\cos t$；$\cos t, \sin t$ に戻るので，任意次数の微係数の絶対値 $\leqq 1$．問題 3 の基-5 を用い，前題と同様にして，任意の t に対して

$$\cos t=1-\frac{t^2}{2!}+\frac{t^4}{4!}-\cdots \quad (3), \qquad \sin t=t-\frac{t^3}{3!}+\frac{t^5}{5!}-\cdots \quad (4)$$

を得，これらは絶対収束している．なお $\dfrac{\sin t}{t}$ の極限を求めるのは，$\sin t$ の定義の仕方によろうが，$\sin t$ の展開を用いるのは関数論ならよいが，教養の数学では，微分等の公式は極限から導くので，チョット問題．

類題 4．上の(3),(4)より $\cos t+\sin t=1+t-\dfrac{t^2}{2!}-\dfrac{t^3}{3!}+\dfrac{t^4}{4!}+\dfrac{t^5}{5!}-\cdots$．

類題 5．確率変数 T が値 $k=0, 1, 2, \cdots$ しか取らず，その確率が

$$P(T=k)=e^{-\mu}\frac{\mu^k}{k!} \tag{1}$$

で与えられる，離散型分布を**ポアソン分布**と言う．その**積率母関数** $\varphi(\theta)$ の定義は，$e^{\theta t}$ の**期待値**であって，

$$\varphi(\theta)=E(e^{\theta t})=\sum_{k=0}^{\infty}e^{k\theta}e^{-\mu}\frac{\mu^k}{k!}=e^{-\mu}\sum_{k=0}^{\infty}\frac{(\mu e^\theta)^k}{k!}=e^{-\mu}e^{\mu e^\theta}=e^{\mu(e^\theta-1)} \tag{2}$$

で与えられ，かつ，求められる．これは類題 2 の(1)の直接的応用に過ぎず，解析学の一応用と考えれば，簡単で，何も悩む事はない．有限個の**定義だけ覚えればよい**．

類題 6．$x=A\cos\left(\dfrac{2\pi t}{T}+\omega\right)$, $\dfrac{dx}{dt}=\dfrac{-2\pi A}{T}\sin\left(\dfrac{2\pi t}{T}+\omega\right)$, $\dfrac{d^2x}{dt^2}=\dfrac{-4\pi^2 A}{T^2}\cos\left(\dfrac{2\pi t}{T}+\omega\right)$
であるから，A に比例し，T^2 に反比例する．

類題 7．(1),(2)，加法定理，問題 5 の(5)を用いると，(3)より

$$a_n\cos\frac{n\pi x}{l}+b_n\sin\frac{n\pi x}{l}=\frac{1}{l}\int_{-l}^{l}g(t)\left(\cos\frac{n\pi t}{l}\cos\frac{n\pi x}{l}+\sin\frac{n\pi t}{l}\sin\frac{n\pi x}{l}\right)dt$$

$$=\frac{1}{l}\int_{-l}^{l}g(t)\cos\frac{n\pi(t-x)}{l}dt=\frac{1}{l}\int_{-l}^{l}g(t)\frac{\exp\left(\frac{in\pi(t-x)}{l}\right)+\exp\left(-\frac{in\pi(t-x)}{l}\right)}{2}dt$$

$$=c_{-n}\exp\left(-\frac{in\pi x}{l}\right)+c_n\exp\left(\frac{in\pi x}{l}\right).$$

類題 8．$x=e^{at}$ が(1)の解である為の必要十分条件は，a が特性方程式と呼ばれる二次方程式 $a^2-3a+2=(a-1)(a-2)=0$ の解 $a=1,2$ である事である．夫々に対応する解の一次結合，$x=Ae^t+Be^{2t}$ は，任意定数を二つ，A,B と含む解，即ち，(1)の一般解である．次に，(2)の特性方程式 $a^2+2a+2=0$ の解 $a=-1\pm i$ は虚根である．$x=e^{(-1+i)t}$ と $e^{(-1-i)t}$ が(2)の解であるから，その一次結合 $x=\dfrac{e^{(-1+i)t}+e^{(-1-i)t}}{2}=e^{-t}\dfrac{e^{it}+e^{-it}}{2}=e^{-t}\cos t$, $x=\dfrac{e^{(-1+i)t}-e^{(-1-i)t}}{2i}=e^{-t}\dfrac{e^{it}-e^{-it}}{2i}=e^{-t}\sin t$，も(2)の解である．従って，(2)の一般解は $x=e^{-t}(A\cos t+B\sin t)$ （A,B は任意定数）で与えられる．

類題 9．先ず，$\dfrac{dy}{dt}+P(t)y=Q(t)$ は線形微分方程式と呼ばれ，求積法で次の様に求まる．$\dfrac{d}{dt}(e^{\int P(t)dt}y)=e^{\int P(t)dt}\dfrac{dy}{dt}+y\dfrac{d}{dt}(e^{\int Pdt})=e^{\int Pdt}\left(\dfrac{dy}{dt}+Py\right)=Qe^{\int Pdt}$ より $e^{\int P(t)dt}y=\int Qe^{\int Pdt}dt+C$ 従って $y=e^{-\int Pdt}\left(\int Qe^{\int Pdt}dt+C\right)$（$C$ は任意定数）が一般解です．$\int Pdt$ は二つありますが，共に，P の同じ原始関数．$y=x^n$ と従属変数の変換をすると，$\dfrac{dx}{dt}+\dfrac{P}{n}x=\dfrac{x^{1-n}}{n}Q$ となりますが，これは**ベルヌーイ型**と呼ばれ，$y=x^n$ とすると，線形となります．さて，本題では，$y=x^{-1}$ とおくと，線形 $\dfrac{dy}{dt}+\dfrac{y}{t}=-\dfrac{1}{t^2}$．上の公式にて，$P=\dfrac{1}{t}$, $Q=-\dfrac{1}{t^2}$ とおいて，$\int Pdt=\log t$, $e^{\int Pdt}=t$, $\int Qe^{\int Pdt}dt=\int\left(-\dfrac{1}{t}\right)dt=-\log t$．$y=\dfrac{1}{t}(-\log t+C)$, $x=\dfrac{t}{C-\log t}$（C は任意定数）が一般解．これはベルヌーイ型の微分方程式の出題です．

類題10．$\dfrac{dx}{dt}-\dfrac{x}{t}=te^t$ なので，これは，線形の初期値問題です．$P=\dfrac{-1}{t}$, $Q=te^t$ より $\int Pdt=-\log t$, $e^{\int Pdt}=\dfrac{1}{t}$, $\int e^{\int Pdt}Qdt=\int e^t dt=e^t$．公式(14)より，$x=e^{-\int Pdx}(\int e^{\int Pdx}Qdx+C)=te^t+Ct$（$C$ は任意定数）は一般解．$t=1$ の時，$x=C+e=0$ より，$x=te^t-et$ が求める解です．これは，線形微分方程式の出題です．

類題11．一見難しそうですが，変数分離形，紛れもなく，高校のカリキュラムです．

$$\int\frac{\sin x}{\cos^2 x}dx=\int\frac{dt}{\cos^2 t}\ \text{より}\ \frac{1}{\cos x}=\tan t+C\ (C\ \text{は任意定数}).$$

類題12．一般に，(n,l) 行列値関数 $A(t)=(a_{ij}(t))$ と (l,m) 行列値関数 $B(t)=(b_{ik}(t))$ の積 $C(t)=(c_{ik}(t))$ は (n,m) 行列値関数で，$c_{ik}(t)=\sum_{j=1}^{l}a_{ij}(t)b_{jk}(t)$ は線形代数で学びましたね．線形代数を，純粋培養的に，線形代数の中でだけ学んでは，井の中の蛙，実力は一つもつきません．この様に，異なる分野との結びつきを学びましょう．$\dfrac{dA(t)}{dt}=\left(\dfrac{da_{ij}(t)}{dt}\right)$ と約束します．さて，積の微分法より，$\dfrac{d}{dt}c_{ik}=\sum_{j=1}^{l}\dfrac{d}{dt}(a_{ij}(t)b_{ik}(t))=\sum_{j=1}^{l}\dfrac{da_{ij}(t)}{dt}b_{jk}(t)+\sum_{j=1}^{l}a_{ij}(t)\dfrac{db_{jk}(t)}{dt}$, $\dfrac{d}{dt}C(t)=\dfrac{dA(t)}{dt}B(t)+A(t)\dfrac{dB(t)}{dt}$ とスカラーの場合の微分の法則が行列の場合にも成立します．ただし，可換でないので注意しましょう．さて n 次の正方行列 $A(t)$ が正則であれば，単位行列 I に対して，$AA^{-1}=A^{-1}A=I$．両辺を上の法則により，t で微分すると

$$\frac{dA}{dt}A^{-1}+A\frac{dA^{-1}}{dt}=\frac{dA^{-1}}{dt}A+A^{-1}\frac{dA}{dt}=0\ \text{より，}\ \frac{dA^{-1}}{dt}=-A^{-1}\frac{dA}{dt}A^{-1}.$$

類題13．同次方程式の特性方程式 $a^2+a-6=(a+3)(a-2)=0$ の解は $a=-3,2$．特解は公式(12)により $\dfrac{e^t}{1^2+1-6}=-\dfrac{e^t}{4}$．従って，一般解 $x=C_1e^{-3t}+C_2e^{2t}-\dfrac{e^t}{4}$（$C_1,C_2$ は任意定数）．

類題14．類題 8 より，余関数は，夫々，$C_1e^t+C_2e^{2t}$ と $e^{-t}(C_1\cos t+C_2\sin t)$．$e^{it}=\cos t+i\sin t$ に注意すると，$\ddot{x}-3\dot{x}+2x=e^{it}$ の特解 $\dfrac{e^{it}}{i^2-3i+2}=\dfrac{e^{it}}{1-3i}=\dfrac{(1+3i)e^{it}}{(1+3i)(1-3i)}=\dfrac{(1+3i)(\cos t+i\sin t)}{1-9i^2}=\dfrac{\cos t-3\sin t}{10}+i\dfrac{3\cos t+\sin t}{10}$ の虚部が $\ddot{x}-3\dot{x}+2x=\sin t$ の特解であり，その一般解は $x=C_1e^t+C_2e^{2t}+\dfrac{\cos t-3\sin t}{10}$（$C_1,C_2$ は任意定数）．$2e^{(1+i)t}=2e^t\cos t+2ie^t\sin t$ に注意すると，$\ddot{x}+2\dot{x}+2x=2e^{(1+i)t}$ の特解 $\dfrac{2e^{(1+i)t}}{(1+i)^2+2(1+i)+2}=\dfrac{e^{(1+i)t}}{2(1+i)}=\dfrac{(1-i)e^t(\cos t+i\sin t)}{2(1-i)(1+i)}=\dfrac{e^t(\cos t+\sin t)}{4}+i\dfrac{e^t(\sin t-\cos t)}{4}$ の実部が $\ddot{x}+2x\cdot+2x=2e^t\cos t$ の特解であり，その一般

解は $x=e^{-t}(C_1\cos t+C_2\sin t)+\dfrac{e^t(\cos t+\sin t)}{4}$.

Exercise 1　同次方程式の特性方程式 $ma^2+pa+q=0$ の解は $a=\dfrac{-p\pm\sqrt{p^2-4mq}}{2m}$. 判別式$=p^2-4mq<0$ の時は，虚根 $-\alpha\pm i\beta(\alpha>0)$. 特解$=\dfrac{mge^{0t}}{m0^2+p0+q}=\dfrac{mg}{q}$ なので，一般解は $x=\dfrac{mg}{q}+e^{-\alpha t}(C_1\cos\beta t+C_2\sin\beta t)$（$C_1, C_2$ は任意定数）なので A の様に減衰振動する．判別式$=p^2-4mq=0$ の時は $p=-\alpha(\alpha>0)$ が二重根なので $x=\dfrac{mg}{q}+(C_1+C_2t)e^{-\alpha t}$($C_1, C_2$ は任意定数) が一般解であり，B の様に行動する判別式$=p^2-4mq>0$ の時は，二実根を持ち，$x=\dfrac{mg}{q}+\left(C_1e^{\frac{-p-\sqrt{p^2-4mq}}{2m}t}+C_2e^{\frac{-p+\sqrt{p^2-4mq}}{2m}t}\right)$ が一般解である．

Exercise 2　$X=\begin{pmatrix}x & 0\\0 & x\end{pmatrix}=xI$ と $Y=\begin{pmatrix}0 & -y\\y & 0\end{pmatrix}=yA, A=\begin{pmatrix}0 & -1\\1 & 0\end{pmatrix}$ とは可換なので，問題 6 を用いて $e^Z=e^{X+Y}=e^Xe^Y$ を得，問題 5 を用いて $e^Y=e^{yA}=\begin{pmatrix}\cos y & -\sin y\\\sin y & \cos y\end{pmatrix}$. $e^X=\sum_{k=0}^{\infty}\dfrac{x^kI^k}{k!}=\left(\sum_{k=0}^{\infty}\dfrac{x^k}{k!}\right)I=e^xI$ なので $e^Z=\begin{pmatrix}e^x\cos y & -e^x\sin y\\e^x\sin y & e^x\cos y\end{pmatrix}$.

Exercise 3　(1)が $y_0=B_1\cos t+B_2\sin t, z_0=D_1\cos t+D_2\sin t$ なる特解を持つ為には，これらを(1)に代入して $B_1=D_2=0, B_2=D_1=1$. $u=y-y_0, v=z-z_0$ とし，$\boldsymbol{x}=\begin{pmatrix}u\\v\end{pmatrix}, A=\begin{pmatrix}1 & 1\\-1 & 1\end{pmatrix}$ とおくと，(1)は $\dfrac{d\boldsymbol{x}}{dt}=A\boldsymbol{x}$ と同値である．類題12で解説した，行列値関数の積の微分の法則と問題 6 より

$$\frac{d}{dt}(e^{-At}\boldsymbol{x})=\left(\frac{d}{dt}e^{-At}\right)\boldsymbol{x}+e^{-At}\frac{d\boldsymbol{x}}{dt}=-Ae^{-At}\boldsymbol{x}+e^{-At}A\boldsymbol{x}=e^{-At}\left(-A\boldsymbol{x}+\frac{d\boldsymbol{x}}{dt}\right)=0$$

が成立し，ベクトル $e^{-At}x$ は各成分が定数なので，$e^{-At}\boldsymbol{x}=\begin{pmatrix}C_1\\C_2\end{pmatrix}$. 故に $\begin{pmatrix}y\\z\end{pmatrix}=\begin{pmatrix}y_0\\z_0\end{pmatrix}+e^{At}\begin{pmatrix}C_1\\C_2\end{pmatrix}$. ここでE－2を用いて，

$$\begin{pmatrix}y\\z\end{pmatrix}=\begin{pmatrix}C_1e^t\cos t+C_2e^t\sin t+\sin t\\C_2e^t\cos t-C_1e^t\sin t+\cos t\end{pmatrix}$$（C_1, C_2 は任意定数）なる一般解を得る．

これは高級な解法であるが，手品みたいにと思われる読者に，より露骨な解法を被露しよう．面倒なので $D=\dfrac{d}{dt}$ と略記すると，(1)は $(D-1)y-z=-\sin t, y+(D-1)z=-\cos t$. D が数であれば，連立方程式なので，心の中では D は微分と思いながらも，計算の面では，加減法による．第一式に $D-1$ を掛けて $(D-1)^2y-(D-1)z=-(D-1)\sin t=-\cos t+\sin t$. これと第二式と加えると z が消え，$(D-1)^2y+y=-2\cos t+\sin t$. $(D-1)^2y+y=e^{it}=\cos t+i\sin t$ の特解 $\dfrac{e^{it}}{(i-1)^2+1}=\dfrac{e^{it}}{1-2i}=\dfrac{(1+2i)e^{it}}{(1+2i)(1-2i)}=\dfrac{\cos t-2\sin t}{5}+i\dfrac{2\cos t+\sin t}{5}$ の実部 $\dfrac{\cos t-2\sin t}{5}$ が $(D-1)^2y+y=\cos t$ の特解である．虚部 $\dfrac{2\cos t+\sin t}{5}$ が $(D-1)^2y+y=\sin t$ の特解である．係数を同じくする一次結合，$-2\dfrac{\cos t-2\sin t}{5}+\dfrac{2\cos t+\sin t}{5}=\sin t$ が $(D-1)^2y+y=-2\cos t+\sin t$ の特解である．特性方程式 $(a-1)^2+1=0$ の解 $1\pm i$ は余関数 $e^t(C_1\cos t+C_2\sin t)$ を与えるので，一般解 $y=e^t(C_1\cos t+C_2\sin t)+\sin t$，これを $z=(D-1)y+\sin t$ に代入して $z=e^t(C_2\cos t-C_1\sin t)+\cos t$.

5　章

類題 1．指数関数の値が負になる等，高校では夢想，だに，すら，さえ，しなかったが，オイラーの公式より $e^{\pi i}=\cos\pi+i\sin\pi=-1$. $e^{\pi i}=-1$ は今後よく用います．

類題 2．公式(5)より $x+\dfrac{1}{x}=2\cos\theta=e^{i\theta}+e^{-i\theta}$. $x^2-(e^{i\theta}+e^{-i\theta})x+1=(x-e^{i\theta})(x-e^{-i\theta})=0$ より，$x=e^{\pm i\theta}$. 公式(5)より，$x^n+x^{-n}=e^{\pm in\theta}+e^{\mp in\theta}=2\cos(\pm n\theta)=2\cos n\theta$.

類題 3．ある年，九大の（教養への）入学試験の採点をしていて，ふと横をみたら，留学生向けの別誂えの問題に本類題があった事を思い出した．大学入試よりずっと易しくしないで，大学のカリキュラムから出題採点出来る人は

いないのか．ド・モアブルの公式の応用で，複雑だが，完全に，高校旧カリキュラムである．分母と分子は互に共役なので，絶対値=1．偏角$=\theta$を出せば，$e^{in\theta}=\cos\theta+i\sin\theta$となる事が一目で分る読者が多いと思う．$(1+\cos\theta)^2+\sin^2\theta=4\cos^2\frac{\theta}{2}$, $\frac{\sin\theta}{1+\cos\theta}=\tan\frac{\theta}{2}$．従って極形式$=1+\cos\theta\pm i\sin\theta=2\cos\frac{\theta}{2}e^{\pm\frac{\theta}{2}i}$．よって$\left(\frac{1+\cos\theta+i\sin\theta}{1+\cos\theta-i\sin\theta}\right)^n=\left(\frac{2\cos\frac{\theta}{2}e^{i\frac{\theta}{2}}}{2\cos\frac{\theta}{2}e^{-i\frac{\theta}{2}}}\right)^n=(e^{i\theta})^n=e^{in\theta}=\cos n\theta+i\sin n\theta$．この出題委員に取り，三角関数のこの計算が，最高らしい．3章の問題4の解説の終りの方をもう一度読まれたい．学士様の卵を微積のない三角でテストするとは無体な．

類題 4．$\int_{-\infty}^{+\infty}e^{-x^2}e^{ixt}dt=\int_{-\infty}^{+\infty}e^{-\left(x-\frac{it}{2}\right)^2-\frac{t^2}{4}}=e^{-\frac{t^2}{4}}\int_{-\infty}^{+\infty}e^{-\left(x-\frac{it}{2}\right)^2}dx$にて変数変換$y=x-\frac{it}{2}$を施して(1)を得る（9章の問題1参照)．この問題は$g(t)=\int_{-\infty}^{+\infty}f(x,t)\,dx$, $f(x,t)=e^{-x^2}\cos xt$, $f_t=-xe^{-x^2}\sin xt$, $|f_t|\leqq|xe^{-x^2}|$, $\int_{-\infty}^{+\infty}|xe^{-x^2}|dx<\infty$なので，5章の問題2で解説する様に，積分記号内で微分し，次に，部分積分して

$$g'(t)=-\int_{-\infty}^{+\infty}xe^{-x^2}\sin xtdx=\left[\frac{e^{-x^2}}{2}\sin xt\right]_{x=-\infty}^{x=+\infty}-\frac{t}{2}\int_{-\infty}^{+\infty}e^{-x^2}\cos xtdx=-\frac{t}{2}g(t)$$

より$\int_0^t\frac{g'(s)}{g(s)}ds=\int_0^t\left(-\frac{s}{2}\right)ds=-\frac{t^2}{4}$．故に，$g(t)=g(0)e^{-\frac{t^2}{4}}$が題意であったが，この別解を追求したものである．

類題 5．$\int_{-\pi}^{\pi}f(t)\cos ntdt=-\frac{1}{n}\int_{-\pi}^{\pi}f'(t)\sin ntdt$, $\int_{-\pi}^{\pi}f(t)\sin ntdt=\frac{1}{n}\int_{-\pi}^{\pi}f'(t)\cos ntdt$．$f$が$C^m$級の時，即ち，$m$次迄の導関数が存在して連続な時，数学的帰納法により，$1\leqq 2k-1\leqq 2k\leqq m$の時，部分積分を用いて

$$\int_{-\pi}^{\pi}f(t)\cos ntdt=\frac{(-1)^k}{n^{2k-1}}\int_{-\pi}^{\pi}f^{(2k-1)}(t)\sin ntdt=\frac{(-1)^k}{n^{2k}}\int_{-\pi}^{\pi}f^{(2k)}(t)\cos ntdt$$

$$\int_{-\pi}^{\pi}f(t)\sin ntdt=\frac{(-1)^{k-1}}{n^{2k-1}}\int_{-\pi}^{\pi}f^{(2k-1)}(t)\cos ntdt=\frac{(-1)^k}{n^{2k}}\int_{-\pi}^{\pi}f^{(2k)}(t)\sin ntdt$$

を得るので，両辺をπで割れば，フーリエ係数の関係式を得る．

類題 6．(1)と上の式より$\lim_{n\to\infty}|n^m a_n|=\lim_{n\to\infty}|n^m a_n|=\lim_{n\to\infty}\left|\int_{-\pi}^{\pi}f^{(m)}(t)\cos nt(\text{又は}\sin nt)\,dt\right|=0$.

類題 7．周期2πの関数$f(x)=\pi\cos\alpha x(0<x<2\pi)$のフーリエ係数は

$$a_k=\frac{1}{\pi}\int_0^{2\pi}f(t)\cos ktdt=\int_0^{2\pi}\cos\alpha t\cos ktdt=\int_0^{2\pi}\frac{\cos(k+\alpha)t+\cos(k-\alpha)t}{2}dt=\left[\frac{1}{2}\left(\frac{\sin(k+\alpha)t}{k+\alpha}+\frac{\sin(k-\alpha)t}{k-\alpha}\right)\right]_0^{2\pi}$$

$$=\frac{1}{2}\left(\frac{\sin2(k+\alpha)\pi}{k+\alpha}+\frac{\sin2(k-\alpha)\pi}{k-\alpha}\right)=\frac{1}{2}\left(\frac{\sin2\alpha\pi}{k+\alpha}-\frac{\sin2\alpha\pi}{k-\alpha}\right)=\frac{\alpha\sin2\alpha\pi}{\alpha^2-k^2}$$ ($k\geqq1$, 計算は$k=0$でも可).

$$b_k=\frac{1}{\pi}\int_0^{2\pi}f(t)\sin ktdt=\int_0^{2\pi}\cos\alpha t\sin ktdt=\int_0^{2\pi}\frac{\sin(k+\alpha)t+\sin(k-\alpha)t}{2}dt=\left[\frac{-1}{2}\left(\frac{\cos(k+\alpha)t}{k+\alpha}+\frac{\cos(k-\alpha)t}{k-\alpha}\right)\right]_0^{2\pi}$$

$$=\frac{1}{2}\left(\frac{1}{k+\alpha}+\frac{1}{k-\alpha}-\frac{\cos2(k+\alpha)\pi}{k+\alpha}-\frac{\cos2(k-\alpha)\pi}{k-\alpha}\right)=\frac{k(\cos2\alpha\pi-1)}{\alpha^2-k^2}.$$

類題 8．類題7にて，$-2\pi<x<0$の時は$f(x)=f(2\pi+x)=\pi\cos\alpha(x+2\pi)$なので$f(-0)=\pi\cos2\alpha\pi$．不連続点$x=0$にて，問題3の基-2を適用し

$$\frac{\sin2\alpha\pi}{2\alpha}+\sum_{k=1}^{\infty}\frac{\alpha\sin2\alpha\pi}{\alpha^2-k^2}=\frac{f(+0)+f(-0)}{2}=\frac{\pi(1+\cos2\alpha\pi)}{2}=\pi\cos^2\alpha\pi,\ \sum_{k=1}^{\infty}\frac{1}{\alpha^2-k^2}=\frac{\pi\cot\alpha\pi}{2\alpha}-\frac{1}{2\alpha^2}.$$

Exercise 1　$(c_k)_{k\geqq1}$は有界なので，$\exists M>0$；$|c_k|\leqq M(\forall k\geqq1)$．$\forall a>0$固定．$t\geqq a, 0\leqq x\leqq\pi$において(1)を$t$について$m$回，$x$について$n$回，微分して得られる級数の一般項の絶対値は，$Mk^{2m+n}e^{-ak^2}$で押えられる．その第$(k+1)$項を$k$項で割った比$\left(1+\frac{1}{k}\right)^{2m+n}e^{-2ak-a}\to0(k\to\infty)$であるから，前章の問題3の基-3より，その級数は$[a,\infty)$で絶対かつ一様収束する．同じく，基-2より，級数(1)はx並びにtについて何回でも，項別微分が許される．

$$u_t=\sum_{k=1}^{\infty}(-k^2c_k)e^{-k^2}\sin kx,\ u_x=\sum_{k=1}^{\infty}kc_ke^{-k^2t}\cos kx,\ u_{xx}=\sum_{k=1}^{\infty}(-k^2c_k)e^{-k^2t}\sin kx$$

より(3)を得る．

Exercise 2　$u(x,t)=u(t)v(x)$ なる変数分離形の解があれば，$\frac{\partial^2 u}{\partial t^2}=u''(t)v(x)$, $\frac{\partial^2 u}{\partial x^2}=u(t)v''(x)$ なので(1)より，$u''(t)v(x)=u(t)v''(x)$. $\frac{u''(t)}{u(t)}=\frac{v''(x)}{v(x)}=t$ だけの関数であり，x だけの関数=定数 c. u と v は同じ型の $u''(t)-cu(t)=0$, $v''(x)-cv(x)=0$ の解．$c=a^2(a>0)$ であれば特性方程式の解は $\pm a$. $u(t)=Ae^{-at}+Be^{at}$, $v(x)=Ce^{-at}+De^{ax}$ が一般解．$u_t(0,x)=u'(0)v(x)=a(B-A)v(x)=0$ より，$A=B$, 又は，$C=D=0$. 更に，$u(t,0)=(C+D)u(t)\equiv 0$, $u(t,\pi)=(Ce^{-\pi}+De^{\pi})u(t)\equiv 0$ より，$C=D=0$ でなければ，$u(t)\equiv 0$, いずれにせよ，$u(x,t)\equiv 0$ となる．$c=0$ であれば，特性方程式は 2 重根 0 を持ち，$u(t)=A+Bt$, $v(x)=C+Dx$ が一般解．この場合も，条件(2),(3)より，$u(x,t)\equiv 0$. $C=-\omega^2(\omega>0)$ の場合，特性方程式は虚根 $\pm\omega i$ を持つので，$u(t)=A\cos\omega t+B\sin\omega t$, $v(x)=C\cos\omega x+D\sin\omega x$ が一般解．$u_t(0,x)=u'(0)v(x)=\omega Bv(x)\equiv 0$ より，$u\not\equiv 0$ なる解があるのは，$B=0$, $u(t,0)=AC\cos\omega t\equiv 0$, $u(t,\pi)=AD\sin\omega\pi\cos\omega t\equiv 0$ より，$u\not\equiv 0$ なる解があるのは，$A\neq 0, C=0, \omega=$整数 n の時のみである．結局，$\omega=$自然数 n に対する $u_n(t,x)=c_n\cos nt\sin nx$ のみが $u_t(0,x)=u(t,0)=u(t,\pi)=0$ を満す，変数分離形の，解 $u(t,x)\not\equiv 0$ を与える．これを無限に重ねた

$$u(t,x)=\sum_{n=1}^{\infty}c_n\cos nt\sin nx \tag{4}$$

も，(1)の**形式解**，即ち，もしも形式的演算が全て旨く行った場合の解である．(4)に $t=0$ を代入して

$$\varphi(x)=\sum_{n=1}^{\infty}c_n\sin nx \tag{5}.$$

従って，c_n は φ の正弦級数展開の係数，問題 4 の基本事項，により算出される．(4)を t について 2 回偏微分した級数と x について 2 回項別微分した級数が，夫々，一様収束すれば，前章の問題 3 の基-2 より，この計算は正当化され，(4)の $u(t,x)$ は真の解である．例えば，φ が C^4 級であれば，類題 6 で解説した様に，$c_n=0(n^{-4})$ なので，この条件は満たされる．

Exercise 3　この機会に，一般論を展開し，行き掛けの駄賃で，次の問題を解こう：

問題　$(u_n(t))_{n\geq 1}$ を $[a,b]$ で単調に減少して 0 に一様収束する関数列，$(v_n(t))_{n\geq 1}$ を $[a,b]$ で定義された関数列で，$V_n(t)=v_0(t)+v_1(t)+\cdots+v_n(t)(a\leq t\leq b, n\geq 0)$, と置く時，正数 M があって，$|V_n(t)|\leq M(a\leq t\leq b), n\geq 0)$ が成立するならば，級数 $\sum_{n=0}^{\infty}u_n(t)v_n(t)$ は $[a,b]$ で一様収束する事を証明せよ．　(金沢大学大学院入試)

今から行う計算は，**アーベルの総和法**，と呼ばれ，部分積分の級数版であり，級数に親しもうと思う者にとっては必須である．一般項と部分和の関係を，関数と原始関数になぞらえると，一般項を部分和で表わす事は微分に対応しよう．$a\leq t\leq b, m>n\geq 1$ の時，$v_k(t)=V_k(t)-V_{k-1}(t)$ に注意し

$$\sum_{k=n+1}^{m}u_k(t)v_k(t)=\sum_{k=n+1}^{m}u_k(t)(V_k(t)-V_{k-1}(t))=\sum_{k=n+1}^{m}u_k(t)V_k(t)-\sum_{k=n+1}^{m}u_k(t)V_{k-1}(t)$$

$$=\sum_{k=n+1}^{m}u_k(t)V_k(t)-\sum_{k=n}^{m-1}u_{k+1}(t)V_k(t)=\sum_{k=n+1}^{m-1}(u_k(t)-u_{k+1}(t))V_k(t)+u_m(t)V_m(t)-u_{n+1}(t)V_n(t) \tag{2}$$

を得るが，これは

$$\int_a^b u(t)V'(t)dt=-\int_a^b u'(t)V(t)dt+u(b)V(b)-u(a)V(a)$$

に対応するものである．以上がアーベルの総和法で，これから，この問題の条件を生かそう．$(u_n(t))_{n\geq 1}$ が単調減少して 0 に一様収束するから，$\forall\varepsilon>0, \exists n_0$; $0\leq u_k(t)<\frac{\varepsilon}{2M}(\forall k\geq n_0, a\leq\forall t\leq b)$. $m>n\geq n_0, a\leq t\leq b$ の時，$u_k(t)-u_{k+1}(t)\geq 0$ である事に注意しつつ，公式(2)を用いて

$$\left|\sum_{k=n+1}^{m}u_k(t)v_k(t)\right|\leq\sum_{k=n+1}^{m-1}(u_k(t)-u_{k+1}(t))M+u_m(t)M+u_{n+1}(t)M=2u_{n+1}(t)M<\varepsilon.$$

これで，上の問題に対する解答は終る．

部分和についての知識があれば ⇒ アーベルの総和法！

が条件反射の様に出て，部分積分法の様に駆使出来れば，もう級数は恐くない．

さて，本問に戻ろう．開区間や無限区間では，それに含まれる任意の閉区間で一様収束する時，**広義一様収束**すると言う．さて，本章の序盤での布石，問題1の公式が，終盤で生きて，$a>0$ の時

$$\left|\sum_{k=1}^{n}\cos(ka+b)t\right|<\frac{1}{\sin\frac{at}{2}},\ \left|\sum_{k=1}^{n}\sin(ka+b)t\right|<\frac{1}{\sin\frac{at}{2}}\left(0<t<\frac{2\pi}{a}\right) \tag{3}$$

$$\left|\sum_{k=1}^{n}(-1)^{k-1}\cos(ka+b)t\right|<\frac{1}{\cos\frac{at}{2}},\ \left|\sum_{k=1}^{n}(-1)^{k-1}\sin(ka+b)t\right|<\frac{1}{\cos\frac{at}{2}}\left(-\frac{\pi}{a}<t<\frac{\pi}{a}\right) \tag{4}$$

が成立するので，上の問題より，次の基本事項を得る．

> **基本事項**　関数列 $(\varepsilon_n(t))_{n\geqq 1}$ が減少して 0 に広義一様収束する時，$\sum_{k=1}^{\infty}\varepsilon_k(t)\cos(ka+b)t$ と $\sum_{k=1}^{\infty}\varepsilon_k(t)\sin(ka+b)t$ は $\left(0,\frac{2\pi}{a}\right)$ で，$\sum_{k=1}^{\infty}(-1)^{k-1}\varepsilon_k(t)\cos(ka+b)t$ と $\sum_{k=1}^{\infty}(-1)^{k-1}\varepsilon_k(t)\sin(ka+b)t$ は $\left(-\frac{\pi}{a},\frac{\pi}{a}\right)$ で，夫々，広義一様収束する．

従って，$\varepsilon_k(t)=\frac{1}{k}, a=1, b=0$ とした場合が本問で，級数(1)は $(0,2\pi)$ で広義一様収束する．(1)は $t=0,2\pi$ でも収束している．

6　章

類題 1． $[0,1]$ で連続な複素数値関数全体の集合 $C[0,1]$ において，その二元 $x(t), y(t)$ に対して $\langle x,y\rangle=\int_0^1 x(t)y(t)dt$ とおくと，$\langle x,y\rangle$ は，複素数体上の線形空間 $C[0,1]$ の内積となる．$x_n=e^{2n\pi it}$ に対して，$\langle x_m,x_n\rangle=\int_0^1 e^{2(m-n)\pi it}dt$ $=\left[\frac{e^{2(m-n)\pi it}}{2(m-n)\pi i}\right]_0^1=0(m\neq n)=1(m=n)$，なので，$x_m$ と x_n は直交する．さてスカラー $\alpha_i(i=0,\pm1,\cdots,\pm n)$ に対して，一次結合 $\sum_{i=-n}^{n}\alpha_i x_i=0$ であれば，x_j との内積をとり $0=\langle\sum_{i=-n}^{n}\alpha_i x_i, x_j\rangle=\sum_{t=-n}^{n}\alpha_i\langle x_i,x_j\rangle=\alpha_j\langle x_j,x_j\rangle=\alpha_j$ なので，$x_i(i=0,\pm1,\cdots,\pm n)$，即ち，$\{e^{2n\pi it}; n=0,\pm1,\pm2\}$ は一次独立である．

類題 2．
$$\langle x,y\rangle=\int_a^b x(t)y(t)dt\quad (x,y\in C[a,b]) \tag{3}$$
によって，$C[a,b]$ は内積を持つ線形空間となり，$(\varphi_n(t))_{n\geqq 1}$ が正規直交関数列であるとは，プレヒルベルト空間 $C[a,b]$ において，$(\varphi_n)_{n\geqq 1}$ が正規直交列である事に他ならない．問題 2 の(ロ)より，(イ)の**最小二乗法**の係数 α_i は，フーリエ係数

$$\alpha_i=\langle x,\varphi_i\rangle=\int_a^b x(t)\varphi_i(t)dt \tag{4}$$

であり，(ロ)はベッセルの不等式に他ならない．4 章の問題 3 の基-1 より，一様収束の時は，積分記号の下で，極限をとれるから，問題 2 の(4)より

$$\int_a^b\left(x(t)-\sum_{i=1}^{\infty}\alpha_i\varphi_i(t)\right)^2dt=\lim_{n\to\infty}\|x-\sum_{i=1}^{n}\alpha_i\varphi_i\|^2=\|x\|^2-\sum_{i=1}^{\infty}\alpha_i{}^2=0$$

より，(2)を得る．

類題 3．

$$\int_{-\pi}^{\pi}\cos mt\cos nt dt=\int_{-\pi}^{\pi}\frac{\cos(m+n)t+\cos(m-n)t}{2}dt=\begin{cases}\left[\dfrac{\sin(m+n)t}{2(m+n)}+\dfrac{\sin(m-n)t}{2(m-n)}\right]_{-\pi}^{\pi}=0,\ m\neq n\\ \left[\dfrac{\sin(m+n)t}{2(m+n)}+\dfrac{t}{2}\right]_{-\pi}^{\pi}=\pi,\ m=n\neq 0\\ [t]_{-\pi}^{\pi}=2\pi,\ m=n=0,\end{cases}$$

$$\int_{-\pi}^{\pi}\sin mt\sin nt dt=\int_{-\pi}^{\pi}\frac{\cos(m-n)t-\cos(m+n)t}{2}=\begin{cases}0,\ m\neq n,\ m,n\geqq 1\\ \pi,\ m=n,\end{cases}$$

$$\int_{-\pi}^{\pi}\cos mt\sin nt dt=\int_{-\pi}^{\pi}\frac{\sin(m+n)t-\sin(m-n)t}{2}dt=\begin{cases}\left[\dfrac{-\cos(m+n)t}{2(m+n)}+\dfrac{\cos(m-n)t}{2(m-n)}\right]_{-\pi}^{\pi}=0,\ m\neq n\geqq 1,\\ \left[\dfrac{-\cos(m+n)t}{2(m+n)}\right]_{-\pi}^{\pi}=0,\ m=n\geqq 1,\end{cases}$$

類題 4． ド・モアブルの公式 $\cos n\theta+i\sin n\theta+(\cos\theta+i\sin\theta)^n=\sum_{k=0}^{n}i^k\binom{n}{k}\cos^{n-k}\theta\sin^k\theta$ の実部は k=偶数 $2m$ の時のみ現れるので，$\theta=\cos^{-1}t$ を代入し，両辺の実部をとると，$T_n(t)=\cos n\theta=\sum_{2m\leqq n}(-1)^m\binom{n}{2m}t^{n-2m}(1-t^2)^m$ を得る．変数変換 $t=\cos\theta, dt=-\sin\theta d\theta$ を施して

$$\int_{-1}^{1}\frac{T_m(t)T_n(t)}{\sqrt{1-t^2}}dt=\int_{0}^{2\pi}\cos m\theta\cos n\theta d\theta=\begin{cases}0,\ m\neq n\\ \pi,\ m=n\neq 0\\ 2\pi,\ m=n=0\end{cases}$$

を得るので，$[-1,1]$ で連続な関数全体の作る線形空間 $C[-1,1]$ に

$$\langle x,y\rangle=\int_{-1}^{1}\frac{x(t)y(t)}{\sqrt{1-t^2}}dt\quad(x,y\in C[-1,1])\tag{2}$$

によって，内積を導くと，チェビシェフ多項式系 $\left\{\sqrt{\dfrac{1}{\pi}},\sqrt{\dfrac{2}{\pi}}T_n(n\geqq 1)\right\}$ は正規直交系である．内積(2)を持つ線形空間 $C[-1,1]$ の完備化 H を考察すると，問題5のワイエルシュトラスの多項式近似定理より，H において，上の正規直交系が完全である事が示される．この多項式系のなす完全正規直交系に関するフーリエ展開

$$x(t)=\sum_{n=0}^{\infty}a_nT_n(t),\ a_0=\frac{1}{\pi}\int_{-1}^{1}\frac{x(t)}{\sqrt{1-t^2}}dt,\ a_n=\frac{2}{\pi}\int_{-1}^{1}\frac{x(t)T_n(t)}{\sqrt{1-t^2}}dt\tag{3}$$

を，$x\in H$ の**チェビシェフ級数展開**と言う．

類題 5． $\max_{t\neq t'\in[-1,2]}\left|\dfrac{x(t)-x(t')}{t-t}\right|=\max_{t,t'\in[-1,2]}|t+t'|=4$ であるから，$|t-t'|<\delta$ の時 $|x(t)-x(t')|<\varepsilon$ が成立する為の必要十分条件は $4\delta<\varepsilon$ であり，$\varepsilon=\dfrac{1}{10}$ の時，その様な δ の最大値は $\dfrac{1}{40}$ なので，これを越えない，$\dfrac{1}{50}$ のマークシートを塗り潰せばよい．

類題 6． 一般に H をヒルベルト空間，$(e_n)_{n\geqq 1}$ をその完全正規直交列 $(e_n)_{n\geqq 1}$，x,y を H の元，$\alpha_i=\langle x,e_i\rangle,\beta_i=\langle y,e_i\rangle(i\geqq 1)$ を x,y の $(e_n)_{n\geqq 1}$ に関するフーリエ係数とする．$n\geqq 1$ に対して，フーリエ級数の第 n 部分和を，$x_n=\sum_{i=1}^{n}\alpha_ie_i$，$y_n=\sum_{j=1}^{n}\beta_je_j$ とおく．$\langle e_i,e_j\rangle=0(i\neq j),=1(i=j)$ なので

$$\langle x_n,y_n\rangle=\langle\sum_{i=1}^{n}\alpha_ie_i,\sum_{j=1}^{n}\beta_je_j\rangle=\sum_{i,j=1}^{n}\alpha_i\beta_j\langle e_i,e_j\rangle=\sum_{i=1}^{n}\alpha_i\beta_i\tag{2}.$$

$(e_n)_{n\geqq 1}$ は完全なので，$x_n\to x(n\to\infty), y_n\to y(n\to\infty)$ であり，$\|x_n-x\|\to 0, \|y_n-y\|\to 0(n\to\infty)$．従って，$\|x_n\|\leqq\|x_n-x\|+\|x\|$ は有界である．故に，シュワルツの不等式より，$|\langle x_n,y_n\rangle|-|\langle x,y\rangle|=|\langle x_n,y_n-y\rangle+\langle x_n-x,y\rangle|\leqq\|x_n\|\|y_n-y\|+\|x_n-x\|\|y\|\to 0(n\to\infty)$．(2)において $n\to\infty$ とすると

（パーセバルの関係式）

$$\langle x,y\rangle=\sum_{i=1}^{\infty}\alpha_i\beta_i\tag{3}$$

を得る．これは $x=(\alpha_i), y=(\beta_i)$ が有限次元のベクトルの時，「新修線形代数」の7章で学んだ，内積の定義式の完全

な類推である．特に，我々の $L^2(-\infty,\infty)$ に対する(3)が(1)に他ならない．解析学は無限次元の幾何であり，関数空間での点やベクトルとは関数の事である．数学の論文において，関数（fonction）は女性名詞であるが，点（point）やベクトル（vecteur）は男性名詞である．従って，x が，最初に関数として現われたか，ベクトル，又は，点として現われたか，その初期条件によって，x を受ける際の，代名詞が elle であるか il であるか，形容詞に e を付けるかどうかが変って来て，悩ましい．独，仏語の論文を書く際，十分注意しなければならない．なお，会話で，名詞の性がわからなくて，とっさに口に出す場合は，女性形を使用する方が響きが柔らかであると，ある女性がのたまわく．

類題 7．数学的帰納法により，任意の $k\geqq 0$ に対して，導関数 $\varphi^{(k)}(t)=(t$ の有理関数$)\times\exp\left(\frac{1}{1-t^2}\right)$ である事が示されるので，ロピタルの公式より $\varphi^{(k)}(t)\to 0\ (|t|\to 1-0)$ が示され，φ は C^∞ 級の関数である．この軟らかな関数 φ に対して，ゴツイ関数（実は超関数でもよい）u を，$u*\varphi$ は軟らかにするので，φ を**軟化子**と言う．上に注意した $\varphi^{(k)}(t-s)$ の性質より，積分 $\int_{-\infty}^{+\infty}u(s)\varphi^{(k)}(t-s)ds$ は t について一様収束するので，5 章の問題 2 で解説した事より，$v(t)$ は積分記号の下で，任意の k 回微分が出来て上の積分の値 $u*\varphi^{(k)}$ に等しい．又，3 章の E-1 で説いた様に，シュワルツの不等式より，$v\in L^2$ である．任意の $\varepsilon>0$ に対して，$\varphi_\varepsilon(t)=\frac{1}{\varepsilon}\varphi\left(\frac{t}{\varepsilon}\right)$ とおくと，$\int_{-\infty}^{+\infty}\varphi_\varepsilon(t)dt=1$，$\varphi_\varepsilon(t)=0(|t|\geqq\varepsilon)$, $\varphi_\varepsilon\in C^\infty$ が成立し，**フリートリクスの軟化子**と呼ばれる．ゴツイ u に対して，$u*\varphi_\varepsilon\in C^\infty$ は u の属する空間の位相で，$u*\varphi_\varepsilon\to u(\varepsilon\to 0)$ である．これを**フリートリクス定理**と言う．例えば，$u\in L^2$ ならば，次の

問題 $\int_{-\infty}^{+\infty}|f(t)|dt<\infty$ を満す連続関数 $f(t)$ に対して，$\lim_{h\to 0}\int_{-\infty}^{+\infty}|f(t+h)-f(t)|dt=0$ を示せ．（京都大大学院入試）

を，$u\in L^2$ に対して，平方のノルムについて，証明する．$u\in L^2$ なので，$\exists T>0$；$\int_{|t|\geqq T}|u(t)^2dt<\frac{\varepsilon^2}{16}$．$u\in L^2$ は，$[-3T,3T]$ にて階段関数 $w(t)$ で近似されて，$\int_{|t|\leqq 3T}|u(t)-w(t)|^2dt<\frac{\varepsilon^2}{64}$($u$ が連続の時は一様連続性より導かれる)．$w(t)$ については，長方形の面積の和を計算する事により，$T>\exists\delta>0$；$|h|<\delta$，$\int_{|t|\geqq 2T}|w(t+h)-w(t)|^2dt<\frac{\varepsilon^2}{16}$．$|h|<\delta$ の時，$\int_{-\infty}^{+\infty}|u(t+h)-u(t)|^2dt=\int_{|t|\geqq 2T}|u(t+h)-u(t)|^2dt+\int_{|t|\leqq 2T}|u(t+h)-u(t)|^2dt$,

$$\sqrt{\int_{|t|\geqq 2T}|u(t+h)-u(t)|^2dt}\leqq\sqrt{\int_{|t|\geqq 2T}|u(t+h)|^2dt}+\sqrt{\int_{|t|\geqq 2T}|u(t)|^2dt}<\frac{\varepsilon}{2}.\quad \sqrt{\int_{|t|\leqq 2T}|u(t+h)-u(t)|^2dt}$$

$$\leqq\sqrt{\int_{|t|\leqq 2T}|u(t+h)-w(t+h)|^2dt}+\sqrt{\int_{|t|\leqq 2T}|w(t+h)-w(t)|^2dt}+\sqrt{\int_{|t|\leqq 2T}|w(t)-u(t)|^2dt}<\frac{\varepsilon}{2}.$$

故に，$\sqrt{\int_{-\infty}^{+\infty}|u(t+h)-u(t)|^2dt}<\varepsilon(|h|<\delta)$.

従って，$\wedge(\delta)=\sup_{|h|\leqq\delta}\int_{-\infty}^{+\infty}|u(t+h)-u(t)|^2dt\to 0(\delta\to 0)$.

さて $u\in L^2$ と軟化子 φ_ε との畳み込み $u*\varphi_\varepsilon\in C^\infty$ について，先ず，$\tau=t-s, s=t-\tau$ なる変数変換をして，次に，$|\tau|\geqq\varepsilon$ の時，$\varphi_\varepsilon(\tau)=0$ と $\int\varphi_\varepsilon(\tau)d\tau=1$，$\int u(t)\varphi_\varepsilon(\tau)d\tau=u(t)$ に注意しつつ，$\|u*\varphi_\varepsilon-u\|^2$ を計算すると，シュワルツの不等式より，

$$u*\varphi_\varepsilon=\int u(s)\varphi_\varepsilon(t-s)ds=\int u(t-\tau)\varphi_\varepsilon(\tau)d\tau,\int|u*\varphi_\varepsilon-u|^2dt=\int\left|\int(u(t-\tau)-u(\tau))\rho_\varepsilon(\tau)^{\frac{1}{2}}\rho_\varepsilon{}^{\frac{1}{2}}d\tau\right|^2dt$$

$$\leqq\int\left(\int_{|\tau|\leqq\varepsilon}|u(t-\tau)-u(t)|^2\rho_\varepsilon(\tau)d\tau\right)\left(\int_{|\tau|\leqq\varepsilon}\rho_\varepsilon(\tau)d\tau\right)=\int\left(\int_{|\tau|\leqq\varepsilon}|u(t-\tau)-u(t)|^2\rho_\varepsilon(\tau)d\tau\right)dt$$

$$=\int_{|\tau|\leqq\varepsilon}\left(\int|u(t-\tau)-u(t)|^2dt\right)\rho_\varepsilon(\tau)d\tau<\wedge(\varepsilon)\int_{|t|\leqq\varepsilon}\rho_\varepsilon(\tau)d\tau=\wedge(\varepsilon)\to 0(\varepsilon\to 0)$$

を得る．なお，最後の段階での積分の順序変更は被積分関数が $\geqq 0$ なので正しい．u が連続であれば，ワイエルシュトラスの多項式近似定理より u は多項式 $\in C^\infty$ により，一様に近似されるが，u がゴツイ関数所か，超関数の時でさえ，今の要領で，u は $u*\rho_\varepsilon\in C^\infty$ により近似される．これが**フリートリクスの定理**であって，C^∞ の時微積分学の腕力で以って証明した結果をゴツイ関数や超関数に対して拡張する常用手段である．特に，偏微分方程式論に応用され

る．ヒルベルト空間論を適用したが，ヒルベルト空間の元は一般に不連続関数であるのが，その定理を用いる最たる理由である．

類題 8． $P_n(t)$ は n 次の多項式で最高次の係数が

$$\frac{d^n}{dt^n}P_n(t)=\frac{1}{2^n n!}\frac{d^{2n}}{dt^{2n}}t^{2n}=\frac{(2n)!}{2^n n!}$$

で与えられ，$t=\pm1$ で $(t^2-1)^m=(t-1)^m(t+1)^m$ の $m-1$ 次以下の導関数が全て 0 になる事が，以下の計算の鍵である．$m>n$ の時，部分積分を m 回施して

$$\int_{-1}^{1}P_m(t)P_n(t)dt=\int_{-1}^{1}\frac{1}{2^m m!}\left(\frac{d^m}{dt^m}(t^2-1)^m\right)P_n(t)dt$$

$$=\left[\frac{1}{2^m m!}\left(\frac{d^{m-1}}{dt^{m-1}}(t^2-1)^m\right)P_n(t)\right]_{-1}^{1}-\int_{-1}^{1}\frac{1}{2^m m!}\left(\frac{d^{m-1}}{dt^{m-1}}(t^2-1)^m\right)\frac{d}{dt}P_n(t)dt$$

$$=-\int_{-1}^{1}\frac{1}{2^m m!}\left(\frac{d^{m-1}}{dt^{m-1}}(t^2-1)^m\right)\frac{d}{dt}P_n(t)dt=\frac{(-1)^m}{2^m m!}\int_{-1}^{1}(t^2-1)^m\frac{d^m}{dt^m}P_n(t)dt=0.$$

$m=n$ の時は，変数変換 $t=\sin\theta$ を施して更に計算すると，

$$\int_{-1}^{1}P_n(t)^2dt=\frac{(-1)^n}{2^n n!}\int_{-1}^{1}(t^2-1)^n\frac{(2n)!}{2^n n!}dt=\frac{2(2n)!}{2^{2n}(n!)^2}\int_0^1(1-t^2)^n dt$$

$$=\frac{2(2n)!}{2^{2n}(n!)^2}\int_0^{\frac{\pi}{2}}\cos^{2n+1}\theta d\theta=\frac{2(2n)!}{2^{2n}(n!)^2}\cdot\frac{2n}{2n+1}\cdot\frac{2n-2}{2n-1}\cdots\frac{2}{3}=\frac{2}{2n+1}$$

が得られるので，$\left\{\sqrt{\frac{2n+1}{2}}P_n(t)\ ;\ n=0,1,2,\cdots\right\}$ は $L^2[-1,1]$ において正規直交列である．その有限個の 1 次結合が零ベクトルであれば，問題 1 の基本事項より係数は全て零である．従って，これらは 1 次独立である．$\{1,t,t^2,\cdots,t^n\}$ と $\{P_0(t),P_1(t),\cdots,P_n(t)\}$ は共に高々 n 次の多項式の作る $(n+1)$ 次元の線形空間の $(n+1)$ 個の 1 次独立な系なので，共に基底である．従って $t^n,t^{n-1},\cdots,t,1,$ は $P_0(t),P_1(t),\cdots,P_n(t)$ の 1 次結合で表わされる．

さて $L^2[-1,1]$ の任意の関数 $x(t)$ が

$$\left\langle x,\sqrt{\frac{2n+1}{2}}P_n\right\rangle=\sqrt{\frac{2n+1}{2}}\int_0^1 x(t)P_n(t)dt=0\quad(n\geqq0)\tag{3}$$

を満せば，上の考察より

$$\int_{-1}^{1}x(t)t^n dt=0\tag{4}$$

を得る．類題 7 のフリートリクスの定理より，任意の正数 ε に対して，$y\in C[-1,1]$ があって，$\|x-y\|<\frac{\varepsilon}{2}$．連続関数 $y(t)$ に対して，ワイエルシュトラスの定理より，多項式 $p(t)$ があって $\|y-p\|<\frac{\varepsilon}{2}$．三角不等式より $\|x-p\|<\varepsilon$．(4)より $\langle x,p\rangle=0$ が成立するから，シュワルツの不等式より

$$\|x\|^2=\langle x,x\rangle=\langle x,x-p\rangle+\langle x,p\rangle=\langle x,x-p\rangle\leqq\|x\|\|x-p\|\leqq\varepsilon\|x\|\tag{5}$$

が成立し，ε は任意であるから，(5)にて $\varepsilon\to0$ として

$$\|x\|^2=\int_{-1}^{1}x(t)^2dt=0\tag{6}$$

$x(t)$ が連続であれば，(6)より $x(t)$ は恒等的に零であるが，$x(t)$ が不連続の時は，$x(t)\neq0$ となる様な t の集合 E は必ずしも空集合ではない．しかし，(6)が成立すれば，集合 E は**零集合**，即ち，ルベッグの意味での長さが零であり，その様な集合 E を除いて，値零を取る関数 $x(t)$ を**積分論**の立場では零ベクトルと見なす．この様な意味で問題 3 の(ハ)が成立し，ヒルベルト空間 $L^2[-1,1]$ においてルジャンドル多項式系 $\left\{\sqrt{\frac{2n+1}{2}}P_n\right\}$ は完全正規直交系をなす．各 P_n のノルムは 1 でないので，微妙な注意が必要である．

$$\left\langle x,\sqrt{\frac{2n+1}{2}}P_n\right\rangle\sqrt{\frac{2n+1}{2}}P_n=\left(\frac{2n+1}{2}\int_{-1}^{1}x(s)P_n(s)ds\right)P_n(t)$$

が成立しているから，$x\in L^2[-1,1]$ の時

$$x(t)=\sum_{n=0}^{\infty}a_nP_n(t),\quad a_n=\frac{2n+1}{2}\int_{-1}^{1}x(t)P_n(t)dt \tag{7}$$

がヒルベルト空間 $L^2[-1,1]$ における，$x\in L^2[-1,1]$ の完全正規直交列 $\left\{\sqrt{\frac{2n+1}{2}}P_n\right\}$ に関するフーリエ展開である．(7)を x の**ルジャンドル級数展開**と言う．

類題 9．上のルジャンドルの多項式列 $(P_n)_{n\geqq 1}$ を用いて，$e_n(t)=\sqrt{\frac{2n+1}{2}}P_n\left(\frac{2t}{\pi}\right)(n\geqq 0)$ とおくと，$(e_n)_{n\geqq 0}$ はヒルベルト空間 $L^2\left[-\frac{\pi}{2},\frac{\pi}{2}\right]$ の正規直交系である．$\alpha_n=\langle\sin t, e_n\rangle(n\geqq 0)$ とおくと，n 次の多項式 $l_n(t)=\sum_{k=0}^{n}\alpha_k e_k(t)$，は問題 2 の基本事項より L^2 のノルムに関して，$\sin t$ に最も近い，n 次の多項式であり，$l_n(t)-\sin t$ は $e_0, e_1, e_2, \cdots$, e_n の張る線形部分空間である n 次以下の多項式全体と直交する．ところで，$e_2(t)=\frac{\sqrt{10}}{4}\left(3\left(\frac{2t}{\pi}\right)^2-1\right)$ は偶関数であるから，$\alpha_2=\langle\sin t, e_2\rangle=0$．$l_1(t)=l_2(t)$ なので，$l_2(t)-\sin t=l_1(t)-\sin t$ は全ての 2 次以下の多項式と直交する．

Exercise 1 類題 3 より $\left\{\frac{1}{\sqrt{2\pi}},\frac{\cos nt}{\sqrt{\pi}},\frac{\sin nt}{\sqrt{\pi}};n\geqq 1\right\}$ は，$\langle x,y\rangle=\int_{-\pi}^{\pi}x(t)y(t)dt(x,y\in C[-\pi,\pi])$ で内積を定義される線形空間 $C[-\pi,\pi]$ の正規直交系である．前章で学んだ様に，区分的に滑らかな周期 2π の関数 x に対して

$$a_n=\frac{1}{\pi}\int_{-\pi}^{\pi}x(t)\cos ntdt\ \ (n\geqq 0),\quad b_n=\frac{1}{\pi}\int_{-\pi}^{\pi}x(t)\sin ntdt(n\geqq 1) \tag{5}$$

と置くと，x は**三角級数**

$$x(t)=\frac{a_0}{2}+\sum_{k=1}^{\infty}(a_k\cos kt+b_k\sin kt) \tag{6}$$

に展開される特に各 t^n に対して成立しているから，$C[-\pi,\pi]$ の完備化 $L^2[-\pi,\pi]$ の元 x の全てのフーリエ係数が零であれば，x は全ての t^n と直交し，ルジャンドルの時の議論より x は零ベクトルである．問題 3 の(ハ)が成立し，$\left\{\frac{1}{\sqrt{2\pi}},\frac{\cos nt}{\sqrt{\pi}},\frac{\sin nt}{\sqrt{\pi}}\right\}$ は $L^2[-\pi,\pi]$ の完全正規直交系であり，$x\in L^2[-\pi,\pi]$ に対して，(6)は L^2 のノルムの意味で収束し，**平均収束**と呼ばれる事もある．問題 3 の(3)の意味でのフーリエ係数は $\sqrt{\frac{\pi}{2}}a_0, \sqrt{\pi}a_n, \sqrt{\pi}b_n(n\geqq 1)$ であり，パーセバルの関係式，問題 2 の(7)は

$$\frac{{a_0}^2}{2}+\sum_{k=1}^{\infty}({a_k}^2+{b_k}^2)=\frac{1}{\pi}\int_{-\pi}^{\pi}x(t)^2dt<\infty \tag{7}$$

となり，$\sqrt{\pi}$ や π で割る事を忘れてはいけない．

x が一般に L^2 の関数の時，(6)は平均収束しているから，**積分論**の教える所では，零集合の点を除いて，各点で収束する．しかし，具体的に点 t を取った時，収束しない零集合の点かどうかは不明である．落せるかどうか分らぬ手形を摑んだ様な心境であるが，$C[a,b]$ の完備化 $L^2[a,b]$ が紛飾決算なので，止むを得ない．前章の議論の方がこの点はスカッとしているが，本章の売り物は平面や立体の幾何の直観がそのまま無限次元の関数空間に照される事である．正規直交系 (e_i) とはヒルベルト空間 H における直交座標系であり，それが完全とは座標軸が満員となって欠けていない事であり，H の元 x のフーリエ係数 $a_i=\langle x,e_i\rangle$ は点 x の e_i 軸に関する座標であり，フーリエ展開 $x=\sum a_ie_i$ は点 x を座標で表わした物であり，パーセバル $\|x\|^2=\sum{\alpha_i}^2$ は無限次元のピタゴラスの定理に他ならない．正に解析学は無限次元の幾何である．

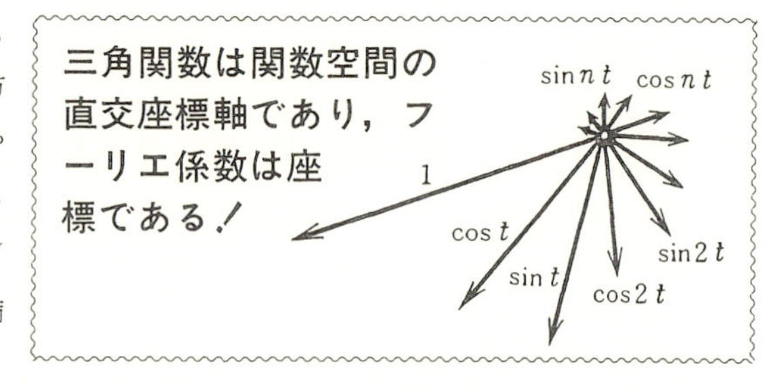

さて，以上の様に達観すると本問は大変見易いが，区間が $[0,2\pi]$ でなく $[0,\pi]$ なので，注意を要する．振出しに戻って，類題 3 と同様にして

$$\int_0^\pi \sin mt \sin nt dt=\int_0^\pi \frac{\cos(m-n)t-\cos(m+n)t}{2}dt=\begin{cases}\left[\dfrac{\sin(m-n)t}{2(m-n)}-\dfrac{\sin(m+n)t}{2(m+n)}\right]_0^\pi=0,\ m\neq n,\ m,n\geqq 1,\\ \left[\dfrac{t}{2}-\dfrac{\sin(m+n)t}{2(m+n)}\right]_0^\pi=\dfrac{\pi}{2},\ m=n\geqq 1,\end{cases}$$

を得るので，$\left\{\sqrt{\dfrac{2}{\pi}}\sin nt\ ;\ n\geqq 1\right\}$ は $L^2[0,\pi]$ の正規直交列である．$u=\sum_{k=1}^{\infty}\alpha_k\sin kt\in M$ であれば，$u_n(t)=\sum_{k=1}^{n}\alpha_k\sin kt$ に対して，$\|u_n-u\|\to 0(n\to\infty)$ が成立し，これを**平均収束**と呼んでいる．$u_n(t)=\sum_{k=1}^{n}\sqrt{\dfrac{\pi}{2}}\alpha_k\left(\sqrt{\dfrac{2}{\pi}}\sin kt\right)$ が言え，ピタゴラスの定理を適用すると，$\sum_{k=1}^{n}\dfrac{\pi}{2}\alpha_k{}^2=\|u_n\|^2$．$m>n$ の時，$u_m-u_n=\sum_{k=n+1}^{m}\sqrt{\dfrac{\pi}{2}}\alpha_k\left(\sqrt{\dfrac{2}{\pi}}\sin kt\right)$ なので，$\sum_{k=n+1}^{m}\dfrac{\pi}{2}\alpha_k{}^2=\|u_m-u_n\|^2\to 0(m>n\to\infty)$．又，$|\|u_n\|-\|u\||\leqq\|u_n-u\|\to 0(n\to\infty)$ なので，$\sum_{k=1}^{\infty}\dfrac{\pi}{2}\alpha_k{}^2=\|u\|^2$ なるパーセバルの関係式を得る．そこで，M の点列 $u^{(\nu)}=\sum_{k=1}^{\infty}\alpha_k{}^{(\nu)}\sin kt$ を考えると，$L^2[0,\pi]$ にて $u^{(\nu)}\to u$ であれば，$\nu,\mu\geqq 1$ の時，$u^{(\nu)}-u^{(\mu)}$ に対するパーセバルの関係式より，$\|u^{(\nu)}-u^{(\mu)}\|^2=\sum_{k=1}^{\infty}\dfrac{\pi}{2}(\alpha_k{}^{(\nu)}-\alpha_k{}^{(\mu)})^2\to 0(\nu,\mu\to\infty)$．従って，$\alpha_k{}^{(\nu)}$ は3章の類題5のヒルベルト空間 l^2 のコーシー列であり，点 (α_k) に収束する．$\alpha_k{}^{(\nu)}\geqq 0(k\geqq 1,\nu\geqq 1)$ なので，$\alpha_k\geqq 0(k\geqq 1)$．$u_n=\sum_{k=1}^{n}\alpha_k\sin kt$ とおく．パーセバルの関係式より $\|u_n-u^{(\nu)}\|^2=\sum_{k=1}^{n}\dfrac{\pi}{2}(\alpha_k{}^{(\nu)}-\alpha_k)^2+\sum_{k=n+1}^{\infty}(\alpha_k{}^{(\nu)})^2$ が成立し，この右辺を l^2 の点列と点の差のノルムの自乗と考えて $\nu\to\infty$ とすると，$\|u_n-u^{(\nu)}\|^2\to\sum_{k=n+1}^{\infty}\alpha_k{}^2(\nu\to\infty)$．三角不等式 $\|u_n-u\|\leqq\|u_n-u^{(\nu)}\|+\|u^{(\nu)}-u\|$ にて $\nu\to\infty$ として，$\|u_n-u\|^2\leqq\sum_{k=n+1}^{\infty}\alpha_k{}^2\to 0(n\to\infty)$．故に，$u=\sum_{k=1}^{\infty}\alpha_k\sin kt\in M$．この様な意味で M は閉であり，テストすれば M は凸である．M が内点 $x_0=\sum\alpha_k\sin kt$ を持てば，$\exists\varepsilon>0$; $B(x_0\ ;\ d,\varepsilon)=\{x\in L^2[0,\pi]\ ;\ \|x-x_0\|<2\sqrt{\pi}\varepsilon\}\subset M$．$\exists n$; $\alpha_n<\varepsilon$．$x=x_0-2\varepsilon\sin nt$ は，$\|x-x_0\|^2=2\pi\varepsilon^2$ なので，$x\in M$．一方 x の $\sin nt$ に関する成分は $\alpha_n-2\varepsilon<-\varepsilon$ であり，$x\notin M$ なので矛盾．$x\in L[0,\pi]$ に対して，$\alpha_k=\dfrac{2}{\pi}\int_0^\pi x(t)\sin kt dt(k\geqq 1)$，とおくとベッセルの不等式より $\sum_{k=1}^{\infty}\dfrac{\pi}{2}\alpha_k{}^2\leqq\|x\|^2$ なので $v_x=\sum_{k=1}^{\infty}\alpha_k\sin kt$ は旨く定義される．$u=\sum_{k=0}^{\infty}\gamma_k\sin kt$ を M の任意の元とし，$u^{(n)}=\sum_{k=1}^{n}\gamma_k\sin kt$，ついでに，$x^{(n)}=\sum_{k=1}^{\infty}\alpha_k\sin kt$ とおく．問題2の公式(3)より，$\|x-u^{(n)}\|^2=\|x\|^2+\sum_{k=1}^{n}(\alpha_k-\gamma_k)^2-\sum_{k=1}^{n}\alpha_k{}^2$ が成立するので $n\to\infty$ として

$$\|x-u\|^2=\|x\|^2+\sum_{k=1}^{\infty}(\alpha_k-\gamma_k)^2-\sum_{k=1}^{\infty}\alpha_k{}^2 \tag{8}$$

(8)は符号を考えねば勿論 $\gamma_k=\alpha_k$ の時最小になるが，一般には $\alpha_k\geqq 0$ とは限らず，$\gamma_k\geqq 0$ で最小となるのは，$\beta_k=\alpha_k$ $(\alpha_k\geqq 0)$, $\beta_k=0(\alpha_k<0)$ に対する $\gamma_k=\beta_k$ の時で，これを最小にするのは

$$u=u_x=\sum_{k=0}^{\infty}\beta_k\sin kt \tag{9}$$

の時である．オイラーの公式より，$x(t)=\left(\dfrac{e^{it}-e^{-it}}{2i}\right)^5=\dfrac{e^{5it}-e^{-5it}-5(e^{3it}-e^{-3it})+10(e^{it}-e^{-it})}{32i}=\dfrac{\sin 5t}{16}-\dfrac{5}{16}\sin 3t+\dfrac{5}{8}\sin t$ なので，$u_x=\dfrac{2\sin 5t+5\sin t}{16}$．$\left\{\sqrt{\dfrac{2}{\pi}}\sin nt\ ;\ n\geqq 1\right\}$ は $L^2[0,\pi]$ の正規直交列なので，それが張る $L^2[0,\pi]$ の閉部分空間の第一象限 M の元 u と $x\in L^2[0,\pi]$ との距離の自乗 $\|x-u\|^2$ は問題2の公式(3)を一般化した(5)で表わされるので，α_k が正の時だけこれに一致し $\alpha_k<0$ の時は0とした β_k が最小である．この様に，有限次元での幾何学的類推を無次限次元の場合に展げ，更にそれを正当化する事が重要である．ただ，第1象限が内点を持たぬ事は無限次元には拡張出来ないので，我々の直観の方を修正せねばならぬ．

Exercise 2　$x_1,x_2,\cdots,x_n$ は一次独立とは限らない．数学的帰納法によって，自然数列 $(\nu(n))_{n\geqq 1}$ を取り，$\nu(n)<\nu(n+1)(n\geqq 1)$，$x_{\nu(1)},x_{\nu(2)},\cdots,x_{\nu(n)}$ は一次独立で，任意の $x_i(1\leqq i\leqq\nu(n))$ はこれらの一次結合で表わされる様に出来る．これで，$\{x_{\nu(1)},x_{\nu(2)},\cdots,x_{\nu(n)},\cdots\}$ の一次独立性は得たが，未だ正規直交でない．$e_1=\dfrac{x_{\nu(1)}}{\|x_{\nu(1)}\|}$ とおく．$e_1,e_2,\cdots,e_n,\cdots$ が取れて，$2\leqq n$ に対し，e_n は $x_{\nu(n)}$ から $x_{\nu(1)},x_{\nu(2)},\cdots,x_{\nu(n-1)}$ の張る線形空間 $L_{\nu(n-1)}$ への正射影を引いたベク

トル $b_n=x_{\nu(n)}-\sum_{j=1}^{n-1}\langle x_{\nu(n)}, e_j\rangle e_j$ を $\|b_n\|$ で割った $e_n=\frac{b_n}{\|b_n\|}$ とする．この時，$e_1, e_2, \cdots, e_n, \cdots$ は正規直交列で，$e_1, e_2, \cdots, e_n$ は部分空間 $L_{\nu(n)}$ の基底である．e_n は $x_{\nu(1)}, x_{\nu(2)}, \cdots, x_{\nu(n)}$ の，$x_{\nu(n)}$ は $e_1, e_2, \cdots, e_n$ の一次結合である．$\nu(n)\leqq i<j\leqq\nu(n+1)$ なる任意の i, j について，$j<\nu(n+1)$ であれば，$L_i=L_j=L_{\nu(n)}$ なので，$x_i\in L_i$ が $x_j\in L_j=L_i$ に最も近い L_i の元であるとは，$x_i=x_j$．$j=\nu(n+1)$ の時は，$x_i\in L_i$ が $x_j\in L_j$ に最も近い L_i の元であれば，問題 2 の(3)より $x_i=\sum_{k=1}^{n}\alpha_k^{(i)}e_k, x_j=\sum_{k=1}^{n+1}\beta_k^{(j)}e_k$ とした時，$\alpha_k^{(i)}=\beta_k^{(j)}(1\leqq k\leqq n)$ でピタゴラスの定理より，

$$\|x_i\|^2=\sum_{k=1}^{n}|\alpha_k^{(i)}|^2=\sum_{k=1}^{n}|\beta_k^{(j)}|^2<\sum_{k=1}^{n+1}|\beta_k^{(j)}|^2=\|x_j\|^2 \tag{2}$$

が成立するので，いずれの場合にも $\|x_i\|^2\leqq\|x_j\|^2$．従って(1)を得る．端的に言えば，最良近似性＋(一次独立化→グラム-シュミットの方法) のテスト．

7 章

類題 1．$(1+i)^{20}=(\sqrt{2}\,e^{\frac{\pi}{4}i})^{20}=2^{10}e^{5\pi i}=32e^{\pi i}=-32$.

類題 2．$1+\sqrt{3}\,i=2e^{\frac{\pi}{3}i}$ なので，$(1+\sqrt{3}\,i)^{-6}=2^{-6}e^{2\pi i}=\frac{1}{64}$.

類題 3．$z=2+\sqrt{3}\,i=\sqrt{7}\,e^{\theta i}$ の時，$w=2-\sqrt{3}\,i=\sqrt{7}\,e^{-\theta i}$．$z^3+w^3=7\sqrt{7}\,(e^{3\theta i}+e^{-3\theta i})=14\sqrt{7}\cos3\theta=-20$.

類題 4．正弦の値が 2 になる事等，高校数学ではとんでもない事であるが，この問題では問題 1 の(6)より e^{iz} が 2 次方程式 $(e^{iz})^2-4ie^{iz}-1=0$ の解であり，問題 2 の(2),(6)を用いて，$e^{iz}=2i\pm\sqrt{(2i)^2+1}=(2\pm\sqrt{3})i=(2\pm\sqrt{3})e^{(\frac{\pi}{2}+2n\pi)i}$ より，$iz=\log(2\pm\sqrt{3})+\left(\frac{\pi}{2}+2n\pi\right)i$，即ち，$z=\frac{\pi}{2}+2n\pi-i\log(2\pm\sqrt{3})(n=0, \pm1, \pm2, \cdots)$ と複素数の，しかも，無限個の解を得る．この解が無限個有る事については，三角方程式であるから，読者諸君は驚かないであろう．この機会に，同じ穴の狸である指数方程式の解，即ち，対数関数が無限多価である事について悟りを開いて欲しい．

類題 5．$1+i=\sqrt{2}\,e^{(\frac{\pi}{4}+2n\pi)i}$ であるから，$(1+i)\log(1+i)=(1+i)\left(\log\sqrt{2}+\left(\frac{\pi}{4}+2n\pi\right)i\right)=\log\sqrt{2}-\left(\frac{\pi}{4}+2n\pi\right)+i\left(\frac{\log2}{2}+\frac{\pi}{4}+2n\pi\right)$．問題 2 の(6)，(10)より $n=0, \pm1, \pm2, \cdots$ に対して

$$(1+i)^{1+i}=e^{\log\sqrt{2}-(\frac{\pi}{4}+2n\pi)+i(\frac{\log2}{2}+\frac{\pi}{4}+2n\pi)}=\sqrt{2}\,e^{-(\frac{\pi}{4}+2n\pi)}\left(\cos\left(\frac{\log2}{2}+\frac{\pi}{4}\right)+i\sin\left(\frac{\log2}{2}+\frac{\pi}{4}\right)\right).$$

類題 6．$a_n=\frac{\alpha(\alpha-1)(\alpha-2)\cdots(\alpha-n+1)}{n!}$ に対して，α＝非負整数の時は，$n\geqq\alpha+1$ の時は，$a_n=0$ なので，収束半径$=\infty$．$\alpha\neq$非負整数の時は，ダランベールの公式より，収束半径$=\lim_{n\to\infty}\left|\frac{a_n}{a_{n+1}}\right|=\lim_{n\to\infty}\left|\frac{n+1}{\alpha-n}\right|=1$.

類題 7．$a_n=\lambda^n$ が差分方程式 $3a_n-2a_{n-1}-a_{n-2}=0$ の解である為の必要十分条件は，λ が特性方程式 $3\lambda^2-2\lambda-1=(3\lambda+1)(\lambda-1)=0$ の解 $\lambda=-\frac{1}{3}, 1$ である事より，一般解 $a_n=A\left(-\frac{1}{3}\right)^n+B$．定数 A, B は $a_1=B-\frac{A}{3}=1, a_2=B+\frac{A}{9}=2$ より，$A=\frac{9}{4}, B=\frac{7}{4}$．$a_n=\frac{7}{4}+\frac{9}{4}\left(-\frac{1}{3}\right)^n(n\geqq1)$ を得る．$\lim_{n\to\infty}a_n=\frac{7}{4}$.

類題 8．$f(z)=\frac{1}{1-z}=-\frac{1}{1+(z-2)}=-\sum_{n=0}^{\infty}(-1)^n(z-2)^n \quad (|z-2|<1)$

類題 9．$f(x)=e^{x\log2}$ であるから，$f^{(k)}(x)=(\log2)^ke^{x\log2}$ より，$f^{(k)}(0)=(\log2)^k$．一方 $k>n$ の時，$g^{(k)}(x)\equiv0$ であるから，f と g は一致しない．

類題10．$f(z)=\sum_{k=0}^{\infty}a_kz^k, g(z)=\sum_{k=0}^{\infty}b_kz^k$ は項別微分出来て，$f'(z)=\sum_{k=1}^{\infty}ka_kz^{k-1}=\sum_{k=0}^{\infty}(k+1)a_{k+1}z^k, g(z)=\sum_{k=1}^{\infty}(k+1)b_{k+1}z^{k+1}$．(1)より，$a_{k+1}=\frac{b_k}{k+1}(k\geqq0), b_{k+1}=-\frac{a_k}{k+1}(k\geqq0)$．(2)より，$b_0=1, a_0=0$ なので，$a_1=1$．従って $a_{2k}=0(k\geqq0)$，$a_{2k-1}=(-1)^{k-1}\frac{1}{(2k-1)!}(k\geqq1), b_{2k}=\frac{(-1)^k}{(2k)!}(k\geqq0), b_{2k-1}=0$ を得るので，$f(z)=\sum_{k=1}^{\infty}(-1)^{k-1}\frac{z^{2k-1}}{(2k-1)!}=\sin z, g(z)=\sum_{k=0}^{\infty}(-1)^k\frac{z^{2k}}{(2k)!}=\cos z$.

類題11. $w=\sum_{k=0}^{\infty}a_kz^k$ とおく．項別微分して，$\frac{dw}{dz}=\sum_{k=1}^{\infty}ka_kz^{k-1}$, $z\frac{dw}{dz}=\sum_{k=1}^{\infty}ka_kz^k$, $\frac{d^2w}{dz^2}=\sum_{k=2}^{\infty}k(k-1)a_kz^{k-2}=\sum_{k=0}^{\infty}(k+2)(k+1)a_{k+2}z^k$, $z^2\frac{d^2w}{dz^2}=\sum_{k=2}^{\infty}k(k-1)a_kz^k$．従って，$\sum_{k=0}^{\infty}(k+2)(k+1)a_{k+2}z^k-\sum_{k=2}^{\infty}k(k-1)a_kz^k-\sum_{k=1}^{\infty}ka_kz^k+\sum_{k=1}^{\infty}aa_kz^k=0$．先ず，定数項$=2a_2=0$．次に，$z$ の係数$=3.2a_3-a_1=aa_1=0$ より，$a_3=\frac{1-a}{3.2}a_1$．$k\geqq 2$ の時，z^k の係数$=(k+2)(k+1)a_{k+2}-k(k-1)a_k-ka_k+aa_k=0$ より，$a_{k+2}=\frac{k^2-a}{(k+2)(k+1)}a_k(k\geqq 2)$．$a_2=0$ なので，$a_{2m}=0(m\geqq 1)$．$a_{2m+1}=\frac{(2m-1)^2-a}{(2m+1)(2m)}$ $a_{2m-1}=\frac{((2m-1)^2-a)((2m-3)^2-a)\cdots(1^2-a)}{(2m+1)(2m)(2m-1)(2m-2)\cdots 3.2}a_1=\frac{((2m-1)^2-a)((2m-3)^3-a)\cdots(1^2-a)}{(2m+1)!}a_1(m\geqq 1)$．$\sum_{m=0}^{\infty}c_{2m+1}z^{2m+1}$ の $\sum_{m=0}^{\infty}c_{2m+1}(z^2)^m$ を z^2 の整級数と見て，その収束半径$=\lim_{m\to\infty}\left|\frac{c_{2m-1}}{c_{2m+1}}\right|=1$($a\neq$奇数の自乗)，$a=$奇数の自乗の時は，$w$ は a 次の多項式で，収束半径$=\infty$．いずれの場合も，その平方根の 1，∞が収束半径である．

類題12. $f(z)=\sum_{k=0}^{\infty}a_kz^k$ が(1)を満せば，$f(z)\neq 0$ なので，$^{\exists}m\geqq 0$；$c_k=0(k<m)$, $c_m\neq 0$．$(f(z))^n$ の最低の次数の項の係数は $(a_m)^n$ でその次数は mn．従って，$m\neq 0$ で，$m\geqq 1$ であり，$nm\geqq 2$ なので $(f(z))^n=z$ に反し矛盾．

Exercise 1　正則関数 $f\in C^{\infty}$ は 8 章問題 4，又は 9 章問題 2 で示す．ここでは，問題 6 の(7)より $\frac{d}{dz}=\frac{\partial}{\partial x}=\frac{1}{i}\frac{\partial}{\partial y}$ より $\frac{d^n}{dz^n}=\frac{\partial^n}{\partial x^n}$, $\frac{d^{2n}}{dz^{2n}}=\frac{1}{i^{2n}}\frac{\partial^{2n}}{\partial y^{2n}}=(-1)^n\frac{\partial^{2n}}{\partial y^{2n}}$．

Exercise 2　コーシー-リーマン $\frac{\partial u}{\partial x}=\frac{\partial v}{\partial y}$, $\frac{\partial u}{\partial y}=-\frac{\partial v}{\partial x}$ より(ロ)は出るが(イ)は似て非なるもの．(ニ)はコーシー-リーマン $\frac{\partial f}{\partial x}=\frac{1}{i}\frac{\partial}{\partial y}$．$u_{xx}+u_{yy}=(u_x)_x+(u_y)_y=(v_y)_x+(-v_x)_y=0$ より(ハ)，$v_{xx}+v_{yy}=(v_x)_x+(v_y)_y=(u_y)_x+(-u_x)_y=0$ も成立するので，$f_{xx}+f_{yy}=0$，即ち，(ホ)．結局，(イ)以外の全てのマークシートを塗りつぶす．なお，実数値関数 $u\in C^2$ は**ラプラスの方程式** $\Delta u=u_{xx}+u_{yy}=0$ を満す時，**調和関数**と言う．正則関数の実部と虚数は調和である．

Exercise 3　$z^2=x^2-y^2+i2xy$ に対して，$\frac{\partial z^2}{\partial x}=\frac{1}{i}\frac{\partial z^2}{\partial y}=2z$, $\frac{\partial^2 z^2}{\partial x^2}=\frac{1}{i^2}\frac{\partial^2 z^2}{\partial y^2}=2$ とライプニッツの公式より $\Delta(z^2f)=\left(\frac{\partial^2}{\partial x^2}+\frac{\partial^2}{\partial y^2}\right)(z^2f)=2(1+i^2)f+4z\left(\frac{\partial f}{\partial x}+i\frac{\partial f}{\partial y}\right)+z^2\Delta f=0$ と $\Delta f=0$ より $\frac{\partial f}{\partial x}=\frac{1}{i}\frac{\partial f}{\partial y}$，即ち，$f$ は正則である．

Exercise 4　$z=x+iy$, $w=u+iv=f(z)$ とすると，(u,v) の (x,y) に関するヤコビヤンは，問題 6 の(1)，(2)より，$\begin{vmatrix}u_x & u_y\\ v_x & v_y\end{vmatrix}=u_xv_y-u_yv_x=u_x{}^2+v_x{}^2=|f'(z)|^2$ なので(1)を得る．

Exercise 5　$x>0$ の時，数学的帰納法より，任意の $k\geqq 0$ に対して，$f^{(k)}(x)=\left(\frac{1}{x}\text{ の多項式}\right)\times e^{-\frac{1}{x}}\to 0(x\to+0)$ が示され，$f\in C^{\infty}$かつ，$f^{(k)}(0)=0(k\geqq 0)$．もしも f が実解析的であれば，$x=0$ の近傍で，$f(x)=\sum_{k=0}^{\infty}\frac{f^{(k)}(0)}{k!}x^k\equiv 0$ なので，矛盾である．しかし，実解析的であれば，複素解析的，しからば，一致の定理よりも，$z_n=\frac{-1}{n}\to 0(n\to\infty)$ にて $f(z_n)=0$ なので，$f(z)\equiv 0$ これ又矛盾である．どちらを用いても，$f\in C^{\infty}$ は実解析的でない事は一目で分る．

Exercise 6　$z_0=0$ と仮定して一般性を失なわない．収束級数の一般項は有界なので，$^{\exists}M>0$；$|f^{(n)}(0)|\leqq M$．r を任意の正数とすると，$|z|\leqq r$ において，$\left|\frac{f^{(n)}(0)}{n!}z^n\right|\leqq\frac{Mr^n}{n!}=a_n$ とすると，$\left|\frac{a_{n+1}}{a_n}\right|\to 0(n\to\infty)$ なので，4 章問題 3 の基-3 より，$|z|\leqq r$ にて，$f(z)=\sum_{n=0}^{\infty}\frac{f^{(n)}(0)}{n!}z^n$ は絶対かつ一様収束し，r は任意なので，$f(z)$ は整関数である．項別に ν 回微分出来て，$f^{(\nu)}(z)=\sum_{k=\nu}^{\infty}\frac{f^{(k)}(0)}{k!}\frac{k!}{(k-\nu)!}z^{k-\nu}=\sum_{k=0}^{\infty}\frac{f^{(k+\nu)}(0)}{k!}z^k$．再び，$\sum_{k=0}^{\infty}f^{(k)}(0)$ の収束性より，$^{\forall}\varepsilon>0$, $^{\exists}n_0$；$m>n\geqq n_0$ ならば $\left|\sum_{k=n}^{m}f^{(k)}(0)\right|<e^{-r}\varepsilon$．$m>n\geqq n_0$, $|z|\leqq r$ に対して

$$\left|\sum_{\nu=n}^{m}f^{(\nu)}(z)\right|=\left|\sum_{\nu=n}^{m}\sum_{k=0}^{\infty}\frac{f^{(k+\nu)}(0)}{k!}z^k\right|=\left|\sum_{k=0}^{\infty}\left(\sum_{\nu=n}^{m}f^{(k+\nu)}(0)\right)\frac{z^k}{k!}\right|<\sum_{k=0}^{\infty}e^{-r}\varepsilon\frac{r^k}{k!}=e^{-r}\varepsilon\sum_{k=0}^{\infty}\frac{r^k}{k!}=\varepsilon.$$

故に，$\sum_{\nu=0}^{\infty}f^{(\nu)}(z)$ は任意の閉円板 $|z|\leqq r$ で絶対かつ一様収束し，次章の問題 4 を用いれば，整関数である．

8 章

類題1．線分 γ の助表数表示は，$\gamma: z=(1+i)t, 0\leqq t\leqq 1$ であり，$x=t, y=t, \dfrac{dz}{dt}=1+i$ に注意し，問題2の公式9より

$$\int_\gamma (x-y+ix^2)\,dz=\int_0^1 it^2(i+1)\,dt=\frac{-1+i}{3}.$$

Exercise 1　実軸上 R から0迄では $z=x(x=R$ から0迄）と x 自身が助変数だが，逆進する．

$$\int_R^0 f(z)\,dz=\int_R^0 \frac{e^{-x}}{a+ix}dx=-\int_0^R \frac{(a-ix)e^{-x}}{(a-ix)(a+ix)}dx=\int_0^R \frac{-ae^{-x}}{x^2+a^2}dx+i\int_0^R \frac{xe^{-x}}{x^2+a^2}dx \tag{3}$$

と積分路が分っている時は，端点のみ書くのが粋である．虚軸上0から $-iR$ 迄の助変数表示は $z=iy(0\leqq y<R)$，$dz=-idy$ と y が助変数であって

$$\int_0^{-iR} f(z)\,dz=-\int_0^R \frac{e^{iy}}{y+a}iay=\int_0^R \frac{\sin y}{y+a}dy-i\int_0^R \frac{\cos y}{y+a}dy \tag{4}$$

四分円弧に沿い $-iR$ から R 迄の助変数表示は $z=Re^{i\left(\theta-\frac{\pi}{2}\right)}=R(\sin\theta-i\cos\theta)\left(0\leqq\theta\leqq\dfrac{\pi}{2}\right)$ で，ここが一番面白く，$-z=-R\sin\theta+iR\cos\theta$ なので，$|e^{-z}|=e^{-R\sin\theta}$．$\dfrac{dz}{d\theta}=iRe^{i\left(\theta-\frac{\pi}{2}\right)}=Re^{i\theta}$ なので，問題2の公式(9)と問題6の早大入試より，$R>a$ の時

$$\left|\int_{-iR}^R f(z)\,dz\right|=\left|\int_0^{\frac{\pi}{2}} \frac{e^{-z}}{a+iz}Re^{i\theta}d\theta\right|\leqq\int_0^{\frac{\pi}{2}} \frac{Re^{-R\sin\theta}}{R-a}d\theta<\frac{\pi}{2(R-a)}\to 0(R\to\infty) \tag{5}$$

コーシーの積分定理より

$$\int_R^0+\int_0^{-iR}+\int_{-iR}^R=0 \tag{6}$$

を得る．この様に，被積分関数も分り切っている時は，これも略すのが，更に，粋である．(3),(4),(5)に注意しつつ $R\to\infty$ として，実部と虚部を調べると(1),(2)に達する．

Exercise 2　$f(z)=e^{-z^2}$ を94頁の右図の八分扇形の周に沿って複素積分する．R から $Re^{\frac{\pi}{4}i}$ 迄の八分円弧の助変数表示は $z=Re^{i\theta}\left(0\leqq\theta\leqq\dfrac{\pi}{4}\right)$, $z^2=R^2e^{2i\theta}=R^2(\cos 2\theta+i\sin 2\theta)$, $\dfrac{dz}{d\theta}=iRe^{i\theta}$ なので，やはり問題5の早大入試より

$$\left|\int_R^{Re^{\frac{\pi}{4}i}}\right|=\left|\int_0^{\frac{\pi}{2}} e^{-z^2}iRe^{i\theta}d\theta\right|\leqq R\int_0^{\frac{\pi}{4}} e^{-R^2\cos 2\theta}d\theta=\frac{R}{2}\int_0^{\frac{\pi}{2}} e^{-R^2\sin\theta}d\theta<\frac{\pi}{4R}\to 0(R\to\infty) \tag{1}$$

又，$Re^{\frac{\pi}{4}i}$ から R 迄の助変数表示は $z=te^{\frac{\pi}{4}i}$（$t=R$ から0と逆進）なので

$$\int_{Re^{\frac{\pi}{4}i}}^0=\int_R^0 e^{-t^2e^{\frac{\pi}{2}i}}e^{\frac{\pi}{4}i}dt=-e^{\frac{\pi}{4}i}\int_0^R e^{-it^2}dt \tag{2}$$

コーシーの積分定理より

$$\int_0^R+\int_R^{Re^{\frac{\pi}{4}i}}+\int_{Re^{\frac{\pi}{4}i}}^0=0$$

を得るので，$R\to\infty$ とすると，(1),(2)より

$$\int_0^\infty e^{-x^2}dx-e^{\frac{\pi}{4}i}\int_0^\infty e^{-ix^2}dx=0 \tag{3}$$

(3)より

$$\int_0^\infty e^{-ix^2}dx=e^{-\frac{\pi}{4}i}\int_0^\infty e^{-x^2}dx \tag{4}$$

$\int_0^\infty e^{-x^2}dx$ は次章の問題 1 で解説する様に $\frac{\sqrt{\pi}}{2}$ であり，$e^{-ix^2}=\cos(x^2)-i\sin(x^2)$ なので，(4)の両辺の実部と虚部を取り，

$$\int_0^\infty \cos(x^2)dx=\int_0^\infty \sin(x^2)dx=\frac{1}{2}\sqrt{\frac{\pi}{2}} \tag{5}$$

を得る．(5)は**フレネル積分**として有名で，光学で用いられる．(4)の共役複素数が問題にある極限である．

Exercise 3　正数 M があって，r 大ならば，$|f(z)|<M(\log r)^k(|z|\leqq r)$．コーシーの不等式より，任意の点 a において，$|f'(a)|\leqq\frac{M(\log r)^k}{r}\to 0(r\to\infty)$．従って，$f'(z)=u_x+iv_x=\frac{1}{i}(u_y+v_y)\equiv 0$ より，$u_x=u_y=v_x=v_y\equiv 0$ が成立するので，7 章の問題 4 で論じた様に u, v，次いで，f は定数である．

Exercise 4　同じ年に，次の出題があったのは，偶然なのか関連があるのか，面白い．

問題　複素数体 $\boldsymbol{C}$ 上の n 次以下の多項式全体のなす線形空間 X にて，線形変換 $A : X\to X$ を $f\in X$ に対して $Af=f'=\frac{df}{dz}$ で定義する．X の基底 $\left(1, \frac{z}{1!}, \frac{z^2}{2!}, \cdots, \frac{z^n}{n!}\right)$ に関して，A を表現する行列を書き，$t\in\boldsymbol{C}$ に対して

$$e^{tA}=1+\frac{tA}{1!}+\frac{t^2A^2}{2!}+\cdots+\frac{t^nA^n}{n!} \tag{2}$$

で定義される線形変換 $e^{tA} : X\to X$ は

$$(e^{tA}f)(z)=f(z+t)\quad(f\in X) \tag{3}$$

を満す事を示せ．　　　　（東海大大学院入試）

多項式（この議論は正則関数にも拡張出来るが）$f(z+t)$ をテイラー展開すると，f は高々 n 次なので

$$f(z+t)=\sum_{k=0}^{\infty}\frac{f^{(k)}(z)}{k!}t^k=\sum_{k=0}^{n}\frac{f^{(k)}(z)}{k!}t^k=(e^{tA}f)(z) \tag{4}.$$

これは「新修線形代数」の10章の問題 2 として解説しましたので東大に戻りましょう．恒等写像 I と変換 A が，夫々，数 1 と数 A であれば，$e^{t\xi}$ に問題 4 の(1)，即ち，コーシーの積分表示を適用して

$$e^{tA}=\frac{1}{2\pi i}\int_{|\xi|=1}e^{t\xi}(\xi I-A)^{-1}d\xi \tag{5}$$

なので，(5)の両辺が作用素の場合，それを f に作用させて，$f(z+t)=e^{tA}f=(1)$ と全く単純明解である．この**単純明解な本音を，何に尤もらしく，建前で表現出来るかが**，6 章の問題 4 や E-1 と同様，問われている．さて，上の問題文その物が解説している様に，X は $n+1$ 次元の $\boldsymbol{C}$-線形空間であり，その一次変換 A とは，$n+1$ の次の $\boldsymbol{C}$-行列に過ぎず，各成分毎に考えれば，複素数の議論，即ち，関数論の縄張り内にある．行列 A の固有値とは何か？　線形代数を想起しよう．λ が A の固有値であるとは，$0\neq f\in X$ があって，$Af=\lambda f$．これは f を関数と見た時，$f'(z)=\lambda f(z)$ を物語る．$\frac{d}{dz}(e^{-\lambda z}f)=\left(\frac{df}{dz}-\lambda f\right)e^{-\lambda z}=0$ より，定数 C があって，$e^{-\lambda z}f=C$，即ち，$f=Ce^{\lambda z}$．これを満す多項式は，前章の類題 9 より，$\lambda=0$ の時の $f=C$ しかない．つまり，A の固有値は 0 だけ．と言う事は，$\xi\neq 0$ の時，$\exists(\xi I-A)^{-1}$．有限次元の線形空間 X では，「新修線形代数」の10章の問題 2 で論じた様に線形変換 A は本質的には行列であり，$(\xi I-A)^{-1}$ も行列に他ならない．この時，形式的計算

$$(\xi I-A)^{-1}f=\xi^{-1}(\xi-A\xi)^{-1}f=\sum_{k=0}^{\infty}\frac{A^kf}{\xi^{k+1}}=\sum_{k=0}^{n}\frac{A^kf}{\xi^{k+1}} \tag{6}$$

が成立する事を次の様に験かめる事が出来る（線形代数の学力を問うていないので，答案には宣言するだけにしないとアホと思われる）．即ち，

$$\left(\sum_{k=0}^{n}\frac{A^k}{\xi^{k+1}}\right)(\xi I-A)=\sum_{k=0}^{n}\frac{A^k}{\xi^k}-\sum_{k=0}^{n}\frac{A^{k+1}}{\xi^{k+1}}=\sum_{k=0}^{n}\frac{A^k}{\xi^k}-\sum_{k=0}^{n-1}\frac{A^{k+1}}{\xi^{k+1}}=I, (\xi I-A)\left(\sum_{k=0}^{n}\frac{A^k}{\xi^{k+1}}\right)=I.$$

関数 e^z に，問題 4 の積分表示(3)を適用し

$$\frac{1}{2\pi i}\int_{|\zeta|=1}\frac{e^{t\zeta}}{\zeta^{k+1}}d\zeta=\frac{1}{k!}\frac{d^k}{d\zeta^k}e^{t\zeta}\Big|_{\zeta=0}=\frac{t^k}{k!} \tag{7}$$

を得るので，次の式に(6)と(7),(4)を代入し，

$$u(t)=\frac{1}{2\pi i}\int_{|\zeta|=1}e^{t\zeta}(\zeta I-A)^{-1}fd\zeta=\sum_{k=0}^{n}\Big(\frac{1}{2\pi i}\int_{|\zeta|=1}\frac{e^{t\zeta}}{\zeta^{k+1}}d\zeta\Big)A^kf=\sum_{k=0}^{n}\frac{t^kA^k}{k!}f=f(z+t).$$

以上の議論で，インチキは一つもない．

Exercise 5　X,Y をノルム空間とする．写像 $T:X\to Y$ は，任意のスカラー α,β とベクトル $x,y\in X$ に対して，$T(\alpha x+\beta y)=\alpha Tx+\beta Ty$ が成立する時，**線形写像**，又は，**線形作用素**と言う．定数 $M\geqq 0$ があって，$\|Tx\|\leqq M\|x\|$ が成立する時，線形写像 T は**有界**であると言い，M の最小値を T のノルムと言い $\|T\|$ と書く．11章の問題５で解説する様に，線形写像 T が連続である為の必要十分条件は T が有界である事である．更に，11章のＥ-4で解説する様に，X' が完備，即ち，バナッハ空間であれば，有界線形写像 $T:X\to X'$ の全体は，ノルム $\|T\|$ に関して，バナッハ空間になる．更に，$X=X'$ であれば，バナッハ空間 X から X の中への有界線形作用全体 $B(X)$ は，$\|TS\|\leqq\|T\|\|S\|(\forall T,S\in B(x))$ が成立するから，バナッハ代数になる．複素数体 C 上で $B(X)$ を考えると，４章で展開したバナッハ代数値級数論の受け皿であり，バナッハ代数 $B(X)$ に値を持つ正則関数の議論を樹立する事が出来る．実は，その目的の為，４章でバナッハ代数値級数を論じたのである．特に，作用素値正則関数は理論物理学で必須である．

以上の事を念頭において，本問を考察すれば，これ又，単純明解である．zT が絶対値 <1 なる数であれば，高等学校の公比 T の等比級数の和の公式より

$$(I-zT)^{-1}=\sum_{k=0}^{\infty}z^kT^k \tag{1}$$

が成立する．先ず，先々の場合，(1)の右辺はバナッハ代数 $B(X)$ に値を持つ整級数であって，任意の正数 r に対して，$\lim_{n\to\infty}\sqrt[n]{r^n\|T^n\|}=0$ が成立しているから，４章の問題２で布石したベキ根判定法より，$\sum_{k=0}^{\infty}z^kT^k$ は $|z|\leqq r$ にて絶対かつ一様収束する．r は任意なので，(1)の右辺は $B(X)$ に値を持つ整関数である．(1)の等号が成立し，前問同様，任意の $n\geqq 1$ に対して，高校で学んだ様に

$$(I-zT)\Big(\sum_{k=0}^{n}z^kT^k\Big)=I-z^{n+1}T^{n+1} \tag{2}$$

が成立するが，$\|z^{n+1}T^{n+1}\|=|z|^{n+1}\|T^{n+1}\|$ はそのベキ根が０に収束するので，それ自身は，もっと速く０に収束する．(2)にて $n\to\infty$ とすれば(1)を得るのは，全く高校の数学である．かくして，(1)が絶対かつ，任意の閉球で一様収束すると言う意味で，広義一様収束し，形式的演算を待つばかりである．話変って，複素変数 z の正則関数 z^2 のコーシーの積分表示（問題４）の(1)は，任意の正数 ε に対して

$$z^2=\frac{1}{2\pi i}\int_{|\zeta|=\varepsilon}\frac{\zeta^2}{\zeta-z}d\zeta \tag{3}$$

であり，その $B(X)$ 値関数への類推として，(3)に $z=T$ をブチ込み

$$T^2=\frac{1}{2\pi i}\int_{|\zeta|=\varepsilon}\zeta^2(\zeta I-T)^{-1}d\zeta \tag{4}$$

の成立が予想される．$|\zeta|=1$ において，(1)を用いて $(\zeta I-T)^{-1}=\zeta^{-1}\Big(I-\dfrac{T}{\zeta}\Big)^{-1}$ を表わす等比級数は一様収束しているので，項別積分出来て

$$\frac{1}{2\pi i}\int_{|\zeta|=\varepsilon}\zeta^2(\zeta I-T)^{-1}d\zeta=\frac{1}{2\pi i}\int_{|\zeta|=\varepsilon}\Big(\sum_{k=0}^{\infty}\zeta^{1-k}T^k\Big)d\zeta=\sum_{k=0}^{\infty}\Big(\frac{1}{2\pi i}\int_{|\zeta|=\varepsilon}\zeta^{1-k}d\zeta\Big)T^k \tag{5}$$

を得る．所で，円周 $|z-a|=r,z=a+re^{i\theta}\,(0\leqq\theta\leqq 2\pi),\dfrac{dz}{d\theta}=ire^{i\theta}$ 上の $(z-a)^n$（n=整数）の積分は

$$\frac{1}{2\pi i}\int_{|z-a|=r}(z-a)^n dz=\frac{1}{2\pi i}\int_0^{2\pi}r^n e^{in\theta}ire^{i\theta}d\theta=\frac{r^{n+1}}{2\pi}\int_0^{2\pi}e^{i(n+1)\theta}d\theta=\begin{cases}\left[\frac{e^{i(n+1)\theta}}{i^{(n+1)}}\right]_0^{2\pi}=0\ (n\neq -1)\\ 1, \quad (n=-1)\end{cases}$$

であって，$n=-1$ の時のみ生残って，値は 1 なので，これを(5)に代入し（上のアホイクサ計算は答案に書くな），(4)を得る．記号 ε を用いている以上，作法にのっとり，$\varepsilon\to 0$ とする．$|\zeta|=\varepsilon$ 上において，与えられた条件より，

$\|(\zeta I-T)^{-1}\|=|\zeta|^{-1}\|I-\zeta^{-1}T\|\leqq M(|\zeta^{-1}|+|\zeta^{-2}|)\leqq M\left(\frac{1}{\varepsilon}+\frac{1}{\varepsilon^2}\right)$ なので，$\|$被積分関数$\|=\|\zeta^2(\zeta I-T)^{-1}\|\leqq M(1+\varepsilon)$ であり，問題 4 の不等式(4)より，$\|T^2\|\leqq\frac{1}{2\pi}\cdot M(1+\varepsilon)\cdot 2\pi\varepsilon=M(\varepsilon+\varepsilon^2)\to 0(\varepsilon\to 0)$ なので，$T^2=0$．

E-4 や E-5 に表われた，線形作用素値関数論は，我国が誇る吉田耕作先生の，**線形作用素のスペクトル論**の重要な手段であり，**位相解析**の研究対象であり，**理論物理学**において重んじられ，学部，又は，大学院で学ぶであろう．ここでは，このメニューのプラスチック的サンプルをお見せして，現代数学の一端を紹介した．

9 章

類題 1． $f(z)=\frac{1}{1-z}=\frac{-1}{1+(z-2)}=-\sum_{k=0}^{\infty}(-1)^k(z-2)^k(|z-2|<1)$．

類題 2． $f(z)=\frac{-1}{3i}\left(\frac{1}{i+z}+\frac{1}{2i-z}\right)=\frac{-1}{3i}\left(\frac{1}{i}\frac{1}{1+\frac{z}{i}}+\frac{1}{2i}\frac{1}{1-\frac{z}{2i}}\right)$

$$=\frac{1}{3}\left(\sum_{k=0}^{\infty}(-1)^k\left(\frac{z}{i}\right)^k+\frac{1}{2}\sum_{k=0}^{\infty}\left(\frac{z}{2i}\right)^k\right)=\sum_{k=0}^{\infty}\frac{1}{3i^k}\left((-1)^k+\frac{1}{2^{k+1}}\right)z^k,$$

$$f(z)=\frac{1}{z^2-iz+2}=\frac{-1}{3i}\left(\frac{1}{i+z}+\frac{1}{2i-z}\right)$$

$$=-\frac{1}{3iz}\frac{1}{1+\frac{i}{z}}+\frac{1}{6}\frac{1}{1-\frac{z}{2i}}=\frac{1}{3}\sum_{m=1}^{\infty}(-1)^{m-1}\frac{i^m}{z^m}+\frac{1}{3}\sum_{n=0}^{\infty}\frac{-z^n}{2^{n+1}i^n}(1<|z|<2).$$

類題 3． $f(z)=\frac{1}{z-1}+\frac{1}{3-z}=\frac{1}{z}\frac{1}{1-\frac{1}{z}}+\frac{1}{3}\frac{1}{1-\frac{z}{3}}=\sum_{m=0}^{\infty}\frac{1}{z^{m+1}}+\sum_{n=0}^{\infty}\frac{z^n}{3^{n+1}}(1<|z|<3)$．

類題 4． $f(z)=\frac{1-e^{2z}}{z^4}=\frac{1-\sum_{n=0}^{\infty}\frac{(2z)^m}{m!}}{z^4}=\frac{-\sum_{m=1}^{\infty}\frac{(2z)^m}{m!}}{z^4}=\sum_{l=-3}^{+\infty}\frac{-2^{l+4}}{(l+4)!}z^l\quad(0<|z|<\infty)$．

類題 5． $f(z)=\frac{1}{(2z-1)(2z-i)}=\frac{1}{4\left(z-\frac{i}{2}\right)\left(z-\frac{1}{2}\right)}$ の積分路内の特異点は一位の極 $z=\frac{1}{2},\frac{i}{2}$ であり，問題 3 の基-2 より，$\mathrm{Res}\left(f,\frac{1}{2}\right)=\frac{1}{4\left(\frac{1}{2}-\frac{i}{2}\right)}=\frac{1}{2(1-i)}$，$\mathrm{Res}\left(f,\frac{i}{2}\right)=\frac{1}{4\left(\frac{i}{2}-\frac{1}{2}\right)}=\frac{1}{2(i-1)}$，留数和$=0$ なので，留数定理より，積分$=0$．

類題 6． $f(z)=\frac{1}{z^3-4z}=\frac{1}{z(z-2)(z+2)}$ の特異点は一位の極 $z=0,\pm 2$．積分路内の特異点は 0 と 2 で，問題 3 の基-2 より，$\mathrm{Res}(f,0)=\frac{1}{-4}$，$\mathrm{Res}(f,2)=\frac{1}{8}$．留数和$=-\frac{1}{8}$，留数定理より，積分$=2\pi i\left(-\frac{1}{8}\right)=-\frac{\pi i}{4}$．

類題 7． $f(z)=\frac{1-e^{2z}}{z^4}$ の特異点は積分路内の高々四位の極 $z=0$．類題 4，又は問題 3 の，今度は，基-1 より，$\mathrm{Res}(f,0)=\frac{1}{3!}\frac{d^3}{dz^3}(1-e^{2z})\Big|_{z=0}=-\frac{2^3}{6}e^{2z}\Big|_{z=0}=-\frac{4}{3}$，留数定理より，積分$=2\pi i\left(-\frac{4}{3}\right)=-\frac{8\pi i}{3}$．

類題 8．$f(z)=\dfrac{e^z}{(z-1)(z-2)^3}$ の特異点は，一位の極 $z=1$ と三位の極 $z=2$ なので，共に，積分路内にあり，夫々，問題 3 の基-2,基-1 より，$\mathrm{Res}(f,1)=-e$, $\mathrm{Res}(f,2)=\dfrac{1}{2!}\dfrac{d^2}{dz^2}(z-1)^{-1}e^z\Big|_{z=2}=\dfrac{1}{2}((z-1)^{-1}-2(z-1)^{-2}+2(z-1)^{-3})e^z\Big|_{z=2}$ $=\dfrac{e^2}{2}$．留数和$=-e+\dfrac{e^2}{2}$ なので，留数定理より，積分$=2\pi i\left(-e+\dfrac{e^2}{2}\right)=i\pi e^2-i2\pi e$.

Exercise 1 $f(z)=\dfrac{z^4}{(z^2+a^2)^4}=\dfrac{z^4}{(z-ai)^4(z+ai)^4}$ の上半平面の特異点は四位の極 ai のみ．ライプニッツの公式より $\dfrac{d^3}{dz^3}z^4(z+ai)^{-4}=\left(\dfrac{d^3}{dz^3}z^4\right)(z+ai)^{-4}+3\left(\dfrac{d^2}{dz^2}z^4\right)\left(\dfrac{d}{dz}(z+ai)^{-4}\right)+3\left(\dfrac{d}{dz}z^4\right)\left(\dfrac{d^2}{dz^2}(z+ai)^{-4}\right)+z^4\dfrac{d^3}{dz^3}(z+ai)^{-4}=$ $24z(z+ai)^{-4}+3\cdot 12z^2(-4)(z+ai)^{-5}+3\cdot 4z^3(-4)(-5)(z+ai)^{-6}+z^4(-4)(-5)(-6)(z+ai)^{-7}$．問題 3 の基-1 より，$\mathrm{Res}(f,ai)=\dfrac{1}{3!}\dfrac{d^3}{dz^3}z^4(z+ai)^{-4}\Big|_{z=ai}=\dfrac{1}{6}\left(\dfrac{24ai}{(2ai)^4}-\dfrac{12\cdot 12(ai)^2}{(2ai)^5}+\dfrac{12\cdot 20(ai)^3}{(2ai)^6}-\dfrac{6\cdot 20(ai)^4}{(2ai)^7}\right)=-\dfrac{1}{32a^3i^3}$．留数定理より，積分$=2\pi i\cdot\dfrac{1}{32a^3i}=\dfrac{\pi}{16a^3}$.

Exercise 2 $f(z)=\dfrac{z^2}{(z^4+a^4)^3}$ とおく．二項方程式 $z^4=-a^4=a^4e^{(2k+1)\pi i}$ の解 $z_k=ae^{\frac{2k+1}{4}\pi i}$ は皆三位の極．高校以来の伝統で，その一つを α とすると，剰余定理より $z^4+a^4=(z-\alpha)(z^3+\alpha z^2+\alpha^2z+\alpha^3)$．$\dfrac{d}{dz}(z^3+\alpha z^2+\alpha^2z+\alpha^3)^{-3}=(3z^3+2\alpha z+\alpha^2)(-3)(z^3+\alpha z^2+\alpha^2z+\alpha^3)^{-4}$，$\dfrac{d^2}{dz^2}(z^3+\alpha z^2+\alpha^2z+\alpha^3)^{-3}=(6z+2\alpha)(-3)(z^3+\alpha z^2+\alpha^2z+\alpha^3)^{-4}+(3z^2+2\alpha z+\alpha^2)^2(-3)(-4)(z^3+\alpha z^2+\alpha^2z+\alpha^3)^{-5}$．ライプニッツの公式より，$\dfrac{d^2}{dz^2}(z^2(z^3+\alpha z^2+\alpha^2z+\alpha^3)^{-3})=2(z^3+\alpha z^2+\alpha^2z+\alpha^3)^{-3}+2\cdot 2z(3z^2+2\alpha z+\alpha^2)(-3)(z^3+az^2+\alpha^2z+\alpha^3)^{-4}+z^2((6z+2\alpha)(-3)(z^3+\alpha z^2+\alpha^2z+\alpha^3)^{-4}+(3z^2+2\alpha z+\alpha^2)^2(-3)(-4)(z^3+\alpha z^2+\alpha^2z+\alpha^3)^{-5})$．これに $z=\alpha$ に代入し，$2!=2$ で割ると，問題 3 の基-1 より，$\mathrm{Res}(f,\alpha)=\dfrac{1}{(4\alpha^3)^3}-\dfrac{6\cdot 6\alpha^3}{(4\alpha^3)^4}+\alpha^2\left(-\dfrac{12\alpha}{(4\alpha^3)^4}+\dfrac{6^3\alpha^4}{(4\alpha^3)^5}\right)=\dfrac{4^2-6\cdot 6\cdot 4-12\cdot 4+6^3}{4^5\alpha^9}=\dfrac{5}{128\alpha^9}=\dfrac{5\alpha^3}{128\alpha^{12}}=\dfrac{-5a^3}{128a^{12}}$.

上半平面における f の特異点は $z_0=ae^{\frac{\pi}{4}i}$, $z_1=ae^{\frac{3\pi}{4}i}$ の二つで，留数和$=-\dfrac{5}{128a^9}((e^{\frac{\pi}{4}i})^3+(e^{\frac{3\pi}{4}i})^3)=-\dfrac{5}{128a^9}(e^{\frac{3\pi}{4}i}+e^{\frac{9\pi}{4}i})=-\dfrac{5}{128a^9}(e^{\frac{\pi}{4}i}-e^{-\frac{\pi}{4}i})=-\dfrac{i5\sin\frac{\pi}{4}}{64a^9}=-\dfrac{5i}{64\sqrt{2}\,a^9}$．よって，積分$=2\pi i\left(-\dfrac{5i}{64\sqrt{2}\,a^9}\right)=\dfrac{5\pi}{32\sqrt{2}\,a^9}$.

Exercise 3 関数 $f(z)=\dfrac{P(z)}{Q(z)}$ を問題 5 の半月形の周 γ に沿って積分する．実軸上 $-R$ から R に向う線分の助変数表示は $z=x(-R\leqq x\leqq R)$ であり，x 自身が助変数なので

$$\int_{-R}^{R}f(z)\,dz=\int_{-R}^{R}\frac{P(x)}{Q(x)}dx \tag{2}$$

上半円周 C_R^+ 上では $|z|=R$ なので，仮定より，正数 M があって，$|f(z)|<\dfrac{M}{R^2}$．前章の問題 4 の不等式(4)より，

$$\left|\int_{C_R^+}f(z)\,dz\right|\leqq\pi R\cdot\frac{M}{R^2}=\frac{\pi M}{R}\to 0\quad(R\to\infty) \tag{3}$$

問題 3 の公式(10)より，$\mathrm{Res}(f,a_j)=\dfrac{P(a_j)}{Q'(a_j)}$ なので，留数定理より

$$\int_{-R}^{R}f(z)\,dz+\int_{C_R^+}f(z)\,dz=2\pi i\sum_{j=1}^{s}\frac{P(a_j)}{Q'(a_j)} \tag{4}$$

を得るので，$R\to\infty$ とすれば，(3)より(1)に達する．なお，たとえ a_j が単根でなくとも，公式

$$\int_{-\infty}^{+\infty}f(x)\,dx=2\pi i\times(\text{上半平面における留数和}) \tag{5}$$

は上の証明より成立している．これを，前問や前々問において，既に，使用している．

Exercise 4 $f(z)=\dfrac{e^{i\beta z}-e^{i\alpha z}}{z^2}=-\dfrac{i(\beta-\alpha)}{z}+\cdots$ の特異点は，一見すると二位に見えるが，実は一位の極 $z=0$ で，$\mathrm{Res}(f,0)=i(\beta-\alpha)$．$f(z)$ を前題同様，問題 5 の半月形の周 γ に沿って積分すると，積分路上に一位の極 $z=0$ があ

り，$z=0$ は曲線 γ の通常点で，左右の接線のなす角 $=\pi$ なので，一般化された留数定理より

$$\mathrm{P}\int_{\gamma} f(x)\,dz=\mathrm{P}\int_{-R}^{R} f(x)\,dx+\int_{C_R^+} f(z)\,dz=\pi i\,\mathrm{Res}(f,0)=(\alpha-\beta)\pi \tag{1}$$

$C_R{}^+$ では $z=Re^{i\theta}(0\leqq\theta\leqq\pi)|e^{i\alpha z}|=e^{-\alpha R\sin\theta}\leqq 1,\ |e^{i\beta z}|=e^{-\beta R\sin\theta}\leqq 1$ なので，前章の問題 4 の不等式(4)より，

$$\left|\int_{C_R^+} f(z)\,dz\right|\leqq\frac{2}{R^2}\cdot\pi R=\frac{2\pi}{R}\to 0\quad(R\to\infty) \tag{2}$$

(1)にて $R\to\infty$ として

$$\mathrm{P}\int_{-\infty}^{+\infty}\frac{e^{i\beta x}-e^{i\alpha x}}{x^2}dx=\int_{-\infty}^{+\infty}\frac{\cos\beta x-\cos\alpha x}{x^2}dx+i\mathrm{P}\int_{-\infty}^{+\infty}\frac{\sin\beta x-\sin\alpha x}{x^2}dx=(\alpha-\beta)\pi \tag{3}$$

(3)を実部と虚部に分けて

$$\int_{-\infty}^{-\infty}\frac{\cos\beta x-\cos\alpha x}{x^2}dx=(\alpha-\beta)\pi \quad (4),\qquad \mathrm{P}\int_{-\infty}^{+\infty}\frac{\sin\beta x-\sin\alpha x}{x^2}dx=0 \quad (5)$$

$x=0$ にて $\cos\beta x-\cos\alpha x=\dfrac{\alpha^2-\beta^2}{2}x^2+\cdots,\ \sin\beta x-\sin\alpha x=(\beta-\alpha)x+\cdots$ なので，積分(4)に対して，$x=0$ は特異点ではないが，積分(5)は $x=0$ を特異点として，通常の意味では，存在しない．(5)の主値 $=0$ は，奇関数の対称な区間での積分 $=0$ と約束しましょうと主張しているのである．この問題の様に，主値 P を媒介にして計算するが，最終段階では P が消えるのが普通である．(4)にて $\beta=0,\ \alpha=2$ とすると $1-\cos 2x=2\sin^2 x$ であるから

$$\int_{-\infty}^{+\infty}\left(\frac{\sin x}{x}\right)^2 dx=\pi \tag{6}$$

を得る．これは三角級数論で重要な積分で，被積分関数，$\dfrac{\sin^2 x}{x^2}$ を**ヘイエ核**と言う．これに反し，問題 6 の積分(17)の被積分関数 $\dfrac{\sin x}{x}$ を**ディリクレ核**と言う．

Exercise 5　$f(z)=\dfrac{e^{i\alpha z}}{z^4+a^4}$ の特異点は，$z_k=ae^{\frac{2k+1}{4}\pi i}$ で，その内，上半平面にあるのは z_0, z_1 の二つ．いずれも一位の極であり，問題 3 の公式(10)より，留数和 $=\dfrac{e^{i\alpha z_0}}{4z_0{}^3}+\dfrac{e^{i\alpha z_1}}{4z_1{}^3}=\dfrac{z_0e^{i\alpha z_0}}{4z_0{}^4}+\dfrac{z_1e^{i\alpha z_1}}{4z_1{}^4}=-\dfrac{1}{4a^3}\left(e^{\frac{\pi}{4}i}e^{ia\alpha\frac{1+i}{\sqrt{2}}}+e^{\frac{3\pi}{4}i}e^{ia\alpha\frac{-1+i}{\sqrt{2}}}\right)$

$=-\dfrac{e^{-\frac{a\alpha}{\sqrt{2}}}}{4a^3}\left(e^{i\left(\frac{a\alpha}{\sqrt{2}}+\frac{\pi}{4}\right)}-e^{-i\left(\frac{a\alpha}{\sqrt{2}}+\frac{\pi}{4}\right)}\right)=-\dfrac{ie^{-\frac{a\alpha}{\sqrt{2}}}}{2a^3}\sin\left(\dfrac{a\alpha}{\sqrt{2}}+\dfrac{\pi}{4}\right)$．よって，積分 $=2\pi i\left(-\dfrac{ie^{-\frac{a\alpha}{\sqrt{2}}}}{2a^3}\sin\left(\dfrac{a\alpha}{\sqrt{2}}+\dfrac{\pi}{4}\right)\right)$ の実部 $=\dfrac{\pi e^{-\frac{a\alpha}{\sqrt{2}}}}{a^3}\sin\left(\dfrac{a\alpha}{\sqrt{2}}+\dfrac{\pi}{4}\right)$．

Exercise 6　$f(z)=\dfrac{ze^{i\alpha z}}{z^4+a^4}$ の上半平面の特異点は上の z_0 と z_1 の二つで，留数和 $=\dfrac{z_0e^{i\alpha z_0}}{4z_0{}^3}+\dfrac{z_1e^{i\alpha z_1}}{4z_1{}^3}=\dfrac{z_0{}^2e^{i\alpha z_0}}{4z_0{}^4}+\dfrac{z_1{}^2e^{i\alpha z_1}}{4z_1{}^4}=-\dfrac{1}{4a^2}\left(e^{\frac{\pi}{2}i}e^{ia\alpha\frac{1+i}{\sqrt{2}}}+e^{\frac{3\pi}{2}i}e^{ia\alpha\frac{-1+i}{\sqrt{2}}}\right)=-\dfrac{ie^{-\frac{a\alpha}{\sqrt{2}}}}{4a^2}\left(e^{\frac{ia\alpha}{\sqrt{2}}}-e^{-\frac{ia\alpha}{\sqrt{2}}}\right)=\dfrac{e^{-\frac{a\alpha}{\sqrt{2}}}}{2a^2}\sin\dfrac{a\alpha}{\sqrt{2}}$.

よって，積分 $=2\pi i\dfrac{e^{-\frac{a\alpha}{\sqrt{2}}}}{2a_0{}^2}\sin\dfrac{a\alpha}{\sqrt{2}}$ の虚部 $=\pi\dfrac{e^{-\frac{a\alpha}{\sqrt{2}}}}{a^2}\sin\dfrac{a\alpha}{\sqrt{2}}$.

Exercise 7　$a=\alpha+i\beta(\beta>0),\ t>0,\ f(z)=\dfrac{e^{itz}}{z-a}$ とおく．$f(z)$ の特異点は一位の極 $z=a$ で，$\mathrm{Res}(f,a)=e^{ita}$.
$f(z)$ を問題 5 の上半月形の周 γ に沿って積分する．$R>a$ であれば，特異点 $z=a$ は積分路内にあり，留数定理より

$$\int_{-R}^{R} f(z)\,dz+\int_{C_R^+} f(z)\,dz=2\pi ie^{ita} \tag{1}$$

上半円周 $C_R{}^+$ 上では $z=Re^{i\theta}(0\leqq\theta\leqq\pi),\ \dfrac{dz}{d\theta}=iRe^{i\theta},\ |e^{itz}|=|e^{-tR\sin\theta+itR\cos\theta}|=e^{-tR\sin\theta}$ なので，前章の問題 5 の早大入試より

$$\left|\int_{C_R+}\right|=\left|\int_0^{\pi}\frac{e^{itRe^{i\theta}}iRe^{i\theta}}{Re^{i\theta}-a}d\theta\right|\leqq\frac{R}{R-a}\int_0^{\pi}e^{-tR\sin\theta}d\theta=\frac{2R}{R-a}\int_0^{\frac{\pi}{2}}e^{-tR\sin\theta}d\theta<\frac{\pi}{R-a}\to 0(R\to\infty).$$

(1)にて $R\to\infty$ として，

$$\int_{-\infty}^{+\infty}\frac{e^{itx}}{x-a}dx=2\pi ie^{ita} \qquad (2).$$

Exercise 8 $f(z)=g(z)\log z, \log z=\log|z|+i\arg z, 0\leqq\arg z\leqq\pi$ を問題7の上半月より原点のまわりをくぼませた積分路 γ に沿って積分すると，留数定理より

$$\int_{左岸}+\int_{C_\varepsilon+}+\int_{右岸}+\int_{C_R+}=2\pi i\sum_{j=1}^{m}\mathrm{Res}(f(z), a_j) \qquad (1).$$

$0\leqq\theta\leqq\pi$ の時，一様に $g(Re^{i\theta})R\log R\to 0(R\to\infty)$ と言う事は，ε を用いたいが既に使用中なので，η で代用し，$\forall\eta>0, \exists R_0 ; |g(Re^{i\theta})R\log R|\leqq\eta(R\geqq R_0)$ を意味する．$C_R{}^+$ 上では $z=Re^{i\theta}(0\leqq\theta\leqq\pi)$ なので，$|\log z|=|\log R+i\theta|\leqq\log R+\pi$ であり，前章の問題4の不等式(4)より

$$\left|\int_{C_R+}\right|\leqq\frac{\eta}{R\log R}\cdot(\log R+\pi)\cdot\pi R<2\pi\eta(R\geqq\max(R_0, e^{\pi}))$$

が成立し，$\int_{C_R+}\to 0(R\to\infty)$．同様にして，$C_\varepsilon{}^+$ 上では，$z=0$ の近傍で，$|g(z)|\leqq M$ とすると

$$\left|\int_{C_\varepsilon+}\right|\leqq M(|\log\varepsilon|+\pi)\pi\varepsilon\to 0(\varepsilon\to 0).$$

右岸上では，$z=x(0\leqq x\leqq\pi)$ であり，x 自身が助変数である．$\arg z=0$ と約束しているから，$\log z=\log x$ で，何の変りもない $g(x)\log x$ の ε から R 迄の定積分を得る．変り映えがするのは，左岸であって，助変数表示は $z=-x=xe^{\pi i}$ ($x=R$ から ε 迄逆進) で，$\arg z=\pi$ と約束しているので，$\log z+\log x+\pi i$．従って，$g(-x)=g(x)$ なので

$$\int_{左岸}+\int_{右岸}+\int_R^{\varepsilon}g(-x)(\log x+i\pi)(-dx)+\int_{\varepsilon}^{R}g(x)\log xdx=2\int_{\varepsilon}^{R}g(x)\log xdx+i\pi\int_{\varepsilon}^{R}g(x)dx \qquad (2).$$

これらに注意して，(1)において $\varepsilon\to 0, R\to\infty$ とすると公式を得る．

10 章

類題1．距離空間 (X, d) の点 x の近傍系 $V(x)$ は

$$V(x)=\{V\subset X ; \exists\varepsilon>0\ s.t.\ \ B(x ; d, \varepsilon)\subset V\}, B(x ; d, \varepsilon)=\{y\in X ; d(y, x)<\varepsilon\}$$

で定義される．X の相異なる二点 x, y に対して，公理(D1)より $\varepsilon=\dfrac{d(x, y)}{2}>0$．$U=B(x ; d, \varepsilon), V=B(y ; d, \varepsilon)$ は上述の定義より，夫々，x, y の近傍である．もし万一 $z\in U\cap V$ であれば，三角不等式(D3)より $2\varepsilon=d(x, y)\leqq d(x, z)+d(z, y)<\varepsilon+\varepsilon=2\varepsilon$ となり，$2\varepsilon<2\varepsilon$ が得られ矛盾．従って，$U\cap V=\phi$．よって，(X, d) はハウスドルフ空間 (T_2 とも略称する) である．

類題2．X の元の数を n とすると，X の部分集合全体の総数は 2^n 個であり，有限．点 x の近傍全体も勿論有限なので，公理(V2)より，それらの共通集合 $U(x)$ は x の近傍で，しかも，最小の近傍である．

類題3．位相空間 $(X, V(x))$ の点 x は，$\{x\}\in V(x)$，即ち，一点 x だけから成る集合が x の近傍の時，**孤立点**と呼ばれる．公理(V1)より，x が孤立点である事と，$x\in A$ であれば $A\in V(x)$ が成立する事とは同値である．こう考えると，位相空間 (X, O) は開集合族 O が X の部分集合全体の族である時，離散空間であったから，この事は，$\forall x\in X, x\in A$ であれば，$A\in V(x)$，即ち，X の全ての点が孤立点である事と同値である．さて，X が有限集合であれば，X の各点 x は，前題より，最小の近傍 $U(x)$ をもつ．先ず，ハウスドルフ空間 X の各点 x に対して，$U(x)=\{x\}$ である事を示そう．公理(V3)より，$x\in U(x)$ であるが，x と異なる $y\in U(x)$ があれば，x の如何なる近傍 U に対しても，$y\in U$ が成立し，X はハウスドルフでなくなり，矛盾である．故に $U(x)=\{x\}(\forall x\in X)$ が成立し，X は離散空間である．逆に，離散空間 X の相異なる二点 x, y は $U(x)=\{x\}, U(y)=\{y\}$ が，x, y の近傍であって，$U(x)\cap U(y)=\phi$ なので，ハウスドルフである．

Exercise 1 正しくない時は，証明が出来ませんと言わずに反例を挙げねばならぬ．検挙する時は，怪しいと言

わずに，アリバイを崩す事と同じである．数直線 $\boldsymbol{R}$ にて，$n\geqq 1$ に対して，開区間 $O_n=\left(-\frac{1}{n}, \frac{1}{n}\right)$ は開だが，その交わりは，$\bigcap_{n\geqq 1}^{\infty} O_n=\{0\}$ で開でなく，アカン，有限個の共通集合にすると，公理(O2)である．

Exercise 2　広大や筑波大等では，集積点に拘わるので，少し解説をしておこう．位相空間 $(X, V(x))$ の部分集合 A と X の点 x に対して，$x\in\overline{A-\{x\}}$，即ち，${}^{\forall}V\in V(x), V\cap(A-\{x\})\neq\phi$ の時，x は A の**集積点**と言う．例えば，(X, d) が距離空間の時は，$V_n=B\left(x\,;\, d, \frac{1}{n}\right)$ とおくと，$(V_n)_{n\geqq 1}$ は点 x の近傍の列で，$V_n\supset V_{n+1}(n\geqq 1)$，しかも，${}^{\forall}\varepsilon>0, {}^{\exists}n\,;\,\frac{1}{n}<\varepsilon$ なので（これはアルキメデスの公理である），${}^{\forall}V\in V(x), {}^{\exists}n\,;\, V_n\subset V$．この様な $(V_n)_{n\geqq 1}$ が取れる空間を第一可算と言う．さて，距離空間の第一可算なハウスドルフ空間では，x が A の集積点である事と，相異なる点からなる A の点列 $(x_n)_{n\geqq 1}$ があって，$x_n\to x(n\to\infty)$ が成立する事と同値である事を示そう．先ず，必要性．$V_1\cap(A-\{x\})\neq\phi$ だから，${}^{\exists}x_1\in A-\{x\}\,;\, x_1\in V$．さて，自然数列 $\nu(1)<\nu(2)<\cdots<\nu(n)$ がとれて，$x_i\in V_{\nu(n)}$，$x_i\in A-\{x, x_1, x_2, \cdots, x_{i-1}\}(2\leqq i\leqq n)$ としよう．X はハウスドルフなので，各 i に対して，x の近傍 U_i が取れて，$x_i\notin U_i$，$U=\bigcap_{i=1}^{n} U_\nu$ は x の近傍なので，${}^{\exists}\nu(n+1)\,;\, V_{\nu(n+1)}\subset U$ かつ $\nu(n+1)\geqq\nu(n)+1$．$x\in\overline{A-\{x\}}$ なので，この x の近傍 $V_{\nu(n+1)}$ に対して，${}^{\exists}x_{n+1}\in V_{\nu(n+1)}\cap(A-\{x\})$．数学的帰納法により，$A$ の相異なる点列 $(x_n)_{n\geqq 1}, (V_{\nu(n)})_{n\geqq 1}$ が取れて，$\nu(n)<\nu(n+1), x_n\in V_{\nu(n)}(n\geqq 1)$．$V$ を x の任意近傍とすると，${}^{\exists}n_0\,;\, V_{n_0}\subset V$．よって，$n\geqq n_0$ の時，$x_n\in V_{\nu(n)}\subset V_{n_0}\subset V$ が成立し，$x_n\to x_{n_0}(n\to\infty)$．次に，十分性．$x_n\to x_0, x_n\in A, x_n\neq x_0$ であれば，x_0 の任意近傍 V に対して，${}^{\exists}n_0\,;\, x_n\in V(n\geqq n_0)$．$x_0\in V\cap(A-\{x\})\neq\phi$ なので，$x_0\in\overline{A-\{x_0\}}$，即ち，$x_0$ は A の集積点である．

さて，本問の解説に入ろう．A の集積点全体 A' を A の**導集合**と言う．$x\notin A'$ とは何か．否定が出たら，馬鹿の一つ覚えで，$\forall$ と $\exists$，肯定と否定を入れかえて，論理計算を実行し，

$x\notin A' \Longleftrightarrow x\in A'$ の否定 $\Longleftrightarrow$ "${}^{\forall}V\in V(x)\,;\, V\cap(A-\{x\})\neq\phi$" の否定 $\Longleftrightarrow {}^{\exists}V\in V(x)\,;\, V\cap(A-\{x\})\neq\phi$

なので，$x\in A-A'$ であれば，${}^{\exists}V\in V(x)\,;\, V\cap A=\{x\}$，つまり，$x$ は A の**孤立点**なのだ．先ず，(イ)について $x\notin A'$ であれば，上の事より，${}^{\exists}$開 $O\,;\, x\in O, O\cap A=\{x\}$．$X$ がハウスドルフであれば，${}^{\forall}y\in O, y=x$ であれば，$y\in CA'$．$y\neq x$ であれば，${}^{\exists}V\in V(x), {}^{\exists}U\in V(y)\,;\, V\cap U=\phi$．$W=O\cap U$ は y の近傍であって，$W\cap A=\phi$．故に，$y\in CA'$．${}^{\forall}x\in CA'$ の近傍 O があって，$O\subset CA'$ なので，CA' は開，従って，A' は閉．これは，一般に X がハウスドルフであれば，成立するが，次に挑む(ロ)は $\boldsymbol{R}^n$ の特質による．$x\in A-A'$ であれば，上に見た事と $(\boldsymbol{R}^n, d)$ が距離空間である事より，${}^{\exists}\varepsilon(x)>0\,;\, B(x\,;\, d, 2\varepsilon(x))\cap A=\{x\}$．各成分が全て有理数の点を**有理点**と言うが，${}^{\exists}$有理点 $q(x)\,;\, q(x)\in B(x\,;\, d, \varepsilon(x))$．もしも $y\neq x, y\in A-A'$ に対して，$z\in B(x, d, \varepsilon(x))\cap B(y, d, \varepsilon(y))$ であれば，例えば $\varepsilon(x)\geqq\varepsilon(y)$ とすると，三角不等式より $d(x, y)\leqq d(x, z)+d(z, y)<\varepsilon(x)+\varepsilon(y)\leqq 2\varepsilon(x)$．$y\in B(x\,;\, d, 2\varepsilon(x))\cap A$ となり矛盾．故に，$B(x, d, \varepsilon(x))\cap B(y\,;\, d, \varepsilon(y))=\phi(x\neq y)$．従って，$A-A'$ は有理数全体の部分集合 $\{q(x)\,;\, x\in A-A'\}$ と同値であり，高々，可算である．$A\subset(A-A')\cup A'$ も高々，可算である．(ハ)A を有理点全体の集合とすると，A は可算であるが，$A'=\boldsymbol{R}$ は次の問題 6 で解説する様に，可算でない．

Exercise 3　必要性は次に示す様に正しい．X の相異なる点列 $(x_n)_{n\geqq 1}$ の極限 x_0 は，上に説明した様に，$A=\{x_n\,;\, n\geqq 1\}$ の集積点である．x が A の別の集積点であれば，やはり，上に示した様に，$(x_n)_{n\geqq 1}$ の部分列 $(x_{\nu_n})_{n\geqq 1}$ の極限である．$x_{\nu_n}\to x_0, x_{\nu_n}\to x$ なので，三角不等式より，$d(x, x_0)\leqq d(x, x_{\nu_n})+d(x_{\nu_n}, x_0)\to 0(n\to\infty)$ が成立し，$d(x, x_0)=0, x\neq x_0$ となり，公理(D1)に反し矛盾．故に，点列 $(x_n)_{n\geqq 1}$ が点 x_0 に収束すれば，x_0 は集合 A の唯一つの極限点である．十分性は，次の反例がある様に，正しくない．$x_{2n-1}=\frac{1}{n}, x_{2n}=n(n\geqq 1)$ とおくと，0 は A の唯一の集積点だが，極限点ではない．

Exercise 4　ついでに $\boldsymbol{R}^n$ で証明する．(イ)B の任意の点 y を取り，一応固定する．z を $A+y=\{x+y\,;\, x\in A\}$ の任意の点とすると，${}^{\exists}x\in A\,;\, z=x+y, A$ は開なので，${}^{\exists}\varepsilon>0\,;\, B(x\,;\, d, \varepsilon)\subset A$．よって $B(x+y\,;\, d, \varepsilon)\subset A+y$．従って，$A+y$ は開．(O1)より，$A+B=\bigcup_{y\in B}(A+y)$ も開．(ロ)${}^{\forall}(z^{(\nu)})_{\nu\geqq 1}\subset A+B$．${}^{\forall}\nu\geqq 1, {}^{\exists}x^{(\nu)}\in A, y^{(\nu)}\in B\,;\, z^{(\nu)}$

$=x^{(\nu)}+y^{(\nu)}$. $z^{(\nu)}\to z^{(0)}(\nu\to\infty)$ としよう．$x^{(\nu)}=(x_1^{(\nu)}, x_2^{(\nu)}, \cdots, x_n^{(\nu)})$ とおく．第一成分の数列 $(x_1^{(\nu)})_{\nu\geqq 1}$ は有界な実数列なので，ワイエルシュトラス-ボルツァノの公理より，収束部分列 $(x_1{}^{\mu(\nu,1)})_{\nu\geqq 1}$ を持つ．$1\leqq i\leqq n-1$ に対して，自然数の増加列 $(\mu(\nu,i))$ が取れて，$(\mu(\nu,i-1))_{\nu\geqq 1}$ の部分列で，$(x_i{}^{\mu(\nu,i)})_{\nu\geqq 1}$ が実数 $x_i{}^0$ に収束するとしよう．$(x_{i+1}{}^{\mu(\nu,i)})_{\nu\geqq 1}$ は有界な実数列なので，収束部分列，$(x_{i+1}{}^{\mu(\nu,i+1)})_{\nu\geqq 1}$ を持つ．この様にして，数学的帰納法により，自然数の増加列 $(\mu(\nu))_{\nu\geqq 1}$ が取れて，各成分の実数列 $(x_i{}^{\mu(\nu)})_{\nu\geqq 1}$ は実数 $x_i{}^{(0)}$ に収束する $(1\leqq i\leqq n)$, $x^{(0)}=(x_1{}^{(0)}, x_2{}^{(0)}, \cdots, x_n{}^{(0)})$ とおくと，$(x^{(\nu)})_{\nu\geqq 1}$ の部分列 $(x^{\mu(\nu)})_{\nu\geqq 1}$ は点 $x^{(0)}$ に収束する．A は閉なので，$x^{(0)}\in A$. $y^{(\mu(\nu))}=z^{(\mu(\nu))}-x^{(\mu(\nu))}$ なので，$(y^{(\nu)})_{\nu\geqq 1}$ の部分列 $(y^{\mu(\nu)})_{\nu\geqq 1}$ も点 $y^{(0)}=z^{(0)}-x^{(0)}$ に収束する．B は閉なので，$y^{(0)}\in B$. この様にして，$A+B$ はその収束点列の極限 $z^{(0)}$ が常に $z^{(0)}=x^{(0)}+y^{(0)}\in A+B$ なので，次章の問題 4 の基-3 より，閉である．(ハ) $\boldsymbol{R}^2$ にて $A=\{(x,y)\in \boldsymbol{R}^2 ; 0\leqq y\leqq 1-e^x, x\leqq 0\}$, $B=\{(x,y)\in \boldsymbol{R}^2 ; 0\leqq y\leqq 1-e^{-x}, x\geqq 0\}$ は共に $\boldsymbol{R}^2$ の閉で，$A+B=\{(x,y)\in \boldsymbol{R}^2 ; 0\leqq y<2\}$ は閉でない．絵を画いて考えられたい（省資源の為本書には書かない）．

11 章

類題 1．距離空間 $(\boldsymbol{R}^n, d_i)$ の位相を τ_i とする．$d_1(x,y)\leqq d_2(x,y)\leqq d_3(x,y)\leqq nd_1(x,y)(\forall x,y\in \boldsymbol{R}^n)$ なので，問題 1 の基-4 より $\tau_1<\tau_2<\tau_3<\tau_1$ であり，$\tau_1=\tau_2=\tau_3$.

類題 2．(B1) $B_i\in B(x)(1\leqq i\leqq m)$ であれば，$V_{ij}\in V_j(x_i)(j=1,2,\cdots,n)$ があって，$B_i=\prod_{j=1}^n V_{ij}$. $\bigcap_{i=1}^m B_i=\prod_{j=1}^n(\bigcap_{i=1}^n V_{ij})$ が成立し，公理(V2)より，$\bigcap_{i=1}^n V_{ij}\in V_j(x_j)$ なので，$\bigcap_{i=1}^m B_i\in B(x)$. (B2) $B=\prod_{j=1}^n V_j\in B(x)$ であれば，$V_j\in V_j(x_j)$. 公理(V3)より $x_j\in V_j$ なので，$x=(x_1,x_2,\cdots,x_n)\in B$. (B3) $V=\prod_{j=1}^n V_j\in B(x)$ であれば，$V_j\in V_j(x_j)$. 公理(V4)より，各 j に対し，$W_j\in V_j(x_j)$ があって，$W_j\subset V_j$，かつ，$\forall y_j\in W_j$, $V_j\in V_j(y_j)$. $W=\prod_{j=1}^n W_j\in B(x)$ であって，$\forall y=(y_j)\in W$, $y_j\in W_i$ なので，$V_j\in V_j(y_j)$，従って，$V\in B(y)$.

類題 3．一般に，$(X_i, d_i)(1\leqq i\leqq n)$ を距離空間とし，$X=\prod_{i=1}^n X_i$ をそれらの積空間とする時，積位相 τ は距離 $d(x,y)=\max_{1\leqq i\leqq n} d_i(x,y)$ から導かれる位相 σ に一致する事を示そう．$\forall x=(x_1,x_2,\cdots,x_n)\in X$, V を位相 τ に関する x の近傍系 $V_\tau(x)$ に属するとしよう．積位相の定義より，$\exists V_i\in V_i(x_i)$; $\prod_{i=1}^n V_i\subset V$. $\exists\varepsilon_i>0$; $B(x_i ; d_i, \varepsilon_i)\subset V_i$. $\varepsilon=\min_{1\leqq i\leqq n}\varepsilon_i>0$ であって，$B(x ; d, \varepsilon)\subset\prod_{i=1}^n B(x_i ; d_i, \varepsilon_i)\subset\prod_{i=1}^n V_i\subset V$. 故に，$V$ は位相 σ に関する x の近傍系 $V_\sigma(x)$ に属する．逆に $V\in V_\sigma(x)$ であれば，$\exists\varepsilon>0$; $B(x ; d, \varepsilon)\subset V$. $B(x ; d, \varepsilon)=\prod_{i=1}^n B(x_i ; d_i, \varepsilon)$ なので，$V\in V_\tau(x)$. この様にして，$V_\sigma(x)=V_\tau(x)(\forall x\in X)$ なので $\sigma=\tau$. そこで，$\boldsymbol{R}^n$ の話に入る．$\boldsymbol{R}^n$ の位相は，類題 1 の記号を用いると，距離 $d_2(x,y)=\sqrt{\sum_{i=1}^n(x_i-y_i)^2}$ の導く位相で，積位相は，今示した様に，距離 $d_1(x,y)=\max_{1\leqq i\leqq n}|x_i-y_i|$ の位相なので，類題 1 より，両者は一致する．それ故にこそ，ユークリッド空間 $\boldsymbol{R}^n$ を数直線 $\boldsymbol{R}$ の n 乗と書くのである．

類題 4．数直線 $\boldsymbol{R}$ は第一可算なので，問題 4 の特別な場合である．所で，その証明にて，(2)の所で，$\forall n\geqq 1$, $\exists x_n\in V_n$; $f(x_n)\notin V'$ としてある．つまり，空でない集合列 $(V_n-f^{-1}(V'))_{n\geqq 1}$ より，夫々，一点 x_n を選択している．一般に，空でない集合の族 $(X_i)_{i\in I}$ があり，各 X_i から点 x_i を，いっせいに取れる事は，**ツェルメロの選択公理**の主張であって，公理なしには実行出来ないのである．我々の場合は，可算なので，数学的帰納法によって，順に取れるが，帰納法と言えども，可算集合族に対する選択公理（これを弱い意味での選択公理と呼んでいる様だが）．これと同値な，自然数に対する公理である．名大は，基礎論の先生が居られるので，この点に神経質なのであろうか．

類題 5．$G_1=\left\{(x,y)\in \boldsymbol{R}^2 ; y<\dfrac{e^x}{2}\right\}$, $G_2=\left\{(x,y)\in \boldsymbol{R}^2 ; y>\dfrac{e^x}{2}\right\}$ は $\boldsymbol{R}^2$ の開で，$F_1\subset G_1$, $F_2\subset G_2$, $G_1\subset G_2=\phi$.

類題 6．行列 $x\in M_n(\boldsymbol{R})$ を成分で表わし，$x=(x_{ij})$ とすると，$x_{ij}\in \boldsymbol{R}$ なので，$M_n(\boldsymbol{R})=\boldsymbol{R}^{n2}$ とみなせる．$\det x$ は x_{ij} の多項式なので，連続である．$x^{(0)}\in GL(n,\boldsymbol{R})$ とすると，$\det x^{(0)}\neq 0$. $\varepsilon=|\det x^{(0)}|>0$ とおくと，$\det x$ は連続なので，この $\varepsilon>0$ に対して，$\delta>0$ を十分小さくすれば，$x\in B(x^{(0)}, d, \delta)$ であれば $|\det x-\det x^{(0)}|<\varepsilon$. 故に，$|\det x|\geqq|\det x^{(0)}|-|\det x-\det x^{(0)}|>\varepsilon-\varepsilon=0$ が成立し，$\det x\neq 0$，即ち，$x\in GL(n,\boldsymbol{R})$. $B(x^{(0)} ; d, \delta)\subset GL(n,\boldsymbol{R})$ が成立するの

で，$x^{(0)}$ は $G(n,\boldsymbol{R})$ の内点である．$G(n,\boldsymbol{R})$ は，その任意の点 $x^{(0)}$ を内点に持つ，即ち，$x^{(0)}$ の近傍なので，開である．

類題 7．(i) $F_n=\{(x,y)\in\boldsymbol{R}^2\ ;\ x\geqq n\}$ は条件を満たすが，$\bigcap_{n=1}^{\infty}F_n=\phi$．(ii)(a)は問題 6 の基-2．(b) $^\forall n\geqq 1$, $^\exists p_n=(x_n, y_n)\in F_n$．$(x_n)_{n\geqq 1}$ は有界な実数列なので，収束部分列$(x_{\nu_n})_{n\geqq 1}$ を持つ．$(y_{\nu_n})_{n\geqq 1}$ も有界な実数列なので収束部分列 $(y_{\mu_n})_{n\geqq 1}$ を持つ．$(p_{\mu_n})_{n\geqq 1}$ は $\boldsymbol{R}^2$ の点 p_0 に収束する．$^\forall m\geqq 1, (p_{\nu_n})_{n\geqq m}$ は F_m の点列で，F_m は閉なので，その極限 $p_0\in F_m$．故に $p_0\in\bigcap_{m=1}^{\infty}F_m$．

類題 8．最初の座標を (A_i,B_i) とする．直交変換 $x=X\cos\theta-Y\sin\theta, y=X\sin\theta+Y\cos\theta$ により (A_i,B_i) は $(A_i\cos\theta-B_i\sin\theta, A_i\sin\theta+B_i\cos\theta)$ に写る．$F_{ij}=\{\theta\in\boldsymbol{R}\ ;\ (A_i-A_j)\cos\theta-(B_i-B_j)\sin\theta=0\}$, $G_{ij}=\{\theta\in\boldsymbol{R}\ ;\ (A_i-A_j)\sin\theta+(B_i-B_j)\cos\theta=0\}$ は，$i\neq j$ の時，三角関数の性質より，可算集合であり，これらの合併 M も可算集合である．問題 6 で解説した様に，$(0,1]$ は非可算なので，$^\exists\theta_0\in[0,1]-M$．$\theta_0$ に対する直交変換の与える座標系に関する (A_i,B_i) の座標 (a_i,b_i) は $a_i\neq a_j, b_i\neq b_j (i\neq j)$ を満す．

類題 9．背理法による．万一，$a\in M(n,\boldsymbol{R})-\overline{G(n,\boldsymbol{R})}$ であれば，触点の定義より，“$^\forall V\in V(a), V\cap G(n,\boldsymbol{R})\neq\phi$” の否定より，$a$ の近傍 V があって，$V\cap G(n,\boldsymbol{R})=\phi$，即ち，$V\subset M(n,\boldsymbol{R})-G(n,\boldsymbol{R})$．$f(x)=\det x$ は x の n 次の多項式なので，a を中心としてテイラー展開出来る．$p=n^2$ に対し，$a=(a_1,a_2,\cdots,a_p), x=(x_1,x_2,\cdots,x_p)$ と横に並べて，$x,a\in\boldsymbol{R}^p$ と見ると，

$$f(x)=\det x=\sum_{0\leqq\alpha_1+\alpha_2+\cdots+\alpha_p\leqq n}\frac{\partial^{\alpha_1+\alpha_2+\cdots+\alpha_p}f}{\partial x_1{}^{\alpha_1}\partial x_2{}^{\alpha_2}\cdots\partial x_p{}^{\alpha_p}}(a)(x_1-a_1)^{\alpha_1}(x_2-a_2)^{\alpha_2}\cdots(x_p-a_p)^{\alpha_p}\qquad(1).$$

a の近傍 V で $f\equiv 0$ なので，(1)の係数は全て 0，従って，$f(x)\equiv 0$ が $\boldsymbol{R}^p$ 全体で成立している．これは矛盾である．故に，$\overline{G(n,\boldsymbol{R})}=M(n,\boldsymbol{R})$．これは多変数の多項式に対して，7 章の問題 7 の一致の定理の考え方を適用したものである．

類題10．(i)は線形代数なので略し，(ii) $Q_i=(a_1{}^{(i)},a_2{}^{(i)},\cdots,a_n{}^{(i)})$, $R_i=(x_1{}^{(i)},x_2{}^{(i)},\cdots,x_n{}^{(i)}) (1\leqq i\leqq r)$ とおくと，$(Q_1,Q_2,\cdots,Q_r), (R_1,R_2,\cdots,R_r)\in\boldsymbol{R}^{nr}=E^{nr}$ とみなされ，前問と同じ心掛けで臨む．H を $\{1,2,\cdots,n\}$ の $(r-1)$ 個の元よりなる部分集合全体の族とし，$h\in H$ に対して $F_h=\{(R_1,R_2,\cdots,R_r)\in\boldsymbol{R}^{nr}, \det(x_j{}^{(i)}-x_j{}^{(1)})_{i=2,3,\cdots,r,j\in h}=0$ とおく．$h\in H$ に対して，前題で述べた様に，$\boldsymbol{R}^{nr}$ の閉集合 F_h は内点を持たないので，その交わり $\bigcap_{h\in H}F_h$ も内点を持たない．線形代数の教える所では，$\overrightarrow{R_1R_i}=(x_1{}^{(i)}-x_1{}^{(1)}, x_2{}^{(i)}-x_2{}^{(1)},\cdots,x_n{}^{(i)}-x_n{}^{(1)}) (2\leqq i\leqq r)$ が 1 次独立と言う事と，行列 $(x_j{}^{(i)}-x_j{}^{(1)})_{\substack{i=2,\cdots,r\\ i=1,\cdots,n}}$ の階数が $r-1$，即ち，$r-1$ 次の小行列式の少なくとも一つが 0 でない事，つまり，$(R_1,R_2,\cdots,R_r)\notin\bigcap_{h\in H}F_h$ と同値である．$\bigcap_{h\in H}F_h$ は内点を持たぬので，任意の $(Q_1,Q_2,\cdots,Q_r)\in\boldsymbol{R}^{nr}$ と正数 ε に対して，開集合 $\{(R_1,R_2,\cdots,R_r)\in\boldsymbol{R}^{nr}\ ;\ d(Q_i,R_i)<\varepsilon(1\leqq i\leqq r)\}$ の中に，その様な点がある．

類題11．$a\in A$ を任意に取り，固定．$f(x)=\dfrac{1}{d(x,a)+1}$ は (A,d) 上の連続正関数なので，A の点 b で最小値を取り，$d(x,a)$ は点 b で最大値を取る．故に，A は有界，$a\in\bar{A}$ を任意に取る．$a\notin A$ であれば，公理(D1)より，$f(x)$ は (A,d) で連続な正関数であるから，A の点 b で最小値を取る．$d(x,a)\geqq d(b,a)(x\in A)$ が成立し，公理(D1)より，$b\neq a$ に対して，$\varepsilon=d(b,a)>0$ なので，a の近傍 $B(a\ ;\ d,\varepsilon)$ と A とが交わらず，$a\in\bar{A}$ に反し，矛盾．故に，$a\in\bar{A}$ ならば $a\in A$ であり，A は閉である．この様にして，A は有界閉である事を示した．

類題12．(i) $H(D_r)$ の完備性が最も重要である．$(f_n)_{n\geqq 1}$ を $H(D_r)$ のコーシー列とすると，2 章の問題 2 で論じた方法で，連続関数列 $(f_n(z))_{z\geqq 1}$ は閉円板 $\bar{D}_r$ 上で連続関数 $f(z)$ に一様収束する事を示す事を出来る．更に，8 章の問題 4 より，正則関数列の一様収束極限 $f(z)$ は開円板 D_r で正則である．この様にして，$H(D_r)$ において，$\|f_n-f\|_r\to 0(n\to\infty)$ が $f\in H(D_r)$ に対して云えるので，$H(D_r)$ は完備であり，バナッハ空間をなす．

(ii)　f を $H(D_r)$ の任意の元，ε を任意の正数とする．先ず，f は有界閉集合 $\overline{D_r}$ で連続であるから，6 章の問題 4 で既に論じ，12章の問題 7 で一般論を学ぶ様に，$\overline{D_r}$ で一様連続であり，$^\exists\delta>0\ ;\ |f(z)-f(z')|<\varepsilon(|z-z'|<\delta, |z|\leqq 1,$

$|z'|\leqq 1$). $0<1-\dfrac{r}{\rho}<\delta$ を満す正数 ρ に対して，$H(D_\rho)$ の元 $f_\rho(z)=f\left(\dfrac{r}{\rho}z\right)$ は，$\|f_\rho-f\|_r<\varepsilon$ を満す．これは f の任意近傍内に X_r の元 f_ρ がある事を意味し，X_r は $H(D_r)$ で稠密である．

(iii) もしも $\rho>r$ に対して，$\Phi_r{}^\rho(H(D_\rho))$ が内点 f_0 を持てば，正数 ε があって，$B(f_0\,;\,d,\varepsilon)\subset\Phi_r{}^\rho(H(D_\rho))$ が $H(D_r)$ で成立する．任意の $f\in H(D_r)$ に対して，$g=f_0+\dfrac{\varepsilon(f-f_0)}{1+\|f-f_0\|}\in B(f_0\,;\,d,\varepsilon)$ であって，f は $f_0, g\in\Phi_r{}^\rho(H(D_\rho))$ の1次結合で表されるので，$\Phi_r{}^\rho(H(D_\rho))$ の元である．よって $H(D_r)=\Phi_r{}^\rho(H(D_\rho))$ が成立するが，$f=\dfrac{1}{z-\dfrac{\rho+r}{2}}\in H(D_r)-H(D_\rho)$ なので矛盾である．従って，$\Phi_r{}^\rho(D_\rho)$ は $H(D_r)$ の疎な集合である．X_r は，アルキメデスの公理より可算個の疎な $H\left(D_{r+\frac{1}{n}}\right)$ の合併で表され，第一類である．

Exercise 1 任意の $\nu\geqq 1$ に対して，$\rho+\dfrac{1}{\nu}$ はもはや $\{\|h-f\|\,;\,f\in M\}$ の下界ではないので，$\exists g_\nu\in M\,;\,\rho+\dfrac{1}{\nu}\geqq\|h-g_\nu\|\geqq\rho$．$\nu,\mu\geqq 1$ に対して，$g_\nu, g_\mu\in M$ で，しかも，M は凸なので，その中点 $\dfrac{g_\nu+g_\mu}{2}\in M$．勿論，$\left\|h-\dfrac{g_\nu+g_\mu}{2}\right\|\geqq\rho$．我々のノルムは，内積から導かれたものであるから，中線定理が成立し，3章の問題5の公式(1)に $x=\dfrac{h-g_\nu}{2}$，$y=\dfrac{h-g_\mu}{2}$ を代入し，

$$0\leqq\left\|\frac{g_\nu-g_\mu}{2}\right\|^2=\frac{\|h-g_\nu\|^2}{2}+\frac{\|h-g_\mu\|^2}{2}-\left\|h-\frac{g_\nu+g_\mu}{2}\right\|^2\leqq\frac{1}{2}\left(\rho+\frac{1}{\nu}\right)^2+\frac{1}{2}\left(\rho+\frac{1}{\nu}\right)^2-\rho^2=\frac{2\rho}{\nu}+\frac{1}{\nu^2}\to 0(\nu\to\infty)$$

を得るので，$(g_\nu)_{\nu\geqq 1}$ はコーシー列である．H は完備なので，$(g_\nu)_{\nu\geqq 1}$ は H の点 g に収束し，M は閉なので，$g\in M$，$\rho\leqq\|h-g_\nu\|\leqq\rho+\dfrac{1}{\nu}$ にて，$\nu\to\infty$ として，$\|h-g\|=\rho$ を得る．もし，もう一つ，$g'\in M\,;\,\|g'-h\|=\rho$ があれば，中線定理を $x=\dfrac{h-g}{2}, y=\dfrac{h-g'}{2}$ に適用し，同じ議論を蒸し返すと，

$$0\leqq\left\|\frac{g-g'}{2}\right\|^2=\frac{\|h-g\|^2}{2}+\frac{\|h-g'\|^2}{2}-\left\|h-\frac{g+g'}{2}\right\|^2\leqq\frac{\rho^2}{2}+\frac{\rho^2}{2}-\rho^2=0$$

が成立するので，$g=g'$ 即ち $h\notin M$ から，M への最短距離を与える点の存在は一意的である．

宝の山を目前にして，そのまま帰るのは，お人好しなので，もう少し追求する．更に M が H の線形部分空間であれば，上の $g\in M$ は，任意の実数 λ と $k\in M$ に対して，M の線形性より，$g+\lambda k\in M$ であり，

$$\rho^2\leqq\|h-g-\lambda k\|^2=\|h-g\|^2-2\lambda\langle h-g, k\rangle+\lambda^2\|k\|^2,\qquad \lambda^2\|k\|^2-2\lambda\langle h-g, k\rangle\geqq 0$$

を得る．高校でお馴染の2次式の議論より，$\langle h-g, k\rangle=0$，即ち，$h-g\perp M$，つまり，$h-g\in M^\perp$．

基本事項 ヒルベルト空間 H の閉線形部分空間 $M\subsetneqq H$ に対して，H の任意の元 f は，$f=f_1+f_2, f_1\in M, f_2\in M^\perp$ と言う形に一意的に分解される．

ヒルベルト空間 H から実数体 $\boldsymbol{R}$ への線形写像を**線形汎関数**と言う．有名な

(リースの定理) ヒルベルト空間 H で定義された連続な線形汎関数 T に対して，$\exists g\in H\,;\,Tf=\langle f, g\rangle(\forall f\in H)$．

を証明しよう．$M=\mathrm{Ker}\,T=\{f\in H\,;\,Tf=0\}$ は，T が連続なので，H の閉部分空間である．$\mathrm{Ker}\,T=H$ であれば，$g=0$ とおけばよいので，$\mathrm{Ker}\,T\subsetneqq H$ としよう．基本事項より，$\exists h\in H\,;\,h\neq 0, h\in M^\perp$．$\forall f\in H$, $T\left(f-\dfrac{Tf}{Th}h\right)=0$ なので，$f-\dfrac{Tf}{Th}h\in\mathrm{Ker}\,T$．$h\in\mathrm{Ker}\,T^\perp$ なので，$\left\langle f-\dfrac{Tf}{Th}h, h\right\rangle=0$，即ち，$Tf=\left\langle f, \dfrac{Th}{\|h\|^2}h\right\rangle$ を得るので，$g=\dfrac{Th}{\|h\|^2}h\in H$ とおけばよい．

Exercise 2 必要性は，閉 $\{0\}$ の連続写像 f による原像 $\mathrm{Ker}f=f^{-1}(\{0\})$ は閉．十分性．f が有界である事を背理法で示す．この時，$\forall n\geqq 1, \exists x_n\in X\,;\,\|f(x_n)\|>n\|x_n\|$．勿論 $x_n\neq 0$ なので，$y_n=\dfrac{x_n}{f(x_n)}$ は，$\|y_n\|\leqq\dfrac{1}{n}\to 0(n\to\infty)$ なの

で，$y_n \to 0(n\to\infty)$．$f(y_1-y_n)=f(y_1)-f(y_n)=1-1=0$，即ち，$y_1-y_n\in \mathrm{Ker}f$．$\mathrm{Ker}f$ は閉なので，$(y_1-y_n)_{n\geqq 1}$の極限 $y_1\in \mathrm{Ker}f$．$f(y_1)=1$ なので，矛盾．

Exercise 3　荷重 φ を持つ $L_\varphi{}^2$ のノルムの問題．M_t の定義より $\varphi(x+t)\leqq M_t\varphi(x)$ $({}^\forall x, t\in \boldsymbol{R})$．$T_tf$ とノルムの定義より，変数変換 $y=x-t, x=y+t$ より，任意の $f\in L_\varphi{}^2$ に対して

$$\|T_tf\|_\varphi{}^2=\int_{-\infty}^{+\infty}|\varphi(x)(T_tf)(x)|^2dx=\int_{-\infty}^{+\infty}|\varphi(x)f(x-t)|^2dx$$

$$=\int_{-\infty}^{+\infty}|\varphi(y+t)f(y)|^2dy\leqq M_t^2\int_{-\infty}^{+\infty}|\varphi(y)f(y)|^2dy=M_t^2\|f\|_\varphi{}^2 \qquad (2)$$

を得るので，T_t ノルムの定義より，$\|T_t\|\leqq M_t$．逆向きは，その様な関数 f をデッチアゲねばならぬ．先ず下限 M_t の定義より，${}^\forall\varepsilon>0$ を取り固定すると，${}^\exists x_0\in \boldsymbol{R}$；$\dfrac{\varphi(x_0+t)}{\varphi(x_0)}>Mt-\varepsilon$．$\dfrac{\varphi(x+t)}{\varphi(x)}$ は連続なので，${}^\exists\delta>0$；$[x_0-\delta, x_0+\delta]$ でも $\dfrac{\varphi(x+t)}{\varphi(x)}>M_0-\varepsilon$．ここで，スローガン

関数空間における例は最も簡単な折れ線で行け！

の下で，作業に精を出す．$\lambda(x)=0(x\leqq x_0-\delta$，又は，$x\geqq x_0+\delta)$, $\lambda(x)=x-x_0+\delta(x_0-\delta\leqq x\leqq x_0)$, $\lambda(x)=-x+x_0+\delta(x_0\leqq x\leqq x_0+\delta)$ で折れ線関数 $\lambda(x)$ を定義し，$f(x)=\dfrac{\lambda(x)}{\varphi(x)}$ とおく．ここからは1章の問題3同様，高校の積分でありまして，

$$\|f\|_\varphi{}^2=\int_{-\infty}^{+\infty}\left|\varphi(x)\frac{\lambda(x)}{\varphi(x)}\right|^2dx=\int_{-\infty}^{+\infty}|\lambda(x)|^2dx=2\int_{x_0}^{x_0+\delta}(-x+x_0+\delta)^2dx=\frac{2\delta^3}{3} \qquad (3),$$

$$\|T_tf\|_\varphi{}^2=\int_{-\infty}^{+\infty}|\varphi(x+t)f(x)|^2dx=\int_{-\infty}^{+\infty}\left|\frac{\varphi(x+t)}{\varphi(x)}\lambda(x)\right|^2dx\geqq(M_t-\varepsilon)^2\int_{x_0-\delta}^{x_0+\delta}|\lambda(x)|^2dx=(M_t-\varepsilon)^2\frac{2\delta^3}{3} \qquad (4).$$

$\|T_t\|=\inf\{M$；$\|T_tf\|_\varphi{}^2\leqq M\|f\|_\varphi{}^2, {}^\forall f\in L_\varphi{}^2\}$ なので，(3), (4)が主張する $\|T_tf\|_\varphi{}^2\geqq(M_t-\varepsilon)^2\|f\|_\varphi{}^2$ より，$\|T_t\|\geqq M_t-\varepsilon$．$\varepsilon$ は任意なので，$\|T_t\|\geqq M_t$．よって，$\|T_t\|=M_t$．

Exercise 4　$\|T_n-T_0\|\to 0(n\to\infty)$ なので，${}^\exists n_0$；$\|T_0{}^{-1}(T_n-T_0)\|<\frac{1}{2}(n\geqq n_0)$．$S_{n,\nu}=\sum_{k=0}^{\nu}(-1)^k(T_0{}^{-1}(T_n-T_0))^k$ $(\nu\geqq 1)$ とおくと，$n\geqq n_0$ であれば，$\mu>\nu$ の時，$\|S_{n,\mu}-S_{n,\nu}\|=\|\sum_{k=\nu+1}^{\mu}(-1)^k(T_0{}^{-1}(T_n-T_0))^k\|\leqq\sum_{k=\nu+1}^{\mu}\left(\frac{1}{2}\right)^k<\frac{1}{2^\nu}\to 0$ $(\mu>\nu\to\infty)$ なので，$(S_{n,\nu})_{\nu\geqq 1}$ はコーシー列であり，$S_n=\sum_{k=0}^{\infty}(-1)^k(T_0{}^{-1}(T_n-T_0))^k$ にノルム収束（一様収束とも言う）$(n\geqq n_0)$．$(I+T_0{}^{-1}(T_n-T_0))S_{n,\nu}=S_{n,\nu}(I+T_0{}^{-1}(T_n-T_0))=I-(-1)^{\nu+1}(T_0{}^{-1}(T_n-T_0))^{\nu+1}$ なので，$\nu\to\infty$ として，$S_n\in B(X)$ は $S_n=(I+T_0{}^{-1}(T_n-T_0))^{-1}$ である事を知る．従って，$S_nT_0{}^{-1}$ は求まる $T_n{}^{-1}$ である．

$$\|T_n{}^{-1}-T_0{}^{-1}\|=\|\sum_{k=0}^{\infty}(-1)^k(T_0{}^{-1}(T_n-T_0))^kT_0{}^{-1}-T_0{}^{-1}\|=\|\sum_{k=1}^{\infty}(-1)^k(T_0{}^{-1}(T_n-T_0))^kT_0{}^{-1}\|$$

$$\leqq\sum_{k=1}^{\infty}\|(T_0{}^{-1}(T_n-T_0))\|^k\|T_0{}^{-1}\|<\frac{\|T_0{}^{-1}\|\,\|T_n-T_0\|}{1-\|T_0{}^{-1}(T_n-T_0)\|}\|T_0{}^{-1}\|<2\|T_0{}^{-1}\|^2\|T_n-T_0\|\to 0(n\to\infty).$$

Exercise 5　$V(x)$ を x の近傍系とする．(i)は

f が x で連続 $\Longleftrightarrow {}^\forall\varepsilon>0, {}^\exists U\in V(x)$；$d(f(y),f(x))<\frac{\varepsilon}{2}(y\in U)\Longleftrightarrow {}^\forall\varepsilon>0, {}^\exists U\in V(x)$；$d(f(U))<\varepsilon \Longleftrightarrow w(x)=0$．

次に(ii)に挑む．$n\geqq 1$ を先ず固定し，$O_n=\left\{x\in X；w(x)<\dfrac{1}{n}\right\}$ とおく．$x\in O_n$ であれば，下限の最小性より，$\dfrac{1}{n}$ は下界でなく，${}^\exists U\in V(x)$；$d(f(U))<\dfrac{1}{n}$．${}^\exists$開 $O\subset U$．${}^\forall y, z\in O$ に対して，$d(f(y),f(z))<\dfrac{1}{n}$ なので，${}^\forall y\in O$ に対する $w(y)<\dfrac{1}{n}$．故に $O\subset O_n$．O_n の任意の点 x の開近傍 $O\subset O_n$ なので，O_n は開である．

$$\{x\in X；f\text{ は }x\text{ で連続}\}=\{x\in X；w(x)=0\}=\bigcap_{n=1}^{\infty}\left\{x\in X；w(x)<\frac{1}{n}\right\}=\bigcap_{n=1}^{\infty}O_n=\text{可算開の交わり}.$$

12　章

類題 1．(O0), $\phi, X\in\mathcal{O}$ なので，$\phi=\phi\cap A\in\mathcal{O}\cap A, A=X\cap A\in\mathcal{O}\cap A$．(O1)$(O_i)_{i\in I}\subset\mathcal{O}$ であれば，$O=\bigcup_{i\in I}O_i\in\mathcal{O}$ なので，$\bigcup_{i\in I}(O_i\cap A)=(\bigcup_{i\in I}O_i)\cap A=O\cap A\in\mathcal{O}\cap A$．(O2)有限個の $(O_i)_{1\leqq i\leqq s}\subset\mathcal{O}$ に対して，$O=\bigcap_{i=1}^{s}O_i\in\mathcal{O}$ なので，$\bigcap_{i=1}^{s}(O_i\cap A)=(\bigcap_{i=1}^{s}O_i)\cap A=O\cap A\in\mathcal{O}\cap A$．$F'$ が $(A,\mathcal{O}\cap A)$ の閉であれば，それは開 $O\cap A(O\in\mathcal{O})$ の A に関する補集合である．X の部分集合 M の X に関する補集合を CM で表わすと，ド・モルガンより $F'=A-O\cap A=A\cap C(O\cap A)=A\cap(OC\cup CA)=A\cap CO$．$F=CO\in\mathcal{F}$ なので，$F'\in\mathcal{F}\cap A$．逆も成立し，A の閉集合族$=\mathcal{F}\cap A$．V' を $(A,\mathcal{O}\cap A)$ における A の点 x の近傍としよう．$O\in\mathcal{O}$ があり，$x\in O\cap A\subset V'$．$V=O\cup V'$ は，$x\in O\subset V$ なので，$V\in\mathcal{V}(x)$ であって，$V\cap A=V'$．故に $V'\in\mathcal{V}(x)\cap A$．逆に，$V\in\mathcal{V}(x), V'=V\cap A$ であれば，$\exists O\in\mathcal{O}$；$x\in O\subset V$ なので $O\cap A\in\mathcal{O}\cap A$ に対して，$x\in O\cap A\subset V\cap A=V'$ が成立し，V' は $(A,\mathcal{O}\cap A)$ における点 x の近傍，故に，x の近傍系$=\mathcal{V}(x)\cap A$．

類題 2．基-4．(イ)↔(ロ) $\exists A$ の開 B_1', B_2'；$A=B_1'\cup B_2', B_1'\neq\phi, B_2'\neq\phi, B_1'\cap B_2'=\phi$ ↔ $\exists B_1, B_2$ 共に X の開；$B_1'=B_1\cap A, B_2'=B_2\cap A$ で，この条件↔$\exists X$ の開 B_1, B_2；$A\subset B_1\cup B_2, B_1\cup A\neq\phi, B_2\cap A\neq\phi, B_1\cap B_2\cap A\neq\phi$．(イ)↔(ハ)は上の開を閉と書き変えればよい．基-5．(イ)→(ロ) $\mathfrak{U}=(O_i)_{i\in I}$ とおくと，$O_i'=O_i\cap K$ は位相空間 K の開で，$(O_i')_{i\in I}$ はコンパクト空間 K の開被覆なので，∃有限 $H\subset I$；$(O_i')_{i\in H}$ は K を覆う．故に，$\bigcap_{i\in H}O_i\supset K$．(ロ)→(ハ) $\exists O(x)\in\mathcal{O}$；$x\in O(x)\subset V(x)$．$(O(x))_{x\in x}$ は K を覆う X の開集合族なので，∃有限 H；$(O(x))_{x\in H}$ は K を覆う．$(V(x))_{x\in H}$ も K を覆う．(ハ)→(イ)位相空間 K の開被覆 $(O'_i)_{i\in I}$ を取る．$\forall x\in K, \exists i(x)\in I$；$x\in O'_{i(x)}O'_{i(x)}$ は K における開なので，$\exists X$ における開 $O(x)$；$O'_{i(x)}=O(x)\cap K$．$K\ni\forall x, x$ の開近傍 $O(x)$ が対応しているので，∃有限 $H\subset K$；$(O(x))_{x\in H}$ は K を覆う．$(O'_{i(x)})_{x\in H}$ は有限部分被覆である．

類題 3．A が凸であれば，$\forall x, y\in A, \forall t\in[0,1], \gamma(t)=(1-t)+ty\in A(t\in[0,1])$．$A$ の任意の二点 x, y が A 内の道 γ で結べるので，A は弧状連結．

類題 4．と**類題 5**．先ず 5 から行く．多様体 X が連結とする．$\forall a\in X$ を固定．$E=\{x\in X$；a と X 内の道で結べる$\}$．$\gamma(t)=a(0\leqq t\leqq 1)$．この γ も a と a を結ぶ道であり，$a\in E$，即ち，$E\neq\phi$．先ず，E が開である事．任意の $b\in E$ に対して，X は多様体なので，$\exists b$ の開近傍 $U, \exists \boldsymbol{R}^n$ の開 V, ∃同相写像 f：$U\to V$．V は勿論 $f(b)$ の開近傍．ユークリッドでは，球が基本近傍系をなすので，$\exists\varepsilon>0$；$B(f(b)\,;\,d,\varepsilon)\subset V$．この $B(f(b)\,;\,d,\varepsilon)$ は凸なので，前題より，$\forall x\in f^{-1}(B(f(b)\,;\,d,\varepsilon))$, ∃連続 γ'：$[0,1]\to B(f(b)\,;\,d,\varepsilon)$；$\gamma'(0)=f(b)$；$\gamma'(1)=f(x)$．所で，$b\in E$ であるから，∃連続 γ：$[0,1]\to X$；$\gamma(0)=a, \gamma(1)=b$．そこで，$\lambda(t)=\gamma(2t)\left(0\leqq t\leqq\frac{1}{2}\right), \lambda(t)=(f^{-1}\circ\gamma')(2t-1)\left(\frac{1}{2}\leqq t\leqq 1\right)$ とおくと，λ は X 内の二つの道 γ と $f^{-1}\circ\gamma'$ をつないだもので，普通 $\gamma\cdot(f^{-1}\circ\gamma')$ と書かれるが，これによって，a と x とを結んでいる，$f^{-1}(B(f(b\,;\,d,\varepsilon))$ は X における b の近傍で，$f^{-1}(B(f(b)\,;\,d,\varepsilon))\subset E$ なので，E は，その任意の点 b の近傍となり，開である．次に，E が閉である事．任意の $b\in\bar{E}$ をとる．やはり，f や $B(f(b)\,;\,d,\varepsilon)$ がとれる．今度は，$V=f^{-1}(B(f(b)\,;\,d,\varepsilon))$ が b の近傍で，$b\in\bar{E}$ なので，$\exists x\in E$；$x\in V$．後は，上と同じく，$x\in E$ なので，a と x とを道 γ で結び，次に $f(x), f(b)$ を球内の，道 γ' で結び，やはり $\gamma\cdot(f^{-1}\circ\gamma')$ とつなげればよい．$b\in E$ が示され，E は閉である．E は連結な X の空でない，開，かつ，閉なので，$E=X$，即ち，a と X の任意の点は X 内の道で結べるので，X は弧状連結である．類題 4 は，ユークリッドでは，上に出て来た道を全て，折れ線と限定すればよい．

類題 6．e を単位元とする．先ず，$\exists e$ の開近傍 W；$W^{-1}=\{x^{-1}\in X\,;\,x\in W\}=W\subset V$ を示そう．$f(x)=x^{-1}$ とおくと，位相群の定義より，代数的演算 f：$X\to X$ は連続であり，しかも，その逆写像$=f$ も連続である．V は e の近傍なので，∃開 O；$x\in O\subset V$．$f(O)=\{x^{-1}\in X\,;\,x\in O\}=O^{-1}$ と O は e を含む開なので，$W=O\cap O^{-1}$ は e の開

近傍であって，$W^{-1}=W\subset V$．さて，W^n が開であれば，$y\in W$ に対して，$g_y(x)=xy$ で定義される写像 $g:X\to X$ と，その逆写像 $g_y^{-1}(x)=xy^{-1}$ は共に連続なので，$W^{n+1}=\{xy\,;\,x\in W^n, y\in W\}=\bigcap_{y\in W} g_y(W^n)$ も開である．数学的帰納法により，任意の $n\geqq 1$ に対して，W^n は開である．従って，$G=\bigcup_{n=1}^{\infty} W^n$ も X の開である．$x\in\bar{G}$ とすると，xW は x の開近傍なので，$^{\exists}n\,;\,xW\cap W^n\neq\phi$．$^{\exists}y\in W, {}^{\exists}z\in W^n\,;\,xy=z$．$x=zy^{-1}\in W^nW^{-1}=W^{n+1}\subset G$．従って，$G$ は閉である．連結な X の空でない開，かつ，閉集合 $G=X$．

類題 7．a, b を位相群 X の相異なる二元とする．X は T_0 なので，$^{\exists}a$ の近傍 $V\not\ni b$ としてよい．$a^{-1}V$ は X における単位元 e の近傍である．$f(x, y)=xy^{-1}$ によって定義される写像 $f:X\times X\to X$ は連続なので，$^{\exists}e$ の近傍 $U\,;\,f(U\times U)=UU^{-1}\subset a^{-1}V$．もしも，$c\in aU\cap bU$ であれば，$^{\exists}x, y\in U\,;\,c=ax=by$．$b=axy^{-1}\in aUU^{-1}\subset aa^{-1}\subset V$ となり，矛盾．故に a の近傍 aU と b の近傍 bU は交わらず，X は T_2 である．

類題 8．$^{\forall}x\in\bar{H}$，単位元 $e\in H$ なので，H は e の開近傍．xH は x の開近傍で，$x\in\bar{H}$ なので，$xH\cap H\neq\phi$．$^{\exists}y, z\in H\,;\,xy=z$．$H$ は部分群なので，$x=zy^{-1}\in H$．H は開であると共に閉であり，$e\in H$ なので，$H\in\phi$．G が連結であれば，$H=G$．

Exercise 1　$^{\forall}x\in O, {}^{\exists}\varepsilon>0\,;\,[x-\varepsilon, x+\varepsilon]\subset O$．$f$ は一対一なので，$f(x-\varepsilon)\neq f(x+\varepsilon)$．これらの値の中間の値 c に対して，f は連続なので，中間値の定理より，$c\in f([x-\varepsilon, x+\varepsilon])$．$f$ は一対一なので，$f(x)$ は $f(x-\varepsilon), f(x+\varepsilon)$ とも異なり，$f([x-\varepsilon, x+\varepsilon])$ は $f(x)$ を内点とする区間，即ち，$f(x)$ の近傍である．$f(O)\supset f([x-\varepsilon, x+\varepsilon)]$ も $f(x)$ の近傍なので，$f(O)$ はその任意の点の近傍であり，$f(O)$ は開である．

Exercise 2　Q を $[0,1]$ の有理数全体の集合とすると，可算であり，$f(Q)$ も高々可算である．その $[0,1]$ に関する補集合 CQ は $[0,1]$ に含まれる無理数全体の集合で非可算だが，$f(CQ)$ は有理数の集合なので高々可算である．従って，$f-([0,1])$ は高々可算である．さて，0 は有理数，$\frac{1}{\sqrt{2}}$ は $[0,1]$ に含まれる無理数なので，f を冠せると $f(0)$ は無理数，$f\left(\frac{1}{\sqrt{2}}\right)$ は有理数となり，$f(0)\neq f\left(\frac{1}{\sqrt{2}}\right)$．前問同様 $f\left(\left[0, \frac{1}{\sqrt{2}}\right]\right)$ は区間を含むが，これは前章の問題 6 より非可算．$f([0,1])$ は可算であるとともに，非可算となり矛盾．そんな f はない．

Exercise 3　コンパクト X の閉 F に対して，F の閉集合族が交われば，それは X の閉集合でもあるので交わり，F はコンパクトである．更に

問題　コンパクトなハウスドルフ空間 X の互に素な閉集合 F, G に対して，$F\subset U, G\subset V$ を満す開集合 U, V がある事を示せ．

（北海道大，九州大，立教大大学院入試）

を示そう．F, G は上に見た様にコンパクトである．問題 6 で解説した様に，$^{\forall}x\in F$，$^{\exists}$開 $U(x)$，開 $V(x)\,;\,x\in U(x)$，$G\subset V(x), U(x)\cap V(x)=\phi$．$(V(x))_{x\in F}$ はコンパクトな F を覆う開集合族なので，$^{\exists}$有限 $H\subset F\,;\,(U(x))_{x\in H}$ は F を覆う．$U=\bigcup_{x\in H} U(x)$, $V=\bigcap_{x\in H} V(x)$ が求める開である．以上の準備の下で，本問に取組む．仮定より，$^{\exists}$同相写像 $f\,;\,\boldsymbol{R}^2\to A$．さて，$A$ は X の開なので，$X-A$ は X の閉である．閉と閉の交わりは閉なので，$X-A$ が連結でなければ，問題 1 の基-4 の(ハ)より，$^{\exists}X$ の閉 $F, G\,;\,F\neq\phi, G\neq\phi, F\cap G=\phi, X-A=F\cup G$．$F\cap G=\phi$ に注意すると，これらの閉に対して，上の問題より，$^{\exists}$開 $U, V\,;\,F\subset U, G\subset V, U\cap V=\phi$．$U\cup V$ は $X-A$ の開近傍である．任意の $r>0$ に対して，$D(r)$ を $\boldsymbol{R}^2$ の原点を中心とする半径 r の閉球とし，$D'(r)=f(D(r))\subset A, C(r)=\boldsymbol{R}^2-D(r), C'(r)=f(C(r))\subset A$ とおく．$C(r)$ は弧状連結なので連結で，その像 $C'(r)$ も連結である．$^{\exists}r>0\,;\,C'(r)\in U\cup V$ を背理法で示そう．もし，そうでなければ，$^{\forall}n\geqq 1, {}^{\exists}x_n\in C'(n)-U\cup V$．$K=f^{-1}(X-U\cup V)$ とおくと，$X-U\cup V$ はコンパクト X の閉なので，やはりコンパクトであり，それと同相な K も $\boldsymbol{R}^2$ のコンパクトである．点列コンパクトな K の点列 $(f^{-1}(x_n))_{n\geqq 1}$ は収束部分列を持つが，$f^{-1}(x_n)\in C(n)$ なので，$\|f^{-1}(x_n)\|\to\infty$ であり，矛盾．さて，$D(r)$ は $\boldsymbol{R}^2$ の有界閉なのでコンパクト，従って，$D'(r)$ も X のコンパクト．故に，$C'(r)\cup A=X-D'(r)$ は

閉の補なので開，つまり，$X-A$ の開近傍．$\exists a\in F$．$a\in X=\bar{A}$ で，$(C'(r)\cup(X-A))\cap U$ は a の近傍なので，その A との交わり $C'(r)\cup U\neq\phi$．同様にして，$C'(r)\cap V\neq\phi$．連結 $C'(r)$ に対して，開 U, V が，$C'(r)\cap U\neq\phi$, $C'(r)\cap V\neq\phi$, $U\cap V=\phi$, $C'(r)\subset U\cup V$ を満すので，矛盾．この様な X を $A\cong \boldsymbol{R}^2$ の**コンパクト化**と言う．

Exercise 4　$\forall x\in X$, $\exists i(x)\in I$; $x\in O_{i(x)}$．$\exists\delta(x)>0$; $B(x\,;\,d, 2\delta(x))\subset O_{i(x)}$．$X$ はコンパクトなので，開被覆 $(B(x\,;\,d,\delta(x)))_{x\in X}$ は有限部分被覆 $(B(x\,;\,d,\delta(x)))_{x\in H}$ を持つ．$\delta=\min_{x\in H}\delta(x)$ が求める正数であり，これを**ルベグ数**と言う．集合 E の直径 $<\delta$ であれば，$\exists x\in H$; $E\cap B(x\,;\,d,\delta(x))\neq\phi$．$\exists y\in E\cap B(x\,;\,d,\delta(x))$．$\forall z\in E$ に対して三角不等式より，$d(z,x)\leqq d(z,y)+d(y,x)<\delta+\delta(x)\leqq 2\delta(x)$，故に，$z\in B(x\,;\,2\delta(x))\subset O_{i(x)}$，即ち，$E\subset O_{i(x)}$．

Exercise 5　必要性．$\exists X$ の有限部分集合 H ; $X\subset \underset{x'\in H}{B}\left(x'\,;\,d,\frac{\varepsilon}{2}\right)$．$\exists x'_1\in H$, $\exists y_1'\in H$; $x\in B\left(x_1'\,;\,d,\frac{\varepsilon}{2}\right)$, $y\in B\left(y_1'\,;\,d,\frac{\varepsilon}{2}\right)$．$B\left(x_1'\,;\,d,\frac{\varepsilon}{2}\right)\cap B'\left(y_1'\,;\,d,\frac{\varepsilon}{2}\right)\neq\phi$ の時は，$x_1=x_1'$, $x_2=y_1'$ とすればよい．$x_1', x_2', \cdots, x_k'\in H$, $y_1', y_2', \cdots, y_l'\in H$ が取れて，$B\left(x_i'\,;\,d,\frac{\varepsilon}{2}\right)\cap B\left(x_{i+1}', d,\frac{\varepsilon}{2}\right)\neq\phi\,(1\leqq i\leqq k-1)$, $B\left(y_j'\,;\,d,\frac{\varepsilon}{2}\right)\cap B\left(y_{j+1}'\,;\,d,\frac{\varepsilon}{2}\right)\neq\phi$ $(1\leqq j\leqq i-1)$ かつ $B\left(x_i'\,;\,d,\frac{\varepsilon}{2}\right)\cap B\left(y_j'\,;\,d,\frac{\varepsilon}{2}\right)=\phi\,(1\leqq i\leqq k, 1\leqq j\leqq l)$ としよう．$A=\bigcup_{i=1}^{k}B\left(x_i'\,;\,d,\frac{\varepsilon}{2}\right)$, $B=\bigcup_{j=1}^{l}B\left(y_j'\,;\,d,\frac{\varepsilon}{2}\right)$ は共に空でない開で $A\cap B=\phi$ なので，X は連結であるから，$A\cup B\subsetneqq X$．$\exists x_{k+1}\in H$; $B\left(x_{k+1}'\,;\,d,\frac{\varepsilon}{2}\right)$ は $A\cup B$ に含まれない．そのような x_{k+1} の全てが A と交わらなければ，X は A と，そのような $B\left(x_{k+1}'\,;\,d,\frac{\varepsilon}{2}\right)$ の全てと B との合併の二つの開に分けられて連結でなくなる．故に，$\exists x_{k+1}'\in H$; $B\left(x_{k+1}'\,;\,d,\frac{\varepsilon}{2}\right)$ は A と交わるが A に含まれない．この時 $\{x_i'\,;\,1\leqq i\leqq k+1\}$ の番号をつけ変えて，番号順に交わる様にする．なお，この時，重複は許しておく．$B\left(x_{k+1}'\,;\,d,\frac{\varepsilon}{2}\right)\cap B\neq\phi$ であれば，$\{y_j'\,;\,1\leqq j\leqq l\}$ を $k+2$ 番以後に並べかえて，番号順に交わる様にする．$B\left(x_{k+1}'\,;\,d,\frac{\varepsilon}{2}\right)\cap B=\phi$ であれば，$\exists y_{l+1}'\in H$; $B\left(y_{l+1}'\,;\,d,\frac{\varepsilon}{2}\right)$ は B と交わるが B に含まれない．数学的帰納法によってこの操作を続けると，番号は重複する物が出るにせよ，証明が完結しなければ，H の元が一度に二つずつ減り，H は有限なので，ついには，$\exists x_1', x_2', \cdots, x_m'\in H$, $\exists y_1', y_2', \cdots, y_n'\in H$; $B\left(x_i'\,;\,d,\frac{\varepsilon}{2}\right)\cap B\left(x_{i+1}'\,;\,d,\frac{\varepsilon}{2}\right)\neq\phi$, $B\left(y_j'\,;\,d,\frac{\varepsilon}{2}\right)\cap B\left(y_{j+1}'\,;\,d,\frac{\varepsilon}{2}\right)\neq\phi\,(1\leqq i\leqq m, 1\leqq j\leqq n)$, $B\left(x_m'\,;\,d,\frac{\varepsilon}{2}\right)\cap B\left(y_n'\,;\,d,\frac{\varepsilon}{2}\right)\neq\phi$, $x_1=x_1$, $x_2=x_2'$, $\cdots$, $x_m=x_n'$, $x_{m+1}=y_n'$, $x_{m+2}=y_n'{}_{-1}$, $\cdots$, $x_{m+n}=y_1'$ とおけばよい．

十分性．X が連結でなければ，開 $A\neq\phi, B\neq\phi$ があって $A\cap B=\phi$, $X=A\cup B$．$x\in A$, $y\in B$ を取る．任意の $p\geqq 1$ に対して，$\exists x_1, x_2, \cdots, x_{n(p)}\in X$; $x_0=x$, $x_{n(p)}=y$, $d(x_i, x_{i+1})<\frac{1}{p}(0\leqq i\leqq n(p)-1)$．もしも，$x_1\in B$ であれば，$x^{(p)}=x_0$, $y^{(p)}=x_1$ とおく．もしも $x_0, x_1, \cdots, x_i\in A$ であれば，$x_{i+1}\in A$ か $x_{i+1}\in B$．$x_{i+1}\in B$ の時は $x^{(p)}=x_i$, $y^{(p)}=x_{i+1}$ とおく．この様に進むと，$x_0, x_1, \cdots, x_j\in A$ で $x_{j+1}\in B$ に必ずなる．その時 $x^{(p)}=x_j$, $y^{(p)}=x_{j+1}$ とおく．$(x_p{}^{(p)})_{p\geqq 1}$ は点列コンパクトな X の点列なので，部分列を取る事により，$x^{(p)}\to x_\infty$ と仮定してよい．$d(y^{(p)}, x_\infty)\leqq d(y^{(p)}, x^{(p)})+d(x^{(p)}, x_\infty)\to 0(p\to\infty)$ なので，$y^{(p)}\to x_\infty$．$x_\infty\in A$ か $x_\infty\in B$ かの何れかであるが，例えば，$x_\infty\in A$ であれば，$y^{(p)}\to x_\infty$ の近傍が A なので，$\exists p_0$; $p\geqq p_0$ ならば $y^{(p)}\in A$．これは $y^{(p)}$ の作り方に反し，矛盾である．

Exercise 6　$f(\bigcap_{n=1}^{\infty}K_n)\subset f(K_n)(n\geqq 1)$ より，$f(\bigcap_{n=1}^{\infty}K_n)\subset\bigcap_{n=1}^{\infty}f(K_n)$．逆に，$\forall y\in\bigcap_{n=1}^{\infty}f(K_n)$．$\forall n\geqq 1$, $\exists x_n\in K_n$; $y=f(x_n)$．$F_n=\overline{\{x_m\,;\,m\geqq n\}}$ とおく．K_1 はコンパクトで，$(F_n)_{n\geqq 1}$ はその有限交叉性を持つ開集合列なので，$\exists x\in\bigcap_{n=1}^{\infty}F_n$．もしも $y\neq f(x)$ であれば，Y はハウスドルフなので，$\exists$開 U, V ; $y\in U$, $f(x)\in V$; $U\cap V=\phi$．$f^{-1}(V)$ は F_1 の点 x の近傍なので，$f^{-1}(V)\cap\{x_m\,;\,m\geqq 1\}\neq\phi$，即ち，$\exists m$; $x_m\in f^{-1}(V)$．故に $y=f(x_m)\in V$ となり，$U\cap V=\phi$ に矛盾．よって，$y=f(x)$．$\forall n\geqq 1$ に対し，ハウスドルフ X のコンパクト K_n は閉なので，$x\in F_n\subset\overline{K_n}=K_n$．$n$ は $\forall$ なので，$x\in\bigcap_{n=1}^{\infty}K_n$．かくして，$y\in f(\bigcap_{n=1}^{\infty}K_n)$．$\bigcap_{n=1}^{\infty}f(K_n)\subset f(\bigcap_{n=1}^{\infty}K_n)$ も示され，両者は一致する．

13 章

類題 1．$^\exists\varepsilon>0, {}^\forall\nu\geqq 1, {}^\exists x_1{}^{(\nu)}, {}^\exists x_2{}^{(\nu)} {}^\exists, f_{\mu(\nu)}\,;\,|f_{\mu(\nu)}(x_1{}^{(\nu)})-f_{\mu(\nu)}(x_2{}^{(\nu)})|\geqq\varepsilon, \mu(\nu)<\mu(\nu+1), |x_1{}^{(\nu)}-x_2{}^{(\nu)}|\leqq\dfrac{1}{\nu}$.
$(f_{\mu(\nu)})_{\nu\geqq 1}$ の部分列があって $[0,1]$ で一様収束，その番号に対して出来る $(x_1{}^{(\nu)})$ の，その又，部分列が収束し，更に，その番号に対して出来る $(x_2{}^{(\nu)})$ の部分列が収束する．従って $f_{\mu(\nu)}\rightrightarrows f, x_1{}^{(\nu)}\to x_1, x_2{}^{(\nu)}\to x_1$ と仮定してよい．よって $0=|f(x_1)-f(x_1)|\geqq\varepsilon>0$ が導かれ矛盾．

類題 2．(B 1)有限個の $B(x\,;\,H_i,\varepsilon_i)(1\leqq i\leqq s)$ に対して，$H=\bigcup_{i=1}^{s}H_i$ は有限，$\varepsilon=\min_{1\leqq i\leqq s}\varepsilon_i>0$ で，$B(x\,;\,H,\varepsilon)\subset\bigcap_{i=1}^{s}B(x\,;\,H_i,\varepsilon_i)$．(B 2)$^\forall\alpha\in H, p_\alpha(x-x)=0<\varepsilon$ なので，$x\in B(x\,;\,H,\varepsilon)$．(B 3)$^\forall y\in B(x\,;\,H,\varepsilon), p_\alpha(y-x)<\varepsilon(^\forall\alpha\in H)$．$\delta=\varepsilon-\max_{\alpha\in H}p_\alpha(y-x)>0$．三角不等式より，$^\forall z\in B(y\,;\,H,\delta), p_\alpha(z-x)\leqq p_\alpha(z-y)+p_\alpha(y-x)<\delta+p_\alpha(y-x)\leqq\varepsilon$．故に，$B(y\,;\,H,\delta)\subset B(x\,;\,H,\varepsilon)$．次にベクトルの演算．$^\forall(x,y)\in X\times X, z=x+y$ とおく．$^\forall z$ の近傍 W，$^\exists H, {}^\exists\varepsilon>0\,;\,B(z\,;\,H,\varepsilon)\subset W$．$^\forall(x',y')\in B\left(x\,;\,H,\dfrac{\varepsilon}{2}\right)\times B\left(y\,;\,H,\dfrac{\varepsilon}{2}\right), x'\in B\left(x\,;\,H,\dfrac{\varepsilon}{2}\right), y'\in B\left(y\,;\,H,\dfrac{\varepsilon}{2}\right)$ なので，三角不等式より，$^\forall\alpha\in H, p_\alpha(x'+y'-z)=p_\alpha((x'-x)+(y'-y))\leqq p_\alpha(x'-x)+p_\alpha(y'-y)<\dfrac{\varepsilon}{2}+\dfrac{\varepsilon}{2}$．これは，$f(x,y)=x+y$ と定義した写像 $f:X\times X\to X$ に対し，$f\left(B\left(x\,;\,H,\dfrac{\varepsilon}{2}\right)\times B\left(y\,;\,H,\dfrac{\varepsilon}{2}\right)\right)\subset B(z\,;\,H,\varepsilon)\subset W$ を意味する．$B\left(x\,;\,H,\dfrac{\varepsilon}{2}\right), B\left(y\,;\,H,\dfrac{\varepsilon}{2}\right)$ は，夫々，X における x, y の近傍なので，その積 V は $X\times X$ における点 (x,y) の近傍である．z の V 近傍 $W,(x,y)$ の $\exists$ 近傍 $V\,;\,f(V)\subset W$ なので，f は点 (x,y) で連続．$^\forall(a,x)\in\boldsymbol{R}\times X, z=ax$ とおく．$^\forall z$ の近傍 $W, {}^\exists H, {}^\exists\varepsilon>0\,;\,B(z\,;\,H,\varepsilon)\subset W$．$\delta_1=\dfrac{\varepsilon}{2(1+\max_{\alpha\in H}p_\alpha(x))}, \delta_2=\dfrac{\varepsilon}{2(|a|+\delta_1)}$ とおく．$V_1=(a-\delta_1, a+\delta_1), V_2=B(x\,;\,H,\delta_2)$ は，夫々，a, x の近傍なので，その積 V は $\boldsymbol{R}\times X$ における点 (a,x) の近傍．$^\forall(b,y)\in V$ とは，$b\in(a-\delta_1, a+\delta_1), y\in B(x\,;\,H,\delta_2)$，即ち，$|b-a|<\delta_1, p_\alpha(y-x)<\delta_2(^\forall\alpha\in H)$ に過ぎず，(SN_2) と (SN_3) より $^\forall\alpha\in H$

$$\begin{aligned}p_\alpha(by-ax)&=p_\alpha(b(y-x)+(b-a)x)\leqq p_\alpha(b(y-x))+p_\alpha((b-a)x)=|b|p_\alpha(y-x)+|b-a|p_\alpha(x)\\&<\frac{(|a|+\delta_1)\varepsilon}{2(|a|+\delta_1)}+\frac{\varepsilon p_\alpha(x)}{2(1+\max_{\alpha\in H}p_\alpha(x))}<\frac{\varepsilon}{2}+\frac{\varepsilon}{2}=\varepsilon\end{aligned}$$

が成立し，$by\in B(ax\,;\,H,\varepsilon)\subset V$．これは $(g(a,x)=ax$ で定義される $g\,;\,\boldsymbol{R}\times X\to X$ に対して，$g(V)\subset W$，即ち，g が点 (a,x) で連続である事を意味する．

類題 3．(D 1)$d(x,y)=0$ ならば，$p_n(x-y)=0(^\forall n\geqq 1)$ が成立し，X はハウスドルフなので，$x=y$．(D 2)は $p_n(x-y)=p_n(y-x)(^\forall n\geqq 1)$ なので成立．(D 3)は $f(t)=\dfrac{t}{1+t}=1-\dfrac{1}{1+t}$ が単調増加なので，$p_n(x-z)\leqq p_n(x-y)+p_n(y-z)$ に注意し

$$d(x,z)=\sum_{n=1}^{\infty}\frac{1}{2^n}\frac{p_n(x-z)}{1+p_n(x-z)}\leqq\sum_{n=1}^{\infty}\frac{1}{2^n}\frac{p_n(x-y)+p_n(y-z)}{1+p_n(x-y)+p_n(y-z)}\leqq d(x,y)+d(y,z).$$

距離の公理が成立し，(X,d) は距離空間である．その位相を σ とする．局所凸位相を τ とし，$^\forall x\in X, V_\sigma(x), V_\tau(x)$ を，夫々，x の σ 近傍系，τ 近傍系とし，一応区別する．$^\forall V\in V_\tau(x)$．$^\exists n, {}^\exists\varepsilon>0\,;\,B(x\,;\,1,2,\cdots,n,\varepsilon)\subset V$．$\delta=\min\left(\dfrac{1}{2^{n+1}}, \dfrac{\varepsilon}{2^n(1+\varepsilon)}\right)$ とおくと，$y\in B(x\,;\,d,\delta)$ であれば，$1\leqq m\leqq n$ の時，$\dfrac{p_m(y-x)}{2^m(1+p_m(x-y))}<\delta$ なので，$p_m(y-x)<\dfrac{2^m\delta}{1-2^m\delta}\leqq\varepsilon$ が成立し，$B(x\,;\,d,\delta)\subset B(x\,;\,1,2,\cdots,n,\varepsilon)\subset V$．故に $V_\tau(x)\subset V_\sigma(x)$．逆に $^\forall V\in V_\sigma(x)$．$^\exists\varepsilon>0\,;\,B(x\,;\,d,\varepsilon)\subset V$．$^\exists n\,;\,2^{-n}<\dfrac{\varepsilon}{2}$．$y\in B\left(x\,;\,1,2,\cdots,n,\dfrac{\varepsilon}{2}\right)$ であれば，

$$d(y,x)=\sum_{m=1}^{n}+\sum_{m=n+1}^{\infty}\leqq\sum_{m=1}^{n}\frac{1}{2^m}\cdot\frac{\varepsilon}{2}+\sum_{m=n+1}^{\infty}\frac{1}{2^m}<\frac{\varepsilon}{2}+\frac{\varepsilon}{2}$$

が成立し，$B\left(x; 1, 2, \cdots, n, \frac{\varepsilon}{2}\right) \subset B(x; d, \varepsilon) \subset V$．故に $V_\sigma(x) \subset V_\tau(x)$．よって $V_\tau(x) = V_\sigma(x)$．

類題 4．後半を，そのまま，習え．

Exercise 1 二項定理より，$n \geqq 1$ の時

$$f_n(z) = \left(1+\frac{z}{n}\right)^n = 1 + \sum_{k=1}^{n} \frac{\left(1-\frac{1}{n}\right)\left(1-\frac{2}{n}\right)\cdots\left(1-\frac{k-1}{n}\right)}{k!} z^k.$$

従って，$|z| \leqq R$ の時

$$|f_n(z)| \leqq 1 + \sum_{k=1}^{n} \frac{R^k}{k!} < e^R$$

なので，$(f_n(z))_{n\geqq 1}$ は同程度有界であり，問題 4 より正規族をなす．$^\forall R>0$ を取る．$^\forall \varepsilon>0, ^\exists n_0 ; \sum_{k=n_0+1}^{\infty} \frac{R^k}{k!} < \frac{\varepsilon}{2}$．

$|z| \leqq R$ の時,

$$|e^z - f_n(z)| = \left|\sum_{k=1}^{\infty} \frac{z^k}{k!} - \sum_{k=1}^{n_0} \frac{\left(1-\frac{1}{n}\right)\left(1-\frac{2}{n}\right)\cdots\left(1-\frac{k-1}{n}\right)}{k!} z^k\right| \leqq \left|\sum_{k=1}^{n_0} \frac{1-\left(1-\frac{1}{n}\right)\left(1-\frac{2}{n}\right)\cdots\left(1-\frac{k-1}{n}\right)}{k!} z^k\right| + \left|\sum_{k=n_0+1}^{\infty} \frac{z^k}{k!}\right|$$

$$\leqq \sum_{k=1}^{n_0} \frac{1-\left(1-\frac{1}{n}\right)\left(1-\frac{2}{n}\right)\cdots\left(1-\frac{k-1}{n}\right)}{k!} R^k + \frac{\varepsilon}{2}.$$

ε を一旦取って固定したら，n_0 は定数なので，第一項は有限和であり，十分大きな $n_1 > n_0$ に対して，$n \geqq n_1$ であれば，第一項$<\frac{\varepsilon}{2}$．故に，$|f_n(z) - e^z| < \varepsilon \, (^\forall n \geqq n_1, ^\forall |z| \leqq R)$．

Exercise 2 類題 3 より，距離 ρ の導く位相は，$(\|x^{(k)}\|)_{k\geqq 0}$ を定義セミノルム族とする局所凸位相に等しい．故に $\rho(x_\nu, x) \to 0$ と，$^\forall k \geqq 0, \|x_\nu{}^{(k)} - x\| \to 0 \, (\nu \to \infty)$ は同値である．$^\forall x \in S, ^\forall k \geqq 0, ^\forall t, s \in [0,1]$，平均値の定理より，$^\exists \tau_k \in [0,1] ; x^{(k)}(s) - x^{(k)}(t) = x^{(k+1)}(\tau_k)(s-t)$．$|x^{(k)}(t) - x^{(k)}(s)| \leqq |t-s|$ が成立し，$\{x^{(k)} ; x \in S, k \geqq 0\}$ は正規族である．$^\forall (x_\nu)_\nu \geqq 1 \subset S$, S は正規族なので，一様収束部分列 $(x_{\mu(\nu,0)}(t))_{\nu\geqq 1}$ がある．自然数列 $(\mu(\nu,i))_{\nu\geqq 1}$ の列 $(0 \leqq i \leqq k)$ があり，$(\mu(\nu,i))_{\nu\geqq 1}$ は $(\mu(\nu,i-1))_{\nu\geqq 1}$ の部分列であり $(2 \leqq i \leqq k)$，関数列 $(x_{\mu(\nu,i)}{}^{(i)}(t)_{\nu\geqq 1}$ は一様収束しているとする．$i+1$ 次の導関数列，$(x_{\mu(\nu,1)}{}^{(i+1)})_{\nu\geqq 1}$ は正規族なので，一様収束部分列 $(x_{\mu(\nu,i+1)}{}^{(i+1)}(t))_{\nu\geqq 1}$ を持つ．この様にして作った，別の列に対して，カントールの対角論法により $y_\nu(t) = x_{\mu(\nu,\nu)}(t)$ とおくと，関数列 $(y_\nu(t))_{\nu\geqq 1}$ は，全ての $k \geqq 0$ に対して，$(y_\nu{}^{(k)}(t))_{\nu\geqq 1}$ が一様収束する．即ち，$y_\nu(t) \rightrightarrows y(t)$ とすると，全ての $k \geqq 0$ に対して，$\|y_\nu{}^{(k)} - y^{(k)}\| \to 0 \, (\nu \to \infty)$．類題 3 の証明より，$\rho(y_\nu, y) \to 0 \, (\nu \to \infty)$．$\|y_\nu{}^{(k)}\| \leqq 1$ なので，$\nu \to \infty$ として，$\|y^{(k)}\| \leqq 1$，即ち，$y \in S$．S は任意の点列が収束部分列を持つから，点列コンパクト，従って，コンパクトである．

Exercise 3 $C-D$ の連続成分 $\varDelta$ が二点 a, b を含むとしよう．$\zeta = \frac{z-a}{z-b}$ によって，$z = a, b$ は，夫々，$0, \infty$ に写る．ζ によって，$\varDelta$ は 0 と ∞ を含む連結集合 $\varDelta'$ に写る．従って，$\arg\zeta$ を $C\varDelta'$ で一価である様に定める事が出来る．$\arg\zeta$ の全変分は高々 2π である．故に $w = \sqrt{\zeta}$ の一つの分枝によって，$\arg w$ の全変分は π となり，$C\varDelta'$ の像の余集合は内点 c を持つ．$^\exists r>0 ; w = \sqrt{\frac{z-a}{z-b}}$ による D の値域 $\subset \{w \in \boldsymbol{C} ; |w-c| > r\}$．

$$f(z) = \frac{g(z) - g(z_0)}{2}, \quad g(z) = \frac{r}{\sqrt{\frac{z-a}{z-b}} - c}$$

とおけば，$f \neq \mathfrak{F}$ であり，$\mathfrak{F} \neq \phi$．$\mathfrak{F}$ は同程度有界なので，問題 4 より正規族をなす．即ち，$\mathfrak{F}$ は $H(D) = (D$ で正則関数全体の線形空間が広義一様収束位相で作るモンテル空間) において，相対コンパクトである．その閉包を $\mathfrak{G}$ とすると，フルビッツの定理（関数論のテキストにあり）より，$\mathfrak{F}$ の極限点 g とは，単葉関数（一対一写像の事）の広義

一様収束極限であるから，g=定数か，g は単葉かどちらかである．$|g(z)|\leqq 1(z\in D)$ であるが，等号が成立すれば，最大絶対値の原理より（関数論のテキストにあり），$g\equiv e^{i\theta}$ で，これ又，定数．$\mathfrak{G}\subset\mathfrak{F}\cup\{c\in C；|c|\leqq 1\}$ が成立する．勿論，$\mathfrak{G}$ はコンパクトである．$T(z,f)=f'(z)$ で写像 $D\times H(D)\to C$ を定義すると，次に示す様に連続である．$^\forall(z_0, f_0)\in D\times H(D)$．$^\forall W$ を $f_0'(z_0)$ の近傍とすると，$^\exists\varepsilon>0；B(f_0'(z_0)；d,\varepsilon)\subset W$．$z_0$ は D の内点なので，$^\exists r>0；K=\overline{B(z_0；d,r)}\subset D$．$K$ は D のコンパクトで，$\delta=r\varepsilon$ は正数なので，$V=\left\{f\in H(D)；\max_{z\in K}|f(z)-f_0(z)|\leqq\frac{r\varepsilon}{4}\right\}$ は局所凸空間 $H(D)$ における関数 f_0 の近傍である．$U=B\left(z_0；d,\frac{r}{2}\right)$ は D における点 z_0 の近傍である．さて，$^\forall(z, f)\in U\times W$, z を中心とする半径 $\frac{r}{2}$ の開円板が K に含まれ，そこで $|f-f_0|\leqq\frac{r\varepsilon}{4}$ なので，コーシーの不等式より，

$|f'(z)-f_0'(z)|\leqq\dfrac{\frac{r\varepsilon}{4}}{\frac{r}{2}}=\dfrac{\varepsilon}{2}<\varepsilon$．故に，$T(U\times W)\subset W$．$U\times V$ は積空間 $D\times H(D)$ における点 (z_0,f_0) の近傍なので，T は点(z_0,f_0) で連続である．従って，写像 $D\times H(D)\to C$ は連続である．さっき見た様に，$\{z_0\}\times\mathfrak{G}$ は $D\times H(D)$ のコンパクトなので，連続写像 T はそこで最大値を取る．即ち，$^\exists f_0\in\mathfrak{G}；|f'(z_0)|\leqq|f_0'(z_0)|(^\forall f\in\mathfrak{F})$．$f_0$=定数では，$f_0'\equiv 0$ で最大値なんて取れんので，$f_0\neq$定数．従って $f_0\in\mathfrak{F}$．これは，複素平面の単連結領域 $D\subsetneqq C$（単連結とは穴なしと思えばよい），に対して，正則写像 $f_0：D\to B(0；d,1)；f_0$ は上への一対一対応，を構成する．**リーマンの写像定理**の証明（関数論のテキストにあり）のサワリの部分である．要するに，ワイエルシュトラスの定理の正則関数空間への応用と思えばよい．ここで，次のスローガンを掲げる．

最大値問題はコンパクト上の連続関数の最大値にコジツケよ！

Exercise 4　$C\left[0,\frac{\pi}{2A}\right)$ は勿論，$\nu\geqq 1$ に対して

$$\|x\|_\nu=\max_{0\leqq t\leqq\frac{\pi}{2A}-\frac{1}{\nu}}|x(t)|$$

なる可算定義セミノルム列 $(\|\ \|_\nu)$ を持つ局所凸空間で，その位相は広義一様収束の位相である．

(1)の代わりに右辺をデカクした，$\frac{dy}{dt}=A(1+y^2), y(0)=0$ は御存知，高校のカリキュラムで高校数学教員採用試験によく御出題の変数分離形，求積法により，$\int_0^y\frac{dy}{1+y^2}=\int_0^t Ads$ の解は，$y=\tan At$ なので，我々の解は $|x(t)|\leqq\tan At$ に収まるのではないかと，信念を持とう．これで，同程度有界は出るが，未だ，コンパクトではない．同程度連続性を備えた，不動点定理の受け皿を作らねばならぬ．初期値問題(1)は積分方程式

$$x(t)=\int_0^t f(s,x(s))ds \tag{2}$$

と同値である．そこで，関数 x に対し（素性は(5)として後で吟味する），積分作用素

$$(Tx)(t)=\int_0^t f(s,x(s))ds \tag{3}$$

を施すと，(2)解は T の不動点である．$t'>t$ の時，$|x(t)|\leqq\tan At$ であれば

$$|(Tx)(t')-(Tx)(t')|\leqq\int_t^{t'}\left|f(x,x(s))\right|ds\leqq A\int_t^{t'}(1+|x(s)|^2)ds\leqq A\int_t^{t'}(1+\tan^2 As)ds$$

$$=A\int_t^{t'}\sec^2 Asds=\tan At'-\tan At \tag{4}$$

これだと，同程度連続性も言え，$t=0$ とすると，$|(Tx)(t')|\leqq\tan At'$．そこで $C\left[0,\frac{\pi}{2A}\right)$ の部分集合

$$\mathfrak{F}=\left\{x\in C\left[0,\frac{\pi}{2A}\right)；|x(t')-x(t)|\leqq\tan At'-\tan At\left(0\leqq t<t'<\frac{\pi}{2A}\right)\right\} \tag{5}$$

とおくと，一様収束について閉じているから閉，同程度有界，かつ，同程度連続，なので正規族，従って，コンパク

ト．つまり，$\mathfrak{F}$は立派な凸コンパクトと言う肩書を持つ，ピーナッツならぬ，シャウダー-チコノフの不動点定理の受け皿．

(4)の計算より，T は局所凸空間の凸コンパクト$\mathfrak{F}$から$\mathfrak{F}$の中への連続写像なので，シャウダー-チコノフの不動点定理より，不動点 $x\in\mathfrak{F}$ がある．$Tx=x$ が成立するので，x は(1)の解である．

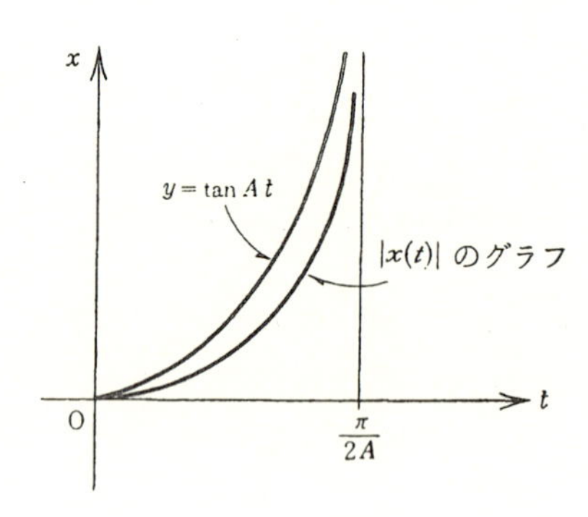

大学院入試問題の出題大学索引

(……の右が掲載頁で，同じ頁に同じ大学の複数の問題が掲載されている事があります)

大阪大学……1, 45, 91, 93, 97, 131, 156, 160, 168

大阪教育大学……153

大阪市立大学……10, 59, 67, 83, 145, 161, 162

岡山大学……1, 28, 29, 95, 113, 131, 145, 168

お茶の水女子大学……31, 54, 77, 149

金沢大学……11, 18, 30, 31, 54, 57, 83, 144, 149, 151, 156, 157, 162, 187

学習院大学……31, 95, 161

九州大学……1, 15, 26, 30, 31, 45, 48, 61, 63, 67, 75, 77, 81, 83, 93, 96, 111, 112, 131, 145, 150, 151, 153, 156, 160, 161, 163, 166, 209

京都大学……11, 18, 19, 59, 60, 67, 82, 94, 112, 139, 143, 145, 190

熊本大学……47, 82, 95, 96, 133

慶応義塾大学……45, 53, 67, 95, 96, 99, 101, 112

神戸大学……93, 131, 144, 160

静岡大学……19, 25

上智大学……63, 111, 148

信州大学……67, 113

千葉大学……83, 145

筑波大学……94, 130, 143, 144

津田塾大学……1, 5, 11, 19, 24, 27, 29, 45, 55, 95, 101, 112, 113, 118, 131, 149, 157, 161

東海大学……19, 27, 71, 82, 197

東京大学……25, 31, 55, 66, 67, 82, 89, 94, 95, 97, 107, 143, 160, 174

東京工業大学……15, 18, 27, 29, 41, 43, 44, 73, 93, 113, 131, 143, 145, 160, 174

東京女子大学……19, 55, 82, 83, 90, 99, 101, 131, 145

東京都立大学……13, 28, 57, 96, 113, 150, 156, 165

東京理科大学……1, 10, 15, 143

東北大学……1, 27, 45, 60, 66, 67, 83, 93, 131, 145, 159, 168

富山大学……144

名古屋大学……11, 29, 31, 67, 77, 107, 123, 139, 151, 160, 161

奈良女子大学……13, 29, 54, 83, 107, 151

新潟大学……10, 25, 64, 144, 145, 154

弘前大学……113, 116, 118

広島大学……67, 130, 144, 145, 160, 168

北海道大学……1, 11, 15, 29, 31, 45, 112, 160, 168, 209

立教大学……15, 44, 93, 95, 113, 131, 145, 157, 209

早稲田大学……1, 61, 64, 71, 93, 94, 95, 144

索　　引

∀ ……118
∃ ……118

あ　行

アーベルの総和法 ……187
アーベルの定理……73
アスコリ-アルツェラの定理……164
アルキメデスの公理 ……4
R^n ……21
一意性 ……9
位相……XI,117,119
位相解析 ……199
位相幾何 ……170
位相空間 ……115,117,119,124
位相群 ……156
位相数学……XI,119
一致の定理……81
一次結合 ……20,56
一次従属……56
一次独立……56
一様収束 ……XI,12,13,35,159,177
一様連続 ……62,63
一般化されたコーシーの積分定理 ……88
一般化された二項定理……33
一般化された留数定理 ……107
ε-δ 法 ……136
上に有界 ……4
演算子法……74
m 位の極 ……100
オイラーの公式……39,46,68

か　行

開……75,118
開核 ……117
開核作用素の公理 ……117
開球 ……117
開集合族の公理 ……118
解析関数……73
階段関数 ……25,62
開被覆 ……146
開部分集合……75
各点収束……12,13,35
可算コンパクト ……152
可算部分被覆 ……146
加法的 ……140
荷重関数 ……207
関数解析……XI
関数空間 ……172
関数方程式……XI,172
関数関係不変の原理……81
完全正規直交列……60
カントールの対角論法 ……155,164
完備……2,60
完備化 ……7
環繞空間 ……147
ガウス-グリーンの公式 ……86
ガウス平面……69
基底……56,152
基本近傍系 ……132
基本近傍系の公理 ……135
球 ……115,165
境界……85
狭義一様収束 ……162
強収束……60
共通集合 ……115
橋梁工学……74
極形式……69
極限 ……2
極限点……80,139
曲線……84
局所定数関数 ……146
局所凸 ……165
局所凸空間 ……165
局所ユークリッド ……151
吸収 ……156
級数……34
求積法……43
虚軸……69
距離空間 ……2
距離の公理……2,22
近代経済学……74
近傍……80,115
近傍系 ……115
近傍系の公理 ……115
グラフ……27
原像 ……137
弦の振動の方程式……54
広義一様収束……73,169,187
コーシー-アダマールの定理…32,72
コーシーの公理 ……12,13
コーシーの積分定理……89
コーシーの積分表示……90
コーシーの不等式……91
コーシー-リーマンの関係式 ……78
コーシー-リーマンの式 ……78
コーシー-リーマンの偏微分方程式系……89
コーシー列 ……2
項別積分……98
項別微分……38
弧状連結 ……149
細かい ……132
孤立点 ……203
孤立特異点……99
コンパクト ……147,157
コンパクト空間 ……147
コンパクト化 ……210
コンパクト集合 ……147

さ　行

最大絶対値の原理……91
差分積分方程式 ……179
差分微分方程式 ……179
差分方程式 ……176
三角不等式 ……2
三角級数 ……51,65,192
指数多項式……80
指数の法則……39,42,68
シャウダーの不動点定理 ……171
シャウダー-チコノフの不動点定理 ……171
弱収束……65
集積点 ……130,203
収束……2,34,122
収束円……73

収束半径……73
縮小写像……8
主値……70,107
シュワルツの不等式……21
主要部分……99
触集合……119
触点……80,119
真性特異点……100
真に強い……132
次元……56
自乗可積分可測関数……21,65
実解析関数……81
実軸……69
実数の連続性公理……4,5,12
純粋数学……XI,115
上極限……72
常微分方程式……14
助変数表示……84
C^1 級……75
C^m 級……186
C^∞ 級……79
数値解析学……74
数直線……3
スカラー……20
スカラー積……20
ストークスの定理……86
整関数……80,92
正項級数……34
正規空間……125
正規族……162,169
正規直交系……57
正規分布の特性関数……96
整級数……37,72
正弦級数……52
正則関数……79
正則空間……125
正射影……58
成分……56
積位相……135
積空間……115,135
積集合……135
積分不等式……179
積分方程式……14
積分路……87
積分論……7,65,191,192
積率母関数……183
セミノルム……164
扇形……89,94
線形位相空間……115,156
線形空間……20
線形作用素……140,198
線形写像……140,198
線形代数……20
線形汎関数……140,206
線形微分方程式……43
線積分……84
絶対収束……34
絶対値……39,69
零元……20
全称命題……118
全微分可能……75
全有界……153
疎……142
双曲余弦……39,178
双曲線関数……178
双曲正弦……39,178
総合概念……124
双対性原理……121
相対位相……147
相対コンパクト……153
相対点列コンパクト……153
測度論……7
像……137

た　行

対数……70
対数特異点……108
多様体……151
単純収束……35
単調……4
単調非減少……4
単調増加……4
第一可算……138
第一可算公理……138
代数学の基本定理……92
第二可算……152
第二可算空間……152
第二可算公理……152
ダランベールの公式……32,73
チェビシェフ級数……65
チェビシェフ級数展開……65,189
逐次近似法……8
中間値の定理……148
抽象数学……XI
中線定理……26,28
稠密……5,152
調和関数……195
直径……142
直交……57
ツェルメロの選択公理……204
強い……132
テイラー展開……32,38
点……2
点列……2
点列コンパクト……153
点列連続……123,138
ディリクレ核……49,201
デデキントの公理……148
デデキントの切断……148
T_i-空間……125
T_i-分離公理……125
特解……43
特称命題……118
特性方程式……39,42,74,176
トポロジー……113
トリビヤル位相……126,151
トリビヤル空間……126,151
導集合……203
同次方程式……43
同相……132,151
同相写像……151
同程度一様連続……163
同程度有界……162
同程度連続……163,177
同等有界……161
同等連続……161
ド・モルガンの公式……119
導来位相……147

な　行

内積……20,52
内積の公理……20
内積を持つ線形空間……20
内点……117
内部……117
二項方程式……104
熱伝導の方程式……59
ノルム……21

ノルムの公理……………………………22
ノルム空間……………………………22

は　行

ハイネ-ボレルの被覆定理………157
ハウスドルフ空間 ………………125
ハウスドルフの分離公理 ………125
反例 ……………………………………4
パーセバルの関係式 ……53,59,189
パラメーター…………………………84
パラメーター表示……………………84
バナッハ空間……………………9,22
バナッハ代数…………………………37
バンデルモンドの行列式……57,181
反例 …………………………………125
非同次コーシー-リーマンの方程式
……………………………………88
比判定法………………………………34
被覆定理 ……………………………157
ヒルベルト空間 ……………22,60
ピタゴラスの定理……………………58
微分形式………………………………84
微分不等式……………………………18
微分方程式……………………………14
フーリエ級数…………………………51
フーリエ係数 …………………51,57
フーリエ展開 …………………51,60
複素積分………………………………87
複素導関数……………………………74
複素微係数……………………………74
複素微分可能…………………………74
複素平面………………………………69
複素変数の指数関数…………………39
不動点定理 ……………9,170,173
ブラウワーの不動点定理 ………170
プランシュレルの定理………………60
フリートリクスの定理 …………190
フリートリクスの軟化子 ………190
フレシェ空間 ………………………167
フレネル積分 ………………………197
プレコンパクト ……………………153
プレヒルベルト空間…………………72
部分空間 ……………………115,147
部分被覆 ……………………………146
ブラウワーの不動点定理 ………170
分離公理 ……………………………125
閉 …………………………75,80,119
ヘイエ核 ……………………112,201
平均収束…………………Ⅺ,192,193
閉集合族の公理 ……………………120
閉凸集合………………………………29
閉部分空間……………………………29
閉部分集合……………………………75
閉包 …………………………………119
閉包作用素の公理 …………………118
偏角……………………………………69
偏微分方程式 ………………54,89
変数分離型……………………………43
ベールの定理 ………………………142
ベクトル………………………………20
ベクトル空間…………………………20
ベキ根判定法 ………………34,72
ベッセルの不等式……………………59
ホモトピー …………………………170
ホモロジー代数 ……………………170
ポアソン核 …………………………102
ポアソン分布 ………………………183
ボルテラ型積分方程式………………16
ボレル-ルベグの公理………………147

ま　行

マクローリン展開……………………38
道………………………………………84
路………………………………………84
向き……………………………………84
無限次元空間…………………………53
無条件収束……………………………34
モンテル空間 ………………………156
モンテルの定理 ……………169,173

や　行

有界……………………12,141,156,198
有界閉 ………………………………157
有限交叉性 ………………146,147
有限次元………………………………56
有限部分被覆 ………………………146
有理点 ………………………………203
余弦級数………………………………52

ら　行

ラプラシャン ………………………195
ラプラスの偏微分方程式 ………195
リー群…………………………………41
リースの定理 ………………………206
リーマンの写像定理 ……………211
リーマン-ルベグの補題 …………50
離散位相 ……………………………126
離散空間 ……………………………126
留数……………………………………99
留数定理 ……………………………100
リュウビュウの定理…………………92
リンデレーフ空間 …………………152
リンデレーフの公理 ………………152
リプシッツ条件………………………14
リプシッツ定数……………………8,14
ルジャンドル級数……………………65
ルジャンドル級数展開………65,192
ルジャンドル多項式…………………63
ルベグ数 ……………………………210
ルベグ積分……………………………65
レトラクト …………………………170
連結…………………………………80,146
連結位相空間 ………………………146
連結集合 ……………………………147
連続……………………………62,136,137
路………………………………………84
ローラン級数…………………………99
ローラン展開…………………………99

わ　行

ワイエルシュトラスの公理…………12
ワイエルシュトラスの定理
……………………………12,64,158
ワイエルシュトラス-ボルツァノの
公理…………………………12,153

著者紹介：

梶原壌二（かじわら・じょうじ）

1934年長崎県に生まれる．1956年九州大学理学部数学科卒

九州大学名誉教授

九州大学白菊会理事長

理学博士

専攻　多変数関数論　無限次元複素解析学

主著　複素関数論（森北出版）

解析学序説（森北出版）

関数論入門——複素変数の微分積分学，微分方程式入門（森北出版）

大学テキスト関数論，詳解関数論演習（小松勇作と共著）（共立出版）

新修線形代数，独修微分積分学，大学院入試問題演習——解析学講話，大学院入試問題解説——理学・工学への数学の応用，新修応用解析学，新修文系・生物系数学，Macintosh などによるパソコン入門 Mathematica と Theorist での大学院入試への挑戦，Elite 数学（現代数学社）

新装版　新修解析学

1980年　6月20日　　初　　版1刷発行
1987年　2月20日　　初　　版3刷発行
2005年　5月16日　　改訂増補1刷発行
2019年　3月21日　　新 装 版1刷発行

検印省略

© Joji Kajiwara, 2019
Printed in Japan

著　者　　梶原讓二
発行者　　富田　淳
発行所　　株式会社　現代数学社
〒606-8425 京都市左京区鹿ヶ谷西寺ノ前町1
TEL 075 (751) 0727　FAX075 (744) 0906
https://www.gensu.co.jp/　https://www.gensu.jp/

印刷・製本　　有限会社ニシダ印刷製本

ISBN978-4-7687-0504-9

落丁・乱丁はお取替え致します．

● 落丁・乱丁は送料小社負担でお取替え致します．
● 本書のコピー、スキャン、デジタル化等の無断複製は著作権法上での例外を除き禁じられています。本書を代行業者等の第三者に依頼してスキャンやデジタル化することは、たとえ個人や家庭内での利用であっても一切認められておりません。